中国石油员工基本知识读本（九）

中国石油天然气集团公司 编

ZHONGGUO SHIYOU YUANGONG JIBEN ZHISHI DUBEN

SHENGHUO

石油工業出版社

图书在版编目（CIP）数据

生活/中国石油天然气集团公司编．
北京：石油工业出版社，2012.5
（中国石油员工基本知识读本；9）
ISBN 978-7-5021-8774-3

Ⅰ．生…
Ⅱ．中…
Ⅲ．生活－知识
Ⅳ．TS976.3

中国版本图书馆 CIP 数据核字（2011）第 225115 号

出版发行：石油工业出版社
（北京安定门外安华里 2 区 1 号　100011）
网　址：www. petropub. com.cn
编辑部：（010）64523616　发行部：（010）64523620
经　　销：全国新华书店
印　　刷：北京联兴盛业印刷股份有限公司

2012 年 5 月第 1 版　2012 年 8 月第 3 次印刷
740×1060 毫米　开本：1/16　印张：31
字数：540 千字

定价：45.00 元
（如出现印装质量问题，我社发行部负责调换）

《中国石油员工基本知识读本》丛书编委会

《生活》编写组

主　编：樊胜利

副主编：王　昕

编　委：（按姓氏笔画排序）

于海英　王海英　卢倩倩　付玮婷　冉　学

李　玲　李　娟　李廷璐　周　珊　徐　端

谢　东　廖春红

总序

读书学习决定一个人的修养和境界，关系一个民族的素质和力量，影响一个国家的前途和命运。党的十七届四中全会明确提出建设马克思主义学习型政党和学习型社会，爱读书、读好书在全社会蔚然成风。对我们企业来讲，知识是员工进步的阶梯，学习是企业发展的不竭动力。在中石油六十年的发展历程中，曾书写了大庆油田靠“两论”起家、用理论指导油田开发建设各项工作实践的成功范例。如今，创建学习型企业、培育知识型员工，培养造就一支忠诚事业、业务精湛、作风过硬、奉献石油的高素质员工队伍，为建设综合性国际能源公司提供了强有力的智力支持和人才保障。

当前，中石油的发展仍处于大有可为的战略机遇期，也面临前所未有的困难和挑战。面对复杂多变的国内国际环境，面对改革发展稳定的繁重任务，实现公司发展战略目标，更好地承担起保障国家能源安全的重大责任，我们必须以科学发展为主题，以加快转变发展方式为主线，以确保和谐稳定为主旨，进一步加强学习型组织建设，坚持用科学知识武装员工队伍，真正做到学以立德、学以增智、学以创业，全面提升企业软实力，促进公司可持续健康发展。

正是从这一思路出发，从2009年开始，集团公司党组大力倡导“读书成就员工和企业未来”的理念，启动实施了“千万图书送基层，百万员工品书香”工程，组织开展“学习在石油·每日悦读十分钟”全员读书活动，旨在培养全体员工崇尚读书、自觉读书的良好习惯，形成“爱读书、读好书、善读书”的浓厚氛围，构建员工的人生基本知识体系和职业生涯基本专业知识体系，使员工在学习中进步、企业在学习中发展。

“学习是长久旅程，好书乃求知佳径。”为持续推进“千万图书送基层，百万员工品书香”工程，集团公司充分考虑广大员工的读书需求，组织总部相关部门和有关单位，经过一年多努力，编写完成了《中国石油员工基本知识读本》丛书。

丛书以提升员工基本素质为目的，内容涵盖政治经济、法律、科技、管理、石油、历史、地理、文学艺术、生活、健康等多个学科领域，体现了知识性和体系性相结合、时代性和先进性相结合、权威性和可读性相结合等特点，是专为中石油员工量身定制的知识载体。

希望这套丛书成为广大员工人生和职业生涯中扎实敦厚的基本知识教材，也希望丛书能够把“千万图书送基层，百万员工品书香”工程推进到一个新的阶段。相信通过不断学习、实践和提高，中国石油人一定会在新的征程中大有作为、再创辉煌，打造绿色、国际、可持续的中石油，建设忠诚、放心、受尊重的中石油，为保障国家能源安全和全面建设小康社会作出更大的贡献。

中国石油天然气集团公司总经理、党组书记 蒋洁敏

2011 年 9 月 27 日

前言

生活，其实很简单，就是一个人的日常活动和经历；生活，又很复杂，每个人的生活都各不相同，甚至每个人对生活的理解也各不相同。对于有些人来说，生活就意味着吃饭、睡觉、上班、下班；而对于另外一些人来说，生活中到处都是新奇、快乐、有趣的事情。有人说，经济水平决定生活质量，人生的幸福是建立在丰富的物质基础之上的。其实不然，一个人的生活质量取决于他对生活的态度，取决于他对生活意义的理解。

石油人是世界上平凡的一群人，同样要学习劳动、组织家庭、培育子女。同时，石油人又是特殊的一群人：他们的工作环境特殊，在沙漠、在戈壁、在高原、在海外，到处都有战斗在一线的石油人的身影；他们的精神面貌特殊，不计个人得失，在恶劣的环境下发扬大庆精神铁人精神，艰苦奋斗、永不放弃，为祖国源源不断地输送石油，给人民的生活提供能源保障。石油人最大的特殊，在于他们面对大自然恶劣环境的挑战，面对物质相对匮乏的工作环境，在付出高强度劳动的同时，还能保持积极的信念，保持对生活的高度热忱。

为了大众的生活而忽视了自己生活的人，应该受到社会的尊重，他们的生活更应受到关心、关怀和关注。中国石油天然气集团公司非常重视提高石油员工的生活质量，不断优化员工的工作条件，丰富员工的文化生活。集团公司组织相关部门和有关单位编写《中国石油员工基本知识读本》丛书，又把《生活》作为分册之一，其目的就在于为石油员工提供一个生活常识实用手册，便于大家在日常生活中遇到各种问题时随时查询，轻松解决问题。

本书作为一本为石油员工专门打造的生活宝典，不仅从石油员工的衣、食、住、行几大贴近生活的知识点出发，对石油员工在生活中可能会遇到的一些问题给出了切实可行的建议，还着力于给石油员工建立一个生活知识的体系。同时，为了增加阅读趣味，使阅读更轻松，本书在设计上力求图文并茂，美观大方，便于大家深入理解各个知识点。

本书在编写过程中，得到了集团公司许多领导和专家的指导和关照，特别是得到了中国石油监事会办公室原主任王一端先生的指导。在此，对他们表示诚挚的谢意。

限于编写者的认识能力和编写水平，本书难免有疏漏与不妥之处，在此恳请读者批评指正。

最后，祝愿石油人的生活更加美好，更加有意义！

目录

上篇
你的生活已经进入现代化

第三章　绿色环保的家庭装修

第四章　家用电器的养护和妙用

中篇
让你的生活更精彩

第五章　合理健康的饮食

第六章　服装基本常识

第七章　基本社交礼仪

第八章　急救与自救常识

下 篇
让你的生活更丰富

第九章 基本理财常识

第十一章　艺术品收藏

第十二章　交通工具与境外旅行

知识链接

上 篇 你的生活已经进入现代化

中 篇 让你的生活更精彩

下 篇
让你的生活更丰富

上篇

你的生活已经进入现代化

进入21世纪后，人们的生活快速进入现代化，网络、手机和电脑逐渐成为人们日常生活中不可或缺的部分；汽车的选购、驾驶和养护技巧，以及交通警告标志成为人们关注的热点；家庭装修在讲究个性化的同时更追求绿色环保；家用电器日常养护和厨房电器妙用知识也成为人们经常讨论的话题。

第一章

正确使用网络、手机和电脑

在如今这个电子技术、信息产业飞速发展的时代，网络、手机和电脑已成为我们生活中十分重要的部分。本章教你玩转网上购物、手机、电脑、微博等，让你真正享受生活现代化带来的无穷乐趣。

第一节　网上购物

◎ 安全地使用网上银行

网上银行又称网络银行、在线银行，是指银行利用网络向客户提供开户、销户、查询、对账、行内转账、跨行转账、信贷、投资理财等银行服务项目。网上银行方便、快捷，但在使用时，需要注意以下安全常识：

（1）尽量设置复杂的密码，比如使用字母（最好大小写都有）和数字组合，设置的密码尽量不要和自己的生日、电话号码、身份证号有关。

（2）如果网上银行登录密码或支付密码遗忘，可携带本人的有效身份证件到所属银行相关营业网点办理密码重置（详情需参见各银行的相关规定）。

（3）最好将网上银行的地址放入收藏夹里，不要用搜索引擎搜索，以免误入虚假网页，被犯罪分子套取用户名和密码，造成经济损失。

（4）尽量在计算机系统安全稳定的家用电脑上使用网上银行，不要在网吧、阅览室、咖啡馆等处的公共电脑上使用网上银行，以免密码泄露。

（5）不要使用自动完成功能，比如自动登录，以免密码泄露，并尽量使用软键盘登录，以免密码被木马等病毒软件窃取。

（6）每次登录网上银行时，要注意核对预留验证信息和上次登录时间，并定期核对账户交易明细。

（7）网上银行使用完毕后，点击网页上的“退出”键退出，不要直接关闭网页退出。

◎ 网上银行认证介质

网上银行采用的认证介质主要包括以下六种：

（1）密码：密码是网上银行最基本的认证介质，一般分为登录密码和支付密码两类，且要求同一账户的两个密码不相同。

（2）数字证书：数字证书存放于电脑中，每次交易时都会用到，如果你的电脑没有安装数字证书便无法正常输入密码，已安装数字证书的用户才可以正常输入密码。

（3）电子银行口令卡：电子银行口令卡是指以矩阵形式印有若干字符串

的卡片，每个字符串对应一个唯一的坐标。当你在使用网上银行相关功能时，按系统指定的若干坐标，将卡片上对应的字符串作为密码输入，系统校验密码字符的正确性。

（4）手机动态口令：当你进行网上交易时，银行会向你注册时提供的手机号发送短信，只有正确输入收到短信所提示的验证码才可以成功付款。

（5）动态口令牌：一定时间换一次号码。付款时只需按动态口令牌上的键，这时就会出现当前的代码。一分钟内在网上银行付款时可以凭这个代码付款。如果没有该代码，则无法成功付款。

（6）移动数字证书：中国工商银行叫U盾，中国农业银行叫K宝，中国建设银行叫网银盾，招商银行叫优KEY，交通银行叫USBKey，光大银行叫阳光网盾，在支付宝中叫支付盾。它类似U盘，存放着你个人的数字证书，当你进行网上交易时，需要把移动数字证书插入电脑USB接口，根据提示安装相关软件后，即可正常输入密码并完成交易。动态口令牌和移动数字证书多需付费使用。

知识链接：信用卡使用注意事项

（1）不要办理太多信用卡。信用卡太多会导致消费过于分散，卡内的积分不易累计，难以享受银行推出的积分换礼或者卡片升级等服务，而且还容易混淆每张卡的消费金额、还款日期。因此，每人保留一两张信用卡即可。

（2）信用卡不是“免费的午餐”。信用卡和借记卡不同，当信用卡透支消费时，如果你在免息期内没有及时还款，就会根据还款额度和欠款的天数产生利息。并且，欠款天数是从欠款之日开始计算，而不是从免息期截止之日开始计算。如果信用卡欠款后一直没有还款，将被银行视作恶意欠款，严重的还会构成诈骗罪。因此，消费者若不想继续持卡，应向银行主动申请注销。

（3）分期付款也可能收手续费。信用卡分期付款消费在免息期内能享受免息政策，但并非永远免费。通常申请分期付款后，持卡人每个月或者一次性需要支付一定比例的手续费，这比贷款基准利率会高许多。并且如果提前还款，不仅不退还已收取的手续费，还可能加收提前还款的手续费。

（4）信用卡存钱和储蓄卡存钱不一样。存在信用卡里的钱是不计任何利息的溢缴款，且当你要把这些存款取出来时，也要缴纳手续费。

（5）如果你不想继续使用信用卡，应还清欠款并申请注销。注销生效后，持卡人还应该去银行网点办理销户手续，提取还款后的剩余金额。

◎ 申请淘宝账号

在淘宝网购物，首先要注册一个淘宝网账号，具体步骤是：

（1）登录淘宝网页面，点击“免费注册”链接。

（2）进入注册页面，第一步是填写账户信息。填写会员名、密码和验证码后，点击“同意协议并注册”。注意，会员名为5～20个字符，一个汉字为两个字符，推荐使用中文会员名。一旦注册成功，会员名不能修改。密码为6～16个字符，请使用字母加数字或符号的组合密码，不能单独使用字母、数字或符号。

（3）第二步是验证账户信息。选择国家和地区并填写手机号码后，点击“提交”。注意，你在输入手机号码时，输入框中有灰色的“+86”字样，这是正常的。“86”是中国大陆地区的电话区位码，这是提醒你，你的手机号码必须是中国大陆地区的号码，直接在输入框中输入11位手机号码即可。

（4）第三步是确认校验码。前一步输入的手机号码将收到短信，短信内容里包含着一个6位数字的校验码，将看到的校验码输入到对话框中，点击“验证”，即可完成验证。此时，网页将会转向注册成功的页面，并提示“已为您自动开通了支付宝账户”，你的支付宝的账户名和你输入的手机号码相同，密码与之前输入的淘宝账户密码相同。

（5）如果你想以后购物更为方便，可以继续进行淘宝购物银行卡的相关设置。

◎ 常见的网购陷阱

网上购物虽然给人们带来了便利，但也存在许多风险。下面，我们就来介绍一些常见的网购陷阱。

陷阱一：伪造信誉度。

在淘宝网等众多商家云集的购物网，人们喜欢选择信誉高的卖家，认为质量有保证，因此许多商家伪造信誉度。为了鉴别商家信誉度的真假，人们在购物前要先检查、对比商家“一周／一个月／6个月／6个月前”四组商品销售情况数据，正常商家的销售数据应该是比例均衡、稳步提升的，而伪造信誉的卖家四组销售数据相差比较大。

陷阱二：价格过于低廉。

价钱低廉的商品对人们有很大的吸引力，但如果一种商品比同类商品价格低很多，又不属于特价活动，其质量可能就存在问题。

陷阱三：实物与图片不符。

许多商品图片看起来很美，实物却存在许多问题。因此，最好选择有实物照片的商品，而且要多和卖家交流，获取尽量多的商品信息。

陷阱四：虚假链接。

尽量不要使用卖家发给你的商品网址链接，那可能是一个和淘宝很类似的虚假网页，如果在虚假网站输入个人的信息，账户与密码就会落到骗子的手里。

陷阱五：运费圈套。

有些商品价格很低，运费却很高。因此，千万别只顾商品的价钱而疏忽了运费，毕竟它在整个费用中也占了不小的比重。

陷阱六：支付圈套。

网购时，尽量使用支付宝等第三方支付工具，或是选择货到付款，千万不要直接汇款到对方账户，以免上当受骗。

陷阱七：400、800开头的售后电话。

许多人都认为400、800开头的电话是正规网站的售后电话而上当受骗。要知道，400、800开头的电话并不能说明网站的资质，而且许多正规网站的售后电话就是普通的电话号码。

◎ 判定网购商品质量的技巧

网上购物时，人们不能接触到实物，那么如何鉴别商品质量的好坏呢？这里为大家提供以下几种技巧：

（1）看店铺：选择那些加入了网站消费者保障计划的店铺，比如在淘宝网购物要选择有消费者保障服务、正品保障、品牌厂商授权销售、7天无理由退换货等承诺的店铺，如图1.1所示。在拍拍网购物要选有诚信保证计划——卖家承诺7天无理由退换货、卖家承诺先行赔付、卖家承诺假一赔三等承诺的店铺，如图1.2所示。

图1.1　淘宝网消费者保障计划

图1.2　拍拍网诚信保证计划

图1.3　淘宝网信用评价

（2）看信誉：主要看店铺收到的差评、中评，如果店铺在1个月内有多个中评和差评，且都是质量问题，则不宜选择。以淘宝网、拍拍网为例，整体评价中“宝贝与描述相符”或“商品与描述相符”指数越高，宝贝的描述越真实，满分为5，最好选择指数在4.7以上的店铺，如图1.3、图1.4所示。

（3）看商品图片：商品应为实物图，而不是效果图。

图1.4　拍拍网信用评价

（4）看价格：商品价格如果明显低于市场价格，且店铺还标注其为正品、原单尾货、剪标等，则很可能是劣质品，须慎重购买。

◎ 签收商品可能遇到的问题

为了避免和卖家产生消费纠纷，在签收商品时需要注意以下几点：

（1）务必在签收商品之前开箱验货，根据送货清单核对商品。如发现商品包装破损、残缺或质量问题等，可以拒收包裹。

（2）验明商品无任何问题后，即可签字确认，这表示你已确认商品相关信息无误，卖家有权不接受以此为由的退货。

（3）若非商品质量问题而拒收的，可以根据卖家的退货条例，退货给卖家。

（4）对于化妆品等真伪难辨的商品，买家在收到货后不要立即给卖家确认付款和评价，而要试用几日，确定没有问题，再确认和评价。

（5）如果使用后发现商品质量存在重大问题，或商品为假货，买家要在第一时间通过各种方法与卖家取得联系。如无法联系或沟通，应立即向网站购物平台投诉。如淘宝的投诉流程是"我的淘宝"⟶"我是买家"⟶"已买到的宝贝"栏中选"投诉维权"，并写明投诉理由，附相关图片或交易记录截屏。拍拍网的投诉流程也大致相同。投诉要写清店铺名称、与其交易的商品编号、图片、交易日期、汇款单或退换货时的邮单，等等，最好有与卖家的聊天记录截图。

◎ 网上代购须知

当你在网上看中一款产品，但因为距离太远而无法买到，比如国外的商品，或是本地此款产品的价格远高于外地价格，你就可以选择网上代购。目前的代购渠道主要有淘宝网代购、国内专业代购网站和国外网站直接购买三种。

下面以国外的商品代购为例讲解具体的代购流程：

（1）买家在网上浏览国外购物网站（代购商一般不提供国外实体店铺的代购）。

（2）买家看好商品后，将商品的外语名称和网页具体地址记下，交给代购公司或代购个人。

（3）代购公司或代购个人下单购买后，再寄回国内给买家。

◎ 网上秒杀的技巧

秒杀是网上竞拍的一种方式，是指网络卖家发布一些超低价格的商品，所有买家于规定时间在网上进行抢购的一种方式。由于商品价格低廉，往往一上架就被抢购一空，有时只用一秒钟，因此得名“秒杀”。

参加秒杀需要做好以下准备：

（1）电脑配置要好，网速要快。

（2）提前收藏宝贝。

（3）到卖家规定的秒杀时间立即刷新网页，点击购买。

（4）即时付款。

◎ 网上团购要注意什么

团购，顾名思义是团体采购的意思，网上团购就是指互不认识的消费者借助互联网同时购买一种商品，以求得最优的价格。根据团购的人数和订购产品的数量，消费者能得到不同的优惠幅度。

参与网上团购活动时，需要注意以下几点：

（1）参与团购前要看清团购网站的资质，即网站页面是否有运营企业的名称、地址、电话、负责人等相关信息，以及在当地工商局是否有相关注册信息。

（2）要选择专业性强、规模大、信誉度高的团购网站和商家，以提高网购安全系数，团购产品的质量及售后服务也能有所保障。

（3）要看清团购的消费规则，如对商品及服务的细节描述有疑问，应在团购前与团购网站或卖家联系核实，下单后注意保存相关电子消费凭证。

（4）团购网站需要人气来烘托，消费者要明辨其中的虚假，根据自己的需要购买，不要盲目跟风下单。

（5）数额巨大的团购要谨慎，一定要使用第三方支付担保交易的方式，或要求货到付款，不要将巨款通过网银预付给对方。

（6）在团购过程中尽量提供手机、电子邮件等联系方式，对于个人家庭住址、工作单位、家庭电话等私密性较强的个人信息不要随便提供，防止非法网站将这些信息向商家兜售。

（7）在出现商品质量或服务纠纷时，消费者可以采用集体维权的方式向团购网站或商家主张权利，促使问题以更有利于消费者的方式解决。

知识链接：部分常用的团购网站

团购导航：团800http://www.tuan800.com/
百团大购http://www.buy-tuan.com/
美　　食：大众点评团http://www.dianping.com/
饭团http://www.findtuan.com/
旅　　行：携程团购http://tuan.ctrip.com/
去哪儿团购http://tuan.qunar.com/
日用百货：美团网http://www.meituan.com/
拉手网http://www.lashou.com/
休闲娱乐：满座网http://www.manzuo.com/

第二节　手　机

◎ 五种有害健康的手机使用方法

手机使用不当，容易损害健康。下面介绍最常见的五种有害健康的手机使用方法：

（1）在角落打电话：无线电波是以直线传播的，当在墙角、电梯等建筑物角落打电话时，无线电波要不断地来回折射，这会使手机功率加大，从而造成辐射强度的增大。

（2）手机放在耳边等待接通：手机接通电话的一瞬间，辐射会明显增强，在拨打电话时最好让手机远离头部，接通后间隔约5秒钟再通话，也可使用耳机或免提功能。

（3）手机挂在胸前：即使在辐射较小的待机状态下，手机周围的电磁波辐射也会对心脏和内分泌系统产生一定影响。因此，最好把手机放在随身携带的包中。

（4）长时间使用手机通话：每天长时间接听手机，可能造成听力永久性损伤。如果不得不长时间用手机直接通话，应每隔一两分钟左右耳轮换接听。

(5)通电话时走来走去：手机接通后，会向发射基地传送无线电波，连接通话双方的信息交流，在通话时走来走去，手机就要不断变换位置发送信号，造成手机信号的强弱起伏，加大手机的辐射量。在飞驰的汽车或火车上不宜长时间通话也是这个道理。

◎ 手机常见小故障的处理方法

当手机出现以下小故障时，可先自己尝试处理：

(1)手机不能发送短信：多是手机的短消息服务中心号码设置有误。可进入手机信息设置界面，把短消息服务中心号码设置为+8613800***500(中国移动)，其中***代表手机SIM卡购买地电话区号的后三位数字，如果当地电话区号是三位数，那么应去掉区号最前面的“0”，并在区号后面补“0”，将由此得到的三位数代入***处；如果电话区号为四位，则去掉区号最前面的“0”之后即可代入。如SIM卡购买地的区号是0563，那么该地区的信息服务中心号码则是+8613800563500。联通的短消息服务中心号码应拨打当地联通服务电话10010查询，或到当地联通营业厅调试。

(2)显示没有SIM卡：这多是SIM卡接触不良的原因，将其用酒精擦一擦即可；或把手机的小触片轻轻挑起一点，注意不能用力，否则容易弄断触片。

(3)手机进水：手机进水后，应立即拆掉电池（切记不要按关机键，因为一按关机键，手机便通电工作，很可能发生短路，损坏手机），然后送去维修。或是快速把电池、内存卡、SIM卡卸下，再将手机放到阴凉通风处自然风干或用小功率的吹风机吹干。注意，不要长时间吹同一个地方，以免造成电子元器件焊接处不牢以及外壳的损伤。

知识链接：牙膏可消除手机屏幕刮痕

手机屏幕难免有刮痕，可利用牙膏消除刮痕。具体方法是：把牙膏适量挤在湿抹布上，然后用抹布在手机屏幕刮伤处前后左右来回涂匀，手机的屏幕刮痕就会消失。而且，在用干净的抹布或卫生纸将屏幕擦干净后，手机屏幕还会变得更亮。有化学专家解释，这是因为牙膏具有去除菌斑、摩擦(修补)和清洁抛光物体表面的作用。

◎ 智能手机选购常识

智能手机是像个人电脑一样，具有独立的操作系统，可以由用户自行安装软件、游戏等第三方服务商提供的程序，通过此类程序不断对手机的功能进行扩充，并可以通过移动通讯网络来实现无线网络接入的一类手机的总称。

智能手机的选购要注意以下几点：

（1）具备无线接入互联网的功能，即需要支持Wi-Fi、GSM网络下的GPRS或者CDMA网络下的CDMA1X或者3G网络。

（2）具备PDA的功能，包括个人信息管理、日程记事、任务安排、多媒体应用、浏览网页。

（3）拥有一个开放性的操作系统，在这个操作系统平台上，可以安装更多的应用程序，从而使智能手机的功能得到无限扩充。智能手机操作系统有Symbian、Android、Windows Mobile、IOS、MeeGo、Linux、Windows Phone 7/7.5、Palm OS/Web OS、BADA等，其中以Android、IOS最为常见。

（4）选购更人性化的智能手机，以便根据个人需要扩展手机的功能。

总之，智能手机因其功能强大，扩展性能强，第三方软件支持很多，已成为越来越多用户的首选。

知识链接：3G手机能做什么

“3G”是第三代移动通信技术的英文简称，是一种通信技术标准。

3G手机能够处理图像、语音、视频流等多种媒体形式，提供包括网页浏览、电话会议、电子商务等多种信息服务，主要目标定位于实时视频、高速多媒体和移动互联网访问业务。它还能流畅地观看电视和网络视频，与手机号和银行卡等支付账户进行捆绑以提供移动支付服务，下载音乐，在线游戏，获得公交位置通知或查看远程特定地点人流状况来实时导航或远程监控。

需要注意的是，3G手机不一定是智能手机，智能手机也不一定支持3G。

◎ 手机上网的注意事项

手机上网要注意以下几点：

（1）注意GPRS设置和流量控制。设置GPRS之前，删掉手机里所有的GPRS和手机拨号上网的连接；然后新建CMWAP连接，接入点一定是CMWAP，不上网时记得关闭网络连接，以免手机上的软件自行更新导致流量损失，最好装一个流量监控软件。

（2）注意手机病毒。如果手机上的来电显示为乱码，应不回答或立即拒接电话；收到陌生人短信，不要轻易打开，并及时删除；如手机已经中毒，应尽快关闭手机(如果手机已死机，可直接取下电池)，将SIM卡取出并插入另一型号的手机中(最好是不同品牌的)，将存于SIM卡中的可疑短信删除后，重新将该卡插回原手机。如果仍无法使用，则应与手机服务商联系，尽快通过无线网站对手机进行杀毒，也可通过手机的IC接入口或红外传输接口进行杀毒。

（3）注意网站的选择。上网时选择正规的网站，比如新浪、搜狐、腾讯等。

知识链接：什么是Wi-Fi

Wi-Fi俗称无线宽带，它是一种短程无线传输技术，能够在数百米范围内支持互联网接入的无线电信号。

第三节　电　脑

◎ 电脑的系统优化技巧

为了保证电脑系统的稳定、快速运行，下面介绍几个系统优化的技巧：

（1）减少自动运行项。许多软件都有自动启动项，并在系统通知区域显示图标，这样不仅会降低系统的启动速度，而且这些程序“暗地里”和外界通信，也会产生烦人的通知消息。为清理自动运行项，可下载一个系统优化软件，通过其中的启动项管理服务来禁用那些不常用的自动运行软件，提升系统速度。

（2）清理注册表。如果移动或删除文件，该文件原先的位置就会保存到MRU(最近使用）列表中，大大浪费了电脑存储空间。这时，可下载专用的注册表清理工具来定期清理注册表，许多杀毒软件也带有此功能。

（3）检查磁盘。用鼠标右键单击要检查的磁盘，选择“属性”，打开“工具”选项卡，在“自动修复文件系统错误”和“扫描并试图恢复坏扇区”两个选项前打钩，然后单击“开始”。如果单击“开始”后显示“Windows无法检查正在使用中的磁盘”，则可单击“计划磁盘检查”，以便在下次重启动系统的时候进行检查。

（4）整理磁盘碎片。打开“我的电脑”，即可看到硬盘的图标，如本地磁盘C、D、E等，然后右键单击本地磁盘C(或相关盘符)，选择“属性”里的“工具”，找到“碎片整理”，点击“开始整理”即可。

◎ 笔记本电脑的保养

为了尽可能地延长笔记本电脑的使用寿命，需要了解以下电脑保养常识：

（1）液晶显示屏幕表面会因干燥产生静电吸附灰尘，应定期使用专用屏幕清洁剂清理屏幕。注意不要使用酒精等非专用清洁剂，也不要用手指触摸屏幕，以免留下难以清除的指纹。

（2）电脑关机后，定期用喷上键盘清洁剂的专用软布轻轻擦拭键盘表面，并用防静电扇形毛刷来清洁键盘缝隙中的灰尘和碎屑。

（3）冬天，携带笔记本从室外进入室内后，不要马上开机使用，而要等到机器表面与室温相同后再开机，以避免水蒸气凝结，导致主板表面的灰尘导电，造成短路。

（4）如果长时间不使用电脑，也要定期开机运行一会儿，以驱除其内的潮气。

◎ 平板电脑的特点

2010年1月27日，苹果公司发布的iPad引发了“平板电脑”热潮。平板电脑是一款无须翻盖、没有键盘、小到可放入女士手袋，但功能完整的小型个人电脑。它拥有触摸屏（也称为数位板技术），允许用户通过手指触动或滑动进行作业，而不是传统的键盘或鼠标。

平板电脑的主要特点是体积小，携带方便，一般采用小于10.4英寸、带有触摸识别的液晶屏幕，平板电脑集移动商务、移动通信和移动娱乐为一体，具有手写识别和无线网络通信功能，被称为笔记本电脑的“终结者”。

知识链接：iPad的基本功能

iPad的功能众多，而且还在不断增加，但其基本功能主要有以下几种：

（1）收发邮件：支持各大主流邮件服务商，如126、163、Yahoo!Mail、Gmail、Hotmail、AOL等，收发邮件简单快捷。

（2）浏览图片：用手指即可对图片进行缩小、放大或幻灯片观看等操作。

（3）观看视频：高分辨率的屏幕可用来观看任何视频。

（4）打游戏：提供多种游戏，加上大屏幕高清触控屏结合重力感应器的支持，给用户更多乐趣。

（5）欣赏音乐：具有出色的音效，还可使用Genius功能来自动创建多首混合曲目。

(6)iTunes Store：浏览并购买音乐、电视剧、短片等，或者进行影片租赁。

(7)iBooks：阅读和购买电子书。

(8)iWork：轻松处理图形、表格或文字，拥有良好的办公功能。

（9）查阅地图：iPad内置功能强大的地图软件，可轻松搜索用户所需的路线及其周边设施。

◎ 电脑病毒防范措施

为了保证电脑安全，避免电脑中的资料丢失或泄露，需要注意以下电脑病毒防范技巧：

（1）尽量安装性能稳定的正版杀毒软件，并及时更新病毒库。常用杀毒软件有瑞星、卡巴斯基、金山、360等。

（2）使用从其他电脑上复制资料的U盘、移动硬盘或光碟时，要先用杀毒软件检查病毒，确保没有电脑病毒后再使用。

（3）在进入互联网前，先启动杀毒软件的病毒防护功能，这样不但可预防感染病毒，还可查杀部分电脑黑客（Hacker）程序。

（4）给自己发E–mail，看看是否会收到第二封未署标题及附带程序的邮件，如果是，则需要杀毒或重装系统。

（5）把所有以exe与com为扩展名的文件设定为“只读”，这样一来就算病毒程序被激活，也无法对其他程序进行写操作，就不会感染可执行程序了。

（6）当Word识别出一个打开的文档中具有自动执行宏时，它会出现一个对话框，让用户选择是否打开宏，为了预防宏病毒，一般选择“取消宏”按钮。

◎ 电脑常见小故障的解决方法

当电脑出现一些常见故障而又已过保修期时，可先尝试自行检查并解决故障。具体的方法有以下几种：

（1）电脑运行时，机箱内发出“嗡嗡”的噪声，多是因为风扇表面以及散热器缝隙聚集了太多的灰尘，导致风扇运转不畅。应将其拆下，将散热器擦拭干净，用酒精擦拭风扇，并为风扇滴入1～2滴高质量的润滑油。

（2）电脑死机，多是由于散热不良或资源冲突等原因，应清洁或更换风扇或减少电脑中的启动项，避免资源冲突。

（3）电脑开机无法启动，须多次按复位键才能进入系统，多是风扇轴承润滑油凝固引起的，滴加高质量的防冻润滑油即可。

（4）电脑提示“虚拟内存不足”，多是虚拟内存设置过小或者虚拟内存所在硬盘空间容量不足所致。最好重新设置虚拟内存：用鼠标右键点击“我的电脑”，选择“属性”，点击“高级”，在“性能”一栏点击“设置”，点击“高级”，点击“虚拟内存”一栏的“更改”按钮，选中虚拟内存的设置硬盘（多在C盘，也可选空间较大的其他硬盘），在“自定义大小”一栏中，输入“初始大小”和“最大值”，点击“确定”。

知识链接：电脑的数据恢复技巧

当电脑中的数据丢失后，一般可采取以下方式来恢复：

（1）误删除文件后，可立即使用RecoverNT、EasyRecovery等具有反删除及文件修复功能的工具软件进行恢复。使用方法是：启动软件，选择要恢复资料的硬盘分区，再按照提示要求，点击“下一步”。然后，软件将自动扫描分区，显示所有详细文件信息，包括已经被删除的文件，选中你想恢复的文件，另存一份即可。

（2）误格式化分区后，不要在被格式化的硬盘中存入任何数据，应立即将被破坏的硬盘装到另一台装有Windows系统的电脑上并设成从盘，然后使用EasyRecovery、Finaldata、RecoverNT等软件进行恢复。

（3）硬盘出现硬件故障而丢失数据后，可找技术力量雄厚的维修点，打开盘体，重新更换和定位磁头，读出数据，或使用特殊的设备直接读出盘片上的数据。

但数据恢复软件不是万能的，因此，还是要定期做好数据备份。

◎ 远离电脑辐射的方法

电脑在工作时会产生和发出电磁辐射（各种电磁射线和电磁波等）、声（噪声）、光（紫外线、红外线辐射以及可见光等）等多种辐射污染，严重的会导致人体内分泌系统紊乱，引发疾病，因此，人们应了解防辐射常识：

（1）电脑辐射最强的是背面，其次为左右两侧，屏幕的正面辐射最弱，因此，别让屏幕的背面朝着有人的地方，或是与人保持50～75厘米以上的距离。

（2）调整好屏幕的亮度，屏幕亮度越大，电磁辐射越强，反之越小。但也不能调得过暗，否则易造成眼睛疲劳。可在显示屏上安装一块电脑专用滤色板（玻璃或高质量的塑料滤光器为佳），以减轻辐射的危害。

（3）在电脑旁放上几盆仙人球，它们可以有效地吸收辐射。

（4）在使用电脑后，脸上会吸附不少电磁辐射的颗粒，要及时用清水洗脸，这样可减轻所受辐射。

（5）平时多食用胡萝卜、白菜、红枣、橘子、动物肝脏等富含维生素A和蛋白质的食物，并多饮茶，茶叶中的茶多酚等活性物质有利于吸收与抵抗放射性物质。

第四节　微　博

◎ 什么是微博

微博就是每次发布都不超过140个字的微型博客，是表达自己、传播思想、吸引关注、与人交流的便捷的网络传播平台。用户在140字内发表信息，文字、图片、视频、链接都可以嵌入其中。人人都能在微博上交到新朋友、获取新信息，也可能成为意见领袖，只要你说的话有人听。

知识链接：为什么微博有140个字的限制

当年Twitter创始人杰克提出这个想法是因为每条英文手机短信有160个字符限制。杰克希望微博也有字数限制，以便通过短信发送。为了给发送者的名字留出20个字符的空间，杰克便为Twitter规定，每条不能超过140个字符。后来，其他类似微博服务就沿用了这个看似武断却又有无穷趣味的规则。

◎ 拥有一个吸引人的微博

要想拥有一个吸引人的微博，需要注意以下技巧：

（1）多写些个人简介与标签。对不熟悉你的陌生人而言，想让他们成为你的粉丝，最好多填写自己的简介。比如简介上添加了出生地，可能马上得到很多老乡的关注，添加了喜欢的书或导演，可能马上就得到很多书迷、影迷的关注。

（2）多设置几个微博标签。标签意味着用简短的字句标示自己的特点，很直观，可以让人迅速增加对你的认识，产生关注你的欲望。还可以让用户通过点击标签搜索到你，让与你有相同点的人快速发现你。

（3）微博的头像要吸引人。在文字居多的微博里，想让自己的微博出位，头像上也要下工夫。可以使用自己的写真照，或者颇有特色的照片。如果不用照片，可以用一些让人过目难忘的图片，也会增加人气。

（4）设置独特的微博“皮肤”。微博的“皮肤”，就是微博页面的背景图。讨人喜欢的微博皮肤不仅增加了微博的印象分，还会让人觉得你是认真在玩微博。微博服务商提供微博换皮肤的功能，既可选择系统提供的皮肤，也可以上传自定义图片作为皮肤。

（5）多发布微博。随时在微博上发布自己的心得体会，说得多了，总会有人对你说的话产生好感和共鸣，他们自然就成为你的粉丝了。不过你说的话需要有内涵、有意思，别把自己塑造成一个讨人厌的话痨。

（6）为微博添上职业色彩。微博中的职业色彩也是吸引听众的重要因素。有些职业在微博上有天然的吸引力，比如新闻媒体人员、公务员、金融行业人士等被关注的程度就很高。

（7）使用微博秀。微博秀可向访问你的博客或网站的用户展示微博个人信息，最新发表的微博消息以及最新的若干位听众，并可通过点击查看微博消息，访问你的微博页面。

知识链接：什么是微博话题和“#”号标记

因为微博实时性强的特点，在一定时间内，不同微博内容可能涉及多个热点话题。人们为了方便查找、搜索同一个话题，就用#号在表示话题的关键字前后进行标记。微博服务通常会用不同颜色显示话题关键字，且直接附有搜索链接。这样，寻找同样话题或话题关键字就非常容易了。

◎ 如何利用微博与人互动

要利用微博与人互动，需要注意使用微博中以下功能（以新浪微博为例）：

（1）转发和评论。“转发”就是把别人的微博作为引用对象，可以添加或者不添加自己的评语，当做自己的一条微博内容发布出来。“评论”则是直接在别人发布的微博上，回复自己的观点、意见。

（2）关注和被关注。点击“关注”另一个微博主，就可以在自己的微博页面上看到该微博主的实时更新。你也就成了这位“被关注”的微博主的一名“粉丝”。“关注”哪些微博主是由你自由选择决定的，可以随时“关注”某一个人，也可以随时“取消关注”某一个人。

（3）甄选微博关注对象。千万要珍惜你的关注。比如新浪微博的关注上限为2000人，那么在注册的时候，先别关注微博推荐的名人微博，因为对方不太可能也关注你。如果一个用户关注者很多但他关注的人很少，这样也不要关注。总而言之，你关注的对象一定要很活跃，这样，你去关注他，才会有被他关注的可能。

另外，不同的网站，微博中的术语有所不同，如新浪微博与搜狐微博的“转发”在腾讯微博为“转播”；新浪微博与搜狐微博的“关注”在腾讯微博为“收听”等。

◎ 怎样用手机发微博

手机发微博，既简单又方便，步骤如下：

（1）根据手机系统选择相应的微博客户端，下载安装。

（2）点击安装好的手机微博客户端，进入微博发布界面，写好博文，还可以实时拍摄图片发送。

手机发送文字微博对流量和上网速度的要求不高，一般的GPRS网络完全能满足。而发图片的话，GPRS稍微慢一些。如果你是“微博狂人”，还是建议开通3G上网服务或者在有Wi-Fi的环境下使用。

◎ 微博的安全防范

现在，有很多人用微博记录自己的生活，然而，这有可能泄露你的个人隐私，为你的生活带来不少麻烦，因此，在玩微博时要学会自我保护。

（1）不要随便公开QQ号和邮箱地址。如果需要留下QQ号、邮箱地址等信息，建议最好备一个专用QQ号或者邮箱。或是不规则地在QQ号、邮箱地址之间留出空格，或大写、小写英文混合书写，这样的信息搜索引擎搜不出来。

（2）设置网络ID不要一味追求独特。有很多人在注册不同社区、不同论坛时喜欢用同一个名字，而且这个名字往往十分特殊，以避免和别人重复。其实这样就给自己设定了一个网络身份证，很容易被别人找到，可选用一些常用词汇作为ID。

（3）个人相册要对陌生人加密。一个陌生人如果通过上面的方法找到了你的博客空间，而你的照片又赫然在上，那你的肖像权就可能被侵犯。

（4）对“签到”游戏要谨慎。现在很多人喜欢玩“签到”游戏——利用智能手机的全球定位系统，定位自己的精准地理信息，并分享到微博等社交类网站。谁“签到”的次数多，谁就成为该地点的“地主”。然而很多网友因为玩“签到”，在微博上泄露了自己的行踪，甚至包括自己的家庭住址、单位地址等私人信息，在微博上不断被人骚扰，因此这个地理信息功能还是少用为妙。

第五节　网　络

◎ 常用的几款网页浏览器

网页浏览器是人们浏览网络资料的重要工具，目前常使用的网页浏览器有以下几种：

（1）微软IE浏览器：多为系统默认浏览器，对web站点有强大的兼容性，有大量的安全更新，但功能不够人性化，速度较慢。

（2）360安全浏览器：使用快捷方便，功能比微软IE浏览器更强大。

（3）搜狗浏览器：拥有国内首款“真双核”引擎，有教育网加速功能，很适合上国外的网站。

（4）世界之窗浏览器：占用的内存小，功能实现更加直接，便于优化，但功能较少。

（5）火狐浏览器：强大的扩展插件系统，可以满足人们多种个性需求，但占用内存较大。

（6）谷歌浏览器：浏览速度在众多浏览器中走在前列，属于高端浏览器。

（7）苹果Safari浏览器：浏览速度较快，功能强大，但占用内存较大，且因其专为苹果系统设计，因此，对Windows操作系统支持不够，可能出现不兼容或假死崩溃现象。

（8）Opera浏览器：版本更新快，占用内存小，浏览速度快，但定制功能太强，不易操作。

知识链接：常用的网络加速软件

要想加快网页浏览速度，可在电脑上安装一些网络加速软件。常用的网络加速软件有：

（1）网际速递加速器：不占用系统资源、不占内存、不损伤电脑硬件，外观有些模仿MSN的界面，小巧精致。

（2）傲盾网络加速器：免费产品中效果不错的一款加速器，适合对加速效果要求不高的用户使用。

（3）非凡加速器：一款专业网络游戏加速软件，操作简单，无需安装。

（4）统一加速器：具有高性能的网络优化各ISP网关、大幅改善网页浏览速度和不同网络访问速度的特点，不等同于其他通过代理服务器等方法来提速的网络加速软件。

（5）飞狐加速器：能快速解决网络游戏卡的问题，适用各种网络游戏、语音、网页加速，是让电信、网通、铁通、教育网和移动互访互通的加速器。

（6）VideoSpeedy(P2P加速器)：视频加速器，使在线观看视频更流畅。

（7）NETPAS ACC网络加速器：网游加速与教育网用户首选。

（8）迅游加速器：支持面广，效果稳定，对游戏的支持较好，但安装包太大，占用系统资源多。

◎ 常用的中文论坛

论坛又名网络论坛BBS，是互联网上的一种电子信息服务系统，它提供一块公共电子白板，每个用户都可以在上面书写以发布信息或提出看法，相当于一个网络讨论区。

目前比较常用的中文论坛有以下这些（排名不分先后）：

（1）中华网论坛http://club.china.com/
（2）新浪论坛http://people.sina.com.cn/
（3）天涯社区http://www.tianya.cn/bbs/
（4）猫扑社区http://www.mop.com/
（5）百度贴吧http://tieba.baidu.com/
（6）网易社区http://club.163.com/
（7）QQ论坛http://bbs.qq.com/
（8）搜狐社区http://club.sohu.com/
（9）泡泡社区http://www.ippao.com/
（10）西陆社区http://club.xilu.com/
（11）西祠胡同http://www.xici.net/
（12）凯迪社区http://club.kdnet.net/
（13）Chinaren社区http://club.chinaren.com/
（14）铁血社区http://bbs.tiexue.net/
（15）新华网论坛http://forum.home.news.cn/
（16）华声论坛http://bbs.voc.com.cn/
（17）上海热线BBS http://bbs.online.sh.cn/
（18）PChome社区http://bbs.pchome.net/
（19）泡泡俱乐部http://pop.pcpop.com/
（20）凤凰论坛http://bbs.ifeng.com/

知识链接：流行的网络语言

网络语言以其简洁生动的特点，一诞生就受到广大网友的偏爱。目前流行的网络语言有：

偶、私、俺（我）
童鞋（同学）
银（人）
TX(同学、腾讯)
楼上、LS(前一个发帖子的人)
楼下、LX(下一个发帖子的人)
Hold住（掌控局面、控制情绪）
给力（给劲、带劲）
伤不起（不要再提）
有木有（有没有）
你懂的（你明白的）
虾米、神马（什么）
神马都是浮云（不值得一提，什么都是浮云）
雷（对方说话让自己出乎意料）
额（正在进行思考、无语、倒）
闪（离开）
囧（郁闷、悲伤、无奈）
拍砖（发表不同意见）
灌水（发无聊的帖子）
OUT(老土、落后)
94(就是)
表要（不要）
稀饭（喜欢）
酱紫（这样子）/酿紫（那样子）
肿么了（怎么了）
顶（同意）
汗（无语）
灰常（非常）

◎ 知名度较高的原创小说网站

和传统图书不同，原创小说网为人们提供了写作的机会，也掀起了网络小说阅读的热潮。目前知名度较高的十大原创小说网站有：

（1）起点中文网（http://www.qidian.com）：著名网络写手多。

（2）小说阅读网（http://www.readnovel.com）：作品以青春向上的风格为主，网页设计简洁。

（3）晋江原创网（http://www.jjwxc.net）：影响较大的女性文学基地。

（4）红袖添香（http://www.hongxiu.com）：国内较具影响力的纯文学网站，网页设计唯美优雅。

（5）潇湘书院（http://www.xxsy.net）：集合原创、武侠、言情、科幻等多种体裁小说。

（6）逐浪网（http://www.zhulang.com）：前身为国内著名的文学站点——文学殿堂，小说种类多。

（7）言情小说吧（http://www.xs8.cn）：作品以言情小说为主。

（8）飞库网（http://www.feiku.com）：第一家集网上发表、在线阅读、多种格式下载移动阅读、手机wap上网阅读于一身的大型网站。

（9）世纪文学（http://www.2100book.com）：包括玄幻、言情、武侠等多种体裁小说。

（10）17K小说网（http://www.17k.com）：丰富的藏书、全面的书籍分类以及特色的书籍排行，且拥有自己的wap网站，提供更专业、更多样化的在线阅读体验。

◎ 常用的电子书文件格式

将网络小说下载到电脑或手机上阅读时，需要先了解电子书的文件格式，再选择适合的电子书阅读软件。电子书的文件格式主要有：

（1）TXT：格式比较简单、体积小、存储简单方便，但不支持Flash和Java及常见的音频视频文件。

（2）PDF：具有纸版书的观感和阅读效果，可以逼真地展现原书的面貌，且显示大小可任意调节，给读者提供了个性化的阅读方式。

（3）PDG：是超星数字图书馆浏览器的专有格式，具有多层TIFF格式的优点，由于采用了独有的小波变换算法，图像压缩比很高。

（4）EXE：美观漂亮，功能多，可实现章节目录翻页滚屏，排版整齐，不需要借助任何阅读软件，但体积较大。

（5）CAJ：是清华同方公司开发的文件格式，中国期刊网提供这种文件格式的期刊全文下载，可以使用CAJViewer在本机阅读和打印通过中国期刊网全文数据库获得的CAJ文件。

（6）CEB：能够保留原文件的字符、字体、版式和色彩的所有信息，包括图片、数字公式、化学公式、表格、棋牌以及乐谱等，同时，该格式对文字图像等进行很好的压缩，文件的数据量小。

知识链接：常用的电子书阅读软件

根据不同的电子书文档格式，可选择不同的电子书阅读软件：

（1）Adobe Reader：阅读PDF文档。

（2）DynaDoc Reader华康阅读器：阅读WDL、WDF文档。

（3）Dcpreader：阅读DCP文档。

（4）CAJViewer：阅读CAJ、NH、KDH、ASP(需将扩展名改成.CAJ)文档。

（5）PDF阅读器：阅读PDF文档。

（6）WinCV：阅读NFO、DIZ文档。

（7）SSReader超星图书浏览器：阅读超星PDG格式文档。

（8）文本文件阅读器：阅读TXT、CPP、ASM、PAS、PHP、PL、CGI、BAS文档。

（9）漫画阅读器 Eagle 2005：阅读漫画。

（10）Xplus酷乐志：阅读Xplus动感杂志。

（11）方正Apabi Reader：阅读CEB、PDF、HTML、TXT、OEB文档。

（12）电子小说阅览器 2005：阅读TXT、HTML文档。

（13）周博通RSS阅读器：阅读RSS文档。

（14）e-BOOK电子小说阅读器：阅读各种格式文档。

（15）海啸电子小说阅读器：阅读各种格式文档。

◎ 网络安全防范

网络一方面能帮助人们获得许多新信息、结交许多新朋友，另一方面也带来了不小的风险。因此，人们需要注意掌握网络安全防范常识：

（1）为电脑安装防火墙和防病毒软件，经常升级、打补丁、修复软件漏洞。

（2）妥善保管自己的密码，避免将身份证号码、出生日期、电话号码等个人信息作为密码，建议用字母、数字混合密码，还要避免在不同系统使用同一密码，避免在公用的计算机上使用网上交易系统。

（3）不要上一些不太了解的网站，更不要执行从网上下载后未经杀毒处理的软件，或是打开MSN、QQ、电子邮箱传送过来的不明文件。

（4）注意电子邮件欺诈：不要理睬那些向自己索取个人信息的邮件，比如要求用户提供密码、账号等信息，或推销超低价、海关查收品的邮件，或平白无故通知你中奖的邮件。

（5）防范“假冒的银行”：将常用的银行网页放入收藏夹中，不要从百度、谷歌等搜索引擎上直接搜索。进入网页后要先核对网址是否与真正网址一致，以免误入网上银行的假网页，泄露自己的银行卡卡号、密码，被不法分子窃取资金。

（6）在网上银行、网上证券等平台办理转账和支付等业务时，一定要做好记录，定期查看“历史交易明细”和打印业务对账单，如发现异常交易或差错，立即与有关单位联系。

（7）当网页出现异常时，如遇到类似“系统维护”之类提示时，应立即拨打有关客服热线进行确认，万一资料被盗，应立即修改相关交易密码或进行银行卡、证券交易卡挂失。

知识链接：什么是云计算

云计算（cloud computing）是一种基于互联网的计算方式，通过这种方式，共享的软硬件资源和信息可以按需提供给计算机和其他设备。它的核心思想是将大量用网络连接的计算资源统一管理和调度，构成一个计算资源池，向用户提供按需服务。

目前，云计算已开始应用于云物联、云安全、云存储、云游戏等方面。

第二章

汽车的选购、使用和养护

21世纪，汽车进入寻常百姓家庭，逐渐成为常用的代步工具。人们在享受汽车带来便捷的同时，必须保证行车安全，这就要从选购一辆优质的汽车开始，掌握正确的驾驶技术，并了解车辆养护常识。

第一节　车辆选购

◎ 汽车的驱动模式

驱动模式是指汽车发动机的布置方式以及驱动轮的数量、位置的形式。驱动模式是购车的重要参考因素，分为三种：

（1）前置前驱（FF）：指发动机前置、前轮驱动的驱动形式，大部分中、小型汽车都采用此种驱动形式。其优点是省了传动轴，减轻了车重，结构比较紧凑；同时，由于发动机前置，增加前轴的负荷，提高了轿车高速行驶以及在积雪或易滑路面上行驶的方向稳定性。其缺点是启动、加速或爬坡时的牵引力不足；另外，若是发生正面碰撞事故，其发动机及其附件容易遭受较大损失。前置前驱的代表车型有大众迈腾、丰田凯美瑞、奥迪A3、奔驰B级等。

（2）前置后驱（FR）：指发动机前置、后轮驱动的驱动形式，大多数货车、部分客车以及中、高级轿车都采用此驱动形式。其优点是前后桥承载的负荷基本一样，动力性强，在启动、加速和爬坡时牵引力较大。其缺点是由于采用传动轴装置，不仅增加了车重，也降低了动力传动系统的传动效率，影响了燃油经济性；同时，在雪地或易滑路面上启动或加速时，由于后轮推动车身，容易发生甩尾现象。前置后驱的代表车型有丰田锐志、宝马3系、奔驰C级、法拉利599等。

（3）四轮驱动（4×4或4WD）：又称全轮驱动，是指汽车前后轮都有动力，可按行驶路面状态不同而将发动机输出扭矩按不同比例分布在前后所有的轮子上，以提高汽车的行驶能力。四轮驱动又分为全时驱动(Full−Time，AWD)、兼时驱动(Part−Time，4×4)、适时驱动(Real−Time，4WD)和兼时／适时混合驱动（2×4）四种驱动模式。

全时驱动：汽车在行驶的任何时间，都是以四个轮子独立推动。全时驱动汽车具有良好的驾驶操控性：平衡性较强、震动小、抓地力强，最能适应在松软地面（泥地、雪地、草地等）的直行，但不适合在前后轮需要有转速差的硬地面行驶，且比较费油，不够经济，因此多用于越野车和高级轿车。比如，奥迪汽车中的A8、A6、Q7、A5、A4、TT系列。

兼时驱动：由驾驶员根据路面情况，通过接通或断开分动器来变化二轮驱动或四轮驱动模式，这也是一般越野车或四驱SUV(运动型多用途车）最常见的驱动模式。优点是可根据实际情况来选取驱动模式，比较经济；缺点是其机械结构比较复杂，驾驶员要具有一定的经验才能掌握好切换时机。

适时驱动：电脑控制，根据不同的路面转变不同的驱动方式，正常路面一般采用后轮驱动，如果路面不良或驱动轮打滑，电脑会自动测出并立即将发动机输出扭矩分配给其他两轮，切换到四轮驱动状态，操作简单。缺点是电脑即时反应较慢。

兼时／适时混合驱动：可由驾驶员手动转换驱动模式，也可由电脑根据路面情况自动转换驱动模式，稳定性较强，适用于多种路面，多用于越野车，较费油，价格较为昂贵。

◎ 汽车的排量

按照中国标准，轿车按发动机排量大小可分为微型汽车（1升以下）、普通级轿车（1～1.6升）、中级轿车（1.6～2.5升）、中高级轿车（2.5～4升）、高级轿车（4升以上）。

通常排量越大，单位时间发动机所释放的能量（即将燃料的化学能转化为机械能）越大，动力性就越好，但百公里油耗也越大。

知识链接：什么是新能源汽车

不使用汽油、柴油发动机，而使用其他能源发动机的汽车，即为新能源汽车，包括燃料电池汽车、混合动力汽车、氢能源动力汽车和太阳能汽车等，其废气排放量比较低，相比传统汽车更加环保。

中国新能源汽车产业始于21世纪初。2001年，新能源汽车研究项目被列为国家“十五”期间的“863”重大科技课题。

◎ 怎样检查汽车的外观

选定车型后，还要注意检查车辆外观的几个部位：

（1）车身：车身有无小坑、剐蹭；车身各个部分接缝是否均匀；将车门、机器盖、后箱都打开、关闭几次，检查机构运转情况；各玻璃、大灯、塑料件有无裂纹；反光镜能不能折叠；防撞条粘贴以及挡泥板安装是否牢固；轮胎颜色款式是否一样。

（2）车门：依次打开每扇车门观察是否有下垂现象；将门慢慢打开到推不动为止，感觉限位开关是否起作用、有无异响；轻关车门，有沉重感的说明密封很好，有撞击声说明阻力和密封不好。

（3）灯光和电器：灯光亮度以及闪烁频率是否相同，电动窗是否能同时工作；空调暖气是否暖和，冷风是否凉爽。

（4）内饰：仪表台接缝是否均匀；地胶粘贴是否平整；座椅电动功能是否正常；后备箱是否平整干净。

◎ 试驾的注意事项

检查完汽车外观后，还应通过试驾来进一步检验汽车性能：

（1）测试发动机。启动发动机时看是否快捷，发动机怠速运转是否连续、平稳，有无杂音、异响。轻踩油门感受发动机加速响应是否连续，怠速是否仍然稳定，同时观察发动机底部是否有液体漏出。

（2）测试操控性。在行车中，小幅度、轻轻晃动方向盘，看前轮能否随着方向盘发生晃动，以测试转向机反应速度和灵敏度。经验丰富者可通过“蛇形绕桩”测试车辆的侧倾程度、悬挂调校软硬、转向机精确程度、轮胎搭配等操控性指标。

（3）测试制动系统。可试着以不同的力度踩刹车踏板，特别是在低速行驶时轻踩刹车，以测试刹车的力度和敏感性，看看轻踩刹车是否立即有反应，重踩刹车能否迅速停下，而且不跑偏。对于有ABS(防抱死制动系统）的车辆而言，在踩刹车踏板时能体验到ABS的反作用力；对于试驾带ESP(电子稳定程序)的车辆，可以将ESP关闭，体验带ESP和不带ESP车辆的差别。

（4）测试悬挂系统。汽车悬挂系统是指由车身与轮胎间的弹簧和避震器组成的整个支持系统。在时速40千米左右状态下急转弯，感受车辆侧倾程度，还可以做“蛇形绕桩”驾驶，这也能体现车辆悬挂调校软硬。悬挂软硬各有好处，悬挂软减震性就好，能提高车辆乘坐舒适度，很多日系车就是这样；而偏硬的悬挂能提高车辆操控性，更具运动感，很多欧系车就具有这个特点。

（5）测试动力性。对于手动挡车辆，试驾中要感觉各挡位是否清晰，换挡过程是否平顺以及换挡行程的长短，不应出现卡壳、挂不上挡或者换挡齿轮异响等情况。对于自动挡汽车，直接将挡位放在D挡，看看车速能否随着转速提升而迅速提高。

（6）测试舒适性。驾车到坑洼路面感受车辆的减震效果；测试车辆噪声高低，可启动发动机处于怠速状态，然后关闭车窗并打开车载收音机，看发动机运转时是否会影响收音机接收信号效果，是否影响车内驾乘人员对话；所有座位都备有安全带，最好是三点式安全带，前排座位一定要配备安全气囊，最好是双安全气囊。

知识链接：购车付款时必查的新车凭证

在购买新车付款前，一定要先查看车辆的以下凭证：

（1）车辆合格证：合格证是汽车质量的一个重要凭证，注意合格证上的号码要与车上的发动机号码、车架号码一致。

（2）三包服务卡：根据有关规定，汽车在一定时间和行驶里程内，若因制造质量问题导致的故障或损坏，凭三包服务卡可以享受厂家的无偿服务，但灯泡、橡胶等汽车易损件不包括在内。

（3）车辆使用说明书：使用说明书同时注明了车辆的主要技术参数和维护调校所必需的技术数据，是修车时的参照文本。应根据使用说明书来检查车型、功率、座椅数量、发动机等是否与其吻合。注意，有些车辆发动机有单独的使用说明书，有些车辆的某些选装设备有专门的要求或规定，这时消费者都要向经销商索要有关凭证。若不按使用说明书的要求使用而造成的车辆损害，厂家不负责三包。

（4）购车发票：付款前一定要确定经销商能开具正规的购车发票，向经销商索要购车发票，并确认其有效性。

◎ 购车的基本流程

● 选车

事先了解汽车知识和汽车市场形势，去正规的4S店选购中意的车型，并根据上节指导进行试驾。

签订购车合同，付款

合同中要包括以下内容：

（1）汽车的品牌、发动机号码、车架号码。

（2）应列明车辆交易的总价款（光车价或包牌价），付款方式和期限。

（3）车辆的交付方式和期限。

（4）质量纠纷和异议的处理。

（5）售后服务条款，应重点列明经销商应承担何种义务，详细内容可参照《中华人民共和国产品质量法》、《中华人民共和国民法通则》和《中华人民共和国消费者权益保护法》的有关条款。

（6）违约责任，对一方违反合同的约定或不能全面、适当地履行合同义务时该承担何种责任，也需要详细约定。

（7）争议的解决方式，如仲裁、诉讼。

（8）约定合同的管辖地，如买车人户籍所在地、经销商登记所在地或双方指定的其他地点；如果约定不明，则适用《中华人民共和国民事诉讼法》规定的条款。

发票的工商验证

持购车发票在各区工商局机动车市场管理所或汽车交易市场的代办点加盖工商验证章。需提供以下证明：购车发票、汽车出厂合格证明（合格证）、单位代码证或个人身份证（进口车辆须提供海关证明、商检证明）。

办理车险

按车辆实际价值足额投保，投保种类主要包括车辆损失险、第三者责任险（包括交强险和商业三责险）和全车盗抢险这三类主险，还有划痕险、车上责任险、车辆停驶险、不计免赔险、无过失责任险、自燃损失险、玻璃单独破碎险等附加险种。注意不要超额投保，也不要重复投保。

办理购置税

填写《车辆购置税纳税申报表》，并提供以下证明的原件和复印件：

（1）车主身份证明：身份证或入境的身份证明和居留证明或《组织机

构代码证》。

（2）车辆价格证明：统一发票或《海关关税专用缴款书》、《海关代征消费税专用缴款书》或海关《征免税证明》。

（3）车辆合格证明：整车出厂合格证明或《中华人民共和国海关货物进口证明书》或《中华人民共和国海关监管车辆进（出）境领（销）牌照通知书》或《没收走私汽车、摩托车证明书》。

（4）税务机关要求提供的其他资料。

● 办理新车牌照

办理新车牌照的基本流程是：

（1）提交办理购置税时所需材料，填写《机动车注册登记申请表》，向机动车所有人住所所在地的车辆管理所申请注册登记，并交验车辆。

（2）验完车后，缴纳相关费用，领取受理凭证，到自主编排选号机上选牌照号。注意，北京市规定新车上牌照需提前申请摇号。

（3）持身份证明与缴费凭证到办证大厅领证窗口领取登记证书、车辆行驶证和车牌号。

● 缴纳养路费

持车辆行驶证及个人身份证到当地养路费稽征所或相关银行缴费点缴纳养路费，同时领取缴费卡。

◎ 购买新车后，如何处理旧车

要想让自己的旧车快速地卖出去，需要注意以下几点：

（1）车辆最好不要有汽车保险多次出险、关键部位大修、不按厂家规定定期保养、磕碰和修补痕迹过多等情况，以避免车辆的使用折旧率过高，直接影响车辆的售价。

（2）车辆手续要完整，税费凭证要齐全，最好不要有重大违章记录。

（3）二手车行业规定是以基本型的价格定为原始购车价格来计算重置成本的，再扣除车辆的折旧率之后才是车辆的收购价格。因此，车辆配置高并不等于二手处理价就高，卖主不要有过高期望。

（4）最好找专业的评估机构对车辆进行测试评估，不但可以知道车辆的真实信息，同时也可以得到一个相对合理的评估价格作为参考。

（5）多去二手车交易市场，多找二手车经纪公司询问市场行情，几家对比，就可以得出一般的市场价格。

（6）可通过二手车经销商处理旧车，也可在第一车网等专业二手车买卖网站上发帖售车。

（7）达成交易后，及时办理过户手续。

◎ 租车的注意事项

汽车租赁因为具有无须办理保险、无须年检维修、车型可随意更换等优点，越来越受人们的喜爱。租车时，应注意以下事项：

（1）要选择正规的汽车出租公司，并了解所租车辆的投保情况。

（2）了解车的日限公里数和超出限数后的计费标准。一般中档轿车的日行驶里程应在120公里以内，但也有许多租赁公司是不限公里数的。

（3）认真了解续租规定及租赁超时的计费规定，以免无法及时还车，与租赁公司发生纠纷。

（4）在租车合同中明确规定双方的责任。

（5）取车前要验车，先要从外观上对车辆进行检查，如车体有无划痕、车灯是否完整、车锁是否正常等。然后打开车盖，查看冷冻液、机油、电瓶的状况，再进行试驾，检查油表、刹车、空调的运行状况，均无异常后，再在验车单上签字。

（6）一旦发生事故，首先要和租赁公司联系，在他们的指导下向交警和相应的保险公司报案，这样有利于顺利获得保险公司理赔，但保险公司不予理赔的部分由承租人自行承担。此外，非租车责任人驾驶出现的事故不在理赔范围内，全部由租车人自己承担。

（7）归还车辆时，外观、内饰以及性能均要与租赁时相符。

◎ 常见的租车陷阱及纠纷

在租车时，最容易出现陷阱及纠纷的情况有以下五种：

（1）临时换车。例如很多婚庆公司自身不具备拥有多辆豪华车的条件，而是作为中介帮助新人协调婚车，一旦遭遇结婚旺季，婚车就难以保证完全按时按数到达，承租人往往被迫临时换车。

（2）险种不全。汽车租赁公司的租赁汽车至少要具备四个基本险种：盗抢险、车损险、第三者责任险和司乘险。但是，个别租赁公司出于侥幸心理，往往只投保国家强制执行的第三者责任险，一旦汽车出现事故，受到损害最大的是承租人。因此，租车时一定要查明车辆保险情况。

（3）私家车挂靠在租赁公司。许多汽车租赁公司都有私家车加盟，但保险公司规定私家车上路参加营运的，发生事故后一律不予理赔。因此，在签订租车合同前，一定要确认所租车辆的属性。

（4）隐瞒车况。一些租赁公司为降低经营成本，尽量减少汽车的维修保养，导致难以确保向承租人提供车况优良的汽车。特别是在假日等租车高峰期，租车频率高，隐瞒车况的情况时有发生。因此，租车时一定要严格验车。

（5）赔偿标准不明确。除交通事故外，因为缺少相应的赔偿标准明细，承租者在还车时，由于一些划痕、轻微碰撞等，常常会遇到租赁公司验车人员没有标准的“随口价”，最典型的就是找借口不退还押金。因此，在签订租车合同时一定要明确赔偿标准，越细越好。

第二节　行车安全及车辆养护

◎ GPS导航仪的正确使用方法

GPS是英文Global Positioning System（全球定位系统）的简称，它能对目的地及周边环境进行精准查询，在日常生活中主要应用于人们开车出行的地图导航。使用GPS导航仪时，有几点需要注意。

● 正确选择导航模式

（1）系统推荐模式：自动进行时间、费用、路程的优化，适合初次使用GPS者。

（2）最短路径模式：从出发地到目的地理论上的最短距离，在市内行驶时可能会因为单方面追求最短距离而违反交通规则，较适合长途行驶。

（3）最快路径模式：为了追求最快到达目的地，会尽量走城市主干道和高速公路，因此会产生绕路或有交高速公路费的情况，较适合长途行驶。

（4）不走高速模式：可在长途行驶时节省高速公路的费用。

注意，GPS路径规划中有时会出现违反当地实际交通规则的情况，因此，使用GPS的同时要按当地交通规则实际情况进行适当调整。

● 定期升级地图

定期升级GPS的地图信息，可直接让GPS的销售商免费升级，也可到GPS品牌官网上下载相应的升级包到GPS里，从GPS主界面进入系统设置，双击系统升级，按提示进行升级，完成后关闭GPS，重新启动即可。

● 日常养护

（1）使用相配套的充电器，否则会烧掉IC(集成电路)，严重的会把机器里的程序烧掉；在汽车发动前及停车前不允许给GPS充电，否则会烧坏主板。

（2）在导航时不要直接拔出信息存储卡，否则容易导致系统信息丢失，甚至卡内的地图信息丢失。应先在导航界面内关闭地图导航系统，然后退出。

（3）不要将GPS留在挡风玻璃下暴晒，以免电池过热引起故障或爆炸等危险情况。

◎ 不同情况下的刹车技巧

我们在实际驾驶中会遇到各种无法预料的情况，这就需要我们掌握一些刹车技巧，避免发生安全事故。

● 爆胎

汽车在行驶过程中遭遇爆胎时，急刹车和迅速收油会使车辆重心前移，使汽车甩尾甚至进入螺旋状态，因此，应慢慢刹车。如果是后轮爆胎，汽车尾部会发生摇摆，但方向不会失控，可反复轻踩刹车，慢慢地将车辆停下。如果是前轮爆胎，则会造成汽车向破胎一侧跑偏，应双手用力控制方向盘，并缓缓松开油门踏板，使汽车利用转动阻力自行停下。

制动失灵

如果汽车在平坦道路上行驶时制动失灵，应迅速从高速挡换入低速挡，利用发动机的牵引作用降低车速。如果汽车在下坡行驶中发生制动失灵，除了利用发动机制动，还可利用路边的障碍物停车。如果汽车在上坡时出现制动失灵，应适时减至中低挡，保持足够的动力驶上坡顶停车；如需半坡停车，应保持前进低挡，拉紧手制动，随车人员及时用石块、垫木等物卡住车轮。如有后滑现象，车尾应朝向山坡或安全一面，并打开大灯和紧急信号灯，引起前后车辆的注意。

车辆侧滑

在转弯时，如果汽车过度制动、车速较高、转向过急，就容易发生侧滑。如果是过度制动引起的侧滑，应松开制动踏板，反向轻回方向盘，使驱动轮恢复牵引力。如果是车速高、转向急引起的侧滑，应松开油门降低车速，同时，根据车速和发生侧滑的状态向出现侧滑的一侧轻打方向盘，使车改变侧滑状态。

方向失控

如果汽车在行驶中方向突然失控，应果断踩刹车，但不能刹车过猛，以免发生侧滑。

知识链接：儿童乘车安全常识

儿童乘车时需要注意：

（1）不要让14岁以下的儿童直接坐在副驾驶座上，也不要抱着儿童坐在副驾驶座上，因为儿童的好动性可能干扰正常驾驶诱发事故，且事故发生时副驾驶座上快速弹出的安全气囊还可能对儿童造成很大的冲撞伤害。

（2）年龄在1岁以下、体重不超过9千克的婴幼儿应选用提篮式安全座椅，且必须将其反向安装，座椅的倾斜度应在30～45度；对于体重在9～18千克的1～4岁的幼儿，应选用后向式安全座椅；对于体重在18～36千克的4～12岁的儿童，应选择朝前式儿童安全座椅、儿童汽车安全增高垫。

◎ 雾天、雨天的开车常识

当人们在雾天、雨天等特殊天气情况下驾车行驶时，需要格外注意。

● 雾天

控制好行车速度，与前车保持一定车距，并打开前后防雾灯。如果没有雾灯，就应该打开示宽灯或危险信号灯。

● 雨天

（1）雨水落在挡风玻璃上，会造成视线模糊，这时要打开防雾灯，并降低车速。夜间下雨时开车还应关闭远光灯，打开近光灯，因为远光灯会形成眩目的光幕而影响视线。

（2）加倍小心避让行人、骑车者，因为雨具会使他们的视觉、听觉都受到影响，往往会听不到汽车鸣号而突然转向或在惊慌失措中滑倒。

（3）雨天路滑，为防车辆侧滑，必须严格控制车速，尽量避免急转弯或急刹车，会车时应根据路况加大侧向间距。当前轮侧滑时，可将方向盘朝产生侧滑的反侧转动，当后轮侧滑时，应将方向盘朝产生侧滑的同侧转动，切不可打反。

（4）路肩和路基被雨水浸泡、冲刷，会变得松软甚至塌陷，因此，行车中应随时注意选择路面，切莫太靠近路边行驶和停车，路况差时尽量不超车，在窄道上会车时应注意选择安全地段，以防路肩或路基松塌导致翻车。

知识链接：夜间驾驶要正确使用灯光

夜间驾驶应正确使用灯光以保证行车安全：

（1）起步前应先开灯，看清前方道路再行驶；停车时，应先停车后关灯。

（2）行驶在没有信号灯的交叉路口时，可通过变换远光灯和近光灯提醒其他车辆和行人注意。

（3）如行驶中全车灯光突然熄灭，应立即制动靠边停车，严禁继续行车。

◎ 安全带的正确使用

安全带是保证乘车者人身安全的重要工具，它有两点式（车后座）、三点式（车前座）和四点式（赛车）三种。正确使用方法是：

（1）调整好座椅的位置，根据需要调整安全带的固定点高度，使安全带位于肩、颈之间，并处于胸腹部的适当位置。三点式腰部安全带应系得尽可能低些，系在髋部，不要系在腰部；肩部安全带不能放在胳膊下面，应斜挂胸前。

（2）将安全带缓慢拉出，插入带扣，听到“咔”的一声即为扣紧，并检查其是否绷紧，确保使用可靠。

（3）汽车停稳后，按下松扣按钮，即可松开安全带。

知识链接：孕妇乘车（开车）安全常识

孕妇在乘坐小轿车或自己开车时，为了保证自身和腹中胎儿的安全，一定要注意以下乘车安全常识：

（1）孕妇尽量坐在后排，并把座椅椅面调成前高后低的状态，靠背也要向后略微倾斜，这样在汽车制动时才不会滑落。

（2）如果孕妇开车，先要调整座椅位置，使脚能轻松触到踏板的同时，还能使腹部和方向盘之间保持尽可能大的距离。

（3）孕妇应使用两点式安全带，将腰部安全带紧贴腹部下方（大腿）从盆腔绕过，系好并拉紧。千万不要将安全带从腹部中间绕过，因为一旦紧急刹车，腹部中间的安全带可能导致子宫内胎盘脱落。为了加强保护，肩部安全带应该紧贴胸部从乳房中间绕过，拉紧。

◎ 正确认识和使用安全气囊

一辆安全性能高的汽车，都会在车内前方（正副驾驶位）、侧方（车内前排和后排）和车顶三个方向设置安全气囊。若汽车方向盘上标有“SRS”或“Airbag”字样，就说明此车装有安全气囊。

当汽车发生正面碰撞时，安全气囊的精密装置会在极短的时间内计算出碰撞的力度，发出信号使气囊快速弹出充气扩张，从而避免乘车者发生二次碰撞，或车辆发生翻滚等危险情况下被抛离座位，减轻对乘车者的损伤程度。

为了更好地发挥安全气囊的作用，需要注意以下几点：

（1）安全气囊是辅助安全系统，须与安全带配合使用。

（2）为保证安全气囊有足够的扩张空间，驾驶者应将座位尽量向后移，距离的标准以能够舒适地控制汽车为准。

（3）不可将婴儿座椅安放在有安全气囊的座椅上，14岁以下的小孩最好坐后排，且相关座位的气囊必须关闭。

（4）汽车挡风玻璃最好不要悬挂小饰物，以免气囊弹出时，造成其他损伤。

（5）开车前，要先检查位于仪表盘上的安全气囊警告灯。在正常情况下，点火开关扭到“ACC”或“ON”位置时，警告灯会亮大约6秒，然后熄灭。如果警告灯一直亮，则表明安全气囊系统损坏，应立即进行修理。

（6）不要敲打安全气囊裸露在外的标识部分，因为气囊中含有一种易被电引爆的化学成分，容易在受到一定外力时被引爆。

（7）气囊开启后，必须重新安装新的气囊，同时更换碰撞传感器和安全带拉紧器。

知识链接：车辆碰撞时的司机自保动作

当看到汽车即将发生碰撞时，司机要学会自保：

两手交叉紧握方向盘两边，用力收腹弓腰，额头埋在臂弯里，以免腰椎垂直受力，减小身体摆动幅度并减轻损伤程度。两手交叉握紧方向盘两边既可以固定身体，又能减缓方向盘对胸部的撞击，如图2.1所示。

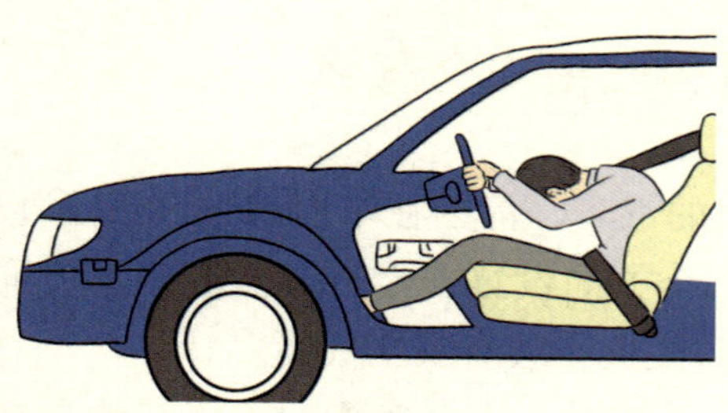

图2.1　汽车发生碰撞时的司机自保动作

◎ 交通事故基本处理方法

● 报警

辨明事故双方车辆受损及人员伤亡情况，如有人员伤亡，应立即拨打122报警电话，并拨打急救电话120、999，及时抢救伤员，同时注意保护事故现场，等待交通警察前来勘察。

● 向保险公司备案

出现交通事故后，首先应明确双方责任，然后立即打电话给保险公司报告事故备案，以便日后保险索赔。

● 双方和解

如果是轻微财产损失的交通事故，双方可私下和解，并填写《道路交通事故损害赔偿协议书》，当事双方共同签名。然后送车辆去相应的定损点定损，再凭《道路交通事故损害赔偿协议书》、定损单、维修发票等资料进行车辆保险报销。

● 交警处理

如果当事双方和解不成或有人员伤亡，应交由交通警察处理。交通警察勘察事故现场，并根据当事人的行为对发生道路交通事故所起的作用以及过错的严重程度，确定当事人的责任，提供《道路交通事故认定书》，由当事人签名。

因收集证据的需要，公安机关交通管理部门可以扣留事故车辆及机动车行驶证，并开具行政强制措施凭证。公安机关交通管理部门不得扣留事故车辆所载货物，但可扣押与事故有关的物品，并开具扣押物品清单一式两份，一份由被扣押物品者持有，一份附卷。

注意，在轻微财产损失的交通事故中，如果事故双方没有及时撤离现场而造成交通堵塞，交通警察有权对当事双方处以200元罚款。

● 申请复核

当事双方对《道路交通事故认定书》有异议的，可以自《道路交通事故认定书》送达之日起3日内，向上一级公安机关交通管理部门提出书面复核申请，并载明复核请求及其理由和主要证据。上一级公安机关交通管理部门收到当事人书面复核申请后5日内，应当决定是否受理；自受理复核申请之日起30日内进行审查，给出复核结论，并召集事故双方当事人，当场宣布复核结果。原办案单位应重新制作《道路交通事故认定书》，撤销原《道路交通事故认定书》。

注意，上一级公安机关交通管理部门复核以一次为限。

知识链接：自行协议处理交通事故的索赔流程

对于较轻微的、无人员伤亡的交通事故，可根据双方责任的不同而采取以下自行处理办法：

（1）一方全责。对于由一方当事人负全部责任的交通事故，双方当事人应到全责方保险公司进行定损，并索赔：无责方损失在2000元以下部分由全责方交强险（机动车交通事故责任强制保险）进行赔付；超过2000元的部分，通过全责方的商业第三者责任保险进行赔付。全责方未投保商业第三者责任保险的，由全责方当事人自行承担。

（2）双方同等责任。如果双方具有同等责任，则应共同到就近的任何一方保险公司定损，并索赔：双方损失如果均低于2000元，应由双方保险公司各自立案处理并获得赔偿；如果有任何一方损失高于2000元，应由双方保险公司共同定损勘察，超出2000元的部分，双方进行责任划分，通过商业车险获得赔偿。

◎ 车险理赔

为了及时、有效地获得车险赔付，需要了解以下几点常识：

（1）随车携带机动车辆“三证一单”的清晰复印件，即车主身份证、驾驶证、行驶证和保险大单。注意，保险公司的保险小卡往往不作为理赔凭证。

（2）出险后，应立即拨打保险公司报案电话，此时需要提供保单号码、出险时间、地点、事故性质等基本情况。

（3）临时牌照车辆一般只办理了短期交强保险，且有规定路线和时间，在规定以外的路线和时间发生的意外事故，保险公司不承担赔付责任。

（4）车辆异地出险时，及时报保险公司后，可由出险地定损人员进行代勘察定损，赔付费用一般按出险地的行业标准估价。若有局部损坏回到投保地才发现的，这部分的修理费用保险公司可补定损赔偿。

（5）被保险人如果要委托修理厂办理赔，或将事故赔偿费直接划给修理厂的，应亲自签订授权委托书和质量合同，并报保险公司备案。

知识链接：车险拒赔项目

如果交通事故的原因有以下任何一种，保险公司有权拒赔车险：

（1）故意损坏汽车或不正确使用汽车造成的损坏，比如使用小轿车搬运家具。

（2）酒后驾车、无照驾驶、未年检。

（3）驾驶员驾驶车辆与其准驾车型不符。

（4）实习期内驾驶公共汽车、营运客车或执行任务的警车、载有危险物品的机动车或牵引挂车的机动车。

（5）车辆行驶到水深处，发动机熄火后，司机强行打火造成损坏。

（6）车辆在送修期间发生的碰撞、被盗等损失。

（7）私自改装汽车，尤其是改装发动机等。

（8）保险车辆在竞赛、测试期间受到损坏。

（9）发生交通事故后48小时内未向保险公司报案。

（10）汽车出险后，如果是对方的责任，但自己因为嫌麻烦而放弃向对方要求赔偿。

（11）如果事故为对方全责，但对方没有赔偿能力，又无法出具无法赔偿的证明。

◎ 新车保养技巧

新车保养不当，不但会影响汽车的使用寿命，还容易引发安全事故。新车保养主要有三个方面：

（1）新车开蜡。汽车生产厂家为了保护车漆在长途运输过程中不受损坏，会在车身上喷一层蜡，叫做运输保护蜡，分为油脂蜡和树脂蜡两种，使用前要清除此蜡。开油脂蜡最好用环保型开蜡水，它是从橘皮里提炼而成的，有强力的去油污能力，对车漆也不会造成损坏。若是树脂蜡，只需买一瓶专用的脱蜡洗车液即可。

（2）新车漆保护。开蜡之后，要进行新车漆保护，重新打蜡，以避免被汽车尾气、空气中的杂物、酸雨等隐患氧化车漆。新车蜡分为新车蜡和新车保护蜡，新车应先使用具有超强抗氧化、抗腐蚀功能的新车保护蜡，一年一次即可，日常洗车后则选用新车蜡。

（3）内饰保护。针对皮革材料的内饰，多使用树脂上光剂，使内饰抗磨、抗紫外线、抗腐蚀性油污侵蚀。化纤内饰的保养要分清内饰保护剂和内饰清洗剂。内饰保护剂一般含有硅酮树脂，能在纤维表面形成保护膜，这样油污就不会直接侵蚀化纤，紫外线也不会氧化内饰材料，使其退色、发白。内饰清洗剂可直接喷在化纤表面，用干毛巾擦拭即可。

知识链接：如何清除汽车空调异味

要保证车内空气清新，需要注意清除汽车空调异味，具体方法是：

（1）更换灰尘滤清器。多数小型车的灰尘滤清器都在车的前挡风玻璃下面，被流水槽盖住。更换灰尘滤清器时，可先把发动机盖掀开，取下固定流水槽的卡子，拆下流水槽，就可以看见灰尘滤清器了，可用高压气吹干净上面的灰尘，如灰尘滤清器已经堵塞，最好更换一个原厂生产的同一型号的灰尘滤清器。

（2）外循环风道杀菌。取下灰尘滤清器，启动车辆，打开空调并把空调置于外循环挡，把泡沫状的汽车空调清洗剂喷到灰尘滤清器处，空调的外循环风会把清洗剂吸入风道内，有效清洁风道、空调蒸发器和暖风水箱，污物会变成液体从空调的出水口流出。

此外，还可使用高浓度的臭氧水杀菌，它可轻易使大肠杆菌、肝炎病毒、感冒病毒等细菌氧化分解，还会在常温下自行还原为氧气，是目前最环保的杀菌物质之一。

◎ 备用胎更换

更换备用胎时，一定要把汽车停在坚实且没有油污、积水的水平地面上，既不要妨碍其他车辆行驶又要保证换胎时的人身安全。如果在快速路或者车辆限速高的路段停车换备胎，应在车后100米的地方设置三角警示牌。一般来说，汽车备用胎的更换流程如下：

（1）打开车辆危险报警闪光灯（双蹦灯），手动挡车将挡杆置于空挡位置，自动挡车将挡杆置于“P”（停车）位置，并拉起手制动拉杆，关闭发动机。

（2）为防止汽车被顶起时发生移动，尽量在被更换轮胎对角位置的轮胎前后放置障碍物，如石头。

（3）取出备胎和拆装胎工具，用扳手松开轮胎上的螺钉。

（4）取出千斤顶，将千斤顶放在举升点顶起车辆。举升点在车辆两侧各有两个，位置接近轮胎。手脚绝不能放在车下，以防千斤顶倾倒、车身下沉而危害人身安全。

（5）用扳手把整个轮胎的螺钉全部拧下来，并取下轮胎。

（6）把备胎对准螺钉或者螺钉眼装上，先拧上一颗螺钉，然后将所有螺钉依次拧上，最后用扳手将螺钉拧紧。

（7）把千斤顶松下来移开，用扳手按对角顺序再次拧紧螺钉，每次拧动整圈的1/4，重复2～3次。

（8）收好工具和换下的轮胎。

第三节　交通警告标志

◎ 交通警告标志

交通警告标志是警告车辆、行人注意危险地点的标志，如图2.2所示。

十字交叉
T形交叉
T形交叉
T形交叉
Y形交叉
环形交叉路口
向左急弯路
向右急弯路
反向弯路
连续弯路
上陡坡
下陡坡
两侧变窄
右侧变窄
左侧变窄
窄桥
双向交通
注意行人
注意儿童
注意牲畜
注意信号灯
注意落石
注意落石
注意横风
易滑
傍山险路
傍山险路
堤坝路
堤坝路
村庄
隧道
渡口
驼峰桥
路面不平
过水路面
有人看守铁路道口
无人看守铁路道口
注意非机动车
事故易发路段
慢行
左右绕行
左侧绕行
右侧绕行
道路施工
注意危险
注意障碍物
距铁路道口
50米处
距铁路道口
100米处
距铁路道口
150米处
斜杠符号
叉形符号
（表示多股铁道与道路交叉）

图2.2　交通警告标志

◎ 交通禁令标志

交通禁令标志是禁止或限制车辆、行人交通行为的标志，如图2.3所示。

禁止通行

禁止驶入

禁止机动车通行

禁止载货汽车通行

禁止三轮机动车通行

禁止大型客车通行

禁止小型客车通行

禁止汽车拖、挂车通行

禁止拖拉机通行

禁止农用运输车通行

禁止二轮摩托车通行

禁止某两种车通行

禁止非机动车通行

禁止畜力车通行

禁止人力货运三轮车通行

禁止人力客运三轮车通行

禁止人力车通行

禁止骑自行车下坡

禁止骑自行车上坡

禁止行人通行

禁止向左转弯

禁止向右转弯

禁止直行

禁止向左向右转弯

禁止直行和向左转弯

禁止直行和向右转弯

禁止掉头

禁止超车

解除禁止超车

禁止车辆临时或长时停放

禁止车辆长时停放

禁止鸣喇叭

限制宽度

限制高度

限制质量

限制轴重

限制速度

解除限制速度

停车检查

停车让行

减速让行

会车让行

图2.3　交通禁令标志

◎ 交通指示标志

交通指示标志是指示车辆、行人行进的标志，如图2.4所示。

直行

表示只准一切车辆直行。此标志设在直行的路口以前适当位置。

向左转弯

表示只准一切车辆向左转弯。此标志设在车辆必须向左转弯的路口以前适当位置。

向右转弯

表示只准一切车辆向右转弯。此标志设在车辆必须向右转弯的路口以前适当位置。

直行和向左转弯

表示只准一切车辆直行和向左转弯。此标志设在车辆必须直行和向左转弯的路口以前适当位置。

直行和向右转弯

表示只准一切车辆直行和向右转弯。此标志设在车辆必须直行和向右转弯的路口以前适当位置。

向左和向右转弯

表示只准一切车辆向左和向右转弯。此标志设在车辆必须向左和向右转弯的路口以前适当位置。

靠右侧道路行驶

表示只准一切车辆靠右侧道路行驶。此标志设在车辆必须靠右侧行驶的路口以前适当位置。

靠左侧道路行驶

表示只准一切车辆靠左侧道路行驶。此标志设在车辆必须靠左侧行驶的路口以前适当位置。

立交直行和左转弯行驶

表示车辆在立交处可以直行和按图示路线左转弯行驶。此标志设在立交左转弯出口处适当位置。

立交直行和右转弯行驶

表示车辆在立交处可以直行和按图示路线右转弯行驶。此标志设在立交右转弯出口处适当位置。

环岛行驶

表示只准车辆靠右环行。此标志设在环岛面向路口来车方向适当位置。

步行

表示该街道只供步行。此标志设在步行街的两端。

鸣喇叭

表示机动车行至该标志处必须鸣喇叭。此标志设在公路的急转弯处、陡坡等视线不良路段的起点。

最低限速

表示机动车驶入前方道路的最低时速限制。此标志设在高速公路或其他道路限速路段的起点。

单行路向左

表示一切车辆向左单向行驶。此标志设在单行路的路口和入口处的适当位置。

单行路向右

表示一切车辆向右单向行驶。此标志设在单行路的路口和入口处的适当位置。

单行路直行

表示一切车辆单向行驶。此标志设在单行路的路口和入口处的适当位置。

机动车行驶

表示机动车行驶。此标志设在道路或车道的起点及交叉路口入口处前适当位置。

非机动车行驶

表示非机动车行驶。此标志设在道路或车道的起点及交叉路口入口处前适当位置。

会车先行

表示会车先行。此标志设在车道以前的适当位置。

人行横道

表示该处为专供行人横穿马路的通道。此标志设在人行横道的两侧。

干路先行

表示干路先行。此标志设在车道以前的适当位置。

允许掉头

表示允许掉头。此标志设在允许机动车掉头路段的起点和路口以前适当位置。

右转车道

表示车道的行驶方向。此标志设在导向车道以前适当位置。

直行车道

表示车道的行驶方向。此标志设在导向车道以前适当位置。

直行和右转合用车道

表示车道的行驶方向。此标志设在导向车道以前适当位置。

分向行驶车道

表示车道的行驶方向。此标志设在导向车道以前适当位置。

公交线路专用车道

表示该车道专供本线路行驶的公交车辆行驶。此标志设在进入该车道的起点及各交叉口入口处前适当位置。

机动车车道

表示该道路或车道专供机动车行驶。此标志设在道路或车道的起点及交叉路口入口处前适当位置。

非机动车车道

表示该道路或车道专供非机动车行驶。此标志设在道路或车道的起点及交叉路口入口处前适当位置。

图2.4 交通指示标志

◎ 交通指路标志

交通指路标志是传递道路方向、地点、距离信息的标志，如图2.5所示。

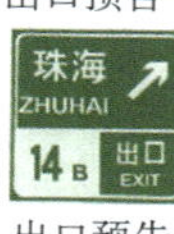

起点 入口预告 入口预告 入口预告 入口预告

入口预告 入口预告 入口 终点预告 终点提示

终点 下一出口 下一出口 出口编号预告 出口预告

出口预告 出口预告 出口预告 出口预告 出口预告

出口 出口 出口 地点方向 地点方向

地点方向 地点方向 地点方向 地点方向 地点方向

地点距离 地点距离 收费站预告 收费站 紧急电话

电话位置指示 加油站 紧急停车带 服务区预告 服务区预告

服务区预告 服务区预告 停车区预告 停车区预告 停车区预告

停车场预告 停车场预告 停车场预告 停车场 爬坡车道

爬坡车道

爬坡车道

爬坡车道

车距确认

车距确认

车距确认

车距确认

车距确认

道路交通信息

地名

著名地点

行政区划分界

道路管理分界

国道编号

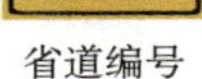

省道编号

县道编号

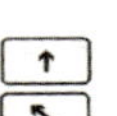
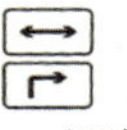
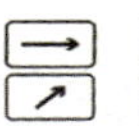

行驶方向

互通式立交

交叉路口预告

十字交叉路口

十字交叉路口

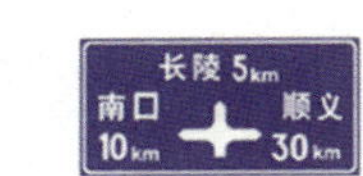

十字交叉路口

十字交叉路口

丁字交叉路口

丁字交叉路口

环形交叉路口

环形交叉路口

交叉路口预告

互通式立交

互通式立交

互通式立交

分岔处

长途汽车站

火车站

飞机场

急救站

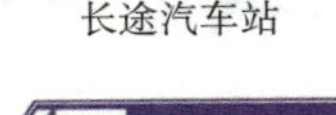

轮渡

名胜古迹

加油站

地铁站

餐饮

汽车修理

事故易发点

地点距离

路滑慢行

陡坡慢行

多雾路段

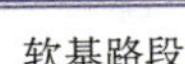

软基路段

大型车靠右

注意横风

人行天桥

人行地下通道

连续下坡

长遂道

保护动物

停车场

避车道

残疾人
专用设施

此路不通

绕行标志

图 2.5　交通指路标志

第三章

绿色环保的家庭装修

如何将家布置得温馨宜人又绿色环保，是现代社会中人们最关心的家庭装修重点。除了装修风格、装修选材上要符合环保标准外，还要尽可能减少装修过程中的污染，更要注意规避装修合同签订与验收中的陷阱。

第一节　绿色环保装修

◎ 什么是绿色环保装修

绿色环保装修就是集绿色环保设计、选择绿色环保材料和使用环保装修工艺为一体的装修，体现在具体的指标上为室内空气中甲醛、苯类、氨气、氡和放射性物质等必须达到国家标准。装修要达到绿色环保，需要做到以下三点：

（1）选择绿色、环保的材料。“绿色”指的是无污染，“环保”指的是有关产品中有害物质的含量不得超过国家有关规定的标准。

（2）装修时应使用不会引起污染的环保工艺进行施工，同时选用一些消除污染物的产品，如甲醛清除剂、装修除味剂等。

（3）装修设计时还应充分考虑空间布局的合理性，尽可能地满足室内的自然采光、通风、隔热、保温等基本条件。

知识链接：十项室内装饰装修材料国家标准

要想购买环保的室内装饰装修材料，首先要熟悉十项有关标准：

（1）GB 18580—2001《室内装饰装修材料　人造板及其制品中甲醛释放限量》

（2）GB 18581—2001《室内装饰装修材料　溶剂型木器中有害物质限量》

（3）GB 18582—2001《室内装饰装修材料　内墙涂料中有害物质限量》

（4）GB 18583—2001《室内装饰装修材料　胶黏剂中有害物质限量》

（5）GB 18584—2001《室内装饰装修材料　木家具中有害物质限量》

（6）GB 18585—2001《室内装饰装修材料　壁纸中有害物质限量》

（7）GB 18586—2001《室内装饰装修材料　聚氯乙烯卷材地板中有害物质限量》

（8）GB 18587—2001《室内装饰装修材料　地毯、地毯衬垫及地毯胶黏剂有害物质释放限量》

（9）GB 18588—2001《混凝土外加剂中释放氨的限量》

（10）GB 6566—2001《建筑材料放射性核素限量》

◎ 绿色室内环境的标准

绿色室内环境主要是指无污染、无公害、可持续、有益于居住者身体健康的室内环境。绿色室内环境的国家标准（GB 50325—2001）主要指标如表3.1所示。

表 3.1　绿色室内环境的国家标准

污染物名称	一类建筑工程①	二类建筑工程②	标准号
甲醛	≤0.08毫克/米^3	≤0.12毫克/米^3	GB 50325—2001
苯	≤0.09毫克/米^3	≤0.09毫克/米^3	GB 50325—2001
氨	≤0.20毫克/米^3	≤0.50毫克/米^3	GB 50325—2001
氡	≤200贝克/米^3	≤400贝克/米^3	GB 50325—2001
TVOC③	≤0.5毫克/米^3	≤0.6毫克/米^3	GB 50325—2001

① 一类建筑指住宅、医院、老年公寓、幼儿园、学校教室等。

② 二类建筑指办公楼、商务楼、旅店、书店、展览馆、图书馆、体育馆、公共交通场所、餐厅、理发店等。

③ TVOC为室内空气中总挥发性有机物的简称。

◎ 室内空气质量自测法

如果想了解居室内的空气质量，可自己动手检测一下，具体方法是：

（1）准备检测管（很多检测站有售）、注射器（医用100毫升的即可）。

（2）室内门窗关闭至少2小时以后，用空的注射器吸入室内气体，并将所吸入的气体注射到与所检测项目吻合的检测管的小孔内。

（3）查看检测管内物质颜色的改变情况，并注意变色部分所达到的数值。

（4）与标准数值相对照，判断室内有害气体是否超标。

注意，自己动手测量，只有在空气中有害气体超标足够高的情况下才能检测出来。如果想要得到精确的检测结果，还是要请正规的检测站检测。

◎ 室内装修常见的污染源

尽管人们追求零污染的绿色环保装修，但目前的装修技术还达不到这个标准。现代居室装修空气中挥发性有机物多达数百种，对人体造成危害的主要污染源，如表3.2所示。

表 3.2　室内装修常见的污染源

种　类	主要装饰材料	主要污染物
木质板材	胶合板（夹板）	甲醛、苯
	细木工板（大芯板）	甲醛、苯
	密度板	甲醛、苯
	刨花板	甲醛、苯
	装饰面板	甲醛、苯
	防火板	甲醛
	三聚氰胺板	甲醛、苯
瓷砖	釉面板	氡
	通体砖	氡
	抛光砖	氡
	玻化砖	氡
	金属锦砖	氡
	玻璃锦砖	氡
	石材锦砖	氡
石材	花岗石（麻石）	氡
	砂岩	氡
	鹅卵石	氡
	天然石材	氡
	人造文化石	氡
泥水材料	水泥	氡
	沙	氡
	添加剂（108 胶、白乳胶）	甲醛、苯
	碎石	氡
	红砖	氡
	空心砖	氡
	填缝剂	甲醛、TDI（甲苯二异氰酸酯）
	水泥砖	氡

续表

种　类	主要装饰材料	主要污染物
给排水材料	镀锌铁管	锈蚀，重金属含量过高
	聚氯乙烯（PVC）管	化学添加剂酞
油漆及稀释剂	硝基漆	苯、甲苯、二甲苯
	聚酯漆	苯、甲苯、二甲苯、TVOC
	聚氯酯漆	苯、甲苯、二甲苯、TVOC
	酚醛清漆	苯、甲苯、二甲苯、TVOC
	磁漆	苯、甲苯、二甲苯、TVOC
	防火漆	苯、甲苯、二甲苯、TVOC
	防锈漆	苯、甲苯、二甲苯、TVOC
	固化剂	TDI（甲苯二异氰酸酯）
	天那水（香蕉水）	苯
	化白水（防白水）	苯
溶剂	有机溶剂	苯
	胶黏剂	甲醛、苯、甲苯、二甲苯
	早强剂、防冻剂	氨
家具	家具	甲醛、氨、TVOC、苯
地板	复合地板	甲醛、苯、甲苯、二甲苯、TVOC
	数码地板	
	塑胶地板	
	地板胶	
	地垫	
合成织物	墙纸	苯、甲苯、二甲苯、TVOC
	地毯	甲醛、TVOC
	其他合成织物	甲醛、TVOC

注：TVOC 为室内空气中总挥发性有机物的简称。

知识链接：巧用植物净化室内环境

一般室内环境污染在轻度污染、污染值超过国家标准1倍以下的，采用植物净化可以收到较好的效果。

虞美人、美人蕉：虞美人对有毒气体硫化氢反应极其敏感，如果被这类有毒气体侵袭，其叶子便会发焦或有斑点。美人蕉叶子失绿变白、花果脱落时，说明家里可能存在氯气的污染。

紫菀属、黄芪、含烟草和鸡冠花：能吸收大量的铀等放射性核素。

常春藤、月季、蔷薇、芦荟和万年青：可有效清除室内的三氯乙烯、硫化氢、苯、苯酚、氟化氢和乙醚等。

桉树、天门冬、大戟、仙人掌：能杀死病菌。天门冬还可清除重金属微粒。

常春藤、无花果、蓬莱蕉和芦荟：不仅能对付从室外带回来的细菌和其他有害物质，甚至可以吸纳连吸尘器都难以吸到的灰尘。

龟背竹、虎尾兰和一叶兰：可吸收室内80%以上的有害气体。

柑橘、迷迭香和吊兰：可使室内空气中的细菌和微生物大为减少。

紫藤：对二氧化硫、氯气和氟化氢的抗性较强，对铬也有一定的抗性。

◎ 装修后如何净化室内空气

装修好的居室不可马上入住，要尽量通风散味，但又不能打开所有门窗通风，因为这样可能导致墙面急速风干，容易出现裂纹。可采取以下方法净化室内空气：

（1）居室空气污浊，可在灯泡上滴几滴香水或风油精，遇热后会散发出阵阵清香，沁人心脾。

（2）要去除浓烈的油漆味，可在室内放两盆冷盐水，1～2天漆味便除；也可将洋葱浸泡盆中或用柠檬酸浸湿棉球，挂在室内以及木器家具内。

（3）刚装修过的房屋往往有天那水等各种刺鼻的化工原料气味，可把一只破开肚的菠萝蜜放在屋内，其香味极浓，有助于吸收异味。

（4）除了在室内摆放吊兰等吸收甲醛的植物外，还应放置甲醛捕捉剂。它能深入人造板材内部对甲醛游离分子主动吸附、捕捉并发生反应，一旦反应生成无毒高分子化合物，就永不分解，从而达到迅速消除甲醛的目的。

（5）可在室内悬挂纳米材料环保工艺画，它能在光照条件下，将室内有害物质转化为二氧化碳、水和对人体无害的有机酸。

第二节　装修选材

◎ 如何挑选合适的门

不同房间有不同的功能，应选择相应功能的门：

（1）大门：重在防盗，可选择质优的防盗门或美观、结实、具有厚重感的全实木门。

（2）卧室：重在考虑私密性和营造一种温馨的氛围，因而多采用透光性弱的门型，如镶有磨砂玻璃的、造型优雅的木门。

（3）书房：为了营造安静的环境，应选择隔音效果好、采光好、设计感强的门型。

（4）厨房：为了有效阻隔做饭时产生的油烟，应选择防水性、密封性好的门，如带喷砂图案或半透光的半玻璃门。

（5）卫生间：注重私密性和防水性等因素，除需选用材料独特的全实木门外，还可选择设计时尚的全磨砂处理半玻璃门型。

◎ 选购塑钢窗要注意什么

塑钢窗因其坚固耐用、款式多样而深受人们喜爱。在选购塑钢窗时，除了检查塑钢窗有无产品合格证外，还需要注意以下几点：

（1）看颜色：优质塑钢窗因为含有抗老化、防紫外线的化学成分，所以外表为青白色；中低档塑钢窗因为含钙较多，防晒能力差，所以白中泛黄，时间长了会越来越黄。

（2）看厚度：塑钢窗窗体一般分为60毫米、80毫米、88毫米三个厚度，越厚价格越高。

（3）看钢衬：为了加固塑钢窗，里面多会夹有钢衬，一般有1.2毫米、1.5毫米两个厚度，普通家用1.2毫米即可。

（4）看五金件：厚实，表面光泽度好，保护层细密，没有碰划伤现象，开启灵活。

◎ 怎样挑选地板

地板是装修的重要内容，在选择地板时需要注意不同地板的选购技巧：

（1）实木地板：天然木材经烘干、加工后形成的地面装饰材料，具有冬暖夏凉、触感好的特点。在选购时要挑选尺寸较小（抗变形能力较强）、漆面光滑、平地拼装平整且相隔缝隙小的产品。

（2）复合地板：是由底层、基材层、装饰层和耐磨层四层材料复合组成的地板，具有耐磨、抗冲击、抗静电、耐污染、耐光照、耐香烟灼烧、安装方便、保养简单等特点。选购时可以选择耐磨转数在1万转左右（不得少于6000转）、吸水后膨胀率在3%以内、甲醛含量在9毫克/100克～40毫克/100克之间、厚度较厚、平地拼装平整且缝隙小的产品。

（3）实木复合地板：是由不同树种的板材交错层压而成，克服了实木地板单向同性的缺点，具有干缩湿胀率小、尺寸稳定性好、耐磨抗刮、阻燃、便于清洗、环保的特点，并保留了实木地板的自然木纹和舒适的脚感。选购时要选择含水率≤12%、甲醛释放量≤1.5毫克/升、平地拼装平整且间隙小、地板小样在70℃的热水浸泡2小时胶层不开胶的产品。

（4）软木地板：有“地板的金字塔尖消费”之称，其原料是生长于地中海沿岸的橡树的树皮，主要采用软木、中密度板、复合地板相结合的工艺制成。软木地板不仅具有很好的防潮防蛀功用，还有相当不错的柔韧性与耐磨性。软木地板取材于橡树皮这种无毒无害的可再生资源，所以具有良好的环保性能。在选购时要挑选砂光表面光滑、平地拼装平整且缝隙小、板面弯曲强度大（将两块地板的对角线合拢，看其弯曲表面是否出现裂痕，没有则为优质品）、胶合强度大（将小块样品放入开水泡，发现其砂光的光滑表面变成癞蛤蟆皮一样的凹凸不平的表面，则为不合格品，表面无明显变化为优质品）。

（5）竹地板：以天然优质竹子为原料，经过20几道工序，脱去竹子原浆汁，经高温高压拼压，再经过3层油漆，最后以红外线烘干而成。具有密度高、韧性好、强度大、防霉、防蛀、阻燃、防静电、安装方便等特点。在选购时要挑选色泽为金黄色、通体透亮（本色地板）或古铜色或褐色（碳化竹地板），且纹理清晰、颜色均匀而有光泽感的产品。好的竹地板竹材年龄在4～6年，手掂重量相对较重；用两手轻掰，不会出现分层；含水率控制在8%以内。

◎ 挑选瓷砖要注意什么

瓷砖是家装的主要建材，可通过以下五个方法来鉴别瓷砖质量的优劣：

（1）看：看砖面是否有黑点、气泡、针孔、裂纹，有无划痕、色斑、缺边、缺角等表面缺陷，还要注意是否有漏抛、漏磨等缺陷。同一型号产品不应有色差，尺寸大小也应一致。

（2）掂：将瓷砖拿在手上掂分量，试瓷砖的手感。对于同一规格产品，质量好、密度高的瓷砖手感都比较沉，质量差的产品手感较轻。

（3）敲：用一只手抓住瓷砖的边或角悬空提起，另一只手敲击瓷砖中间，发出浑厚且有回音的瓷砖质量较好，若发出的声音浑浊无回音或回音较小且短，说明瓷砖的瓷化程度、抗折强度较差。

（4）拼：拿几片同一型号的瓷砖拼一下，看接缝是否平直，瓷砖之间是否有大小差异，即检查是否有尺差。接缝平直无尺差者质量较好，否则较差。

（5）试：将有色水滴（如茶水、墨水）滴于瓷砖正面，静放1分钟后用湿布擦拭，如果砖面留有痕迹，则表示有污物吸进砖内；若砖面仍光亮如镜，则表示瓷砖不吸污、易清洁，砖质上佳。还要在瓷砖的背面倒一些水，看瓷砖吸水的快慢，若吸水太快，说明瓷砖的密度很小，抗折强度差；吸水较慢的瓷砖质量较好。还可用脚试一下它的防滑性能。

知识链接：如何精确计算你家需要多少块地砖

购买地砖前，先要计算地砖的使用量，计算方法通常有两种：

（1）装修所需地砖数量＝装修面积÷每块地砖面积×(1+10%)(10%指地砖的损耗量)。

（2）装修所需地砖数量=(房间长度÷砖长)×(房间宽度÷砖宽)。

◎ 如何鉴别石材的优劣

在装修中，石材由于质地坚硬、色彩绚丽、装饰效果好而深受人们喜爱。在选择石材时，一般需注意以下几点：

（1）表面的光洁度：用眼看或用手摸，石材表面颗粒均匀的石材具有细腻的质感，为佳品，颗粒粗糙或不等粒结构的石材质量较差。

（2）质地：用手指轻轻敲击石材，声音清脆悦耳则质地好，声音粗哑则说明内部可能有裂纹。或是在石材背面滴一滴墨水，如果散开得非常快，说明质地不好，反之则质地细密。

（3）规格：用尺子测量几块石材的尺寸，优质的石材尺寸误差小，长宽偏差小于1毫米，厚度偏差小于0.5毫米，平面极限公差小于0.2毫米，角度误差小于0.4毫米。

（4）放射性合格证：根据石材的镭放射当量，石材分为A、B、C三级，只有A级可用于室内装修。一般来说，颜色越深，辐射越大。

◎ 乳胶漆选购

乳胶漆作为最常用的内墙涂料，购买时应仔细查看涂料的质量合格检测报告，尤其是质检报告上的可挥发性有机化合物（VOC）的含量。国家标准规定，每升乳胶漆中的VOC含量不能超过200克，较好的涂料为每升100克以下，环保涂料则接近于0。以下技巧可帮助大家选购乳胶漆：

（1）闻味：真正环保的乳胶漆应是水性无毒无味的。有刺激性气味或工业香精味，则可能甲醛、重金属或其他有机溶剂超标，会对身体造成较大损害。

（2）成膜：放一段时间后，正品乳胶漆的表面会形成厚厚的、有弹性的氧化膜，不易裂，而次品只会形成一层很薄的膜，易碎，且具有辛辣气味。

（3）手感：用木棍将乳胶漆拌匀，再用木棍挑起来，优质乳胶漆往下流时会成扇面形。用手指摸，优质乳胶漆应该手感光滑、细腻。

（4）耐擦洗：将少许涂料刷到水泥墙上，涂层干后用湿抹布擦洗，质量好的乳胶漆耐擦洗性很强，擦100～200次对涂层外观不会产生明显影响；而低档水溶性涂料只擦十几次即发生掉粉、露底的退色现象。优质的乳胶漆洗刷次数应该能达到2000次以上，且很少出现墙面起皮、剥落的现象。

第三节 装修合同与装修验收

◎ 签订装修合同时要明确哪些内容

一般来说，人们在与装修公司签订装修合同时，必须明确的内容如下：

（1）工程主体：施工地点名称，即施工主体；甲乙双方的名称，即施工的执行对象。

（2）工程项目：设计图纸、关键施工项目的施工工艺、施工计划、甲乙双方的材料采购单等，并约定保修条款。在附件的工程预算表中还应标注材料的序号、项目名称、规格、计量单位、数量、单价、计价、合计、备注等。最好对工程的增减项目进行约定，以免装修公司根据自身需要随意增减施工项目。

（3）工程工期：工期的天数、延期的违约金数目。

（4）付款方式：对款项支付方法的规定。预留3%～5%的装修质量保证金，便于在装修后发现质量问题时掌握主动权。

（5）工程责任：对工程施工过程中的各种质量和安全责任作出规定。

（6）双方签章：双方代表人签名及日期，公司还应盖有公司章。

◎ 装修项目预算书中容易出现的问题

在签订合同前，装修公司都会为客户提供一份预算书，主要包括施工项目所用的材料和工艺制作标准、设计费用、装修费用等方面，应注意以下问题：

（1）工艺做法：预算书上只有简单的项目名称、材料品种、价格和数量，没有具体的工艺做法。因为具体的施工工艺和工序，直接关系到家庭装修的施工质量和造价。没有工艺做法，则无法确定价格。

（2）面积测算：有些装饰公司会故意在预算中多报施工面积，以获得更高的利润。因此，要知道具体的施工面积，比如，地面和墙面之比是1：2.4到1：2.7，门窗面积按50%计入涂刷面积，包门窗套时门窗面积比例应小于50%。

（3）价格因素：不要只比较预算书上的价格，而要把材料的品牌、型号以及施工的工艺工序都考虑在内，才能得出一个较为客观的价格。

（4）相关费用：在预算书的最后，会有一些诸如“机械磨损费”、“现场管理费”、“税费”和“利润”等项目，这其实都属于不合理收费。

知识链接：选择合适的季节来装修

季节对装修的影响主要体现在温度和湿度上。冬季气温过低，会造成涂料、水泥灰浆等装修材料的冻结，使它们的凝结力降低，从而影响装修质量。盛夏雨水较多，空气湿度比较大，木材的含水率往往超标，家庭装修中常常使用大量板材做基材，木材干燥后就会变形，从而影响装修质量。因此，选择在仲春、初夏和初秋等温度、湿度适宜的季节装修为宜。

对于需要供暖的北方来说，在初冬（供暖前夕）装修，要注意在供暖前完成木工活，但要在供暖后刷漆；贴瓷砖缝隙留大点，因为供暖后瓷砖会有一定程度的热胀；为防止木地板变形，有条件的住户供暖初期最好能够缓慢提升室温，从15℃开始，每天升高5℃，最后达到25℃左右；尽量不要边供暖边贴壁纸，以防出现裂痕、起皮等；验收期要安排在供暖后，因为一旦室内温度升高，一些隐藏的问题，诸如油漆裂皮、地板起拱、壁纸起泡等很可能出现。

◎ 装修付款常识

家庭装修工程的付款阶段分为开工预付款、中期进度款、竣工尾款和维修保证金四个阶段。通常情况下，我们可以按照以下三种方式来进行付款：

（1）开工前预付60%，中期款35%，验收合格后支付尾款5%。

（2）开工前预付60%，工程过半后将余款交与装修公司所属的家装交易市场，并由后者按照工程的质量与进度进行支付。

（3）开工前预付30%，中期款30%，验收合格后支付30%，验收合格一段时间后（比如5个月或半年）支付剩余的10%。

不同的装修公司、不同的地区收费标准会有一定差异。

为了避免纠纷，在付款时需要注意以下几点：

（1）每次付款前，都要对施工质量进行检验，验收质量合格后再付款。

（2）不要轻信“先装修、后付款”的服务，如果使用此类服务，一定要问清楚“后付款”的含义，并在合同中事先协商好后期不增收款项，决算不超过预算等，避免装修公司的欺骗行为。

（3）不要盲目相信分期付款的优势。比如，一些施工队会在业主不熟悉的环节偷工减料，甚至仓促完工，以期尽快收取装修费用，一旦业主提出质疑，施工队则会耗工、磨工，延误工期，拖延业主入住时间，要求业主缴纳费用。

（4）工程竣工并将现场清理干净后，业主缴纳尾款时还要保留工程总额的3%～5%作为质量保证金，半年后确认装修质量无问题再支付。

知识链接：怎样选择家装监理

对于那些没有时间天天监管装修工程的人们来说，选择家装监理是最佳选择。

家装监理是指专业化的家庭装修监理单位接受业主（装修户）的委托和授权，根据国家有关家庭装修的文件、法律、法规，按照家庭装修监理合同及其他家庭装修合同，协助业主对家庭装修工程进行监督管理。

在选择家装监理时，一定要选择有国家颁发的监理资质证书的工程监理公司。目前，国家尚未对家装监理制定收费标准。一般来说，全程监理费用是按家装工程预算的3%～5%收取，工程预算总造价超过10万元按3%收取监理费，10万元以下按5%收取。

◎ 如何验收隐蔽工程

家庭装修中隐蔽在装饰表面内部的管线工程和结构工程，包括电器回路、给排水管道、煤气管道、用于固定支撑房屋荷载的内部构造等，因为看不见摸不着，工程质量伸缩性大，施工过程监督难度大，被称为“隐蔽工程”。为了防止“隐蔽工程”变成“隐患工程”，业主需要做好隐蔽工程验收。

● 电路改造验收

（1）注意使用的电线是否为该家装公司的品牌以及电线是否达标。不达标的电线存在外皮粗铜芯细或者外皮细铜芯粗的情况。

（2）检查插座的封闭情况，如果将原来的插座进行了移位，移位处要进行防潮防水处理，应用3层以上的防水胶布进行封闭。

（3）吊顶里电路接头也要用防水胶布进行处理。

● 水路改造验收

对水路改造的检验主要是进行打压试验。打压时压力不能小于6千克，打压时间不能少于15分钟，然后检查是否有压力表泄压、管道漏水的情况。

● 防水验收

（1）防水施工完毕24小时后，要进行闭水试验，即在室内蓄积不小于20毫米深度的水24小时，水面无明显下降为合格。需要注意的是在进行试验前后须与楼下住户及时沟通。

（2）验收淋浴间墙面的防水，即检查墙面刷漆是否均匀一致，有无漏刷现象，尤其要检查阴阳角是否有漏刷，避免阴阳角漏刷导致返潮发霉。

（3）对淋浴间的防水高度也要进行验收，一般淋浴间的墙面防水高度为1.8米左右，也可在淋浴区设置1.8米高的防水，其他区域设置高于1.5米的防水。

◎ 竣工验收要注意什么

装修完工后，业主要立即进行竣工验收，重点是对“表面”工程和装修中的“里子”增减项进行验收。最好先让家装监理做预验，然后业主按照合同项目的规定，逐条审核工程项目是否全部完成，再按合同预算书次序进行验收，以免出现错漏。一般来说，竣工验收要重点验收四个项目。

● 水电验收

（1）电路安装验收：通过灯具试亮、开关试控制来看看照明、通电是否正常，也可以用电工专业试电笔对每一个插座进行测试，看是否通电，将开关都打开看看有没有问题。

（2）水路安装验收：查看管路是否牢固，可打开水龙头来检查其是否会抖动；水管给水是否畅通；拿纸巾擦拭接头、弯头，看有无水珠或者漏水现象；打开浴室花洒，过一段时间后看地面流水是否通畅，有没有局部积水现象；查看马桶和面盆的下水是否顺畅。

● 油漆验收

涂料干燥后，在自然光线下采用目测和手感的方法验收。

涂料的品种、颜色以及涂膜应与样板一致；油漆表面应平整、光洁；清漆木纹清晰，大面无裹棱、流坠和皱皮，颜色基本一致、无刷纹；墙面的乳胶漆没有脱皮、漏刷、透底的问题，大面无流坠、皱皮，表面颜色一致，无明显刷纹。

● 墙地砖验收

看砖面是否平正，砖面缝隙是否规整一致，砖面是否有破碎、崩角，另外要注意花砖和腰线位置是否正确，有没有偏位或高度错位现象。

用一个金属小锤，轻轻敲打墙、地砖的四角与中间，看看是否有空洞的声音。墙、地砖的局部空鼓率不能超过总铺砖面积的5%，否则会出现脱落问题。

● 木工验收

对于现场制作的木门，应验收门的开启方向是否合理，开启是否灵活，有无阻滞和反弹现象。

查看门缝是否严密、合理，木门上方和左右的门缝不能超过3毫米，下缝一般为5～8毫米，此外还应该检查门套里层是否有基层材料。

柜体柜门的开关是否正常，柜门开启时应该是操作轻便、没有异声，并查看柜门把手和各种锁具安装位置是否正确，开启是否正常。

第四章

家用电器的养护和妙用

步入现代社会以后，我们的日常生活越来越离不开家用电器。如果我们细心养护这些家用电器，它们不但可以成为我们的好帮手，为我们提供便利、健康的生活，而且还能产生不少增值服务。比如电饭锅可自制酸奶，微波炉也能烤鸡翅……妙用这些电器将为我们带来更方便的生活。

第一节　家电日常养护

◎ 电视机的最佳观看距离

选购电视机时，要根据房间的大小来选择相应尺寸的电视机，以达到最佳的观看距离。国家推荐电视的观看距离一般为电视尺寸的3倍左右。

最佳观看距离（厘米）= 屏幕高度（厘米）÷ 垂直分辨率 × 3400

这个公式虽然能精准地计算出电视的最佳观看距离，但还是有些复杂。人们可采用较为简单的方法来让自己和电视保持安全的距离：对着屏幕，左胳膊或右胳膊向前伸直，左手或右手手掌横放（掌心朝向自己），和眼睛放在同一条水平线上，然后闭上一只眼睛（伸左手闭右眼，伸右手闭左眼），手掌如正好能把电视屏幕大致遮挡住，电视和这个位置之间的距离就是电视的最佳观看距离。

知识链接：什么是3D电视

3D电视是指三维立体影像电视。由于人的双眼观察物体的角度略有差异，因此能够辨别物体远近，产生立体的视觉。三维立体影像电视正是利用这个原理，把左右眼所看到的影像分离。3D液晶电视的立体显示效果是通过在液晶面板上加上特殊的精密柱面透镜屏，将经过编码处理的3D视频影像独立送入人的左右眼，从而令用户无须借助立体眼镜即可通过裸眼体验立体感觉。3D电视能兼容2D画面。

◎ 清洁冰箱的方法

冰箱内的环境比较潮湿，如果不注意清洁，容易滋生细菌，导致储存的食物变质。清洁冰箱应注意以下几点：

（1）用微湿柔软的布清洁冰箱内壁和箱内附件。切断冰箱电源，然后把冰箱内的食物拿出来，用软布蘸上清水或洗洁精，轻轻擦洗冰箱内壁和箱内附件（开关、照明灯、温控器等），然后蘸清水将洗洁精拭去。

（2）清洁完内壁后，可用软布蘸取甘油擦一遍冰箱内壁，以方便下次清洁。

（3）用酒精或1∶1醋水浸过的布或牙刷来擦拭密封条，有消毒、保持冰箱密封性的功效。

另外，冰箱背面的通风栅可用吸尘器或软毛刷清理，不要用湿布，以免生锈。

清洁完毕，将冰箱内外都擦干，敞开冰箱门通风干燥一天，然后插上电源，检查温度控制器是否设定在正确位置。

除此之外，还应定时检查排水管，以免堵塞，并用铁丝捅一捅排水管，以除去积在排水管上的东西。

知识链接：冰箱除霜的三种方法

冰箱结霜后会影响冰箱热交换的效率，造成制冷能力下降、食物保存环境变坏，以及更多的电能浪费，因此需要定期为冰箱除霜。除霜的方法有以下三种：

（1）切断电源，使用电风扇或者电吹风对准冷冻室，开到最大挡位吹风，或是放置盛有温水的容器在冷冻室，让冰箱里的霜层渐渐融化。

（2）在放入冷冻食物之前，给冰箱冷冻室壁贴上一层塑料薄膜，冷冻室的冷气能够很快使薄膜贴在冷冻室壁上。当需要除霜时，把已冷冻的食物迅速移人冷藏室暂存，只要撕下冷冻室壁上的塑料薄膜，就可以快速除霜，再把抖干净的薄膜贴上，继续冷冻食物。

（3）在每次除霜后，用毛巾把冷冻室擦干，再在四周冰箱壁上涂一层植物油，待下次结霜时，因冰箱壁上含有油，霜与冰箱壁之间的吸力大大降低，就可轻松除霜。

◎ 冰箱除异味的九种方法

如果不及时清洁冰箱或在冰箱内放置一些异味食物，冰箱就容易产生异味。除了用专用冰箱除臭剂外，还可采取以下方法去除冰箱异味：

（1）取新鲜橘子500克，吃完橘子后，把橘皮洗净揩干，分散放入冰箱内，存放3天后，冰箱内清香扑鼻，异味全无。

（2）将1个新鲜柠檬切成小片，放置在冰箱的各层，可除去异味。

（3）把50克花茶装在纱布袋中，放入冰箱，可除去异味。1个月后，将茶叶取出放在阳光下暴晒，可反复使用多次，效果很好。

（4）将一些食醋倒入玻璃瓶中，不盖瓶盖，置入冰箱内，能很好地去除冰箱异味。

（5）取500克小苏打（碳酸氢钠）分装在两个广口玻璃瓶内，打开瓶盖，放置在冰箱的上下层，除异味效果好。

（6）用黄酒1碗，放在冰箱的底层（防止流出），一般3天就可除净异味。

（7）在冰箱内放1块去掉包装纸的檀香皂，除异味的效果亦佳。注意，冰箱内的熟食必须放在加盖的容器中。

（8）取麦饭石500克，筛去粉末微粒后装入纱布袋中，放置在冰箱里，10分钟后异味可除。

（9）把适量木炭碾碎，装在小布袋中，置于冰箱内，能很好地去除异味。

◎ 洗衣机内筒的清洁方法

洗衣机内部的环境非常潮湿，极易滋生霉菌，如果不及时清洗，长期使用有霉菌的洗衣机洗衣服，就可能造成交叉感染，引发各种皮肤病。除了找专业人员清洗外，还可以自己使用专业的高除菌率洗衣机槽清洁剂进行清洗。一般清洗步骤如下：

（1）先将洗衣机排水管挂在高处或关闭出水阀，再将1袋洗衣机槽清洁剂直接倒入洗衣机筒内。

（2）按下洗衣机电源开关，将程序设定在“洗涤程序”，加清水（常温）洗涤。污垢严重时使用40℃温水洗涤，效果更佳。

（3）洗衣机运转5分钟左右，洗衣机槽清洁剂已得到充分溶解，关闭电源，浸泡2小时（初次使用或污垢较严重时，建议浸泡3～4小时）。

（4）按洗衣机日常洗涤标准模式清洗1遍（洗涤—漂洗—脱水）。

（5）最后用干毛巾擦干净洗衣机内筒。

◎ 空调的消毒方法

为了保证室内空气卫生，应定期做好空调的消毒工作，具体方法是：

（1）关闭空调电源，拔掉插头，开窗以保持室内空气流通。

（2）打开挂壁式空调表面面板（外壳），取下过滤网、空气净化过滤器（部分空调具备，参阅空调说明书），露出散热片（过滤网背后网状金属片，污染后通常呈黑色）。对于格栅式空调，可透过空调出风口挡板或打开下方进风口处面板，看到散热片。对于滑盖式空调，应先开启空调，滑盖滑下正常出风后，拔掉插头断电，透过空调出风口挡板，看到散热片。

（3）将专用空气消毒剂上下充分摇匀，在离散热片约5厘米处，按由上往下再由下往上的顺序对整个散热片进行多次喷洗。

（4）喷洗完后，等待15分钟左右（可利用这段时间将过滤网用清水或洗涤剂冲洗干净），将过滤网装上后，再运转空调制冷程序15～30分钟，排水管会自行将污水排出室外。

◎ 使用燃气热水器的安全常识

燃气热水器是指以燃气作为燃料的一种热水器，具有加热快、出水量及温度稳定、结水垢少、占地小、不受水量控制等优点。使用燃气热水器需要注意以下几点安全常识：

（1）经常检查燃气管道各接口处是否漏气，橡胶管道是否有老化、裂纹等现象。可用肥皂水涂抹在煤气管道及各接口处，看是否起泡，起泡则说明漏气。一旦发现漏气应及时关闭燃气热水器、打开门窗通风，并更换管道。

（2）按照燃气热水器的使用说明书，定期更换电池，一般4个月更换1次。

（3）定期清洁进水阀过滤纱网。若出现热水器出水量少、打不着火等现象，可能是进水阀过滤纱网堵塞，可拆开冷水进口接驳处，取出过滤纱网，清理掉杂物。

（4）每半年清洁一次燃气热水器的热交换器（水箱）上的灰尘。

（5）及时报废换新。按国家标准GB 17905—1999《家用燃气燃烧器具安全管理规程》规定，燃气热水器从售出之日起，液化石油气和天然气热水器报废年限为8年，人工煤气热水器报废年限为6年。

◎ 太阳能热水器的上水常识

太阳能热水器是指以太阳能作为能源进行加热的热水器，由真空集热管、保温水箱、支架、连接管道、控制部件等组成，具有安全、节能、环保、经济的优点。它往往适合在阳光充足、阴雨天较少的地区使用，又因为占地面积大，较适合拥有独立住宅的家庭或城市居民小区顶楼住户安装使用。

使用太阳能热水器时，需要特别注意上水技巧：

（1）最佳上水时间为早上日出前或晚上日落2小时后，不要在日照强烈的中午上水，这时真空管在太阳的照射下，管内空晒温度高达270～400℃，这时上水极易造成真空管炸裂。

（2）根据天气预报决定上水量。如果第二天为晴天，可把水上满；如果第二天为阴天或多云，则上半箱水；若第二天有雨，则不上水。

（3）洗澡时，如果太阳能热水器保温水箱里的水已经用完，而身体还没有冲洗干净，则可以上几分钟冷水，利用冷水下沉、热水上浮的原理，将真空管内的热水顶出，就能接着洗澡了。

（4）冬季，要选用质量良好的保温材料或者防冻装置对太阳能热水器进行保护，若太阳能热水器安装有防冻控制系统，当气温低于0℃时，可点按仪表的“防冻”键，系统会自动给防冻带接通电源，防冻带发热，外界气温回升后会自动切断电源。如果没有安装防冻控制系统，当外界气温长期低于0℃时，应将防冻带插头插在电源上，使防冻带进入工作状态，启动管路防冻功能。

（5）冬季要根据天气寒冷程度来确定加水的时间与多少。如果室外温度在0℃以上，可以考虑当晚加水；如果室外温度在0℃以下，则最好选择次日早晨再加水，以防止出水口处被冻住。遇到雨雪天气，要适当减少太阳能热水器里的水量。

（6）遇到较冷的天气，可打开太阳能热水器的热水龙头让它缓慢滴水，以确保热水器水流畅通，同时防止太阳能热水器管路冻结。若室外气温过低，最好停止使用太阳能热水器，并将热水器和管道中的水放干净，以免因为气温过低、缺乏循环而导致水管冻裂。

◎ 清洁微波炉的方法

经常清洁微波炉，保持烹饪环境的卫生，有利于延长微波炉的使用寿命。清洁微波炉可使用以下几种方法：

（1）定期（最好每周）用在中性清洁剂的稀释水中浸湿后的棉布将微波炉内外先擦一遍，再分别用干净的湿抹布和干抹布做最后的清洁。如有较顽固的污垢，可用湿布蘸上中性清洁剂擦拭，或用塑料卡片等来刮除，但千万不能用金属片刮，以免伤及内部。最后，将微波炉门打开，让内部彻底风干。

（2）针对微波炉内部长期积累的油垢，可先放一杯水于炉内，加热2～3分钟，让微波炉内充满水蒸气，这样可使油垢因饱含水分而变得松软，容易去除。

（3）若炉内有异味，可将半杯加了少许柠檬汁或白醋的水置于炉内，加热2～3分钟（至水沸腾），待水稍冷后，移去杯子，再将微波炉擦拭干净，异味便会消除。或将橘皮、柠檬皮放进清洁好的微波炉中，加热15～30秒，即可去除微波炉中的异味。

知识链接：微波炉辐射测试

据专家介绍，没有办法完全保证微波炉中的微波不泄漏，但是要控制在国家标准之内。微波炉在运行时，距离正门1～65厘米的辐射数值逐渐减小，距离正门70厘米处辐射值已经为0。因此人们在使用微波炉时，站在微波炉1米之外，眼睛不要盯着炉门，就可有效避免微波辐射危害。

此外，还要定期对微波炉做辐射测试，严防微波炉辐射过量。测试方法是：

（1）将收音机的频率调到中波挡（即频率不是特别高也不是特别低的位置），关闭家中所有的电器，测试收音机的工作情况是否良好。

（2）将收音机靠近工作中的微波炉，如果收音机距离微波炉0.5米时无杂音，则说明辐射未超标；如果收音机距离微波炉0.5米外，受到干扰发出“嘶嘶”的声音，那就表明微波炉有可能在泄漏电磁波。

◎ 饮水机消毒与除垢

家用饮水机要定期消毒，夏季宜3个月1次，冬季宜半年1次。

饮水机消毒的步骤，如图4.1所示：

（1）关闭饮水机电源，取下水桶，打开饮水机排水口，把里面剩余的水放出来，放干净后关闭排水口。

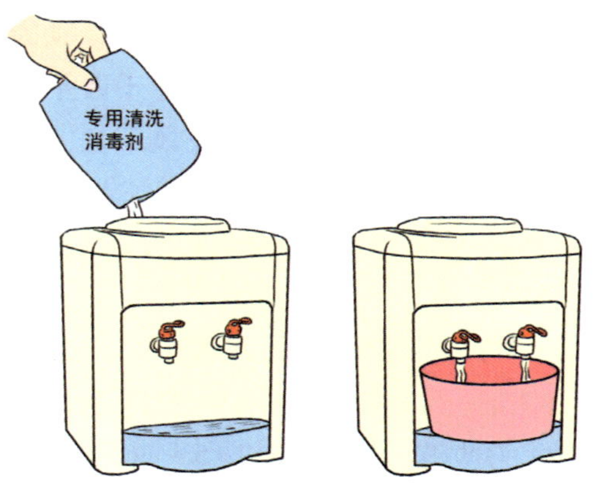

图 4.1　饮水机清洗流程

（2）倒入一些干净水，放入专用清洗消毒液、消毒剂或除垢剂（加水），或是用柠檬片熬煮了2～3小时的柠檬水，浸泡20～30分钟。

（3）排出机内的水，用开水或纯净水反复冲洗几次，直至水龙头出水无气味为止。

（4）注意清洗饮水机外表，尤其是排水口，以防外部细菌感染水源。

（5）清洗完毕后，放置桶装水加热，第一杯或前几杯水不宜饮用。

◎ 电水壶除垢小妙招

电水壶使用时间长了，会出现厚厚的水垢，此时可采取以下方法轻松去除水垢：

（1）使用醋酸、柠檬酸或专用电水壶除垢剂浸泡10分钟，然后再用清水清洗。

（2）在电水壶中倒入食醋，适当加些水，浸没有水垢的地方，然后接通电源，待食醋沸腾后切断电源，浸泡10分钟后倒出，用布轻拭表面，污垢即可去除。如水垢较厚，可多浸泡几分钟，或再加热一次，即可完全去除。

（3）若电水壶中的水垢较严重，可放一袋（约30克）柠檬酸到壶内，加一半容量的水，然后煮开，倒掉水，水垢即可去除，还会留下一股清香的味道。

（4）将淘米水倒入电水壶（要灌满），静置一天后，打开电水壶倒出污垢。

（5）把鸡蛋壳打碎，放入电水壶中，加入适量的水，加盖后反复摇晃，再用清水冲洗干净即可。

（6）将土豆皮放入壶里，倒入水（没过土豆皮），接通电源加热10分钟左右，把壶里的水倒出，里面的水垢就会混杂在土豆皮里一起出来了。

第二节　妙用厨房家电

◎ 电饭锅做蛋糕的方法

电饭锅除了能煮香喷喷的米饭外，还能制作香甜可口的蛋糕。具体方法是：

（1）将4个鸡蛋分开蛋清、蛋黄，分别盛在干净的大碗中。

（2）蛋清里加上一点盐和1勺白糖不断用力搅拌（往同一个方向），有丰富泡沫出来的时候，再加上1勺白糖，用筷子或搅拌器搅至成奶油状（黏在筷子、搅拌器上不会掉下来）。

（3）蛋黄里加上2勺白糖、3勺低筋面粉和6勺牛奶，搅拌均匀；然后加入一半奶油状蛋清，搅拌均匀；再加入另一半奶油状蛋清，搅拌成糊糊状即可。

（4）电饭锅插上插头，盖上盖子，按下煮饭键，等待它自动跳起来（一两分钟），在锅里刷上一层油，防止粘锅，把蛋糊糊倒进电饭锅，再在桌子上震几下，把气泡震出来。

（5）按下煮饭键，两三分钟之后，它会跳到保温状态，用一条毛巾捂住通风口，捂20分钟后拿开毛巾，再按下煮饭键，跳到保温状态后，再用毛巾捂20分钟即可。

◎ 电饭锅巧做酸奶

电饭锅不仅可制作蛋糕，还可以巧做酸奶，具体方法是：

（1）准备大号保鲜盒一个，纯牛奶两袋（480毫升），特浓酸奶一杯（120毫升），白糖7克。

（2）将大保鲜盒用开水烫2分钟左右消毒，然后擦干。

（3）在保鲜盒中倒入牛奶、白糖，搅拌均匀，盖上盖子，放入微波炉小火加热40～50秒，取出稍凉一凉，加入酸奶搅拌均匀。

（4）电饭锅加入清水，按下煮饭键把水煮开，把水倒掉，加入少许（比保鲜盒高度略低）凉水。

（5）将密封好的保鲜盒包上一块毛巾放入电饭锅中，拔掉电饭锅电源，盖上锅盖，焖8～10小时。

（6）将发酵好的酸奶从锅中取出，放入冰箱冷藏1～2小时，即可食用。

◎ 巧用电饭锅焖可乐鸡翅

美味的可乐鸡翅也可以用电饭锅来制作，具体方法是：

（1）将鸡翅中（表面浅划几刀）洗好后，用适量酱油腌上，撒上少许姜末，不时翻一翻，使鸡翅均匀着色，腌大概1.5～2小时。

（2）将腌好后的鸡翅连同酱汁一起倒入电饭锅里，按下“煮饭”开关，倒入可乐，以刚刚没过鸡翅为宜，再放入一些姜片，以去掉鸡的土腥味。

（3）不时翻动一下，等可乐快要烤干时尝一下，鸡肉变得松软甜嫩即可。也可根据个人的口味再加盐或少量可乐继续煮一段时间，但时间不宜过长。

◎ 微波炉妙用三招

微波炉除了加热食物外，还有以下三个用途：

（1）炒瓜子等坚果：将生瓜子、花生、松子、榛子等坚果均匀摊平放在微波炉内的玻璃盘上，以中挡加热，中间停炉翻动几次，3分钟左右听到咔咔果皮裂开声，待响几秒钟后即已炒熟。及时停机，凉一会儿就可食用了。

（2）食物复脆：饼干、瓜子、花生等食物受潮后，用微波炉加热一下，凉凉后即可恢复香脆。

（3）消毒：除金属制品外的适用于微波炉的餐具于使用前可先在微波炉内加热30秒，有消毒的作用。厨房里有异味的抹布，用水冲洗后用微波炉加热也可消毒。

◎ 微波炉巧烤鸡翅

微波炉烤鸡翅的方法是：

（1）将4～6个鸡翅冲洗干净，然后用干净的卫生纸吸干鸡翅表面水分。

（2）准备适量的酱油、糖、盐、味精、辣油等调料，并混合调匀。

（3）每个鸡翅中间剖开一刀，淋入调料，撒上蒜末，包上保鲜膜，放入冰箱里冷藏20分钟，或在常温下放置2小时，让调料入味。

（4）从冰箱中拿出鸡翅，抹上食用油，放入微波炉烤制（中高火烘烤约11分钟），烤鸡翅就做好了。

◎ 微波炉巧做饼干

微波炉烤饼干的具体方法是：

（1）准备奶油80克，砂糖40克，鸡蛋1个，牛奶100毫升，松饼粉150克。

（2）将融化的奶油与砂糖搅匀，按顺序加入鸡蛋、牛奶，再一点点加入松饼粉，慢慢搅匀。

（3）盘子上平铺烘焙纸，将已搅匀的材料用汤勺在纸上涂匀，放入微波炉以强火烘烤3分钟，拿出来趁热倒入饼干模型（内壁事先涂抹点食用油）中，待冷却即可食用。

◎ 高压锅的妙用

高压锅除了可用来炖肉外，还有以下妙用：

（1）煎饺子。将高压锅烧热后，放适量油，均匀涂抹，摆上饺子（饺子间留一点缝隙），半分钟后往锅里洒点水，再盖上锅盖，扣上安全阀，微火烘烤20分钟左右饺子即熟。

（2）炒花生。将花生米放入高压锅中，放入量最好占高压锅容积的1/3以下，再加入少许水，使锅内的花生米湿润，然后盖好锅盖，不要加安全阀。将高压锅放在火上加热，待气孔冒气时把火调小，两手端锅做颠簸动作，使锅内的花生均匀受热，每隔2分钟颠簸一次，从冒气开始，颠簸3～4次。7～8分钟后，把锅端下，自然冷却10分钟左右即可。

（3）蒸馒头。往高压锅内放入适量的水（水量约为锅底至底屉距离的1/2），在铺好屉布的蒸屉上有间隔地摆放馒头生坯（一般以中间放1个，周围放6个为宜），放入锅中。盖上高压锅盖（不扣安全阀），用旺火烧开，从气孔冒气算起，10～12分钟后加上安全阀；加安全阀的同时要减火1/3～2/3，继续蒸4分钟后，先取阀，再蒸半分钟，即可离火，待蒸气放尽，开锅出屉。

（4）烙饼。在高压锅底部擦上油，待锅热以后，把锅底大小的饼放在锅底，盖上锅盖，不扣安全阀。1～2分钟后，打开锅把饼翻面，加盖，再加热2分钟，饼就熟了。

中篇 让你的生活更精彩

要使自己的生活更美好，人们首先要关注身体的健康，制订合理健康的饮食计划，还应熟知急救与自救常识，以保证生命安全。在保证身体健康的同时，人们还要树立良好的外在形象，不仅要熟知服装尺码与布料鉴别、服装清洗与存放、服装穿着等基本常识，更要懂得应酬、餐饮、涉外等基本社交礼仪。

第五章

合理健康的饮食

身体健康是获得美好生活的前提。在生活中，只要遵循科学的膳食指南，了解不同食物的摄入量、食用方法以及食用禁忌，并根据自己所处的年龄段、工作环境制订合理、科学的饮食计划，就能轻松获得健康体魄。

第一节　膳食指南

◎ 中国居民膳食指南

《中国居民膳食指南（2007）》针对6岁以上正常人群的饮食健康，制作了“中国居民膳食宝塔”，如图5.1所示，并提出了十条建议：

（1）食物多样，谷类为主，粗细搭配。成年人每天摄入250～400克谷类食物，并搭配50～100克的粗粮、杂粮和全谷类食物。

（2）多吃蔬菜水果和薯类。成年人每天吃蔬菜300～500克，最好多吃一些深色蔬菜，水果200～400克，并注意增加薯类的摄入。

（3）每天吃奶类、大豆及其制品。建议每人每天饮奶300克或相当量的奶制品，对于饮奶量大或有高血脂和超重肥胖倾向者应选择减脂、低脂、脱脂奶及其制品。建议每人每天摄入30～50克大豆或相当量的豆制品。

（4）常吃适量的鱼、禽、蛋和瘦肉。推荐成人每日摄入鱼虾类75～100克，畜禽肉类50～75克，蛋类25～50克。

（5）减少烹调油用量，吃清淡少盐膳食。建议每人每天烹调油用量不超过30克；中国营养学会推荐每人平均每天食盐摄入量不超过6克，包括酱油、酱菜、酱等食品中的食盐量。

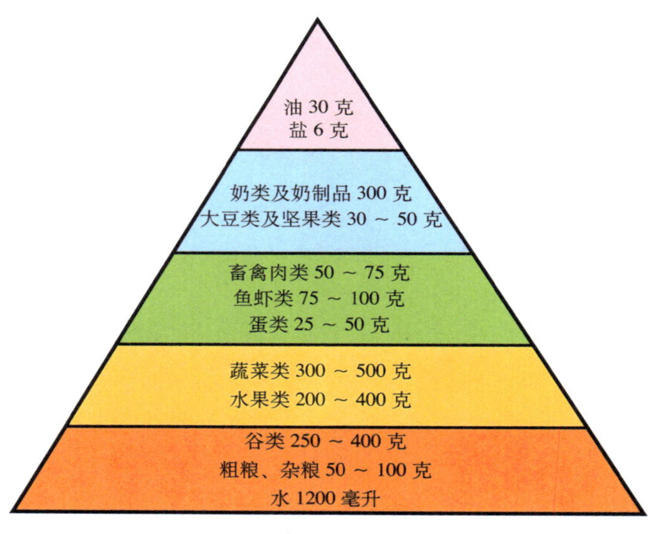

图 5.1　中国居民膳食宝塔

（6）食不过量，天天运动，保持健康体重。建议成年人每天进行累计相当于步行6000步以上的身体活动；如果身体条件允许，最好进行30分钟以上中等强度的运动。

（7）三餐分配要合理，零食要适当。早餐提供的能量应占全天总能量的25%～30%，安排在6:30～8:30；午餐应占30%～40%，安排在11:30～13:30；晚餐应占30%～40%，安排在18:00～20:00，可根据职业、劳动强度和生活习惯等进行适当调整。

（8）每天足量饮水，合理选择饮料。饮水最好选择白开水，应少量多次，且不要感到口渴时再喝水。健康成人每天排出体外的水为2500毫升左右。在温和气候条件下生活的轻体力活动成年人每日最少饮水1200毫升；在高温或强体力劳动的条件下，应适当增加。

（9）饮酒应限量。尽可能饮用低度酒，并控制在适当的量。建议成年男性一天饮用酒的酒精量不超过25克（相当于啤酒750毫升，葡萄酒250毫升，高度白酒50克），成年女性一天饮用酒的酒精量不超过15克（相当于啤酒450毫升，葡萄酒150毫升，38度的白酒50克）。孕妇、儿童、青少年应忌酒。

（10）吃新鲜卫生的食物。购买预包装食品应当留心查看包装标志，特别应关注生产日期、保质期和生产厂家；也要注意食品颜色是否正常，有无酸臭等异味，形态是否异常，以便判断食物是否腐败变质。

◎ 健康体重的判断标准

健康体重用国际通用的体质指数（Body Mass Index，简称BMI）来衡量，以权衡身高对体重的影响，BMI由体重（千克）除以身高（米）的平方得来。比如，一个身高1.6米、体重55千克的人，其体质指数计算方式为：$BMI=55/1.6^2 \approx 21.5$千克／米^2。我国健康成年人体重的BMI范围是18.5～23.9千克／米^2，成年人体质指数，如表5.1所示。

如果BMI小于18.5千克／米^{2}为消瘦者，BMI在24～27.9千克／米^{2}者为超重，大于或等于28千克／米^{2}者为肥胖。体重在健康范围内者患各种疾病的危险性小于消瘦者、超重者和肥胖者。判断儿童青少年的健康体重还应考虑其在生长发育期间身高和体重变化的特点。7～18岁儿童、青少年超重肥胖判断标准，如表5.2所示。

表5.1　成年人体质指数

身高（米）	体重（千克）																		
	轻体重		健康体重					超重				肥胖							
1.40	33.3	35.3	37.2	39.2	41.2	43.1	45.1	47.0	49.0	51.0	52.9	54.9	56.8	58.8	60.8	62.7	64.7	66.6	68.6
1.42	34.3	36.3	38.3	40.3	42.3	44.4	46.4	48.4	50.4	52.4	54.4	56.5	58.5	60.5	62.5	64.5	66.5	68.6	70.6
1.44	35.3	37.3	39.4	41.5	43.5	45.6	47.7	49.8	51.8	53.9	56.0	58.1	60.1	62.2	64.3	66.4	68.4	70.5	72.6
1.46	36.2	38.4	40.5	42.6	44.8	46.9	49.0	51.2	53.3	55.4	57.6	59.7	61.8	63.9	66.1	68.2	70.3	72.5	74.6
1.48	37.2	39.4	41.6	43.8	46.0	48.2	50.4	52.6	54.8	57.0	59.1	61.3	63.5	65.7	67.9	70.1	72.3	74.5	76.7
1.50	38.3	40.5	42.8	45.0	47.3	49.5	51.8	54.0	56.3	58.5	60.8	63.0	65.3	67.5	69.8	72.0	74.3	76.5	78.8
1.52	39.3	41.6	43.9	46.2	48.5	50.8	53.1	55.4	57.8	60.1	62.4	64.7	67.0	69.3	71.6	73.9	76.2	78.6	80.9
1.54	40.3	42.7	45.1	47.4	49.8	52.2	54.5	56.9	59.3	61.7	64.0	66.4	68.8	71.1	73.5	75.9	78.3	80.6	83.0
1.56	41.4	43.8	46.2	48.7	51.1	53.5	56.0	58.4	60.8	63.3	65.7	68.1	70.6	73.0	75.4	77.9	80.3	82.7	85.2
1.58	42.4	44.9	47.4	49.9	52.4	54.9	57.4	59.9	62.4	64.9	67.4	69.9	72.4	74.9	77.4	79.9	82.4	84.9	87.4
1.60	43.5	46.1	48.6	51.2	53.8	56.3	58.9	61.4	64.0	66.6	69.1	71.7	74.2	76.8	79.4	81.9	84.5	87.0	89.6
1.62	44.6	47.2	49.9	52.5	55.1	57.7	60.4	63.0	65.6	68.2	70.9	73.5	76.1	78.7	81.4	84.0	86.6	89.2	91.9
1.64	45.7	48.4	51.1	53.8	56.5	59.2	61.9	64.6	67.2	69.9	72.6	75.3	78.0	80.7	83.4	86.1	88.8	91.4	94.1
1.66	46.8	49.6	52.4	55.1	57.9	60.6	63.4	66.1	68.9	71.6	74.4	77.2	79.9	82.7	85.4	88.2	90.9	93.7	98.8
1.68	48.0	50.8	53.6	56.4	59.3	62.1	64.9	67.7	70.6	73.4	76.2	79.0	81.8	84.7	87.5	90.3	93.1	96.0	98.8
1.70	49.1	52.0	54.9	57.8	60.7	63.6	66.5	69.4	72.3	75.1	78.0	80.9	83.8	86.7	89.6	92.5	95.4	98.3	101.2
1.72	50.3	53.3	56.2	59.2	62.1	65.1	68.0	71.0	74.0	76.9	79.9	82.8	85.8	88.8	91.7	94.7	97.6	100.6	103.5
1.74	51.5	54.5	57.5	60.6	63.6	66.6	69.6	72.7	75.7	78.7	81.7	84.8	87.8	90.8	96.0	96.9	99.9	102.9	106.0
1.76	52.7	55.8	58.9	62.0	65.0	68.1	71.2	74.3	77.4	80.5	83.6	86.7	89.8	92.9	98.2	99.1	102.2	105.3	108.4
1.78	53.9	57.0	60.2	63.4	66.5	69.7	72.9	76.0	79.2	82.4	85.5	88.7	91.9	95.1	98.2	101.4	104.6	107.7	110.9
1.80	55.1	58.3	61.6	64.8	68.0	71.3	74.5	77.8	81.0	84.2	87.5	90.7	94.0	97.2	100.4	103.7	106.9	110.2	113.4
1.82	56.3	59.6	62.9	66.2	69.6	72.9	76.2	79.5	82.8	86.1	89.4	92.7	96.1	99.4	102.7	106.0	109.3	112.6	115.9
1.84	57.6	60.9	64.3	67.7	71.1	74.5	77.9	81.3	84.6	88.0	91.4	94.8	98.2	101.6	105.0	108.3	111.7	115.1	118.5
1.86	58.8	62.3	65.7	69.2	72.7	76.1	79.6	83.0	86.5	89.9	93.4	96.9	100.3	103.8	107.2	110.7	114.2	117.6	121.1
1.88	60.1	63.6	67.2	70.7	74.2	77.8	81.3	84.8	88.4	91.9	95.4	99.0	102.5	106.0	109.6	113.1	116.6	120.2	123.7
1.90	61.4	65.0	68.6	72.2	75.8	79.4	83.0	86.6	90.3	93.9	97.5	101.1	104.7	108.3	111.9	115.5	119.1	122.7	126.4
BMI（千克/米²）	17.0	18.0	19.0	20.0	21.0	22.0	23.0	24.0	25.0	26.0	27.0	28.0	29.0	30.0	31.0	32.0	33.0	34.0	35.0

表 5.2　7 ~ 18 岁儿童青少年超重肥胖判断标准（BMI 切点）

性别	年龄（岁）	WHO		WGOC	
		超重（千克／米 ^{2}）	肥胖（千克／米 ^{2}）	超重（千克／米 ^{2}）	肥胖（千克／米 ^{2}）
男	7 ~	17.37	19.18	17.4	19.2
	8 ~	18.11	20.33	18.1	20.3
	9 ~	18.85	21.47	18.9	21.4
	10 ~	19.60	22.60	19.6	22.5
	11 ~	20.35	23.73	20.3	23.6
	12 ~	21.12	24.89	21.0	24.7
	13 ~	21.93	25.93	21.9	25.7
	14 ~	22.77	26.93	22.6	26.4
	15 ~	23.63	27.76	23.1	26.9
	16 ~	24.45	28.53	23.5	27.4
	17 ~	25.28	29.32	23.8	27.8
	18 以上	25.00	30.00	24.0	28.0
女	7 ~	17.17	18.93	17.2	18.9
	8 ~	18.18	20.36	18.1	19.9
	9 ~	19.19	21.78	19.0	21.0
	10 ~	20.19	23.20	20.0	22.1
	11 ~	21.18	24.59	21.1	23.3
	12 ~	22.17	25.95	21.9	24.5
	13 ~	23.08	27.07	22.6	25.6
	14 ~	23.88	27.97	23.0	26.3
	15 ~	24.29	28.51	23.4	26.9
	16 ~	24.74	29.10	23.7	27.4
	17 ~	25.23	29.72	23.8	27.7
	18 以上	25.00	30.00	24.0	28.0

注：1. WHO 指世界卫生组织 0 ~ 18 岁儿童体重参考值。

2. WGOC 指中国肥胖问题工作组儿童青少年体质指数标准。

◎ 一日三餐的营养标准

合理安排一日三餐的时间及食量、定时定量进餐是保证身体健康的基础，城市女性、男性一日三餐的建议食物摄入量，如表5.3、表5.4所示。

● 早餐

早晨起床后半小时是早餐的最佳时间，一般为6:30～8:30。营养充足的早餐要包括谷类、动物性食物（肉类、蛋类）、奶及奶制品、蔬菜和水果等食物，具体分配为：

（1）谷类100克，比如馒头、面包、麦片、面条、豆包、粥等。

（2）含优质蛋白质的食物适量，比如牛奶、鸡蛋、大豆制品等。

（3）新鲜蔬菜100克。

（4）新鲜水果100克。

注意，因为受年龄、劳动强度影响，早餐应根据自身具体情况加以调整。

● 午餐

午餐的最佳时间是11:30～13:30，具体食物分配为：

（1）谷类125克，比如米饭、馒头、面条、麦片、饼、玉米面发糕等。

（2）动物性食物75克。

（3）大豆或大豆制品20克。

（4）蔬菜150克。

（5）水果100克。

● 晚餐

晚餐的最佳时间为18:00～20:00。为了满足人们夜间活动和夜间睡眠的能量需要，晚餐需摄入的具体食物分配为：

（1）谷类125克，比如糙米、全麦食物等富含膳食纤维的食物。

（2）动物性食物50克。

（3）大豆或大豆制品20克。

（4）蔬菜150克。

（5）水果100克。

表 5.3　城市女性一日三餐的建议食物摄入量

食物种类	早餐（克）	午餐（克）	晚餐（克）	全天（克）
谷类	75	100	75	250
豆类	—	20	20	40
蔬菜	75	125	100	300
水果	100	50	50	200
肉类	—	25	25	50
乳类	300	—	—	300
蛋类	25	—	—	25
水产品	—	25	25	50
油脂类	5	10	10	25

注：1. “—”表示未作测试。
2. 女性按 1800 千卡 / 天计算。

表 5.4　城市男性一日三餐的建议食物摄入量

食物种类	早餐（克）	午餐（克）	晚餐（克）	全天（克）
谷类	100	125	125	350
豆类	—	20	20	40
蔬菜	100	150	150	400
水果	100	100	100	300
肉类	—	50	25	75
乳类	300	—	—	300
蛋类	50	—	—	50
水产品	—	25	25	50
油脂类	5	10	10	25

注：1. “—”表示未作测试。
2. 男性按 2200 千卡 / 天计算。

◎“三高”人群该怎么吃

“三高”通常是指高血压、高脂血症和高血糖三种病症。它们都与现代文明有关，故又被称为文明病，属于高发慢性非传染性疾病，在成年人群中患病率特别高，应特制饮食方案。

高血压

世界卫生组织规定，正常成人收缩压应在18.7千帕（140毫米汞柱）或以下，舒张压应在12.0千帕（90毫米汞柱）或以下。如果成人在4周内多次测试血压，发现收缩压达到或超过21.3千帕（160毫米汞柱）、舒张压达到或超过12.7千帕（95毫米汞柱），则可确诊为高血压。对于高血压人群，饮食上需要注意以下几点：

（1）限制总热量，将体重控制在标准体重范围之内。对于肥胖度不超过10%的人，男性每天摄入热量2000千卡、女性每天摄入热量1800千卡为宜；对于肥胖度超过20%者，男性每天摄入热量1700千卡、女性每天摄入热量1500千卡为宜；对于高度肥胖者，男性每天摄入热量1100～1400千卡、女性每天摄入热量1000～1200千卡为宜。

（2）每日脂肪的摄入量不超过50克，在限量范围内选择富含不饱和脂肪酸的油脂和肉类，可减少动脉硬化。每日胆固醇的摄入量限制在300毫克以下。每日蛋白质的摄入量为每千克体重1克为宜。每周进食1～2次鱼类、鸡类蛋白质，可增加尿钠的排除而起到降压的作用。

（3）饮食要清淡，每天摄入食盐不超过5克，并每天摄入5～7克钾（多吃口蘑、紫菜、银耳、香菇等含钾较多的食物），可使血压降低0.5～1.2千帕（4～9毫米汞柱）。

（4）高血压病患者普遍钙摄入量少，因此要多摄入含钙食物，每天饮用2～3份奶制品，但应注意选择低脂或脱脂的奶制品；或是食用带骨壳的鱼虾、海带等高钙食物；多吃未精制的谷类、绿色蔬菜等含镁丰富的食物，避免因镁质不足导致血管收窄而使血压上升。

（5）多吃玉米面、燕麦、荞麦、小米等富含膳食纤维的食物，促进肠胃蠕动，有利于胆固醇的排出。注意少吃蔗糖、果糖等含单糖和双糖类的食物，以防血压升高。

（6）不要饮用酒、浓茶、咖啡、浓肉汤等容易使神经系统兴奋的食物，否则可能导致血压升高。

高脂血症

高脂血症是指人体内血浆胆固醇和（或）血浆三酰甘油浓度过高。正常成人体内血浆胆固醇和血浆三酰甘油应小于5.20毫摩尔／升（200毫克／分升）。若一个人体内长期血浆胆固醇和（或）血浆三酰甘油大于6.24毫摩尔／升（240毫克／分升），则为高脂血症。一般来说，高脂血症人群在饮食上需要注意：

（1）控制体重，达到并维持在标准体重的范围内。

（2）每天胆固醇的摄入量不得超过200毫克，多吃大豆及其制品、洋葱、大蒜、香菇、木耳等具有降低胆固醇（有些还具有抗凝血作用）的食物。限制动物性脂肪，适当增加植物油，每天可摄入豆油、玉米油、菜子油等植物油20～25毫升。

（3）尽量不吃或少吃白糖、红糖、水果糖和蜜糖以及含糖的食品和药物，以防三酰甘油增高。

（4）多吃新鲜的水果、蔬菜以及含水溶性纤维的食物（如豆类、枣、草果、无花果、干梅子、花椰菜、燕麦麸、魔芋等），有利于降低胆固醇。

（5）加拿大有研究证明，橘子汁可增加好胆固醇（HDL）。高胆固醇者若一天喝3杯橘子汁，1个月后，好胆固醇能提高21%，同时高半胱氨酸水平下降。但此法不适于70岁以上的高脂血症患者。

（6）美国研究人员发现，每天吃半颗蒜头（整颗更好）或服用900毫克的无味蒜头胶囊，蒜头中的蒜氨酸可降低10%的胆固醇，还能降低血压。

（7）适当饮茶能降低胆固醇浓度，减轻动脉硬化程度，但浓茶可能使血压升高。少喝或不喝咖啡以及含有咖啡因的药物，因为咖啡因会增加体内的胆固醇。

高血糖

正常成人空腹（停止进食10～12小时）血糖浓度应为3.6～6.1毫摩尔／升（65～109毫克／分升），餐后2小时（从吃第一口饭开始计算）血糖应为3.6～7.7毫摩尔／升（65～139毫克／分升）。若一个人空腹（抽血化验）血糖浓度为7.0毫摩尔／升或以上、随机（一天任意时间化验）血糖浓度为11.1毫摩尔／升或以上、口服葡萄糖后2小时血糖浓度为11.1毫摩尔／升，且上述检测至少重复2次，结果达到以上任一条，可诊断为糖尿病。糖尿病患者在饮食上特别需要注意：

（1）按医生处方来控制热量摄入。每日所需的总热量要根据患者年龄、性别、体重、活动强度等来计算，即一般成年人每日每千克体重需要25千卡热量，脑力劳动者每日每千克体重需要30～35千卡热量，轻体力劳动者每日每千克体重需要35～40千卡热量，重体力劳动者每日每千克体重需要40千卡以上热量。儿童、孕妇、营养不良者酌情增加。

（2）在限定总热量的范围内，每天食物的营养配比是：55%～60%的碳水化合物，20%左右的蛋白质，20%～25%的脂肪，还应适当摄入一些维生素和矿物质。

（3）每天食用300克的蔬菜，并保证1/3是绿叶蔬菜，有利于控制血糖。

（4）每日用盐量不超过6克，每日烹饪用油量不超过25克，但城市居民大多每人每日用油量在80克。建议糖尿病患者将正常用油量先减少一半（40克），血脂高的人减2/3(53.3克)，然后再慢慢减到25克或以下。

（5）少喝酒或不喝酒，如喝酒应控制酒量，即1次饮酒不要超过160千卡的热量：啤酒2杯（400毫升），威士忌（43度）小半杯（60毫升），葡萄酒中等玻璃杯2杯（200毫升），烧酒（35度）半杯（80毫升）。

（6）少食粥及发面的食物，因食用后可能会引起餐后血糖过高。血糖控制尚可时，每天可在两餐之间吃适量含糖低的水果，每次约100克。忌食含糖高的食品，如糖果、巧克力、奶油蛋糕等。

◎ 白领阶层如何吃得健康

白领阶层是指从事纯粹脑力劳动的人，他们常与电脑为伴，工作压力大，容易出现亚健康状态，针对这类人群，有以下饮食建议：

（1）三餐要规律。早餐一定要吃好，早餐食物应包括奶制品、谷类（馒头或面包）、鸡蛋等；中午应多吃高蛋白质的食物，如瘦猪肉、牛羊肉、鸡肉、鱼、豆类、绿色蔬菜等，尽量少吃肥肉和荤油；晚餐要清淡，多吃新鲜蔬菜、水果等富含膳食纤维的食物。

（2）多吃含磷脂高的食物，利于健脑，比如蛋黄、鱼、虾、核桃、花生等，这些食物中还富含维生素E，能降低胆固醇，清除体内的垃圾。

（3）注意补充B族维生素，因为B族维生素缺乏会导致眼睛畏光、流泪、视力模糊。全谷类食物、动物肝脏、酵母、豆类、瘦肉、绿叶蔬菜等都富含B族维生素。

（4）许多白领由于工作时精神高度集中，常常忘记喝水，导致体内水分供给不足，使得血液黏稠，从而形成血栓，诱发心脑血管疾病，还可能影响肾脏代谢功能。还要注意少喝浓咖啡，否则容易使血液中的胆固醇增加。

（5）做文字工作或经常操作电脑的人容易视力下降，应多补充维生素 A。建议每周吃3个胡萝卜，此外还应多吃海鱼、鸡肝等富含维生素D的食品。

◎ 体力劳动者的健康饮食方案

体力劳动者多以肌肉、骨骼的活动为主，能量消耗多，需氧量高，物质代谢旺盛，因此有以下膳食建议：

（1）注意补充水分，少量多次地喝盐开水（水盐比例为500 ：1）、盐茶水、咸绿豆汤、咸菜汤和含盐汽水，等等。

（2）多吃热量高的食物，比如水饺、包子、糖炸糕、肉卷（面、肉末）等，及时补充劳动中所耗热量：一般极轻体力劳动者每天耗能2400～2600千卡，轻体力劳动者每天耗能2600～3000千卡，中等体力劳动者每天耗能3000～3500千卡，重体力劳动者每天耗能3600～4000千卡，极重体力劳动者每天耗能4200～4500千卡，这些热量都需要从每天的饮食中补充。

（3）适当增加蛋白质摄入，蛋白质除了满足人的身体需要以外，还能增强人体对各种毒物的抵抗力。每天多吃豆类及豆制品，最好每天吃1～2个鸡蛋，再适当吃些肉类、鱼类、牛奶等食物。

◎ 给夜间工作人员的饮食建议

人体在白天与夜间的生理节律有明显的不同，为保证身体健康，夜间工作者需要特制膳食指南：

（1）夜间工作对视力损害较大，应多补充维生素 A 和维生素 D；同时，要保证足够的热量摄入。晚餐是夜间工作人员的主餐，占膳食总热量的30%～50%，可食用高蛋白食物，进餐时间安排在劳动前1～2小时为宜；夜班的中餐热量一般占膳食总热量的20%～25%，进餐时间可安排在凌晨3点前后；早餐热量一般占膳食总热量的15%～20%，并且应该以容易消化吸收的碳水化合物为主。

（2）夜间工作人员还要保证摄入足够的优质蛋白质、无机盐和维生素，多食用乳、蛋、鱼、瘦肉、猪肝、大豆及其制品，多吃蔬菜、水果，少吃糖和高脂肪食物，并应控制盐的摄入量。

◎ 高温作业人员的营养补充方案

高温作业下，每人每天出汗是常人出汗量的4～10倍。由于汗液的大量蒸发，身体内所需的钾、钠、钙等无机盐以及水溶性维生素也随着汗液流失，要及时补充：

（1）高温作业人员每天应按出汗量少量多次地补水，在膳食或饮料上补充食盐和氯化钾，多吃富含钾元素的豆类、香蕉、橘子汁、番茄汁等食物和含钙、镁丰富的鸡蛋、虾皮等。

（2）高温环境下，人体汗氮、尿氮和粪氮排泄均增加，应注意多摄入高蛋白质食物，建议每日补充蛋白质90～120克。

（3）汗液、尿液中流失的水溶性维生素较多，尤其是维生素C流失较多，其次是维生素 B_{12}，高温作业人员应多吃新鲜蔬菜、水果、豆制品和动物性食品来补充维生素。

（4）高温环境下人体热量消耗大，应注意在饮食中增加10%～40%的热量，但考虑到高温环境下人们食欲往往较差，增加10%的热量较为理想。

第二节　常见食物的营养成分

◎ 谷类

中国居民膳食应坚持以谷类为主，膳食中谷类食物提供的能量要达到总能量的50%～60%，一般成年人每天应摄入250～400克谷类。常见谷类食物营养成分含量，如表5.5所示。

表 5.5　常见谷类食物每 100 克的营养成分含量

食物名称	能量（千卡）	蛋白质（克）	脂肪（克）	碳水化合物（克）	膳食纤维（克）	维生素 B_1（毫克）	维生素 B_2（毫克）	烟酸（毫克）	钙（毫克）	铁（毫克）	锌（毫克）	硒（毫克）
小麦面粉（标准粉）	354	15.7	2.5	70.9	3.7	0.46	0.05	1.9	31	0.6	0.2	7.42
小麦粉（富强粉）	350	10.3	1.1	75.2	0.6*	0.17	0.06	2	27	2.7	0.97	6.88

续表

食物名称	能量（千卡）	蛋白质（克）	脂肪（克）	碳水化合物（克）	膳食纤维（克）	维生素 B_1（毫克）	维生素 B_2（毫克）	烟酸（毫克）	钙（毫克）	铁（毫克）	锌（毫克）	硒（毫克）
小麦胚粉	392	36.4	10.1	44.5	5.6*	3.5	0.79	3.7	85	0.6	23.4	65.2
稻米	346	7.4	0.8	77.9	0.7*	0.11	0.05	1.9	13	2.3	1.7	2.23
粳米（小站稻米）	342	6.9	0.7	79.2	2.3	0.04	0.02	0.8	3	0.3	1.94	10.1
籼米	328	7.5	1.1	78	5.9	0.07	0.02	0.9	12	0.1	0.15	2.76
香米	335	8.4	0.72	77.2	3.54	0.03	0.02	0.4	3	0.2	1.85	4.09
糯米（江米）	348	7.3	1	78.3	0.8*	0.11	0.04	2.3	26	1.4	1.54	2.71
玉米（鲜）	106	4.0	1.2	22.8	2.9*	0.16	0.11	1.8	—	1.1	0.9	1.63
玉米面（黄）	339	8.5	1.5	78.4	5.5	0.07	0.04	0.8	22	0.4	0.08	2.68
玉米糁（黄）	297	7.4	1.2	78.7	14.5	0.03	0.03	0.8	49	0.2	0.05	1.09
大麦（元麦）	307	10.2	1.4	73.3	9.9*	0.43	0.14	3.9	66	6.4	4.36	9.8
黑大麦	297	10.2	2.2	74.3	—	0.54	0.14	5.4	20	6.5	2.33	3.99
青稞	339	8.1	1.5	75	1.8*	0.34	0.11	6.7	113	40.7	2.38	4.6
小米	355	8.9	3	77.7	4.6	0.32	0.06	1	8	1.6	2.81	2.72
大黄米（黍子）	349	13.6	2.7	71.1	3.5*	0.3	0.09	1.4	30	5.7	3.05	2.31
黄米	342	9.7	1.5	76.9	4.4*	0.09	0.13	1.3	—	—	2.07	—
高粱米	351	10.4	3.1	74.7	4.3*	0.29	0.1	1.6	22	6.3	1.64	2.83
糜子（带皮）	323	10.6	0.6	75.1	6.3*	0.45	0.18	1.2	99	5	2.07	12.01
莜麦面	366	12.2	7.2	67.8	4.6*	0.39	0.04	3.9	27	13.6	2.21	0.5
薏米（薏仁米、苡米）	357	12.8	3.3	71.1	2.0*	0.22	0.15	2	42	3.6	1.68	3.07
红小豆	309	20.2	0.6	63.4	7.7	0.16	0.11	2	74	7.4	2.2	3.8
芸豆（红）	314	21.4	1.3	62.5	8.3	0.18	0.09	2	176	5.4	2.07	4.61
绿豆	316	21.6	0.8	62	6.4	0.5	0.11	2	81	6.5	2.18	4.28

注：1. 带 * 的数据是用中性洗涤剂法检测，其余为酶重量法检测。

2. “—”指未测定。

知识链接：食物血糖生成指数

食物血糖生成指数（GI）指某种食物影响人体血糖浓度的能力，具体是指含50克碳水化合物的食物与相当量的葡萄糖在一定时间（约2小时）内，体内血糖反应水平的百分比值，可反映出食物与葡萄糖（葡萄糖血糖生成指数为100）相比升高血糖的速度和能力。

一般食物血糖生成指数高于70为高GI食物，比如馒头、米饭等；食物血糖生成指数在55～70之间为中GI食物；食物血糖生成指数低于55为低GI食物，比如豆类、乳类和蔬菜，具体如表5.6所示。

表5.6　常见食物及糖类的血糖生成指数

食物名称	血糖生成指数	食物名称	血糖生成指数	食物名称	血糖生成指数
麦芽糖	105	胡萝卜	71	葡萄	43
葡萄糖	100	玉米粉	68	可乐	40
馒头	88	土豆（煮）	66	扁豆	38
白面包	88	大麦粉	66	梨	36
绵白糖	84	菠萝	66	苹果	36
大米饭	83	蔗糖	65	苕粉	35
面条	82	荞麦面条	59	藕粉	33
烙饼	80	荞麦	54	鲜桃	28
玉米片	79	生甘薯	54	牛奶	28
熟甘薯（红）	77	香蕉	52	绿豆	27
油条	75	猕猴桃	52	四季豆	27
南瓜	75	山药	51	柚子	25
苏打饼干	72	酸奶	48	果糖	23
西瓜	72	乳糖	46	大豆（浸泡、煮）	18
小米（煮）	71	柑橘	43	花生	14

◎ 豆类

我国传统饮食讲究"五谷宜为养，失豆则不良"，现代营养学也证明，每天坚持食用豆类食品，只要两周的时间，就可以减少脂肪含量，增强免疫力，降低患病几率。常见豆类及豆制品营养成分含量如表5.7所示，微量元素成分含量如表5.8所示。

表5.7　常见豆类及豆制品每100克的营养成分含量

食物名称	水分（克）	能量（千卡）	蛋白质（克）	脂肪（克）	碳水化合物（克）	膳食纤维（克）	维生素 B_1（毫克）	维生素 B_2（毫克）	烟酸（毫克）
黄豆（大豆）	10.2	359	35.0	16.0	34.2	15.5	0.41	0.2	2.1
黑豆（黑大豆）	9.9	381	36.0	15.9	33.6	10.2	0.2	0.33	2.0
青豆（青大豆）	9.5	373	34.5	16.0	35.4	12.6	0.41	0.18	3.0
黄豆粉	6.7	418	32.7	18.3	37.6	7.0	0.31	0.22	2.5
豆腐花（豆腐粉）	1.6	401	10.0	2.6	84.3	—	0.02	0.03	0.4
豆腐	82.8	81	8.1	3.7	4.2	0.4	0.04	0.03	0.2
北豆腐	80.0	98	12.2	4.8	2	0.5	0.05	0.03	0.3
南豆腐	87.9	57	6.2	2.5	2.6	0.2	0.02	0.04	1.0
内酯豆腐	89.2	49	5.0	1.9	3.3	0.4	0.06	0.03	0.3
豆腐脑（老豆腐）	96.7	15	1.9	0.8	0	—	0.04	0.02	0.4
豆浆	96.4	14	1.8	0.7	1.1	1.1	0.02	0.02	0.1
豆腐丝	58.4	201	21.5	10.5	6.2	1.1	0.04	0.12	0.5
豆腐卷	61.6	201	17.9	11.6	7.2	1.0	0.02	0.04	0.4
豆腐皮	16.5	409	44.6	17.4	18.8	0.2	0.31	0.11	1.5
腐竹	7.9	459	44.6	21.7	22.3	1.0	0.13	0.07	0.8
千张（百页）	52.0	260	24.5	16.0	5.5	1.0	0.04	0.05	0.2
豆腐干	65.2	140	16.2	3.6	11.5	0.8	0.03	0.07	0.3
素大肠	63.0	153	18.1	3.6	13	1.0	0.02	0.02	0.1
素火腿	55.0	211	19.1	13.2	4.8	0.9	0.01	0.03	0.1
素鸡	64.3	192	16.5	12.5	4.2	0.9	0.02	0.03	0.4
烤麸	68.6	121	20.4	0.3	9.3	0.2	0.04	0.05	1.2

注："—"指未测定。

表 5.8 常见豆类及豆制品每 100 克中的微量元素成分含量

食物名称	钙（毫克）	磷（毫克）	钾（毫克）	镁（毫克）	铁（毫克）	锌（毫克）	硒（毫克）	铜（毫克）	锰（毫克）
黄豆（大豆）	191	465	1503	199	8.2	3.34	6.16	1.35	2.26
黑豆（黑大豆）	224	500	1377	243	7.0	4.18	6.79	1.56	2.83
青豆（青大豆）	200	395	718	128	8.4	3.18	5.62	1.38	2.25
黄豆粉	207	395	1890	129	8.1	3.89	2.47	1.39	2.00
豆腐花（豆腐粉）	175	95	339	60	3.3	0.75	1.70	0.28	0.52
豆腐	164	119	125	27	1.9	1.11	2.3	0.27	0.47
北豆腐	138	158	106	63	2.5	0.63	1.55	0.22	0.69
南豆腐	116	90	154	36	1.5	0.59	2.62	0.14	0.44
内酯豆腐	17	57	95	24	0.8	0.55	0.81	0.13	0.26
豆腐脑（老豆腐）	18	5	107	28	0.9	0.49	—	0.26	0.25
豆浆	10	30	48	9	0.5	0.24	0.14	0.07	0.09
豆腐丝	204	220	74	127	9.1	2.04	1.39	0.29	1.71
豆腐卷	156	288	82	152	6.1	2.76	2.51	0.42	1.66
豆腐皮	116	318	536	111	13.9	3.81	2.26	1.86	3.51
腐竹	77	284	553	71	16.5	3.69	6.65	1.31	2.55
千张（百页）	313	309	94	80	6.4	2.52	1.75	0.46	1.96
豆腐干	308	273	140	64	4.9	1.76	0.02	0.77	1.31
素大肠	445	249	179	56	3.8	4.03	—	1.06	1.14
素火腿	8	115	24	25	7.3	1.96	3.18	0.16	1.57
素鸡	319	180	42	61	5.3	1.74	6.73	0.27	1.12
烤麸	30	72	25	38	2.7	1.19	—	0.25	0.73

注：“—”指未测定。

◎ 蔬菜

蔬菜可提供人体所必需的多种维生素和矿物质，人体必需的维生素 C 的 90%、维生素 A 的 60%都来自蔬菜。常见蔬菜营养成分含量，如表 5.9 所示。

表 5.9　常见蔬菜每 100 克中的营养成分含量

食物名称	能量（千卡）	膳食纤维（克）	视黄醇当量（微克）	维生素 B_1（毫克）	维生素 B_2（毫克）	叶酸（微克）	烟酸（毫克）	维生素C（毫克）	钙（毫克）	钾（毫克）	镁（毫克）	铁（毫克）	锌（毫克）	硒（毫克）
白口大白菜	13	1	1.7	0.02	0.01	14.8	0.32	8	29	109	12	0.3	0.15	0.04
青口大白菜	9	1.8	5.1	0.02	0.02	5.3	—	11	66	156	14	0.2	0.23	0.29
小白菜	15	1.1	280	0.02	0.09	—	0.7	28	90	178	18	1.9	0.51	1.17
油菜	10	2	180.5	0.02	0.05	103.9	0.55	36	148	175	25	0.9	0.31	0.73
菠菜	24	1.7	487	0.04	0.11	—	0.6	32	66	311	58	2.9	0.85	0.97
甘蓝	22	1	12	0.03	0.03	—	0.4	40	49	124	12	0.6	0.25	0.96
花椰菜	24	1.2	5	0.03	0.08	—	0.6	61	23	200	18	1.1	0.38	0.73
韭菜	18	3.3	266	0.04	0.05	61.2	0.86	2	44	241	24	0.7	0.25	1.33
芹菜（茎）	11	1.3	3	0.01	0.02	13.56	0.22	2	15	128	16	0.2	0.14	0.07
茄子	21	1.3	8	0.02	0.04	—	0.6	5	24	142	13	0.5	0.23	0.48
番茄	11	1.9	63	0.02	0.01	5.6	0.49	14	4	179	12	0.2	0.12	Tr
青尖辣椒	17	2.5	16	0.02	0.02	3.6	0.62	59	11	154	15	0.3	0.21	0.02
黄瓜	15	0.5	15	0.02	0.03	—	0.2	9	24	102	15	0.5	0.18	0.38
南瓜	22	0.8	148	0.03	0.04	31.7	0.4	8	16	145	8	0.4	0.14	0.46
冬瓜	8	1.1	Tr	Tr	Tr	9.4	0.22	16	12	57	10	0.1	0.1	0.02
白萝卜	13	1.8	Tr	0.02	0.01	6.8	0.14	19	47	167	12	0.2	0.14	0.12
藕	42	2.6	Tr	0.04	0.01	10.3	0.12	19	18	293	14	0.3	0.24	0.17
豆角	30	2.1	33	0.05	0.07	—	0.9	18	29	207	35	1.5	0.54	2.16
毛豆	123	4	22	0.15	0.07	—	1.4	27	135	478	70	3.5	1.73	2.48
扁豆	23	4.4	11	0.05	0.06	15.6	0.24	2	57	163	31	0.5	0.26	Tr
四季豆	15	4.7	16	0.02	0.05	27.7	0.26	Tr	43	196	27	0.6	0.33	0.04
黄豆芽	32	3.6	1.55	0.05	0.07	30.1	0.32	4	30	175	36	0.6	0.37	0.34
土豆	57	1.2	1	0.1	0.02	12.4	1.1	14	7	347	24	0.4	0.3	0.47

注：1. 视黄醇当量指维生素 A 的生物活性。

2. “Tr” 指微量。

3. “—” 指未测定。

知识链接：常见防癌蔬菜

日本国立癌症预防研究所研究发现，蔬菜的确具有一定的防癌作用，不同的蔬菜可预防的癌症也不同，常见的防癌蔬菜有：

（1）红薯：预防结肠癌、乳腺癌。因为红薯中含有一种化学物质叫氢表雄酮，可以用于预防结肠癌和乳腺癌。

（2）番茄：预防前列腺癌、乳腺癌。因为番茄中的番茄红素能促进一些具有防癌、抗癌作用的细胞因子的分泌，激活淋巴细胞对癌细胞的杀伤作用。摄入适量的番茄红素还可降低前列腺癌、乳腺癌等癌症的发病率，对胃癌、肺癌也有预防作用。

（3）花椰菜、花菜等十字花科蔬菜：预防胃癌、肺癌、食道癌。因为它们含有硫苷葡萄糖苷类化合物，能够诱导体内生成一种具有解毒作用的酶。

（4）大蒜：能预防结肠癌。因为大蒜能从多方面阻断致癌物质亚硝胺的合成，它所含微量元素硒、锗、镁等都具有抗癌作用。

（5）胡萝卜：能降低胃癌、膀胱癌、结肠癌、乳腺癌、肺癌的患病率。胡萝卜中的胡萝卜素在人体内可转化为维生素A，对这几种癌症有明显的抑制作用。

需要注意的是，尽管不同蔬菜抗癌能力和抗癌功效有所不同，但也不能只吃一种。要想通过蔬菜吃出健康，最重要的还是营养搭配、均衡饮食。

◎ 菌类

菌类分为有毒菌和无毒菌。可供人类食用的无毒菌具有高蛋白、无胆固醇、无淀粉、低脂肪、低糖、多膳食纤维、多氨基酸、多维生素、多矿物质的特点，其营养价值达到植物性食物的顶峰。常见菌类营养成分含量，如表5.10所示。

表5.10 常见菌类每100克中的营养成分含量

食物名称	能量（千卡）	蛋白质（克）	脂肪（克）	碳水化合物（克）	膳食纤维（克）	视黄醇当量（微克）	维生素 B_1（毫克）	维生素 B_2（毫克）	烟酸（毫克）	钙（毫克）	磷（毫克）	钾（毫克）	镁（毫克）	铁（毫克）	锌（毫克）	硒（微克）
草菇（大黑头细花草）	23	2.7	0.2	4.3	1.6	—	0.08	0.34	8.0	17	33	179	21	1.3	0.6	0.02
（干）黄蘑	166	16.4	1.5	40.1	18.3	12	0.15	1	5.8	11	194	1953	91	22.5	5.26	1.09

续表

食物名称	能量（千卡）	蛋白质（克）	脂肪（克）	碳水化合物（克）	膳食纤维（克）	视黄醇当量（微克）	维生素 B_1（毫克）	维生素 B_2（毫克）	烟酸（毫克）	钙（毫克）	磷（毫克）	钾（毫克）	镁（毫克）	铁（毫克）	锌（毫克）	硒（微克）
金针菇（智力菇）	26	2.4	0.4	6	2.7	5	0.15	0.19	4.1	—	97	195	17	1.4	0.39	0.28
（干）蘑菇	252	21	4.6	52.7	21	273	0.1	1.1	30.7	127	357	1225	94	51.3	6.29	39.18
（干）木耳（黑木耳、云耳）	205	12.1	1.5	65.6	29.9	17	0.17	0.44	2.5	247	292	757	152	97.4	3.18	3.72
（干）松蘑（松口蘑、松茸）	112	20.3	3.2	48.2	47.8	—	0.01	1.48	—	14	50	93	—	86	6.22	98.44
香菇（香蕈、冬菇）	19	2.2	0.3	5.2	3.3	—	—	0.08	2.0	2	53	20	11	0.3	0.66	2.58
（干）香菇（香蕈、冬菇）	211	20	1.2	61.7	31.6	3	0.19	1.26	20.5	83	258	464	147	10.5	8.57	6.42
（干）银耳（白木耳）	200	10	1.4	67.3	30.4	8	0.05	0.25	5.3	36	369	1588	54	4.1	3.03	2.95
（干）榛蘑（假蜜环菌）	157	9.5	3.7	31.9	10.4	7	0.01	0.69	7.5	11	286	2493	109	24.1	6.79	2.65
（干）海带（江白菜、昆布）	77	1.8	0.1	23.4	6.1	40	0.01	0.1	0.8	348	52	761	129	4.7	0.65	5.84
（干）紫菜	207	26.7	1.1	44.1	21.6	228	0.27	1.02	7.3	264	350	1796	105	54.9	2.47	7.22

注：1. 视黄醇当量指维生素 A 的生物活性。
2. “—”指未测定。

◎ 水果

水果中含丰富的维生素和矿物质，且不同水果具有不同的营养成分。常见水果营养成分含量，如表5.11所示。

表 5.11　常见水果每 100 克中的营养成分含量

食物名称	能量（千卡）	碳水化合物（克）	膳食纤维（克）	视黄醇当量（微克）	维生素 B_1（毫克）	维生素 B_2（毫克）	烟酸（毫克）	维生素 C（毫克）	钙（毫克）	钾（毫克）	镁（毫克）	铁（毫克）	锌（毫克）	硒（微克）
苹果	52	13.5	1.2	3	0.06	0.02	0.2	4	4	119	4	0.6	0.19	0.12
红富士苹果	45	11.7	2.1	10	0.01	—	—	2	3	115	5	0.7	—	0.98
梨	44	13.3	3.1	6	0.03	0.06	0.3	6	9	92	8	0.5	0.46	1.14
鸭梨	43	11.1	1.1	2	0.03	0.03	0.2	4	4	77	5	0.9	0.1	0.28
桃	48	12.2	1.3	3	0.01	0.03	0.7	7	6	166	7	0.8	0.34	0.24
鲜枣	122	30.5	1.9	40	0.06	0.09	0.9	243	22	375	25	1.2	1.52	0.8
葡萄	43	10.3	0.4	8	0.04	0.02	0.2	25	5	104	8	0.4	0.18	0.2
紫葡萄	43	10.3	1	10	0.03	0.01	0.3	3	10	151	9	0.5	0.33	0.07

续表

食物名称	能量（千卡）	碳水化合物（克）	膳食纤维（克）	视黄醇当量（微克）	维生素 B_1（毫克）	维生素 B_2（毫克）	烟酸（毫克）	维生素 C（毫克）	钙（毫克）	钾（毫克）	镁（毫克）	铁（毫克）	锌（毫克）	硒（微克）
柿	71	18.5	1.4	20	0.02	0.02	0.3	30	9	151	19	0.2	0.08	0.24
柑橘	51	11.9	0.4	148	0.08	0.04	0.4	28	35	154	11	0.2	0.08	0.3
福橘	45	10.3	0.4	100	0.05	0.02	0.3	11	27	127	14	0.8	0.22	0.12
蜜橘	42	10.3	1.4	277	0.05	0.04	0.2	19	19	177	16	0.2	0.1	0.45
柚（文旦）	41	9.5	0.4	2	—	0.03	0.3	23	4	119	4	0.3	0.4	0.7
芭蕉（甘蕉、板蕉、牙蕉）	109	28.9	3.1	—	0.02	0.02	0.6	—	6	330	29	0.3	0.16	0.81
香蕉（甘蕉）	91	22	1.2	10	0.02	0.04	0.7	8	7	256	43	0.4	0.18	0.87

注：1. 视黄醇当量指维生素 A 的生物活性。
2. “—” 指未测定。

◎ 畜肉、禽肉

常见的家畜有猪、牛、羊、驴、马等，常见的家禽有鸡、鸭、鹅、火鸡等，不同种类的肉有不同的营养成分。常见畜肉营养成分含量，如表5.12所示。常见禽肉营养成分含量，如表5.13所示。

表 5.12 常见畜肉每 100 克中的营养成分含量

食物名称	能量（千卡）	蛋白质（克）	脂肪（克）	胆固醇（毫克）	视黄醇当量（微克）	烟酸（毫克）	维生素 E（毫克）	钙（毫克）	磷（毫克）	钾（毫克）	钠（毫克）	镁（毫克）
猪肉（肥瘦）	395	13.2	37	80	18	3.5	0.35	6	162	204	59.4	16
猪肉（肥）	807	2.4	88.6	109	29	0.9	0.24	3	18	23	19.5	2
猪肉（里脊）	155	20.2	7.9	55	5	5.2	0.59	6	184	317	43.2	28
猪前肘	287	17.3	22.9	79	16	3.4	0.58	5	181	137	122.3	16
猪后肘	320	17	28	79	8	2.6	0.48	6	142	188	76.8	12
猪蹄	260	22.6	18.8	192	3	1.5	0.01	33	33	54	101	5
猪大排	264	18.3	20.4	165	12	5.3	0.11	8	125	274	44.5	17
猪耳	176	19.1	11.1	92	—	3.5	0.85	6	28	58	68.2	3
猪大肠	196	6.9	18.7	137	7	1.9	0.5	10	56	44	116.3	8
猪血	55	12.2	0.3	51	—	0.3	0.2	4	16	56	56	5
牛肉（肥瘦）	125	19.9	4.2	84	7	5.6	0.65	23	168	216	84.2	20
牛肉（里脊）	107	22.2	0.9	63	4	7.2	0.8	3	241	140	75.1	29
牛后腱	98	20.1	1	54	3	4.8	0.78	5	195	182	85.3	20

续表

食物名称	能量（千卡）	蛋白质（克）	脂肪（克）	胆固醇（毫克）	视黄醇当量（微克）	烟酸（毫克）	维生素E（毫克）	钙（毫克）	磷（毫克）	钾（毫克）	钠（毫克）	镁（毫克）
牛前腱	113	20.3	1.3	80	2	5	0.38	5	181	182	83.1	22
牛肚	72	14.5	1.6	104	2	2.5	0.51	40	104	162	60.6	17
羊肉（肥瘦）	203	19	14.1	92	22	4.5	0.26	6	146	232	80.6	20
羊肉（里脊）	103	20.5	1.6	107	5	5.8	0.52	8	184	161	74.4	22
羊后腿	110	19.5	3.4	83	8	6	0.34	6	182	143	60	20
羊前腿	110	18.6	3.2	86	10	5	0.5	7	181	108	74.4	18
驴肉（瘦）	116	21.5	3.2	74	72	2.5	2.76	2	178	325	46.9	7
兔肉	102	19.7	2.2	59	26	5.8	0.42	12	165	284	45.1	15

注：1. 视黄醇当量指维生素 A 的生物活性。
　　2. “—”指未测定。

表 5.13　常见禽肉每 100 克中的营养成分含量

食物名称	能量（千卡）	蛋白质（克）	脂肪（克）	胆固醇（毫克）	视黄醇当量（微克）	烟酸（毫克）	维生素E（毫克）	钙（毫克）	磷（毫克）	钾（毫克）	钠（毫克）	镁（毫克）
鸡	167	19.3	9.4	106	48	5.6	0.67	9	156	251	63.3	19
鸡胸肉	133	19.4	5	82	16	10.8	0.22	3	214	338	34.4	28
鸡翅	194	17.4	11.8	113	68	5.3	0.25	8	161	205	50.8	17
鸡腿	181	16	13	162	44	6	0.03	6	172	242	64.4	34
鸡爪	254	23.9	16.4	103	37	2.4	0.32	36	76	108	169	7
鸭	240	15.5	19.7	94	52	4.2	0.27	6	122	191	69	14
鸭胸肉	90	15	1.5	121	—	4.2	1.98	6	86	126	60.2	24
鸭翅	146	16.5	6.1	49	14	2.4	—	20	84	100	53.6	5
鸭掌	150	26.9	1.9	36	11	1.1	—	24	91	28	61.1	3
鸭肝	128	14.5	7.5	341	1040	6.9	1.41	18	283	230	87.2	18
鹅	251	17.9	19.9	74	42	4.9	0.22	4	144	232	58.8	18
鹅肝	129	15.2	3.4	285	6100	—	0.29	2	216	336	70.2	11
火鸡胸肉	103	22.4	0.2	49	—	16.2	0.35	39	116	227	93.6	31
火鸡腿	91	20	1.2	58	—	8.3	0.07	12	470	708	168.4	49
鸽	201	16.5	14.2	99	53	6.9	0.99	30	136	334	63.6	27
鹌鹑	110	20.2	3.1	157	40	6.3	0.44	48	179	204	48.4	20

注：1. 视黄醇当量指维生素 A 的生物活性。
　　2. “—”指未测定。

◎ 鱼、虾、蟹、贝类

鱼、虾、蟹、贝等水生动物中含丰富的营养，且不同品种有不同的营养构成。常见水生动物营养成分含量，如表5.14所示。

表5.14 常见水生动物每100克中的营养成分含量

食物名称	能量（千卡）	蛋白质（克）	脂肪（克）	胆固醇（毫克）	烟酸（毫克）	维生素E（毫克）	钙（毫克）	磷（毫克）	钾（毫克）	钠（毫克）	镁（毫克）
草鱼	96	17.7	2.6	47	2.48	Tr	17	152	325	36	26
鲢鱼	84	16.3	2.1	38	3.08	0.3	53	184	277	57.5	23
鲫鱼	89	18	1.6	21	2.38	0.34	79	157	290	41.2	41
鲇鱼	103	17.3	3.7	163	2.5	0.54	42	195	351	49.6	22
鲤鱼	109	17.6	4.1	84	2.7	1.27	50	204	334	53.7	33
小黄花鱼	114	17	5.1	76	0.72	0.82	191	217	198	194.3	23
鲮鱼（豆豉）	472	25.5	33.1	25	1.63	31.32	179	262	399	1291.7	47
带鱼	108	17.6	4.2	52	1.45	0.42	431	282	361	246.4	30
黄鳝	89	18	1.4	126	3.7	1.34	42	206	263	70.2	18
泥鳅	96	17.9	2	136	6.2	0.79	299	302	282	74.8	28
沙丁鱼（盐水浸）	172	21.5	9.6	60	6.1	—	540	510	320	530	45
对虾	93	18.6	0.8	193	1.7	0.62	62	228	215	165.2	43
基围虾	101	18.2	1.4	181	2.9	1.69	83	139	250	172	45
龙虾	90	18.9	1.1	121	4.3	3.58	21	221	257	190	22
虾米	198	43.7	2.6	525	5	1.46	555	666	550	4891.9	236
河蟹	103	17.5	2.6	267	1.7	6.09	126	182	181	193.5	23
海蟹（小）	81	14.2	1.1	40	1.46	0.58	—	293	370	321.5	238
青蟹	80	14.6	1.6	119	2.3	2.79	228	262	206	192.9	42
梭子蟹	95	15.9	3.1	142	1.9	4.56	280	152	208	481.4	65
干鲍鱼	322	54.1	5.6	—	7.2	0.85	143	251	366	2316.2	352
河蚌	54	10.9	0.8	103	0.7	1.36	248	305	17	17.4	16
牡蛎	73	5.3	2.1	100	1.4	0.81	131	115	200	462.1	65
生蚝	57	10.9	1.5	94	1.5	0.13	35	100	375	270	10
鲜扇贝	60	11.1	0.6	140	0.2	11.85	142	132	122	339	39
蛤蜊	62	10.1	1.1	156	1.5	2.41	133	128	140	425.7	78

续表

食物名称	能量（千卡）	蛋白质（克）	脂肪（克）	胆固醇（毫克）	烟酸（毫克）	维生素E（毫克）	钙（毫克）	磷（毫克）	钾（毫克）	钠（毫克）	镁（毫克）
田螺	60	11	0.2	154	2.2	0.75	1030	93	98	26	77
海参	78	16.5	0.2	51	0.1	3.14	285	28	43	502.9	149
海蜇皮	33	3.7	0.3	8	0.2	2.13	150	30	160	325	124
鱿鱼干	313	60	4.6	871	4.9	9.72	87	392	1131	965.3	192

注：1.“Tr”指微量。
　　2.“—”指未测定。

◎ 奶类及奶制品

奶类食物含有丰富的营养，是膳食中钙的最佳来源，不同奶类食物有不同的营养构成。常见奶类及奶制品的营养成分含量，如表5.15所示。

表5.15　常见奶类及奶制品每100克中的营养成分含量

食物名称	能量（千卡）	蛋白质（克）	脂肪（克）	碳水化合物（克）	胆固醇（毫克）	视黄醇当量（微克）	烟酸（毫克）	维生素E（毫克）	钙（毫克）	磷（毫克）	钾（毫克）	钠（毫克）	镁（毫克）
牛乳	54	3	3.2	3.4	15	24	0.1	0.21	104	73	109	37.2	11
鲜羊乳	59	1.5	3.5	5.4	31	84	2.1	0.19	82	98	135	20.6	—
人乳	65	1.3	3.4	7.4	11	11	0.2	—	30	13	—	—	32
牛乳粉	484	19.9	22.7	49.9	68	77	0.5	0.48	1797	324	1910	567.8	22
全脂加糖奶粉	490	22.5	23.4	47.4	—	183	0.4	0.27	495	1018	841	450.8	81
全脂牛奶粉	478	20.1	21.2	51.7	110	141	0.9	0.48	676	469	449	260.1	79
全脂速溶奶粉	466	19.9	18.9	54	71	272	0.5	1.29	659	571	541	247.6	73
全脂羊乳粉	498	18.8	25.2	49	75	—	0.9	0.2	—	—	—	—	—
酸奶	72	2.5	2.7	9.3	15	26	0.2	0.12	118	85	150	39.8	12
脱脂酸奶	57	3.3	0.4	10	18	—	0.1	—	146	91	156	27.7	10
果料酸奶	67	3.1	1.4	10.4	15	19	0.1	0.69	140	90	111	32.5	11
奶酪	328	25.7	23.5	3.5	11	152	0.6	0.6	799	326	75	584.6	57
契达干酪	412	25.5	34.4	0.1	100	325	0.1	0.53	720	490	77	670	25
羊乳酪	250	15.6	20.2	1.5	70	220	0.2	0.37	360	280	95	1440	20
奶油	879	0.7	97	0.9	209	297	0	1.99	14	11	226	268	2

续表

食物名称	能量（千卡）	蛋白质（克）	脂肪（克）	碳水化合物（克）	胆固醇（毫克）	视黄醇当量（微克）	烟酸（毫克）	维生素E（毫克）	钙（毫克）	磷（毫克）	钾（毫克）	钠（毫克）	镁（毫克）
黄油	888	1.4	98	0	296	—	—	—	35	8	39	40.3	7
酥油	860	1.5	94.4	1.1	277	426	Tr	2.45	128	9	188	73	2
炼乳	332	8	8.7	55.4	36	41	0.3	0.28	242	200	309	211.9	24
奶皮子	460	12.2	42.9	6.3	78	—	0.2	—	818	308	4	2.3	28
奶片	472	13.3	20.2	59.3	65	75	1.6	0.05	269	427	356	179.7	32

注：1. 视黄醇当量指维生素 A 的生物活性。
2. “Tr” 指微量。
3. “—” 指未测定。

◎ 蛋类

蛋类食物含有丰富的营养，不同蛋类食物有不同的营养构成。常见蛋类营养成分含量，如表5.16所示。

表 5.16　常见蛋类每 100 克中的营养成分含量

食物名称	能量（千卡）	蛋白质（克）	脂肪（克）	碳水化合物（克）	胆固醇（毫克）	视黄醇当量（微克）	烟酸（毫克）	维生素E（毫克）	钙（毫克）	磷（毫克）	钾（毫克）	钠（毫克）	镁（毫克）
鸡蛋	144	13.3	8.8	2.8	—	234	0.2	1.84	56	130	154	131.5	10
鸡蛋白	60	11.6	0.1	3.1	—	Tr	0.2	0.01	9	18	132	79.4	15
鸡蛋黄	328	15.2	28.2	3.4	1510	438	0.1	5.06	112	240	95	54.9	41
松花鸡蛋	178	14.8	10.6	5.8	595	310	0.2	1.06	26	263	148	—	8
鸭蛋	180	12.6	13	3.1	565	261	0.2	4.98	62	226	135	106	13
鸭蛋白	47	9.9	Tr	1.8	—	23	0.1	0.16	18	—	84	71.2	21
鸭蛋黄	378	14.5	33.8	4	1576	1980	—	12.72	123	55	86	30.1	22
松花鸭蛋	171	14.2	10.7	4.5	608	215	0.1	3.05	63	165	152	542.7	13
咸鸭蛋	190	12.7	12.7	6.3	647	134	0.1	6.25	118	231	184	2706.1	30
鹅蛋	196	11.1	15.6	2.8	704	192	0.4	4.5	34	130	74	90.6	12
鹅蛋白	48	8.9	Tr	3.2	—	7	0.3	0.34	4	11	36	77.3	9
鹅蛋黄	324	15.5	26.4	6.2	1696	1977	0.6	95.7	13	51	—	24.4	10
鹌鹑蛋	160	12.8	11.1	2.1	515	337	0.1	3.08	47	180	138	106.6	11

注：1. 视黄醇当量指维生素 A 的生物活性。
2. “Tr” 指微量。
3. “—” 指未测定。

知识链接：什么是碱性食物、酸性食物、高嘌呤食物、高糖食物

碱性食物：食物中所含矿物质，如钾、钠、钙、镁、铁等，进入人体之后呈碱性，即为碱性食物，有蔬菜类，水果类，海藻类，坚果类，发过芽的谷类、豆类。

酸性食物：食物中所含矿物质如磷、氯、硫进入人体之后呈酸性，即为酸性食物，有淀粉类、动物性食物、甜食、精制加工食品（如白面包等）、油炸食物或奶油类等。

高嘌呤食物（每100克食物含嘌呤100～1000毫克）：肝、肾、胰、心、脑、肉馅、肉汁、肉汤、鲭鱼、凤尾鱼、沙丁鱼、鱼卵、小虾、淡菜、鹅、石鸡、酵母、啤酒等。

高糖食物：根据食物中含糖量的多少，可分为高糖、低糖和无糖食物三大类。高糖食物主要包括食用糖和各种谷物。低糖食物主要包括蔬菜、水果和肉类。无糖食物主要包括各种食用植物油。

第三节　酒　类

◎ 酒的分类及常见酒类的营养成分含量

酒是由米、麦、玉米、高粱、蜂蜜等和酒曲酿成的一种饮料，有促进血液循环、通经活络、祛风湿的功效。按制作工艺，可分为蒸馏酒、发酵酒、露酒（配制酒）三大类。

● 蒸馏酒

蒸馏酒指以粮谷、薯类、水果等为原料，经过发酵、蒸馏、陈酿、勾兑制成的，酒精度在35%～65%的酒，包括白酒、白兰地、威士忌、伏特加、朗姆酒等。

发酵酒

发酵酒指以粮谷、水果、乳类等为原料，经过酵母发酵等工艺制成的酒精含量小于24%的饮料酒，包括啤酒、葡萄酒、果酒、黄酒等。

露酒

露酒指以发酵酒、蒸馏酒或食用酒精为酒基，加入可食用的辅料或食品添加剂，进行调配、混合或再加工制成的，已改变了其原酒基风格的饮料酒，包括植物类露酒、动物类露酒等。

此外，人们还习惯根据酒精含量的高低分为高度酒、中度酒和低度酒。

（1）高度酒指40度以上的酒，比如高度白酒、白兰地和伏特加等。

（2）中度酒指20～40度的酒，如38度的白酒和马丁尼酒。

（3）低度酒指20度以下的酒，比如啤酒、黄酒、葡萄酒、日本清酒等。

常见酒类营养成分含量，如表5.17所示。

表5.17　常见酒类每100克中的营养成分含量

食物名称	能量（千卡）	蛋白质（克）	碳水化合物（克）	烟酸（毫克）	维生素E（毫克）	钙（毫克）	磷（毫克）	钾（毫克）	钠（毫克）	镁（毫克）
董酒（浓香型，46%）	272	Tr	0	Tr	Tr	0	—	0	0.6	Tr
二锅头（56%）	338	Tr	0	Tr	Tr	Tr	Tr	0	0.4	0
汾酒（清香型，33%）	317	Tr	0	Tr	Tr	0	1.7	Tr	0	Tr
古井贡酒（浓香型，38%）	222	Tr	0.2	Tr	Tr	1	1	0	1.3	0
剑南春（52%）	312	Tr	0.2	Tr	Tr	0	—	3	0.5	0
剑南春（浓香型，38%）	222	Tr	0.2	Tr	Tr	0	—	3	0.4	0
京酒（浓香型，38%）	221	Tr	0	Tr	Tr	1	Tr	0	1.1	0
茅台酒（53%）	317	Tr	0	Tr	Tr	1	Tr	1	0.4	0
五粮液（52%）	311	Tr	0	Tr	Tr	Tr	Tr	0	0.4	Tr
竹叶青酒（45%）	307	Tr	10.4	Tr	Tr	1	—	3	5.4	1
金奖白兰地（38%）	226	Tr	1.1	Tr	Tr	0	0	9	7.9	0
伏特加	234	0	0	0	—	0	5	1	1	0
威士忌	252	0	0.1	0	—	0	3	1	0	0
啤酒（4.3%，青岛牌）	38	0.4	3.1	0.5	Tr	7	6	25	0.4	1
啤酒（4%，燕京牌）	27	0.3	0.8	—	Tr	2	14	16	3.4	6
干白葡萄酒（11%，长城牌）	67	0.1	1.2	—	Tr	6	5	8.3	1.7	5

续表

食物名称	能量（千卡）	蛋白质（克）	碳水化合物（克）	烟酸（毫克）	维生素E（毫克）	钙（毫克）	磷（毫克）	钾（毫克）	钠（毫克）	镁（毫克）
干白葡萄酒（12%，张裕牌）	75	0.3	1.5	0.12	Tr	6	11	49	2.8	6
干红葡萄酒（11.5%，长城牌）	72	0.2	1.5	—	Tr	9	14	122	3.3	8
干红葡萄酒（12%，张裕牌）	75	0.3	1.5	0.12	Tr	6	8	89	8.3	7
黑加仑酒（8%）	51	Tr	1.2	0.05	Tr	8	2	36	2.6	2
雪利酒	116	0.1	5.9	0.1	0	8	24	55	27	5
花雕酒（16.5%）	124	1	6.5	—	Tr	58	31	62	20.8	20
干型苹果酒	36	Tr	2.6	0	—	8	3	72	7	3
甜苹果酒	42	Tr	4.3	0	—	8	3	72	7	3
果汁朗姆酒（9.9%）	201	0.4	28.3	0.1	5	8	7	71	6	—
鸡尾酒	105	0	0	0	—	4	2	2	16	—
马丁尼酒（32%）	243	0	2	0.04	0	1	2	16	3	2
曼哈顿酒（30.6%）	225	0.1	3.2	0.1	—	2	7	26	3	—
酸味威士忌（16.8%）	119	0	13.4	0.02	—	0	6	11	44	1

注：1.“Tr”指微量。
　　2.“—”指未测定。

知识链接：最适宜的饮酒时间、摄入量和佐菜

适时、适量饮酒，有益健康，反之则会损害健康。

（1）最佳时间：饮酒的最佳时间应是14:00以后，尤其是15:00～17:00最为适宜。因为此时人的感觉敏锐，而且由于人在午餐时进食了大量的食物，血液中所含的糖分增加，对酒精的耐受力较强。

（2）建议摄入量：中国营养学会建议成年男性每天饮酒的酒精量不得超过25克，相当于啤酒750毫升，或葡萄酒250毫升，或高度白酒50克。中国营养学会建议成年女性每天饮酒的酒精量不得超过15克，相当于啤酒450毫升，或葡萄酒150毫升，或38度的白酒50克。

（3）最佳佐菜：饮酒时搭配合理的佐菜能够有效减少酒精对人体的伤害。从酒精的代谢规律看，最佳佐菜当推高蛋白和含维生素多的食物，比如新鲜蔬菜、鲜鱼、瘦肉、豆类、蛋类等，因为酒精经肝脏分解时需要多种酶与维生素参与，酒的度数越高，酒精含量越高，所消耗的酶与维生素也就越多，故应及时补充。

◎ 白酒的香型

白酒是中国特有的一种蒸馏酒，又称烧酒、老白干、烧刀子等，是由淀粉或糖质原料制成酒醅或发酵醪经蒸馏而得，酒质无色（或微黄）透明，气味芳香醇正，入口绵甜爽净；酒精含量较高，经贮存老熟后，具有以酯类为主体的复合香味。按白酒的香型，可分为如下十类：

（1）酱香型：口感风味具有酱香、细腻、醇厚、回味悠长等特点。以贵州茅台酒为代表，又称茅香型。

（2）特香型：以大米为原料，富含奇数复合香气，香味谐调，余味悠长。以江西四特酒为代表。

（3）浓香型（大曲香型）：口感风味具有芳香、绵甜、香味谐调等特点。以四川泸州老窖特曲、五粮液为代表。

（4）米香型：以大米为原料，小曲为糖化剂，米香醇正，口感风味具有清雅、绵柔等特点。以广西桂林三花酒为代表。

（5）凤香型：以乙酸乙酯为主，一定的己酸乙酯香气为辅，清而不淡、无色、口感醇厚、微烈却不暴烈。以陕西西凤酒为代表。

（6）芝麻香型：此类酒淡雅香气，焦香突出，入口芳香，以焦香、煳香气味为主，无色、清亮透明；口味比较醇厚，爽口，有类似老白干酒的口味，后味稍苦。以山东景芝白干特曲为代表。

（7）豉香型：以大米为原料，小曲为糖化发酵剂，边固态液态糖化边发酵酿制而成，入口稍有苦味，后味清爽。以广东玉冰烧酒为代表。

（8）清香型：具有清香、醇甜、柔和等特点，是中国北方的传统产品。以山西汾酒为代表，又称汾香型。

（9）兼香型：具有浓香、酱香兼而有之的风味特征。酱中带浓型，以湖北白云边酒为代表；浓中带酱型，以黑龙江玉泉酒为代表；另有老白干型，以河北衡水老白干为代表；馥郁香型，以湖南酒鬼酒为代表。

（10）药香型：具有清澈透明、药香舒适、香气典雅、酸度较高、后味较长等特点，以贵州董酒为代表。

知识链接：中国知名白酒

我国是世界上酿酒最早的国家之一，丰富的水、粮资源以及独特的地理环境造就了众多独具特色的名酒精品，以下列十种酒较为知名：

（1）茅台酒：产于中国贵州省仁怀市茅台镇，是三大蒸馏酒之一，是大曲酱香型白酒的鼻祖。其酒质晶亮透明，微有黄色，酱香突出，口味幽雅细腻。

（2）五粮液：为浓香型大曲酒，产于四川省宜宾市，其酒香气悠久，滋味醇厚，进口甘美，入喉净爽。

（3）西凤酒：产于陕西省宝鸡市凤翔县柳林镇，是大曲酒的精品，其酒无色，清亮透明，醇香芬芳，清而不淡，浓而不艳，“酸、甜、苦、辣、香五味俱全而各不出头”。

（4）汾酒：产于山西省汾阳市杏花村，是中国清香型白酒的典型代表，其酒入口绵、落口甜。

（5）泸州老窖特曲：产于四川省泸州市，其作为浓香型大曲酒的典型代表，被誉为“浓香鼻祖”、“酒中泰斗”，醇香浓郁，清洌甘爽。

（6）剑南春：产于四川省绵竹市，其芳香浓郁幽雅，味道绵柔甘洌。

（7）古井贡酒：是在安徽省亳州市古井镇特定区域范围内利用其自然微生物按古井贡酒传统工艺生产的，具有色清如水晶、香醇如幽兰、入口甘美醇和回味经久不息的特点。

（8）董酒：产于贵州遵义董酒厂，酒液清澈透明，酒体丰满协调，既有大曲酒的浓郁芳香，又有小曲酒的柔绵、醇和、回甜，还有微微的、淡雅舒适的药香和爽口的微酸。

（9）洋河大曲：产于江苏省宿迁市，是用当地“美人泉”的水酿制而成的，为浓香型大曲酒中精品。酒液无色透明、酒香醇和、味净尤为突出，既有浓香型的风味，又有独特的风格，具有入口甜、落口绵、酒性软、尾爽净、回味香、辛辣的特点。

（10）全兴大曲：产于四川省成都市，是浓香型大曲酒。酒质呈无色透明，清澈晶莹，窖香浓郁，醇和协调，绵甜甘洌，落口爽净。

◎ 黄酒的分类

黄酒是中国的民族特产，也称为米酒。黄酒的种类繁多，现代多按黄酒中所含的糖分来分类。

（1）干黄酒："干"表示酒中的含糖量少，总糖含量低于0.5%。口味醇和、鲜爽、无异味。

（2）半干黄酒："半干"表示酒中的糖分还未全部发酵成酒精，还保留了一些糖分。在生产上，这种酒的加水量较低，相当于在配料时增加了糯米或糯米饭的投入量，总糖含量在0.5%～5%，故又称为"加饭酒"。口味醇厚、柔和、鲜爽、无异味，我国大多数高档黄酒均属此种类型。

（3）半甜黄酒：这种酒采用的工艺独特，是用成品黄酒代水，加入发酵醪中，使糖化发酵的开始之际，发酵醪中的酒精浓度就达到较高的水平，在一定程度上抑制了酵母菌的生长速度。由于酵母菌数量较少，不能将发酵醪中产生的糖分转化成酒精，故成品酒中的糖分较高。总糖含量在5%～10%，口味醇厚，鲜甜爽口，酒体协调，无异味。

知识链接：黄酒的饮用方式

黄酒除了常温饮用外，还适合以下几种饮用方式：

（1）温饮：将盛酒器放入热水中烫热，或隔火加温到60～70℃再饮用。温饮的显著特点是酒香浓郁、酒味柔和。但加热时间不宜过久，否则酒精挥发了，反而淡而无味。一般在冬天盛行温饮。

（2）冰饮：在日本及我国香港特别行政区，一些年轻人喜欢将黄酒加冰后饮用，或是自制冰镇黄酒：从超市买来黄酒后，放入冰箱冷藏室。若是温控冰箱，温度控制在4℃左右为宜，饮时再在杯中放几块冰，口感更好。

（3）佐餐饮：不同的黄酒搭配不同的美食，以绍兴酒为例：干型的元红酒，宜配蔬菜类、海蜇皮等凉菜；半干型的加饭酒，宜配肉类、大闸蟹；半甜型的善酿酒，宜配鸡鸭类；甜型的香雪酒，宜配甜菜类。

（4）烹饪使用：烹调时加入黄酒，能使造成腥膻味的物质溶解于热酒精中，随着酒精挥发而被带走。黄酒的酯香、醇香同菜肴的香气十分和谐，用于烹饪不仅为菜肴增香，而且通过乙醇挥发，把食物固有的香气诱导挥发出来，使菜肴香气四溢。

（4）甜黄酒：这种酒一般是采用淋饭操作法，拌入酒药，搭窝先酿成甜酒酿，当糖化至一定程度时，加入40%～50%浓度的米白酒或糟烧酒，以抑制微生物的糖化发酵作用，总糖含量高于10%。口味鲜甜、醇厚，酒体协调，无异味。

◎ 啤酒的分类

啤酒是以大麦、酒花、水为主要原料，经酵母发酵作用酿制而成的饱含二氧化碳的低酒精度酒。啤酒的分类主要有以下几种。

● 按麦芽汁浓度分类

（1）低浓度型：麦芽汁浓度在6～8度（巴林糖度计），酒精含量为2%左右，口味清凉，但稳定性差，不宜长期保存。

（2）中浓度型：麦芽汁浓度在10～12度，以12度较为普遍，酒精含量在3.5%左右，是我国啤酒生产的主要品种。

（3）高浓度型：麦芽汁浓度在14～20度，酒精含量为4%～5%。这种啤酒生产周期长，含固形物较多，稳定性好，适于贮存和远途运输。

● 按发酵方式分类

（1）上面发酵啤酒：利用浸出糖化法来制备麦汁，经上面酵母发酵而制成，风味独特，但保存期较短。

（2）下面发酵啤酒：利用煮出糖化法来制取麦汁，经下面酵母发酵而制成，酒液澄清、泡沫细腻、保存期长，世界上大多数国家（包括我国）都采用此法。

● 按色泽分类

（1）黄啤酒：该啤酒呈淡黄色，也叫淡色啤酒，采用短麦芽为原料，酒花香气突出，口味清爽，是我国啤酒生产的大宗产品。其色度一般保持在0.5毫升碘液以内。

（2）黑啤酒：该啤酒色泽呈深红褐色或黑褐色，也叫浓色啤酒，是用高温烘烤的麦芽酿造的。含固形物较多，麦芽汁浓度大，发酵度较低，味醇厚，麦芽香气明显；其色度一般在5～15毫升碘液。

● **按灭菌情况分类**

（1）鲜啤酒：也叫生啤酒，是不经灭菌消毒而销售的啤酒。鲜啤酒中含有活酵母，稳定性较差。

（2）熟啤酒：熟啤酒在瓶装或罐装后经过灭菌消毒，比较稳定，可供常年销售，适于远销外埠或国外。

◎ 葡萄酒的分类

葡萄酒是用新鲜的葡萄或葡萄汁经发酵酿成的酒精饮料，主要有以下几种分类法。

● **按酒的颜色分类**

图 5.2　白葡萄酒、桃红葡萄酒、红葡萄酒

（1）白葡萄酒：用白葡萄或皮红肉白的葡萄皮汁分离发酵制成，酒精度一般在12度左右。酒的颜色微黄带绿，近似无色或浅黄、麦秆黄、金黄。凡深黄、土黄、棕黄或褐黄等色，均不符合白葡萄酒的色泽要求（如图5.2所示）。

（2）红葡萄酒：采用皮红肉白或皮肉皆红的葡萄经葡萄皮和汁混合发酵而成，酒精度一般在14～18度。酒色呈自然深宝石红、宝石红、紫红或石榴红。凡黄褐、棕褐或土褐颜色，均不符合红葡萄酒的色泽要求（如图5.2所示）。

（3）桃红葡萄酒：用带色的红葡萄带皮发酵或分离发酵制成，酒精度一般在15～20度。酒色为淡红、桃红或玫瑰色。凡色泽过深或过浅均不符合桃红葡萄酒的要求。这一类葡萄酒在风味上具有新鲜感和明显的果香。玫瑰香葡萄、黑比诺、佳利酿、法国蓝等品种都适合酿制桃红葡萄酒（如图5.2所示）。

按含糖量分类

（1）干葡萄酒：含糖量≤4克／升，品尝不出甜味，口感纯正，具有和谐的果香和酒香。

（2）半干葡萄酒：含糖量在4.1～12克／升，微甜，口感圆润，具有和谐的果香和酒香。

（3）半甜葡萄酒：含糖量在12.1～50克／升，口感甘甜、爽顺，具有舒愉的果香和酒香。

（4）甜葡萄酒：含糖量≥50.1克／升，口感甘甜、醇厚、舒适、爽顺，具有和谐的果香和酒香。

按是否含有二氧化碳分类

（1）静酒：不含有自身发酵或人工添加二氧化碳的葡萄酒叫静酒，即静态葡萄酒。在20℃时，所含二氧化碳压力＜0.05兆帕。

（2）起泡酒和汽酒：含有一定量二氧化碳气体的葡萄酒。在20℃时，所含二氧化碳压力为0.05～0.25兆帕。

起泡酒：所含二氧化碳是用葡萄酒加糖再发酵产生的。法国香槟地区生产的起泡酒叫香槟酒，在世界上享有盛名。其他地区生产的同类型产品按国际惯例不得叫香槟酒，一般叫起泡酒。

汽酒：用人工的方法将二氧化碳添加到葡萄酒中叫汽酒，因二氧化碳的作用使酒更具清新、愉快、爽怡的口感。

◎ 世界十大葡萄酒品牌

基于在全球大范围内进行的广泛调查，英国权威杂志 *Drinks International* 评选出了2011年十大“全球最受欢迎葡萄酒品牌”：

第一名：智利的Conchay Toro(孔查依托罗)

第二名：西班牙的Torres(桃乐丝)

第三名：澳大利亚的Jacob’s Creek(杰卡斯)

第四名：意大利的Antinori(安蒂诺里)

第五名：澳大利亚的Penfolds(奔富)

第六名：新西兰的Cloudy Bay(云雾之湾)
第七名：法国的Chateau Lafite(拉菲)
第八名：西班牙的Vega Sicilia(维嘉西西利亚)
第九名：西班牙的Marqués de Riscal(里斯卡尔侯爵)
第十名：法国的Château Latour(拉图堡)

◎ 葡萄酒饮用礼仪

葡萄酒是国际社交的第二种语言，优雅地举起面前的葡萄酒杯（杯口小、容量大的高脚玻璃杯），凝神观察酒的色泽和印痕，再寥寥几语内行地品评酒的香气和风味，能使一名陌生的来客迅速受到整个社交圈子的欢迎。一般来说，葡萄酒饮用应注意以下礼仪：

（1）倒酒：倒葡萄酒时，不要倒满，倒至杯中的1/3处，最多不超过2/5，即约在杯身直径最大处。

知识链接：葡萄酒的最佳饮用温度

葡萄酒的最佳饮用温度如表5.18所示。

表5.18 葡萄酒的最佳饮用温度

葡萄酒类型	饮用温度（℃）
红葡萄酒	16 ~ 20
浓甜葡萄酒	18
干红葡萄酒	16 ~ 18
鞣酸含量高的红葡萄酒	16 ~ 18
鞣酸含量低的红葡萄酒	15 ~ 16
玫瑰红葡萄酒	14 ~ 15
桃红葡萄酒	12 ~ 14
白葡萄酒	12 ~ 14
干型、半干型白葡萄酒	8 ~ 10
清淡白葡萄酒	6 ~ 10
甜白葡萄酒	5 ~ 10
香槟酒	6 ~ 9
起泡葡萄酒	4 ~ 6

（2）举杯：温度对于葡萄酒的品质影响极大，因此，举杯的正确姿势是：手指捏着杯身下的杯杆，或是只用拇指和食指捏着杯底，一方面避免将人体温度传导给葡萄酒，另一方面也避免手指印留在杯身，影响对酒的观赏。

（3）晃杯：葡萄酒入杯后不要即刻饮下，入口前还有个晃杯的动作，以释放酒的香气，同时也给酒留下更充足的氧化时间，使酒有柔和的过程；注意不要将酒晃出杯外。

◎ 香槟酒开法与斟法

香槟酒是起泡酒，如果开酒不当，就可能导致溢出过多气泡，造成浪费。一般来说，开香槟酒有以下几个步骤：

（1）开瓶前，最好把香槟酒放入装有水和冰块的桶里浸泡半个小时左右，也可将其放入冰箱的冷藏室降温，使香槟酒温度降到6～9℃最好，这时瓶内的气体压力可减少到1兆帕（20℃时，香槟酒至少有6兆帕的压力）。

（2）准备一个酒杯，以防开瓶时香槟酒大量溢出。然后撕开香槟酒瓶外部的锡箔封套，将香槟酒瓶放在平整的桌面上，一只手握住瓶塞，拇指紧紧地按住软木塞的顶端，其余手指握紧瓶颈，另一只手转开软木塞上固定用的铁丝网，并连同金属瓶盖一起慢慢拿开。

（3）拇指仍按住瓶塞以防它突然冲出，另一只手慢慢旋转瓶身，当瓶塞开始松动时，一定要将酒瓶略微倾斜一点角度，注意不要将瓶口对着人。随着缓慢的旋转，瓶塞缓缓地推出，直到听到“砰”的一声开瓶声，立即将瓶口置于酒杯上，让突然溢出的香槟酒流入酒杯中。

第四节　茶　类

◎ 茶叶的种类

茶属于山茶科，为常绿灌木或小乔木植物，植株高达1～6米。茶树叶子制成茶叶，泡水后饮用，有颐养身心等功效。茶叶主要是以色泽（或加工方法）分类，由此分出七大茶系：

（1）花茶：又名香片，属于再加工茶类。它不仅将花香与茶味很好地结合起来，还具有清热解毒、美容保健等功效，属于老少皆宜的茶品。随着人们生活的不断丰富，花茶也接纳了除传统窨制花茶之外的新成员，工艺茶与花草茶陆续加入花茶的行列。代表茶品包括茉莉花茶、桂花茶、女儿环、金五星等。

图 5.3 绿茶

（2）绿茶：指的是不发酵的茶（发酵度为零），具有香高、味醇、形美、耐冲泡等特点，是我国较为常见的茶种，如图5.3所示。由于加工时干燥和杀青的方法不同，绿茶又可分为炒青绿茶、烘青绿茶、蒸青绿茶和晒青绿茶。其中比较有名的有黄山毛峰、六安瓜片、西湖龙井、碧螺春、庐山云雾茶、信阳毛尖等。

（3）黄茶：指的是轻度发酵的茶（发酵度为10%～20%）。在制茶过程中，经过闷黄而形成黄叶、黄汤。分为黄芽茶（包括湖南洞庭湖君山银芽、四川雅安名山县的蒙顶黄芽、安徽霍山的霍山黄芽）、黄小茶（包括湖南岳阳的北港毛尖、湖南宁乡的沩山毛尖、浙江平阳的平阳黄汤）、黄大茶（包括广东的大叶青、安徽的霍山黄大茶）三类。

（4）白茶：指的是微发酵的茶（发酵度为10%）。这种茶加工时不炒不揉，只将细嫩、叶背满茸毛的茶叶晒干或用文火烘干，而使白色茸毛完整地保留下来。白茶主要产于福建的福鼎、政和、松溪和建阳等县，有银针、白牡丹、贡眉、寿眉几种。

（5）青茶：指的是半发酵的茶（发酵度为20%～70%），又称乌龙茶。青茶制作时适当发酵，使叶片稍有红变，是介于绿茶与红茶之间的一种茶类，比如铁观音、文山包种茶、冻顶乌龙茶等。

（6）红茶：指的是全发酵的茶（发酵度为80%～90%）。红茶加工时不经杀青，直接萎凋，使鲜叶失去一部分水分，再揉捻，然后发酵，如此茶叶中所含的多酚类物质就会发生氧化聚合作用，茶叶的颜色就会由原来的绿色变成红色，从而形成红叶、红汤的特色。红茶的种类较多，主要分为小种红茶、功夫红茶、红碎茶三大类。

（7）黑茶：指的是后发酵的茶（微生物发酵，发酵度为90%～100%）。

原料粗老，加工时堆积发酵时间较长，叶色呈暗褐色。云南的普洱茶就是其中一种，“越陈越香”被公认为是普洱茶区别于其他茶类的最大特点。

知识链接：中国十大名茶

中国十大名茶由1959年全国“十大名茶”评比会评选，包括西湖龙井、洞庭碧螺春、黄山毛峰、庐山云雾茶、安溪铁观音、君山银针、六安瓜片、信阳毛尖、武夷岩茶和祁门红茶。

（1）西湖龙井：属绿茶，产于浙江省杭州市西湖周围的群山之中，有“四绝”——色绿、香郁、味甘、形美。特级西湖龙井茶扁平、光滑、挺直，色泽嫩绿光润，香气鲜嫩清高，滋味鲜爽甘醇，叶底细嫩呈朵状。

（2）洞庭碧螺春：属绿茶，产于江苏省吴县太湖洞庭山，往往茶树与果树间种，因此碧螺春茶叶具有特殊的花果香味。外形条索纤细，茸毛遍布，白毫隐翠。泡成茶后，汤色嫩绿明亮，味道清香浓郁，饮后有回甜之感。

（3）黄山毛峰：属绿茶，产于安徽省太平县以南、歙县以北的黄山。每年在清明至谷雨前，选摘初展肥壮芽叶，手工炒制。该茶外形微卷，状似雀舌，绿中泛黄，银毫显露，且带有金黄色鱼叶（俗称黄金片）。入杯冲泡雾气结顶，汤色清碧微黄，叶底黄绿有活力，滋味醇甘，香气如兰，韵味深长。

（4）庐山云雾茶：属绿茶，产于江西省九江市庐山，素来以“味醇、色秀、香馨、汤清”享有盛名。其生长期长，所含有益成分高，茶生物碱、维生素C的含量都高于一般茶叶，因此芽壮叶肥、白毫显露，色翠汤清，滋味浓厚，香幽如兰。

（5）安溪铁观音：属于乌龙茶，产于福建省安溪县。其茶条卷曲，肥壮圆结，沉重匀整，色泽砂绿，整体形状似蜻蜓头、螺旋体、青蛙腿。冲泡后汤色金黄浓艳似琥珀，有天然馥郁的兰花香，滋味醇厚甘鲜，回甘悠久，俗称“音韵”。铁观音茶香高而持久，可谓“七泡有余香”。

（6）君山银针：属于黄茶，产于湖南岳阳洞庭湖中的君山，形细如针，故名君山银针。其成品茶芽头茁壮，长短大小均匀，茶芽内面呈金黄色，外层白毫显露完整，而且包裹坚实，茶芽外形很像银针，雅称“金镶玉”。冲泡后，芽竖悬汤中冲升水面，徐徐下沉，再升再沉，三起三落，蔚成趣观。其香气清高，味醇甘爽，汤黄澄高，久置不变其味。

（7）六安瓜片：属于绿茶，产于安徽省六安、金寨、霍山三县之毗邻山区和低山丘陵，是当地特有品种，经扳片、剔去嫩芽及茶梗，通过独特的传统加工工艺制成形似瓜子的片形茶叶。入泡后，汤色杏黄明净，清澈明亮，滋味清淡、醇正、回甜，叶底嫩黄，整齐成朵。

（8）信阳毛尖：产自河南信阳，素来以“细、圆、光、直、多白毫、香高、味浓、汤色绿”的独特风格而闻名中外。

（9）武夷岩茶：属于乌龙茶，产于福建崇安县。其外形条索肥壮、紧结、匀整，带扭曲条形，俗称“蜻蜓头”，叶背起蛙皮状砂粒，俗称“蛤蟆背”；其色泽绿褐鲜润，茶汤呈深橙黄色，有浓郁的鲜花香，饮时甘馨可口，冲泡五六次后余韵犹存，最适宜泡功夫茶。

（10）祁门红茶：产于安徽省西南部黄山支脉区的祁门县一带。其条索紧细苗秀、色泽乌润、金毫显露、汤色红艳明亮、滋味鲜醇酣厚、香气清香特久。似花、似果、似蜜的祁门红茶闻名于世，位居世界三大高香名茶之首。

◎ 常见茶叶的营养成分

茶叶中含有多种维生素、蛋白质和氨基酸，以及钾、钙、镁等多种矿物质，具体如表5.19所示。

表5.19　常见茶叶每100克中的营养成分含量

食物名称	能量（千卡）	蛋白质（克）	脂肪（克）	碳水化合物（克）	膳食纤维（克）	视黄醇当量（微克）	烟酸（毫克）	维生素E（毫克）	钙（毫克）	磷（毫克）	钾（毫克）	钠（毫克）	镁（毫克）
砖茶	206	14.5	4	66.7	38.8	317	1.9	—	277	157	844	15.1	217
红茶	294	26.7	1.1	59.2	14.8	645	6.2	5.47	378	390	1934	13.6	183
绿茶	296	34.2	2.3	50.3	15.6	967	8	9.57	325	191	1661	28.2	196
花茶	281	27.1	1.2	58.1	17.7	885	—	12.73	454	338	1643	8	192
甲级龙井	309	33.3	2.7	48.9	11.1	888	8.6	5.94	402	542	2812	54.4	224
铁观音	304	22.8	1.3	65	14.7	432	18.5	16.59	416	251	1462	7.8	131
大麦茶	305	13	3.4	77.6	—	1167	3.9	—	270	230	960	6	—

注：1. 视黄醇当量指维生素A的生物活性。
2. “—”指未测定。

知识链接：明前茶的鉴别方法

明前茶属于春茶，是指清明节前采制的茶叶，因数量少而有“贵如金”之说。

上品明前茶需具备以下三个条件：

（1）外观：碧绿新鲜，带油光，白毫多，形状扁直，尖端不弯曲。干茶香气清纯。

（2）色泽香味：茶香呈天然清香，幽雅飘逸。全叶淡绿青翠，形状整齐。

（3）冲泡：汤色碧绿或呈清黄色。滋味清新刺激，有清新爽口之感。

◎ 泡茶的主要器具

人们往往将茶具分为四大类：

（1）主泡器：主要的泡茶用具，如壶、盅、杯、盘等，如图5.4所示。

（2）辅泡器：辅助泡茶的用具，如茶则（衡量茶叶用量）、茶针（疏通壶嘴）、茶漏（扩大壶口）、茶夹（夹取杯子清洗），以及茶盘（摆置茶具）、茶荷（盛放茶叶）、渣匙（从泡茶器具中取出茶渣）、茶拂（刷除茶荷上所沾茶末）等，如图5.5所示。

（3）备水器：提供泡茶用水器具，如煮水器等。

（4）储茶器：存放茶叶的罐子。

图 5.4　茶壶、茶盅

图 5.5　泡茶用具

◎ 茶叶冲泡的一般程序

一般来说，茶叶冲泡分为以下八个步骤（以乌龙茶为例）：

（1）洗杯（百鹤沐浴）：用开水洗净茶具，如图5.6所示。

（2）落茶（观音入宫）：把茶叶放入茶具，放茶量约占茶具容量的一半，如图5.7所示。

图5.6　洗杯

图5.7　落茶

（3）冲茶（悬壶高冲）：把滚开的水提高冲入茶壶或盖瓯，使茶叶转动，如图5.8所示。

（4）刮泡沫（春风拂面）：用壶盖或瓯盖轻轻刮去漂浮的白泡沫，使其清新洁净，如图5.9所示。

图5.8　冲茶

图5.9　刮泡沫

（5）倒茶（关公巡城）：当茶浸泡1～2分钟后，将泡好的茶水依次斟入茶杯中，如图5.10所示。

（6）点茶（韩信点兵）：茶水倒至剩少许时，要一点一点均匀地滴到各茶杯里，如图5.11所示。

图5.10　倒茶

图5.11　点茶

（7）看茶（鉴色闻香）：观察杯中茶水的颜色，色醇清透者为好茶，并拿起茶杯盖嗅一嗅天然的茶香，如图5.12所示。

（8）喝茶（品啜甘霖）：小啜一口热热的茶水，先嗅其香，后尝其味，边啜边嗅，浅斟细饮，如图5.13所示。

图5.12　看茶

图5.13　喝茶

知识链接：常见茶如何冲泡

（1）绿茶：绿茶（尤其是高档的名优茶）应用透明的玻璃杯冲泡。普通绿茶也可用瓷器茶杯或茶壶冲泡。冲泡高级绿茶，尤其是芽叶细嫩的名茶，水温不宜超过88℃，最好用80℃的水（将水烧开使水温达100℃，再冷却至80℃；如果是纯净水，则只要烧到80℃即可）。水温太高，茶汤容易变黄，滋味较苦（因茶中咖啡碱容易析出），且茶叶中所含维生素C也会流失较多，俗称“烫熟”茶。冲泡低档绿茶，要用90～100℃的沸水，才能使茶汤香浓。

（2）红茶：红茶（特别是红碎茶）宜用高玻璃杯冲泡，使红艳的茶汤更加诱人，用咖啡杯饮用。高档红茶也可放入钧红、祭红或广彩茶具等装饰艳丽的茶具中冲泡。冲泡红茶要用90～100℃的沸水。

（3）乌龙茶：乌龙茶宜用紫砂茶具冲泡后，用小茶杯饮用。乌龙茶也可选用暖色瓷茶具冲泡，以水冲泡后加盖，可保留浓郁的茶香。冲泡乌龙茶必须用100℃的沸水，才能使茶汤浓香。

（4）花茶：冲泡花茶应用透明的玻璃杯冲泡，茉莉花茶可采用盖碗茶的形式冲泡饮用。冲泡各种花茶要用90～100℃的沸水。如水温低，则渗透性差，茶中有效成分浸出较少，茶味淡薄。

注意，对于一些粗老的茶叶，可用凉开水浸泡，或是用低于80℃的水来冲泡，喝起来比较清甜，涩味尽除。

◎ 茶的品鉴

鉴定茶叶品质的好坏，主要从色、香、味、形四个方面来评价：

（1）色泽：不同的茶，色泽也不同。绿茶中的炒青应呈黄绿色，烘青应呈深绿色，蒸青应呈翠绿色，龙井则应在鲜绿色中略带米黄色；红茶应乌黑油润，汤色红艳明亮，有些上品功夫红茶，其茶汤可在茶杯四周形成一圈黄色的油环，俗称“金圈”；乌龙茶则以色泽青褐光润为好。如果汤色暗淡、混浊不清，多为劣茶。

（2）香气：不同的茶，香味也不同。绿茶具清香，上品绿茶还有兰花香、板栗香等；红茶具清香及甜香或花香；乌龙茶具熟桃香等。如果香气低沉，或有陈气、霉气等异味，多为劣质茶或变质茶。

（3）口味：茶叶的本身滋味由苦、涩、甜、鲜、酸等多种味道构成，但不同的茶，口味不同。上等绿茶初尝有苦涩感，但回味浓醇，令口舌生津；上等红茶滋味浓厚、强烈、鲜爽；苦丁茶入口很苦，但饮后口有回甜。如果淡而无味，甚至涩口、麻舌，则是劣茶。

（4）外形：茶叶的外形也是评判茶叶品质的一个重要方面。好的龙井茶，外形光、扁平、直，形似碗钉；好的珠茶（圆茶），颗粒圆紧、均匀；好的功夫红茶条索紧齐，红碎茶颗粒齐整划一；好的毛峰茶芽毫多、芽锋露，等等。如果条索松散，颗粒松泡，叶表粗糙，身骨轻飘，则为劣茶。

第五节　咖啡类

◎ 咖啡的营养成分

咖啡是世界三大饮料（茶、咖啡、可可）之一，富含多种营养成分，有提神、消除疲劳、除湿利尿、帮助消化等功效。咖啡豆的营养成分含量，如表5.20所示，咖啡浸出液的营养成分含量，如表5.21所示。

表5.20　每100克咖啡豆中的营养成分含量

营养成分	含量	营养成分	含量	营养成分	含量
水分	0.7克	灰分	4.5克	镁	132毫克
蛋白质	17.1克	钙	81毫克	铁	4.2毫克
脂肪	8.8克	磷	204毫克	烟酸	26.32毫克
糖类	46.7克	钾	2013毫克	维生素E	11.21毫克
纤维素	55.1克	钠	2.2毫克		

表5.21　每100克咖啡浸出液中的营养成分含量

营养成分	含量	营养成分	含量
水分	99.5克	钙	3毫克
蛋白质	0.2克	磷	4毫克
脂肪	0.1克	钠	2毫克

续表

营养成分	含量	营养成分	含量
灰分	0.1 克	维生素 B_2	0.01 毫克
糖类	微量	烟酸	0.3 毫克

知识链接：最常见的八种花式咖啡

最常见的花式咖啡有以下八种：

（1）火焰咖啡：一个柠檬，将皮削成螺旋状，在杯里倒入热咖啡并调好砂糖，用叉子尖端挑起柠檬皮放在咖啡杯上方。另外准备一个小盘子，倒入一小杯白兰地酒，用火柴点燃，然后用汤匙舀着有火焰的白兰地，让它顺着柠檬皮滑下，滴入咖啡中，柠檬皮的芬芳和白兰地的酒香也随之流入咖啡里。

（2）爱尔兰咖啡：先将砂糖、爱尔兰威士忌倒入杯中，再慢慢加入较浓、现煮的黑咖啡使糖溶化，然后上面加入鲜奶油（还可加少许巧克力作装饰），即可隔着冰凉的鲜奶油喝热咖啡。

（3）皇室咖啡：先在咖啡杯中倒入煮好的热咖啡，再在杯上放置一把特制的汤匙，汤匙上搁着少许白兰地和浸过白兰地的方糖，点燃方糖，就可以看到美丽的淡蓝火焰在方糖上燃烧，等火焰熄灭、方糖也溶化的时候，将汤匙放入咖啡杯中搅匀即可。

（4）玛莎克兰咖啡：把热咖啡、砂糖、红葡萄酒倒入小锅中加热，再徐徐倒入杯中，咖啡上加一片柠檬和肉桂棒。肉桂棒的作用就等于汤匙，在轻轻搅拌时，随热气飘散出来的，除了咖啡香之外，还有柠檬和肉桂的芬芳。

（5）维也纳咖啡：咖啡杯先以滚水烫过，再加入方糖或冰糖，倒入较浓的热咖啡，最后在咖啡上加上已打好发泡的鲜奶油。

（6）拿铁咖啡：拿铁咖啡中牛奶多而咖啡少。在热咖啡中倒入接近沸腾的牛奶，即为意式拿铁咖啡。如果在热咖啡中倒入热牛奶，并在热牛奶上加一些打成泡沫的冷牛奶，就成了一杯美式拿铁咖啡。

（7）卡布奇诺咖啡：在意大利特浓咖啡中加入蒸汽牛奶、泡沫牛奶相混合，使咖啡的颜色像卡布奇诺教会的修士在深褐色的外衣上覆上一条头巾一样，即为卡布奇诺咖啡。

（8）冰咖啡：在一个高玻璃杯中用少量咖啡溶化1～2茶匙砂糖，加入5～6块冰，然后把晾凉的咖啡倒入杯中，淋上打好的鲜奶油即可。

◎ 咖啡豆的选购与保存

想要买到新鲜优质的咖啡豆，在挑选时需要注意以下几点：

（1）新鲜质佳的咖啡豆外形圆润，豆大肥美，有光泽。有黑色裂纹者较好，在裂缝中有白色的纹路，则是经过水洗或加工的。

（2）抓一把咖啡豆，用手捏一捏，较硬实者为实心豆，反之则为空心豆。

（3）拿一颗咖啡豆放入口中咬两下，有清脆的声音表示咖啡豆保存良好，没有受潮。

（4）鼻子靠近闻一闻香气是否足够，如香味较淡或有杂味，则表明不新鲜。

（5）强火和中深烘焙的咖啡豆会有出油的情况，但较浅烘焙的咖啡豆出油，则表示其已经变质，不但香醇度降低，还会出现涩味和酸味。

（6）买单品豆时，还要看每颗咖啡豆的颜色、颗粒大小、形状是否相似，以免买到混合豆。

知识链接：三大知名咖啡豆

咖啡豆的品种众多，但以下面三种最为知名：

（1）蓝山咖啡（Blue Mountain Coffee）：产于中美洲牙买加金斯敦后方海拔7400多米的蓝山地区，并且只有种植在2256米处的咖啡才有权使用“牙买加蓝山咖啡”标志。蓝山咖啡拥有香醇、苦中略带甘甜、柔润顺口的特性，而且稍微带有酸味，能让味觉器官更为灵敏，为咖啡之极品。

（2）猫屎咖啡（Kopi Luwak Coffee）：产于印度尼西亚，因其在麝香猫肠胃内经过发酵，并经粪便排出，当地人在麝香猫粪便中取出咖啡豆后再加工处理，而得名猫屎咖啡，此咖啡味道十分独特。由于麝香猫数量也在不断减少，因此猫屎咖啡产量极少（每年只出产500磅，1磅≈0.4536千克）。

（3）琥爵咖啡（Cubita Coffee）：产于古巴水晶山。水晶山与牙买加的蓝山山脉地理位置相邻，气候条件相仿，可与牙买加蓝山咖啡相媲美。其只做单品咖啡，咖啡豆的采摘以手工完成，加上水洗式处理咖啡豆，使得咖啡平衡度极佳，苦味与酸味配合得很好，在品尝时会有细致顺滑、清爽淡雅的感觉。

合适的储存方法可以延长咖啡豆的保鲜期，不当的储存方法则会影响咖啡豆的品质和风味：

（1）咖啡豆应储存在干燥、阴凉的地方，但不要放在冰箱里，以免吸收湿气受潮。

（2）咖啡豆的最佳品尝周期为4周，咖啡粉为1周。

（3）咖啡豆在真空包装状态下的保存期限：在真空罐中可保存24～28个月，用柔性胶膜真空包装可保存12个月。打开真空包装后，要立刻将咖啡豆或咖啡粉放入密封罐里，以免咖啡豆吸收空气中的水分而发霉、咖啡粉吸收空气中的味道而变味。

◎ 煮咖啡的重要器具：磨豆机

要想在家中煮出一杯好咖啡，磨豆机的作用不容忽视。常用的磨豆机有三种：

（1）古式房子磨豆机。也被称为三方磨豆机，为木纹柔美的手摇磨豆机。操作方法是：把咖啡豆放在上端的容器里，轻轻摇动手柄，研磨出的咖啡粉就会进入下面的抽屉里。此款磨豆机的特点是磨豆快速、粗细均匀，可调节粗细，但操作难度较大，把手的回转速度或力道增减若不均，则研磨后的咖啡豆会不匀称。

（2）手掌般大的电动磨豆机。磨140克的豆子只需10～15秒即成粉状，但因为容量有限，不适合多人聚会使用。

（3）普通电动磨豆机。直桶形的浓缩咖啡器，适合初学者以及咖啡需求量小、颗粒较大及赶时间的人士使用。半磅容量（1磅≈0.4536千克），研磨速度快，还可自动调节研磨粗细。

◎ 冲煮咖啡的四种方法

咖啡冲煮也是决定咖啡质量的关键，根据水和咖啡粉的接触方式，咖啡的冲煮方式主要有四种。

● 滤纸式冲泡法

将专业滤纸折好，放入冲泡杯中，再将咖啡粉倒入滤纸中，并把咖啡粉表面拨平。将95～100℃的热水放入专用尖嘴壶中，让热水慢慢将咖啡粉全部浸

湿，当咖啡粉充分膨胀后第二次将热水注入咖啡粉表面（水量不宜过多），待咖啡差不多滴漏完水分时取掉冲泡器。

● 滤布式冲泡法

将咖啡粉倒入冲袋中，中间挖一个凹洞。往尖嘴壶中注入95℃的热水，由中心点往外呈同心圆方式慢慢注水，水量均匀一致。待咖啡粉浸湿并膨胀充分后，再注入一次热水，如此重复注水4～5次，待咖啡滴漏完水分取掉滤布即可。

● 法式滤压壶冲泡法

将法式滤压壶的过滤网抽出，倒入咖啡粉，按咖啡粉与热水比例为1:9～1:10倒入热水，静置1分钟后用搅拌匙搅拌，使咖啡粉均匀浸湿，盖上盖子，但不要压下过滤网，再静置1分钟；然后慢慢将滤网压到底，即可将咖啡倒出饮用。

● 虹吸式冲煮法

按虹吸壶（塞风壶）下壶上的刻度来加水，然后将咖啡粉倒入虹吸壶上壶，并轻拍，使咖啡粉表面平坦；将过滤器拉钩垂直向下，安装在上壶中心位置并勾住玻璃导管，用布将虹吸管上下壶外部的水珠擦干；在咖啡杯中加入热水或放在温杯器上进行温杯；点燃酒精灯，将虹吸壶放在火上，将水加热到小气泡冒出时，将虹吸壶上壶插入水中，当水升至上壶翻腾时，关小火，计时，搅拌同时进行，顺时针搅拌5～6圈；30秒后，将搅拌棒插入咖啡的2/3处，进行第二次搅拌；咖啡大多加热60秒关火，但蓝山咖啡、夏威夷可纳咖啡应加热45～50秒关火；然后将下壶内的压力释放，再将上壶摇晃取下，将咖啡倒入预热的咖啡杯中即可。

◎ 咖啡饮用的禁忌

尽管咖啡有促进代谢、消除疲劳等功效，但饮用不当也可能损伤身体。因此，爱喝咖啡的人要注意以下饮用禁忌：

（1）宜喝淡咖啡（特别是晚上），不宜多喝浓咖啡，因为喝浓咖啡可能会使心跳加快，引起过度兴奋、失眠和心律不齐，从而影响休息和体力恢复。

（2）喝咖啡时不要放太多糖，因为糖能促进肝脏合成脂肪，提高血清胆固醇及中性脂肪的浓度，引起动脉硬化。注意，患糖尿病的老人不能喝加糖的咖啡，因为老年人的糖耐受能力下降，咖啡含糖过多会促使血糖升高，容易引起糖代谢紊乱，诱发和加重糖尿病。

（3）常喝咖啡者要及时补钙，每天至少要补充100毫克左右的钙，或每天喝一杯牛奶，也可多吃些豆制品、木耳、黄花菜和海产品等含钙丰富的食物。因为据科学测定，每喝两杯咖啡便会损失钙2毫克。

（4）孕妇不宜喝咖啡，因为咖啡因会通过胎盘进入胎儿体内，影响胎儿发育，还容易导致流产。

（5）儿童不宜喝咖啡，因为咖啡因可使儿童中枢神经系统兴奋，干扰儿童的记忆，易使儿童患多动症。

（6）高血压、心脏病、动脉硬化症患者不宜喝咖啡，因为咖啡中的咖啡因能升高血脂，喝咖啡2小时后，血液中的游离脂肪酸增加，同时血酸、丙酮酸也会升高，从而加重冠心病和动脉硬化症。

（7）胃溃疡患者也不宜喝咖啡，因为咖啡会刺激胃酸分泌，加重病情。

（8）骨质疏松者不宜喝咖啡，如果长期且大量喝咖啡，容易造成钙质流失，影响体内钙量的保存，加重骨质疏松。

第六章

服装基本常识

俗话说“人靠衣装”，服装除了具有御寒、防晒等作用外，还是一个人品位和精神风貌的外在体现。为了塑造一个良好的形象，人们除了根据服装尺码、布料来选择合身的服装外，还应懂得服装清洗与存放等养护常识，并熟知西装、衬衫、领带、丝巾等服饰搭配常识。

第一节　服装尺码与布料鉴别

◎ 人体尺寸测量方法

● 上装

肩宽一般指从左肩点到右肩点的直线长度；袖长是肩点到袖口的长度。上衣类以及连衣裙的总长是指从肩线与衣领的接缝处到衣边的长度。

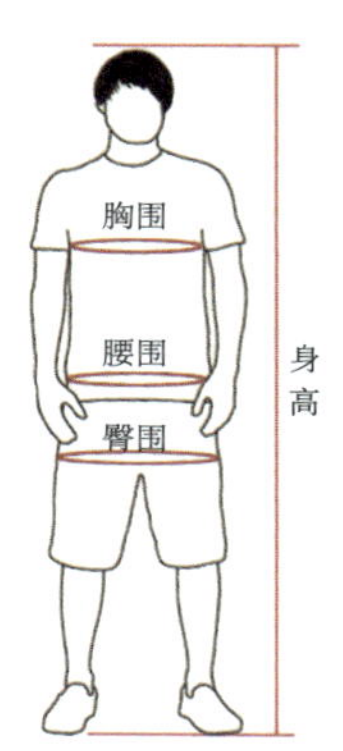

图 6.1　人体尺寸测量方法

● 下装

裤长是沿外侧缝线，从腰带上部到裤脚的长度；裙长是指后身中央的腰带上部到裙边的长度；裆长指从腰带上部，沿前中心线到立裆的长度；裤腿长度的测量要从立裆开始沿内侧缝线到裤脚；底裆线位置的裤腿宽度是底裆宽；身围是前身左右腋窝下袖拢缝线之间的宽度。

人体尺寸测量方法，如图6.1所示。

◎ 男士、女士、儿童的服装号型标准

● 中国男士服装号型标准

中国男士上装尺码如表6.1所示，男裤尺码如表6.2所示，中外男装尺码差别不大，故不作具体说明。

表 6.1　男士上装尺码对照表

上衣尺码	S	M	L	XL	XXL	XXXL
服装尺码（英寸）	46	48	50	52	54	56
中国号型	165/80A	170/84A	175/88A	180/92A	185/96A	190/100A
胸 围（厘米）	82 ~ 85	86 ~ 89	90 ~ 93	94 ~ 97	98 ~ 102	103 ~ 107
腰 围（厘米）	72 ~ 75	76 ~ 79	80 ~ 84	85 ~ 88	89 ~ 92	93 ~ 96
肩 宽／（厘米）	42	44	46	48	50	52
适合身高／（厘米）	163/167	168/172	173/177	178/182	182/187	187/190

表 6.2 男裤尺码对照表

男裤尺码	S		M		L		XL		XXL		XXXL	
	170/72A	170/74A	170/76A	175/80A	175/82A	175/84A	180/86A	180/90A	185/92A	185/94B	190/98B	195/102B
裤子尺码（英寸）	29	30	31	32	33	34	35	36	37	38	40	42
对应臀围（厘米）	97.5	100	102.5	105	107.5	110	112.5	100	117.5	120	122.5	130
对应腰围（厘米）	73.7	76.2	78.7	81.3	83.8	86.4	89	91.4	93.3	96.5	101.6	106.6
腰围（市尺）	2尺2寸	2尺3寸	2尺4寸	2尺4寸	2尺5寸	2尺6寸	2尺7寸	2尺8寸	2尺9寸	3尺	3尺1寸	3尺2寸

注：A 指腰围与胸围的差数在 12 ～ 16 厘米的男士体型。

中国女士服装号型标准

中国女士上装尺码如表6.3所示，女裤尺码如表6.4所示，连衣裙尺码如表6.5所示，中外女装尺码对照如表6.6所示。

表 6.3 女士上装尺码对照

上衣尺码	S	M	L	XL	XXL	XXXL
身高／胸围	155/82A	160/86A	165/90A	170/94A	172/98A	175/102A
服装尺码	36	38	40	42	44	46
肩 宽（厘米）	37	38	39	40	41	42
胸 围（厘米）	79 ～ 82	83 ～ 86	87 ～ 90	91 ～ 94	95 ～ 98	99 ～ 103
腰 围（厘米）	62 ～ 66	67 ～ 70	71 ～ 74	75 ～ 78	79 ～ 82	83 ～ 86

表 6.4 女裤尺码对照

女裤	S		M		L		XL	
裤子尺码（英寸）	25	26	27	28	29	30	31	32
国标号型	155/62A	159/64A	160/66A	164/68A	165/70A	169/72A	170/74A	170/76A
臀围（厘米）	85	87.5	90	92.5	95	97.5	100	102.5
腰围（厘米）	62	64.5	67	69.5	72	74.5	77	79.5

表 6.5 连衣裙尺码对照

裙子尺码	S	M	L	XL	XXL
服装尺码	36	38	40	42	44
身高／胸围	155/82A	160/86A	165/90A	170/94A	172/98A
肩 宽（厘米）	37	38	39	40	41
胸 围（厘米）	79 ～ 82	83 ～ 86	87 ～ 90	91 ～ 94	95 ～ 98
腰 围（厘米）	62 ～ 66	67 ～ 70	71 ～ 74	75 ～ 78	79 ～ 82

注：A 指腰围与胸围的差数在 14 ～ 18 厘米的女士体型。

表 6.6　中外女装尺码对照

标 准	尺 码 明 细				
中国（厘米）	160 ~ 165 / 84 ~ 86	165 ~ 170 / 88 ~ 90	167 ~ 172 / 92 ~ 96	168 ~ 173 / 98 ~ 102	170 ~ 176 / 106 ~ 110
国 际	XS	S	M	L	XL
美 国	2	4 ~ 6	8 ~ 10	12 ~ 14	16 ~ 18
欧 洲	34	34 ~ 36	38 ~ 40	42	44

● 中国儿童服装号型标准

中国儿童服装尺码如表6.7所示。

表 6.7　儿童服装尺码对照

尺码（厘米）	55	65	75	80	90	100	120	130	140	150	160
年龄	0 ~ 3 月	3 ~ 6 月	6 月 ~ 1 岁	1 ~ 2 岁	2 ~ 3 岁	3 ~ 4 岁	6 ~ 7 岁	8 ~ 9 岁	10 ~ 11 岁	12 ~ 13 岁	14 ~ 15 岁
身高（厘米）	52 ~ 59	59 ~ 73	73 ~ 80	75 ~ 85	85 ~ 95	95 ~ 105	115 ~ 125	125 ~ 135	135 ~ 145	145 ~ 155	155 ~ 165
胸围（厘米）	40	44	48	50	52	54	60	64	68	72	76
腰围（厘米）	40	44	48	49	50	51	54	57	61	64	66

◎ 鞋子号型的识别

男士鞋子号型见表6.8，女士鞋子号型见表6.9。

表 6.8　男士鞋子号型对照

脚长（厘米）	24.5	25	25.5	26	26.5	27	27.5	28
欧洲 EUR	39 $^1/_3$	40	40 $^2/_3$	41 $^1/_3$	42	42 $^2/_3$	43 $^1/_3$	44
美国 US	6.5	7	7.5	8	8.5	9	9.5	10
英国 UK	6	6.5	7	7.5	8	8.5	9	9.5

表 6.9　女士鞋子号型对照

脚长（厘米）	22.5	23	23.5	24	24.5	25	25.5	26
欧洲 EUR	36 $^2/_3$	37 $^1/_3$	38	38 $^2/_3$	39 $^1/_3$	40	40 $^2/_3$	41 $^1/_3$
美国 US	5.5	6	6.5	7	7.5	8	8.5	9
英国 UK	4.5	5	5.5	6	6.5	7	7.5	8

◎ 纺织品的支数和密度鉴别

纺织品的支数和密度是判断纺织品质量的重要标准。

● 支数

纺织品的支数是纺织品质量的重要指标，它是纱的粗细的标准。比如，50克棉花做成30根长1米的纱，那就是30支；而50克棉花做成40根长1米的纱，那就是40支；50克棉花做成60根长1米的纱，那就是60支。

纱的支数越高，纱就越细，织成的布就越薄，布也就越柔软舒适。但是支数高的布要求原料（棉花）的品质要高，而且对纱厂和织布厂的要求也比较高，所以成本比较高。

● 密度

纺织品的密度是由纺织品的支数决定的，根据经纱和纬纱在1英寸内纱线的根数来表示。密度越高，纺织品的质量越好。纱支40支以上，经纱密度＋纬纱密度不少于180根，即为高支密度。

◎ 棉织品的鉴别

纯棉织品一般情况下纤维呈现出细而短的特点，手感比较柔软但弹性较差，光泽也较暗淡。若用手捏紧布料之后再放松，布面上会留下许多折痕，恢复原状的速度较慢。

鉴别棉布面料成分可用燃烧法：在棉织品的缝边处抽出一缕布纱，用火将其点燃。纯棉纤维近火焰即燃，而且燃烧的速度很快。燃烧的织品还会产生黄色的火焰，冒出蓝烟，并伴有纸燃烧的气味，待燃烧后有极少黑色或灰色的粉末灰烬留下。

知识链接：丝袜的厚度标识

丝袜的厚度标识是“D”(Denier)，中文简称“丹”，是纤维的纤度单位。每9000米编织该丝袜的纤维重多少克，就称多少D。

D数越高，就表示纤维的相对重量越高，厚度也因此而增加。D数越小，丝袜也就越薄越透。春秋可选50～120D厚度的丝袜，夏季可选5～40D厚度的丝袜，晚秋时选60D、70D、80D、120D、150D厚度的丝袜，冬季时选120D、150D、200D、300D或者以上更大的D数厚度的丝袜，1600D厚度的丝袜几乎和棉裤差不多厚了。

◎ 麻织品的鉴别

真麻织品是以亚麻或苎麻纤维为原料织造的，纤维强度大，韧性好，耐腐蚀，耐磨抗拉，不易缩水，穿着感觉凉爽，不会产生静电。但真麻织品染色性差，素色与本色比较多，手感粗而硬，弹性较差，布面平整，带有自然的小疙瘩，织物大多是平纹，容易起毛，易出褶皱。

鉴别方法：真麻织品点燃之后，有烧草木的气味，会产生少量粉末灰烬，灰烬用手指可以压碎；假麻织品燃烧后有异味，灰烬成团，不易压碎。

◎ 毛织品的鉴别

纯毛织品一般光泽柔和，手感柔软，有温暖的感觉，织物具有弹性，手攥紧面料后放开能自然恢复原状，没有折痕，垂坠感较好，羊毛纤维粗细长短不匀；而混纺织品无论是何种化学纤维，长短基本整齐，粗细均匀。

鉴别方法：取一段毛线接近火焰，纯毛质地的线会先卷曲后燃烧，有烧焦毛发的焦煳气味，灰烬较多，结成有光泽的硬块，用力压会碎为粉末。

◎ 丝织品的鉴别

从观感上来看，真丝绸有珍珠般的柔和光泽，蚕丝纤维长而纤细；从手感上来说，蚕丝手感柔软，贴近皮肤舒适爽滑。另外，丝织品吸湿率高，透气性好，穿着凉爽。

鉴别方法：在燃烧时，蚕丝纤维燃烧速度较慢，有烧毛发的气味，离火会自动熄灭。灰烬为黑褐色小球，易碎。

◎ 化学纤维类织物的鉴别

化学纤维类织物纤维较长、强度高、耐腐蚀、不易变形、不易浸水、导热性能差，可生产出微丝，弹性较大，易产生和集聚静电，表面易附着浮尘。化纤织物平展笔挺均匀、染色光泽好、不易褶皱、保温性好、易洗涤、不缩水、不易虫蛀。

鉴别方法：化学纤维产品一般在较强的光线下可以看到无数的闪光点；部分化学纤维织物用稍粗糙的手抚摸时有挂手的感觉，甚至会挂出长丝来。化学纤维点燃以后烟火比较浓烈，燃烧后会结成深色坚硬的块。

◎ 皮革的鉴别

真皮制品一般可以从视觉、气味、手感等方面来鉴别：

（1）从视觉来看，真皮表面的花纹和毛孔分布得不均匀，侧断面层次清晰，下层有动物纤维，用指甲刮拭皮革时纤维会竖起，有起绒的感觉，并掉落少量纤维。

（2）从气味来看，真皮具有一股明显的皮毛味。

（3）从手感来看，真皮手感富有弹性，将皮革从正面向下弯折90度左右会出现自然的皱褶，弯折不同的地方产生的折纹粗细、数量都不均匀。

（4）通过燃烧来鉴别。真皮燃烧时会发出毛发烧焦的气味，烧成的灰烬一般易碎成粉状。

◎ 裘皮的鉴别

裘皮的真假可以从毛绒的外表、光泽、毛被、燃烧气味等几方面进行鉴别：

（1）从外表上看，若皮衣本身没有任何伤残与粗纹，且质地分布得很均匀，就可能不是真正的裘皮大衣。因为真正的裘皮大衣应该是有一定差异的，尤其是在主次部分连接的地方。

（2）天然裘皮光泽柔和、自然，手摸有温暖感；人造毛皮则表现得光泽暗淡，毛被整齐。裘皮皮料断面和反面都呈无规则纤维状，指甲抠其断面时，断面会出现变厚的现象；人造毛皮是由绒毛和底布组成，底布为纺织品。

（3）裘皮服装燃烧时会自动熄灭，有毛发燃烧的味道，并立即化成灰黑色灰烬；而人造毛皮服装一般燃烧后火焰较旺，并发出一股烧塑料制品的味道。

第二节　服装的清洗与存放

◎ 棉织品

● 清洗

棉织品不耐酸，当果汁、醋等酸性物质沾染棉织物时，最好立即用清水清洗，可用弱碱性去污力强的洗涤剂来清洁；阳光会在一定程度上损坏棉织物，还会使其退色，应翻面晾晒，避免过度暴晒；浅色棉织物变黄，可以在水中加洗涤剂一起煮20分钟左右，再用清水漂洗即可；深色织物洗涤时，温度不能过高；熨烫棉织物时，适度喷些水使湿气均匀渗透后再熨烫，整烫棉织品的温度以140～160℃为宜。

● 存放

棉织品存放时，要将衣服洗净、晒干、折放平整，保持衣橱箱柜的洁净干燥，最好把浅色衣服与深色衣服分开存放。

◎ 麻织品

● 清洗

麻织品强度大，耐摩擦，耐拉力，并且耐碱性好，洗涤时可用各种肥皂和合成洗衣粉。麻纤维的弹性较差，为保持硬挺有型，洗涤后一般需要上浆熨烫。

● 存放

麻织品容易产生褶皱，存放时应注意避免被挤压，并保持衣柜整洁干燥。

◎ 毛织品

● 清洗

首先，由于大部分毛织品不耐高温，因此在清洗时为了防止缩水，最好使用不超过30℃的温水。

其次，在整件洗涤的时候，可以先将需要清洗的毛衣、毛裤等挂于室外，轻轻地拍掸去灰尘；再将高级洗衣粉、中性肥皂片或是洗涤剂放入温水中化成洗涤溶液，接着将衣物放入其中浸泡15分钟，随后轻轻搓洗；最后用清水将衣物冲洗干净，压去水分，放于阴凉处风干。

最后，在拆洗时，需要先将衣物拆开，接好线头，再按照整件洗涤的步骤进行清洗。

不过，无论采用何种方法，切记毛织品只能用手轻轻揉搓，不能用搓衣板，更不能用洗衣机进行清洗。

另外，晾晒之前，在温水中加入几滴花露水，搅匀后将毛织品放入其中浸泡10分钟，这样晾干的衣物不易退色。

● 存放

毛织物易潮湿生霉，易被虫蛀、鼠咬。在存放时应悬挂在衣橱里，最好不要折叠，以免穿着时出现褶皱；存放服装的箱柜要保持清洁、干燥，温度和湿度不要过高，并放入樟脑球，以免受潮发霉或生虫；还应经常拿出来晾晒，除尘去湿，但不要直接在阳光下暴晒，等衣物晾透再放入衣橱。

◎ 羊绒制品

● 清洗

洗涤羊绒制品时，宜用洗发水、羊绒专用洗涤剂等，在温水中浸泡15～30分钟，然后用手轻拍挤压，忌用力搓洗；提花或多色羊绒衫不宜浸泡，不同颜色的羊绒衫也不宜在一起洗涤；顽固污渍可以采用挤揉的方法洗涤，然后用温水漂洗干净；可放在洗衣机里脱水，不要用力拧干。之后将羊绒制品铺平，垫上湿毛巾后用120～140℃的蒸汽熨斗整烫，熨斗不能直接接触羊绒制品；然后平铺晾干，不要悬挂暴晒。

● 存放

羊绒制品在存放时应注意保持清洁，经常通风、除尘去湿，不能暴晒。衣柜内要放入防霉、防蛀虫片剂。

在穿着羊绒制品时，应避免与硬物摩擦，一次穿着时间不宜过长。如果起球，要用剪刀剪去，不能硬拉。

◎ 丝织品

● 清洗

丝织品是蛋白质纤维，洗涤时要十分小心。要避免温度过高和剧烈摩擦，用碱性较小的高级洗涤剂或丝绸专用洗涤剂进行清洗。最后漂洗时，加入少量醋酸或柠檬酸可提高织物的鲜亮度。深色丝绸的夏装只能在净水中反复漂洗，最好不使用洗涤液，以免出现皂渍。应避免在阳光下暴晒，晾到八成干左右时，可用低于130℃的温度熨烫，熨烫时不用喷水。

● 存放

存放丝织品时，衣柜要保持清洁、干燥，不宜放置樟脑丸，否则容易泛黄。丝织品最好放在衣服堆的上部，避免被挤压；浅色的丝绸衣服最好用细白布包好存放。

◎ 化学纤维类织物

● 清洗

化学纤维类（化纤类）织物可用肥皂和洗衣粉洗涤。化纤类织物受热后衣物容易损坏和收缩，不宜用热水洗涤，要用清水漂洗干净，放在通风处晾干，不适合长时间日晒，否则容易变黄脆化。

存放

化纤类织物存放要避免高湿高温，保持衣柜的清洁干燥。人造纤维衣物不要长时间悬挂，以免伸长变形。涤纶、锦纶等衣物存放时不用放樟脑丸。

◎ 皮革品

清洗

皮革服装是人们常选的御寒衣物之一。可是，冬天过后，皮革服装上面难免会沾上一些污垢。如何才能去除上面的污垢呢？我们不妨采用蛋清除污法：先在污垢处涂满蛋清，略停片刻之后，再用清洁的布将蛋清擦净即可。若是在领口、袖口等处还有不易擦掉的油垢，可以在油垢处滴上由氨水和酒精配制的除油剂，再用清洁的布擦干即可。最后，在将皮革服装存放起来之前不要忘记给它们涂一层专用保护油。

存放

皮革品在保存时应放置在凉爽干燥的通风环境下；不宜折叠，可以用衣架挂起来；应避免阳光直接照射，与容易引起污染的油、水及其他化学药品相隔离，远离易燃物品；放入衣柜前用柔软的刷子轻轻刷几下，防止蛀虫。

◎ 裘皮

清洗

裘皮服装最好送到专业洗衣店干洗。

存放

裘皮服装保存时，首先应除净裘皮服装上的油污和灰尘，注意保持通风、干燥。裘皮服装挂在衣柜里时要留出足够的空间，避免挤压。如果用塑料袋套上裘皮会阻碍空气流通，使皮衣的皮板变干。最好在衣服里面放上用纸包好的樟脑丸，在雨季前要将衣物取出晾晒一下，通风去湿，防止发霉和虫蛀。

◎ 常见污渍的去除方法

（1）墨渍：可用米饭粒加少许食盐或牛奶抹在墨渍处，让饭粒吸墨后再洗涤，也可用牙膏除污。

（2）圆珠笔渍：可以用酒精或度数高的白酒擦拭。

（3）血渍：可先用冷水洗，然后用淡盐水浸泡，再用肥皂水洗，或用白萝卜丝加盐，挤出汁液后擦洗。血渍不可用热水洗。如果血渍沾染的时间较长，则可以选择在血污处涂抹浓度为10%的氨水或浓度为3%的双氧水，一刻钟之后再用冷水洗去。若是仍洗不干净，可以将平时常用的护手霜涂在血迹上，一刻钟之后用清水冲洗干净即可。

（4）口红印：可先用小刷蘸汽油轻轻刷擦，再用洗涤剂清洗。

（5）酒渍：若是新沾染上的酒渍，用清水洗涤即可去除；若是酒渍沾染的时间较长，则须用白醋加水稀释后清洗。

（6）西红柿渍：在沾染西红柿渍之后应立刻用葡萄酒加盐水搓洗衣物，随后再用温水洗净即可。

（7）油渍：可以用牙膏擦洗，也可以把酒精或食盐溶液抹在油污处。

（8）霉斑：衣物上的霉味或霉斑常常令人十分烦恼。若是没晾干的衣服上出现霉味，不妨将衣服放入混合着少量醋和牛奶的水中清洗；若是在自己存放的衣服或床单上发现有发黄的地方，可以在发黄的地方涂一些牛奶，在太阳底下暴晒几个小时，再采用常规方式进行清洗即可。

（9）青草汁液：衣物染上青草汁液可用1升水加100克食盐浸泡清洗。

◎ 服装熨烫的基本手法

不同的衣物，要采用不同的熨烫手法：

（1）熨烫衬衫时，领口应固定形状以后再熨；不要将领片的领褶线烫死，熨烫以后趁还有温度，再用手翻折轻压一下。

（2）在熨烫长裤时，应先将裤子翻过来，先烫裤裆附近，其次是口袋、裤角和布缝合处，接着烫正面。然后是右脚内侧、右脚外侧、左脚内侧、左脚外侧，最后把两管裤角合起来熨整一下。如果遇到比较容易变形的裤子，最好使用蒸汽熨斗进行熨烫。具体步骤是：先烫裤子的后半部分，再烫裤子的前半部分。在熨烫的过程中，要先将裤子的后半部分拉直，待褶皱伸开之后开始熨烫，直到它恢复自然状态。又由于裤子的前半部分此时已经鼓起大包，为防止前半部起褶，应从裤子的上部熨起，这样已经起皱的部位就会在电熨斗的作用下自然回缩，直到冒出的鼓包完全消失。

（3）熨烫百褶裙时，先熨烫裙头，把所有褶痕的位置固定好，然后逐一熨烫褶痕。褶痕熨烫平直以后，揭起褶位熨烫其底部，进一步固定褶皱位。

（4）制作领带的面料多是丝绸，里衬一般是用细布衬或细麻衬。因此不宜采用过高的温度，而且熨烫速度要快，熨烫时要垫上一块干布，切勿让蒸气直接接触领带。

（5）在熨烫羊绒制品时，需要先将衣物晾干，再用电蒸汽熨斗进行整烫。在熨烫时，需要注意以下两个方面：一是熨烫时要采用中温（保持在140℃左右）；二是熨斗与衣物之间要保持一定的距离（0.5～1厘米），一定不要直接压在衣物上面。

第三节　服装穿着常识

◎ 西装的种类及版型

西装起源于西欧，最早是西欧渔民的服装：为了捕鱼的便利，他们不得不让服装少扣、敞开。后来，这种服装款式造型固定了下来，渐渐成为绅士们最爱穿的服装——西装。

西装的种类众多，常见的西装分类法主要有以下几种：

（1）按场合来分，西装可分为正式、半正式和非正式三种类型。

在宴会、招待会、酒会、正式会见、婚丧活动、音乐会等正式场合，应穿正式西装，也称正式礼服，分为晨礼服（白天穿）和燕尾服（18:00以后穿）。

在办公室、午宴、一般性会见访问以及高级会议和白天举行的较隆重的活动时，应穿半正式西装，也称半正式礼服，分为白天服、晚会服、黑色套装和吊丧服四种。

在家里、咖啡馆等非正式场合则可穿非正式西装，也称日常服。

（2）按版型来分，西装可分为欧版西装、英版西装、美版西装和日版西装。

欧版西装的特点是双排扣、收腰、肩宽；英版西装是单排扣，领子比较狭长；美版西装宽松肥大，适合于休闲场合穿；日版西装多是单排扣式，衣后不开衩。

（3）按款式来分，西装可分为单排扣西装、双排扣西装、三扣西装、单扣西装等。一些西装还会与同料、同色的背心搭配，成为独具风格的三件套西装。

知识链接：西装尺码和西裤尺码对照表

西装中Y、A、B、C是人的体型的代号，它们表示人的净胸围和净腰围的差值。其中，Y体型为宽肩细腰型，A体型为一般正常体型，B体型为偏胖体型，C体型为肥胖体型，具体差值如表6.10、表6.11所示：

表6.10　Y、A、B、C三种体型一般差值

体型	Y	A	B	C
差值（男）（厘米）	22～17	16～12	11～7	6～2
差值（女）（厘米）	24～19	18～14	13～9	8～4

表6.11　男士西裤尺寸对照

尺寸（英寸）	28	29	30	31	32	33	34	36
型号	160/80A	165/84A	170/88A	170/92A	175/92A	175/96A	180/96A	185/100A
腰围（厘米）	71.5	74	76.5	79	81.5	84	86.5	91.5
臀围（厘米）	93	95	97	99	101	103	105	109
腿围（厘米）	61	62	63	64	65	66	67	69

◎ 男士西装的着装原则

（1）在出席宴会、招待会、婚丧礼等正式场合时，最好穿深色西服，里面配白色衬衫，领带图案不能太花哨，颜色对比不宜太强烈。

(2) 在上班、午宴、一般性访问或白天举行的较隆重活动时，可以穿明快的深色或中浅色西服；衬衫的颜色宜文雅素净，与西装协调，男士衬衫尺寸对照，如表6.12所示。最好戴有规则花纹的或是素雅的单色领带。

(3) 在旅游、访友等非正式场合时，穿着可较为随便自由，可随意搭配。

(4) 在正式的商务交往中，男士所穿的必须是西服套装。参与高层次的商务活动时，以穿三件套的西服套装为佳。

表6.12　男士衬衫尺寸对照

尺寸（领围）	身高（厘米）	腰围（厘米）	肩宽（厘米）	胸围（厘米）	衣长（厘米）	袖长（厘米）
37	165	96	44	104	78	58
38	165	98	45	108	78	59.5
39	170	102	46	112	79	59
40	175	105	47	115	79	60.5
41	175	108	48	118	80	60
42	180	111	49	121	81	61.5
43	180	114	50	124	81	61
44	185	116	51	126	82	62.5
45	185	118	51	128	82	62.5
46	185	120	52	130	83	64

知识链接：男士穿着衬衫的注意事项

(1) 衬衫的领子不应过大或过小，以塞进一个手指的宽松度为宜。

(2) 衬衫袖子应比西装袖子长出1厘米左右，这可以体现出着装的层次，同时又能保持西装袖口的清洁。

(3) 当衬衫搭配领带时，要将领口纽扣、袖口纽扣、袖衩（袖子开衩口处）纽扣全部扣上。不系领带穿西装时，门襟（指衣物在人体中线扣眼的部位）上的纽扣必须全部扣上，衬衫领口处的纽扣不扣。同时，配穿西装时，衬衫的下摆要塞进裤腰里面，不能露出来。

(4) 正式场合应穿白色或浅色衬衫，配以深色西装和领带；正规的短袖衬衫也可佩戴领带在正式场合穿戴。

◎ 领带的系法

常见的领带打结法主要有平结、简式结、浪漫结、法式结和温莎结几种。

● 平结

平结是男士们采用最多的一种领结打法，几乎可以适用于任何材质的领带。平结的结法如图6.2所示。

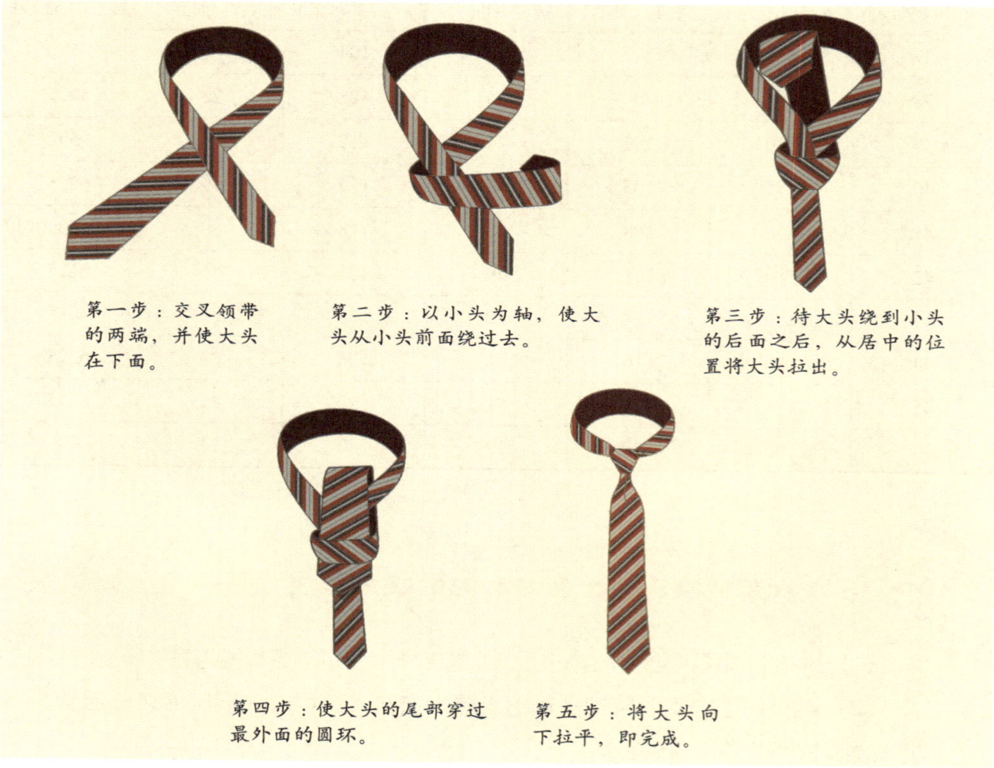

第一步：交叉领带的两端，并使大头在下面。

第二步：以小头为轴，使大头从小头前面绕过去。

第三步：待大头绕到小头的后面之后，从居中的位置将大头拉出。

第四步：使大头的尾部穿过最外面的圆环。

第五步：将大头向下拉平，即完成。

图6.2 平结

● 简式结

简式结又称马车夫结，适用于标准的衬衫与质料较厚的领带。
简式结的结法如图6.3所示。

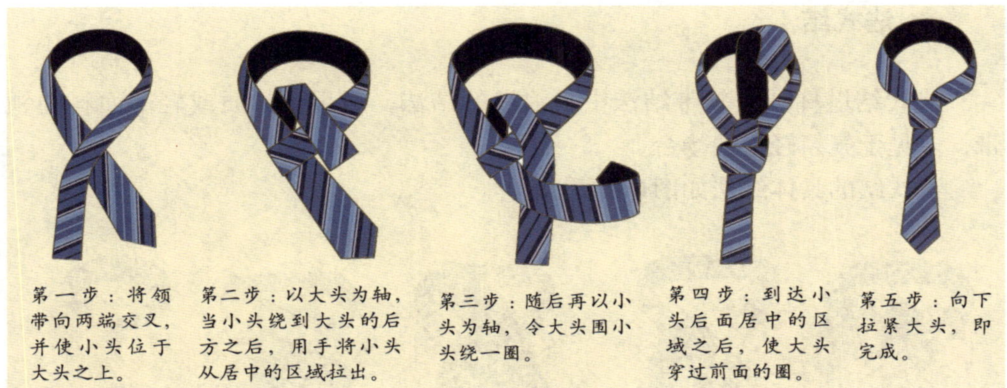

图 6.3 简式结

● 浪漫结

浪漫结适合在气氛轻松的场合使用，并与浪漫系列的衬衫及半休闲式的服装搭配。

浪漫结的具体结法如图6.4所示。

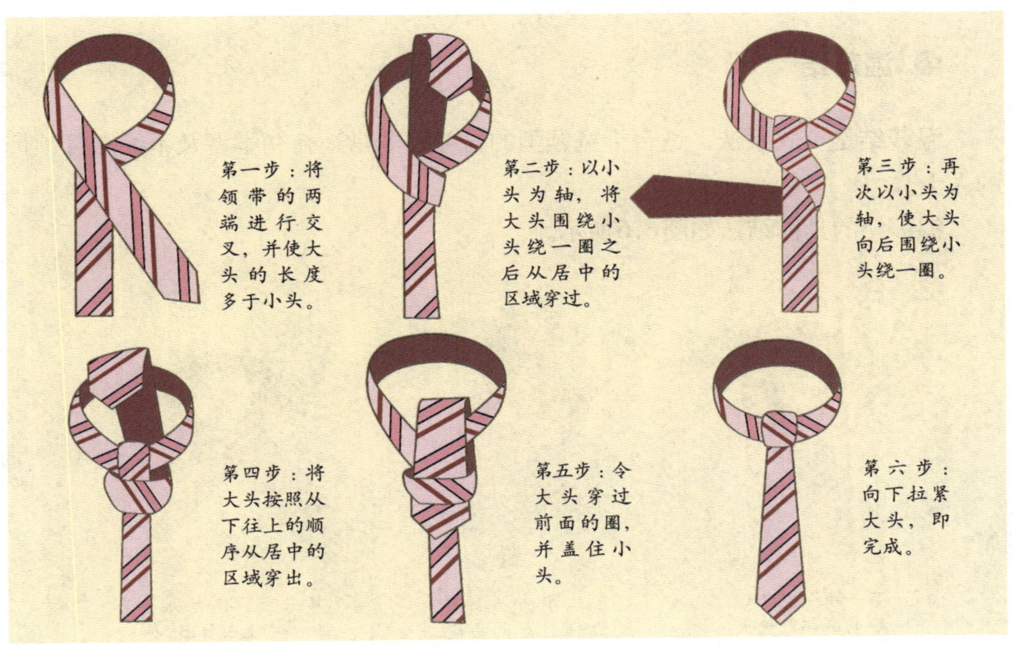

图 6.4 浪漫结

法式结

法式结堪称现有领带结法中最浪漫的结法，适用于丝质或轻薄面料的领带，多见于气氛轻松的场合。

法式结的具体结法如图6.5所示。

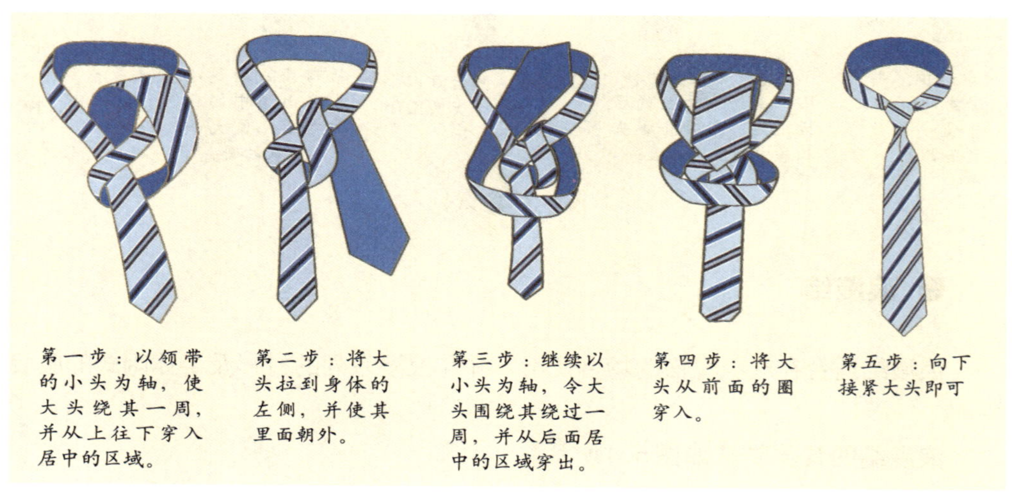

图 6.5 法式结

温莎结

温莎结是英式系法，适合于宽领型的衬衫，非常适合初学者及不经常打领带的人士。

温莎结的具体结法如图6.6所示。

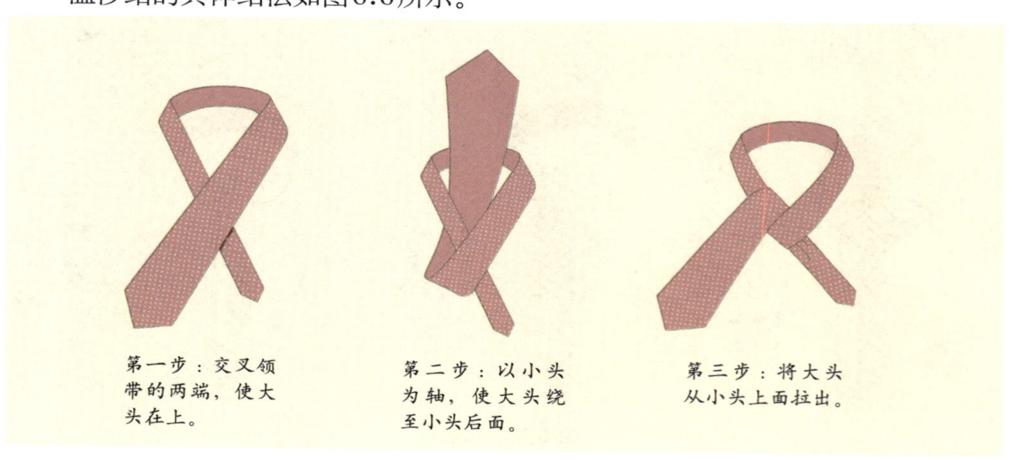

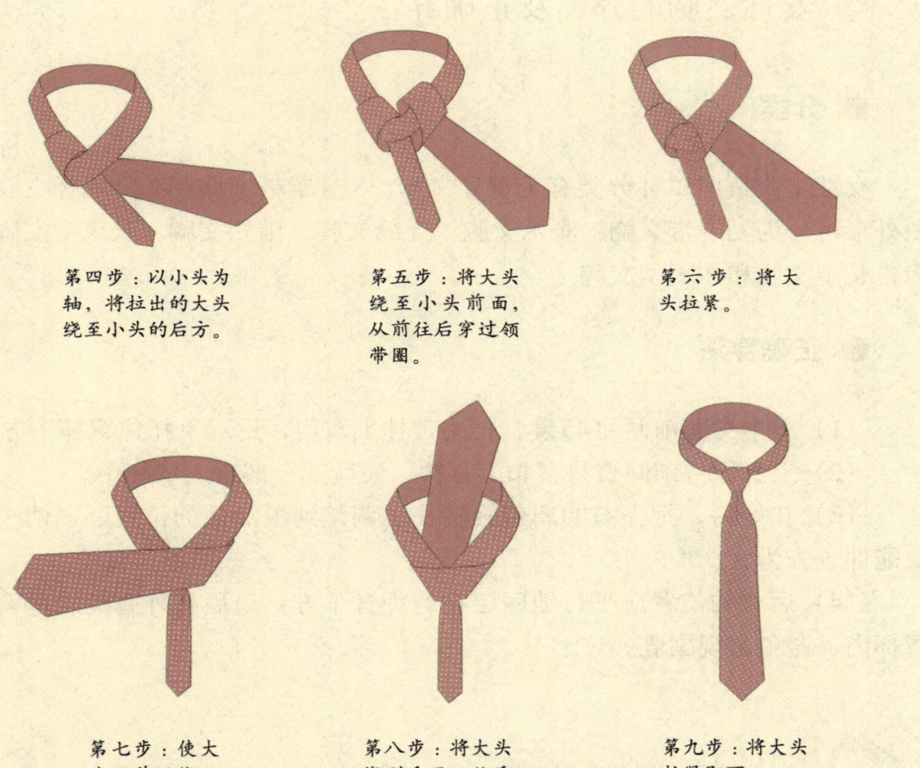

图 6.6 温莎结

知识链接：领带的洗涤与保养

领带最好采用干洗。如果自己洗涤，可以先将真丝领带浸泡10分钟左右，然后用手轻轻揉，清水漂净后用衣架挂起。沾有污垢的地方可以用汽油小心清洗，洗净后应自然晾干，避免暴晒。

在熨烫时，可用硬纸板剪成领带形或用一张白纸折成领带形，塞入领带里衬部分，再轻轻熨烫；宜采用低中温度，熨烫速度要快。另外，将领带紧紧地卷在干净的酒瓶上，可消除褶皱。存放领带要保持干燥，不要放樟脑丸防蛀，最好用衣架挂起来。

◎ 女性文胸的分类及正确穿法

● 分类

女性文胸按照罩杯分类有全罩杯文胸、3/4罩杯文胸和1/2罩杯文胸；按照外形可分为无肩带文胸、魔术文胸、无缝文胸、前扣文胸、长束型文胸、无肩带长型文胸和休闲型文胸。

● 正确穿法

（1）上半身向前倾斜45度，把肩带挂上双肩，用双手托住罩杯下方。

（2）上身保持前倾姿势，扣上背钩，使胸部全部进入罩杯中。

（3）扣好后，把左右的肩带轻轻往上调整到最舒适的位置，以两个手指头能伸进去为宜。

（4）后背钩位置应平行地固定在肩胛骨下方；最后将外露的胸部调整到罩杯内，避免出现副乳。

知识链接：女性文胸的洗涤

文胸的洗涤需要注意以下几点：

（1）在清洗文胸前，需要先将洗衣粉和洗衣剂溶解于30℃以下的温水中，再将文胸浸人，可避免退色或变色等现象发生。

（2）深色与浅色的文胸必须分开洗，并尽量在最短的时间内进行洗涤，避免相互染色。

（3）清洗有拉链的文胸时要将拉链先拉好，有活动肩带的文胸最好在清洗前将肩带取出分开清洗；另外，清洗丝质文胸最好手洗，并使用中性洗涤剂。

（4）手洗文胸时如果用力过度容易使其变形，采用压洗法或搓洗法洗涤效果会更好。

◎ 丝巾的系法

无论是聚会、上班还是日常生活，丝巾都可以让女人变得优雅，那么如何才能使丝巾成为我们生活中亮丽的风景呢？首先要学好丝巾的简单系法。

丝巾的简单系法是其他各种搭配的基础，而且不受丝巾形状与尺寸的限制，以下便是比较常见的几种。

● 单结

单结的具体系法如图6.7所示。

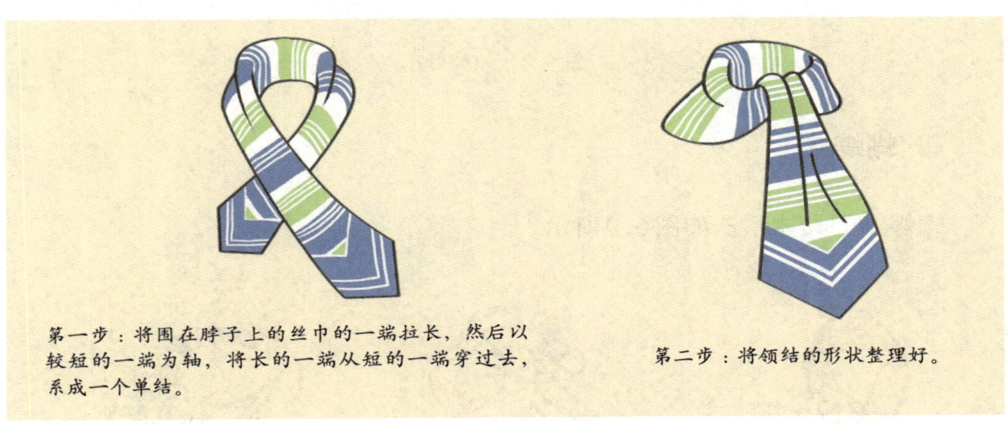

图 6.7　单结

● 领带结

领带结的具体系法如图6.8所示。

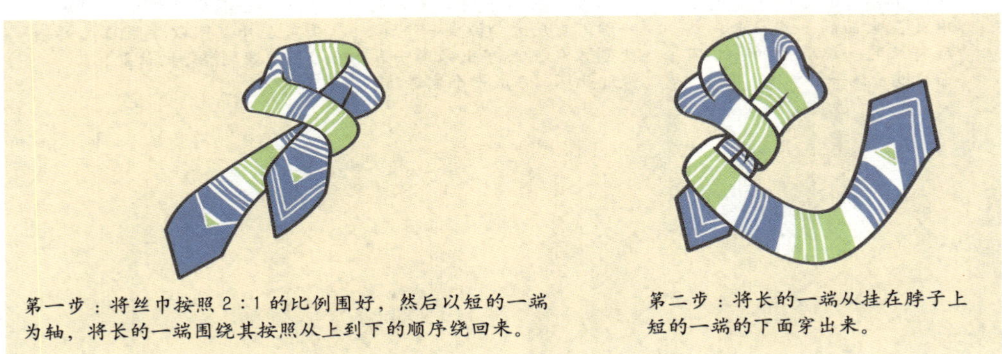

第三步：随后使长的一端从正面的环中穿过。

第四步：拉好短的一端，并将领结的形状整理好。

图 6.8　领带结

蝴蝶结

蝴蝶结的具体系法如图6.9所示。

第一步：将围在脖子上的丝巾放在上面的一端拉长，然后将长的一端从短的一端下面绕过系成一个单结。

第二步：将从下面穿出来的一端沿着反方向做成一个环，使刚才从上面穿出来的一段绕过此环，系成一个蝴蝶结。

第三步：不要将丝巾的内侧展露在外，可以按照自己的习惯整理蝴蝶结的位置。

图 6.9　蝴蝶结

第七章

基本社交礼仪

社交礼仪是人际交往的规范和准则，是沟通人际关系的“立交桥”。要想更好地与人沟通，不仅要熟知站、坐、行、蹲等姿态礼仪，还要懂得介绍、递接名片、送礼宜忌等基本社交礼仪，更要了解中西餐中座次、餐具使用、取菜等饮食礼仪，也不可忽视涉外活动中的迎送、乘车等基础礼仪。

第一节　交际礼仪

◎ 正确的站、坐、行、蹲姿态

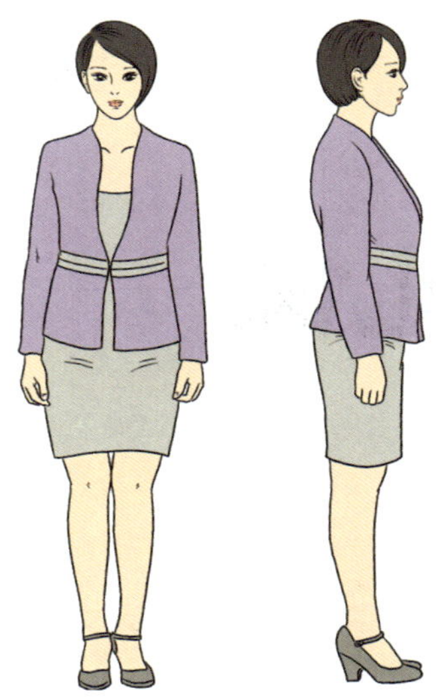
图 7.1　站姿

● 正确的站姿

站立是人们生活与工作中最基本的举止之一。正确的站姿应该端正、自然，做到上身直挺，头正目平，最好面带微笑。直腰收腹，两臂自然下垂，如图7.1所示。

由于性别的差异，男女基本站姿的要求也有所不同。男子的站姿应以稳健为主，女子的站姿应以优雅为主。

另外，站姿也不是一成不变的，我们可以根据具体场合和情景对站姿进行适当调整。空手与人交谈时，可将双手在体前交叉，右手放在左手上；如果背着包，可利用背包摆出优雅的姿势。

● 正确的坐姿

坐姿包括入座、坐定和离座三个部分。

（1）入座：首先，出于礼貌，与客人一起入座或一行人同时入座时，应分清主次，请对方先入座。其次，自己入座时最好从座位左侧入座，整个过程应轻而缓，避免发出嘈杂的声音。需要注意的是，女士若是穿裙子，坐下前应用手把裙子稍拢一下，这样显得比较得体和优雅，如图7.2

图 7.2　坐姿

所示。

（2）坐定：坐下后，上身应保持直挺，头部端正，目光平视前方或交谈对象。腰背稍靠椅背，但一般不应坐满椅面的2/3以上。另外，男女的坐姿要求也不一样。男士就座时，双脚应平踏于地，双膝略微分开，以一拳为宜。在日常交往场合，男士可跷腿，但不可跷得过高和抖动。女士就座时，双腿应并拢，以斜放一侧为宜。在日常交往场合，女士在大腿并拢时，小腿可交叉，但不宜向前伸直。

（3）离座：离座时，身边若有人在座，应先用语言或动作向对方示意，然后再起身。和别人同时离座时，要注意起身的先后顺序。另外，起身的过程也应遵循轻而缓的标准，但不应拖沓、弄出声响。

正确的行姿

行姿是站姿的延续动作，漂亮的行姿将在站姿的基础上展示人的动态美。

行走时，要抬头挺胸，目光平视前方，双臂自然下垂，手臂以身体为中心自然摆动。上身挺拔，腿部伸直，同时收紧小腹和臀部，步伐轻盈、有节奏感，如图7.3所示。

训练行姿时，肩膀要放松，不要向前耸，也不要向后拉。从侧面看，耳朵、肩膀和髋关节应在一条直线上，这样的行姿才是挺拔的、自信的。可以在地上画一条直线，头顶一本书，双脚踩着直线走，同时保持书的平衡。反复练习，自然会有所进步。

图 7.3　行姿

正确的蹲姿

生活中，除了注意站、坐、行的姿势外，还应注意蹲的姿势。一般来说，下蹲的正确姿势是：选择背对或侧对有人的那一方，上身保持直立，轻轻地蹲下去，双腿和膝盖并在一起。女性在下蹲时还应注意用手轻挡前胸，避免走光，如图7.4所示。

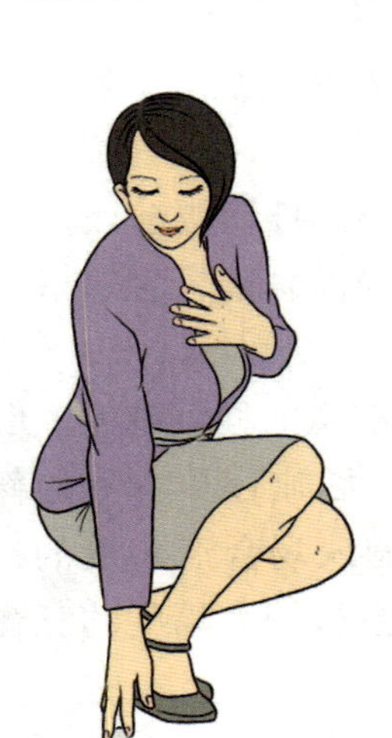

图 7.4　蹲姿

◎ 握手的礼仪

社交活动中，握手是最常用的礼仪。在握手时，需注意以下几点：

（1）被介绍之后，客人、晚辈、下属、男士应该等主人、长辈、上司、女士主动伸出手后，再相迎握手。

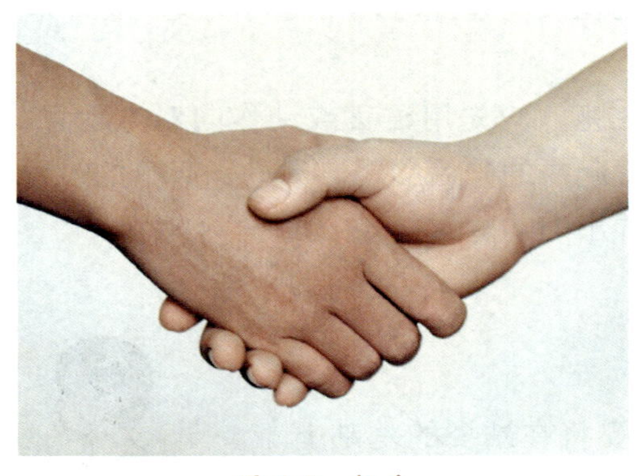
图 7.5　握手

（2）握手的力度因人而异，但要把握好分寸，既不能有气无力，也不能过分用力。通常，与亲朋故交握手时力度可稍大一点，与初识或异性握手时力度应稍小一点，不宜握得太紧，如图7.5所示。

（3）握手时双眼应注视对方，微笑致意或问好。多人同时握手时，应按顺序进行，切忌交叉握手，时间一般以1~3秒为宜，与女士握手时间不宜过长。

（4）不应戴着手套与人握手，握手之后也不应立即用手帕等物擦拭自己的手。

◎ 鞠躬的礼仪

鞠躬是中国传统礼节之一，既适用于庄严肃穆或喜庆欢乐的仪式，也适用于一般的社交场合。行鞠躬礼应注意以下两点：

（1）行鞠躬礼时应脱帽，立正，双目凝视受礼者，上身弯腰前倾。男士应将双手贴放于身体两侧裤线处，女士应将双手放在身前腹部，轻轻搭在一起。

（2）一般来说，鞠躬的幅度越大、次数越多，表示敬重的程度越大。但也要分清场合，视具体情况而定。一般的问候和打招呼只需施15度左右的鞠躬礼；迎客与送客时则应分别施30度和45度的鞠躬礼；喜庆场合施40度的鞠躬礼。上述场合一般行礼一次即可，只有在追悼会上才会行较大幅度的三鞠躬礼。

◎ 拥抱的礼仪

在西方，尤其是欧美国家，拥抱礼是一种十分常见的见面礼和道别礼，也用于官方或民间迎送宾客、慰问、祝贺等。

拥抱礼视场合与关系的不同，可分为热情拥抱和礼节性拥抱两种。这两种拥抱都需要注意姿势的规范：两人面对面相距20厘米左右，各自举起右臂，将右手搭在对方左肩的后面；同时，用左手扶住对方右腰后侧，先向对方左侧拥抱，再向对方右侧拥抱，最后再向对方左侧拥抱，礼毕。不过，普通场合下行礼次数不必如此严格。

◎ 其他见面礼仪

除了握手、鞠躬、拥抱之外，还有一些见面礼仪也是常常会用到的：

（1）点头礼：点头礼又称颔首礼，一般用在同级、平辈之间，其适用范围较广，如路遇熟人又不方便交谈时，在剧院、会场等不宜交谈的场合相遇时，在同一场合多次见面时，等等。

行点头礼时最好摘下帽子，面带微笑，头部向下轻轻一点即可。注意不要反复点头，点头幅度也不宜过大。

（2）拱手礼：拱手礼又称作揖礼，是我国民间传统的会面礼。现在主要用在过年团拜、向长辈祝寿、向亲朋好友祝贺道喜或初次见面表示久仰等。

行拱手礼时应起身站立，上身挺直，双臂前伸，双手在胸前高举抱拳（左手包在右手之外），自上而下或自内而外有节奏地晃动两三下。

（3）合十礼：合十礼又称合掌礼，流行于东南亚、南亚等信奉佛教的国家，我国佛教信徒之间也行合十礼。

行合十礼时应将双掌十指在胸前相对并合，五指并拢、向上，掌尖与鼻尖基本齐高，手掌向外侧倾斜；双腿立定，笔直站立，上身微欠、低头。行礼时，可口诵祝词或问候对方，也可面带微笑。行礼时应注意不能手舞足蹈或点头不止。

◎ 介绍的礼仪

介绍是第三方为彼此不相识的双方引见的介绍方式，需注意以下几点：

（1）为他人作介绍的介绍者，通常是社交活动中的东道主、家庭聚会中的主人、公务交往中的礼仪专职人员、正式活动中地位和身份较高者。除上述人士之外，如果熟悉被介绍的双方，又应一方或双方的要求，也可充当介绍人。

（2）为他人作介绍，应提前向双方打招呼，使其有思想准备。介绍时，根据实际需要的不同，介绍内容也应有所不同，一般只介绍双方的姓名、单位、职务；有时为了推荐一方给另一方，可以说明被推荐方与自己的关系，或强调其才能、成果，这样有利于新结识的人相互了解。介绍具体的人时，要用敬辞。同时，应该礼貌地用手示意，而不要用手指去指点。

（3）为他人作介绍时，要注意顺序。根据“尊者优先知情”原则，应把男子介绍给女子，把年轻的介绍给年长的，把地位低的介绍给地位高的，把未婚的女子介绍给已婚的妇女，把儿童介绍给成人。

◎ 递接名片的礼仪

社交场合中，人们初次见面往往要互呈名片。递接名片时最好用双手，名片的正面应朝着对方，接过对方的名片后应致谢。如能阅读对方的名片，可将对方的姓名、职称念出声来，并注视对方，以使其产生受重视的感觉更好。一般不要伸手向别人讨名片，必要时应以请求的口气，如“您方便的话，请给我一张名片，以便日后联系”。

◎ 欧美国家送礼宜忌

● 英国

一般赠送价钱不贵但有纪念意义的礼物，如巧克力、酒和鲜花，但注意礼物不要标有公司标记。切记不要送百合花和菊花，因为这两种花意味着死亡。

● 德国

礼物包装要恰当、精美，切勿用白色、黑色或褐色的包装纸或丝带包装。

不要送玫瑰（玫瑰是专送情人的）、郁金香（被誉为无情之花）和蔷薇（专用于悼亡）。

● 法国

在法国，送礼一般选在重逢时，礼品选择应突出艺术性、独特性，香槟酒、白兰地、糖果、香水等被视为送礼佳品。应邀去法国人家里用餐时，可送一束不捆扎的鲜花，但忌送菊花（表示哀悼），牡丹、杜鹃、水仙、玫瑰、金盏花和纸花也不宜随便送给法国人。不要送带有仙鹤、孔雀等图案的礼物，不要送核桃（不吉利）。男士不能随便向女士赠送香水，这种做法往往有过分亲昵之嫌。

● 俄罗斯

送鲜花要送单数，但忌讳“13”(代表凶险和死亡)。俄罗斯人主张“左主凶，右主吉”，因此忌以左手递送礼物。

● 美国

送礼物要送单数，且讲究包装，多以花纸包好，再系上丝带。包装礼品时不要用黑色的纸，因为黑色在美国人眼里是不吉利的颜色。

不宜送美国人的礼品主要包括香水、内衣、药品、香烟等。

◎ 拉丁美洲国家送礼宜忌

拉丁美洲国家送礼时，最好送美国、日本生产的小型家用产品，比如厨房用具、美国玩具等。此外，流行音乐唱片、巧克力、果酱及办公用品等作为礼物也很合适。

注意不能送刀剪，否则会被认为是友情的完结；手帕也不能作为礼品，因为它是和眼泪相联系的。

送花时忌送菊花，因为许多拉丁美洲人将菊花视为“妖花”。巴西人习惯以紫花为葬礼之花，因此忌送绛紫色的花。

◎ 东亚、南亚国家送礼宜忌

● 中国

凡是大贺大喜之事，送礼均好双忌单，但广东人忌讳“4”(死)。

颜色以红为佳，忌送白色（大悲、贫穷）、黑色（凶灾、哀丧）。

忌给老年人送钟表（送终）。

夫妻、恋人间忌送梨（离）。

● 日本

忌送梳子（其发音与死相近），有狐狸、獾图案的礼物，菊花（王室专用花卉）。

一般情况下，送礼宜送双，但送新婚夫妇的礼物忌送2和2的倍数，日本民间认为“2”这个数字容易导致夫妻感情破裂，一般送3万、5万或7万日元。

礼物的数量忌4(死)、9(劳苦)。

礼品包装纸宜用红色，最好用花色纸，忌用黑白色（丧事）、绿色和紫色(不祥)。

不能送红色圣诞卡，因为在日本，丧事讣告通常是用红色印刷的。

探视病人时，忌以根花（包括盆花）为礼。

忌送山茶花，因为山茶花凋谢时整个花头落地，不吉利。

● 韩国

4是不吉利的数字，不要送4件一套的礼物。

多数喜庆场合，红色是最受青睐的包装纸颜色。

去韩国人家里做客，可带些红酒或高品质的食品作为礼物。

● 印度

在印度，不要送黑色或白色的礼物，可以选择黄色、红色或绿色，这些颜色象征着快乐幸福。

不能送用牛皮做的礼物；忌讳弯月图案，忌讳送百合花。

◎ 中亚国家送礼宜忌

哈萨克斯坦、吉尔吉斯斯坦、乌兹别克斯坦、塔吉克斯坦、土库曼斯坦等中亚国家在送礼上也颇有讲究。哈萨克斯坦人在生意场合通常会交换礼物，但礼物无须昂贵。这里有一种传统，如果送给客人一顶帽子，表示对其特别尊敬。另外，也可选择来自本国的小礼品，如一个质量上乘的木刻盒子、一件丝制品、一支笔、一盒巧克力、一条领带等。

送礼时，礼物的包装颜色也是有讲究的。哈萨克斯坦、吉尔吉斯斯坦、塔吉克斯坦等中亚国家均认为绿色是美好与幸福的象征，而认为黑色象征死亡。

中亚国家一般以右为贵，以左为贱，所以忌以左手触碰或递送礼物。

中亚国家大多信仰伊斯兰教，而伊斯兰教是忌酒的，所以不宜给他们送酒。

◎ 大洋洲国家送礼宜忌

● 澳大利亚

受基督教的影响，澳大利亚人对于“13”与“星期五”普遍反感。

可送印有金合欢花（澳大利亚国花）、桉树（澳大利亚国树）、袋鼠、琴鸟（澳大利亚国鸟）等礼物，但忌送有兔子图案的礼物，视为不吉利。

● 新西兰

可送印有银蕨（新西兰国花）、四翅槐（新西兰国树）图案的礼品。

可送有动物图案的礼品，尤其是有几维鸟和狗图案的礼品。因为几维鸟被新西兰人看做民族的化身，狗被新西兰人当成人类的朋友。若是对新西兰人说狗肉如何好吃、如何大补，定会触怒对方。

新西兰人最爱吃几维果（猕猴桃），它是当仁不让的“国果”。

受基督教的影响，新西兰人讨厌“13”与“星期五”。

新西兰的毛利人信奉原始宗教，相信灵魂不灭，因此对拍照、摄像十分忌讳。

新西兰人大都喜欢进行户外运动，尤其喜爱赛马和橄榄球，可邀请他们参加此类活动或赠送与此相关的礼品。

◎ 阿拉伯国家送礼宜忌

在约旦、叙利亚、黎巴嫩、沙特阿拉伯、伊拉克、也门、科威特、阿拉伯联合酋长国等阿拉伯国家，和他人初次见面时无须送礼，否则将被视为行贿。

阿拉伯国家钟情精美华丽的名牌礼品、智力玩具和工艺品；忌送各种酒类以及描绘有猪、狗等动物图案和妇女形象的礼物。

赠送礼品给阿拉伯人的妻子被认为是对其隐私的侵犯，然而送给孩子则是受欢迎的。

在沙特阿拉伯，勿用左手递送东西或食物，递送或接受东西和食物时只能用右手，因为在沙特阿拉伯的传统观念中，用左手递送东西或食物有污辱人的含义。

第二节　中餐礼仪

◎ 中餐入座礼仪

中餐礼仪中，排坐礼仪是整个中国饮食礼仪中最重要的一部分。从古至今，因为桌具的演进，座位的排法也有相应变化。总的来讲，座次是“尚左尊东”、“面朝大门为尊”，家宴首席为辈分最高的长者，末席为最低者（不宜安排女性），如图7.6、图7.7所示。

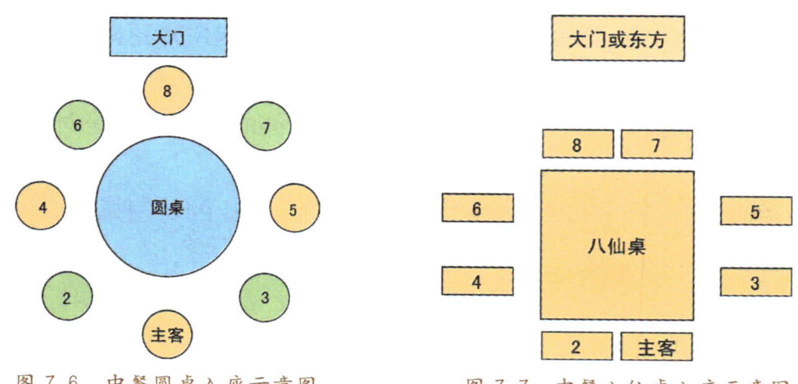

图 7.6　中餐圆桌入座示意图

图 7.7　中餐八仙桌入座示意图

宴客时，主客为地位最尊贵的客人。主客未落座，其余人都不能落座，主客没有动手吃饭，大家都不能动手。

敬酒时，自主客按顺序一路敬下去。如果是圆桌，那正对大门的人就是主客，左手边依次为2、4、6，右手边依次是3、5、7，直至会合；如果是八仙桌，则正对大门一侧的右位为主客；如果没有正对大门的座位，则面东一侧的右席为首席。然后首席的左手边依次为2、4、6，右手边为3、5、7。

如果是大宴，桌与桌间的排列讲究首席居前居中，左边依次为2、4、6席，右边为3、5、7席，根据主客身份、地位、亲疏分别入座。

◎ 中餐的八大菜系

中国八大菜系的烹调技艺各具风韵，其菜肴之特色也各有千秋，下面就为大家简单介绍一下：

（1）鲁菜：味浓厚嗜葱蒜，尤以烹制海鲜、汤菜和各种动物内脏为长。名菜：香酥鸭子、麻粉肘子、糖醋鲤鱼。

（2）川菜：以味多、味广、味厚、味浓著称。名菜：水煮鱼、麻婆豆腐、鱼香肉丝。

（3）苏菜：烹调技艺以炖、焖、煨著称；重视调汤，保持原汁。名菜：鸡汤煮干丝、清炖蟹粉、狮子头、水晶肴蹄、鸭包鱼。

（4）浙菜：鲜嫩软滑，香醇绵糯，清爽不腻。名菜：龙井虾仁、西湖醋鱼、叫花鸡。

（5）粤菜：烹调方法突出煎、炸、烩、炖等，口味特点是爽、淡、脆、鲜。名菜：三蛇龙虎凤大会、烧乳猪、盐焗鸡、冬瓜盅。

（6）湘菜：注重酸、辣、焦麻、鲜香，酸辣居多。名菜：潇湘五元龟、冰糖湘莲。

（7）闽菜：以海味为主要原料，注重甜酸咸香、色美味鲜。名菜：当归牛腩、茸汤广肚、白斩河田鸡、涮九品。

（8）徽菜：以咸鲜微甜为主，注重原汁原味。名菜：八公山豆腐、软炸石鸡、葡萄鱼。

◎ 使用筷子、勺子的注意事项

● 筷子

（1）执筷时，一般以拇指捏按点在上距筷头约筷长1/3处为宜。

（2）在正式宴会上，不用筷子时，一定要将筷子放在筷子架上，不能放在杯子或盘子上，容易碰掉。

（3）在用餐过程中，已经举起筷子，但不知道该吃哪道菜，这时不可将筷子在各碟菜中来回移动或在空中游弋。

（4）不要用筷子叉取食物放进嘴里，或用舌头舔食筷子上的附着物，更不要用筷子去推碗、盘和杯子。

知识链接：使用筷子的禁忌

（1）忌敲筷：在等待就餐时，不能坐在餐桌边一手拿一根筷子随意敲打，也用筷子敲打碗盏或茶杯。

（2）忌掷筷：在餐前发放筷子时，要把筷子一双双理顺，然后轻轻地放在每个人的餐桌前；距离较远时，可以请人递过去，不能随手掷在桌上。

（3）忌叉筷：筷子不能一横一竖交叉摆放，筷子要摆放在碗的旁边，不能搁在碗上。

（4）忌插筷：在用餐中途因故需暂时离开时，要把筷子轻轻搁在桌子上或餐碟边，不能插在饭碗里。

（5）忌挥筷：在夹菜时，不能把筷子在菜盘里挥来挥去，或上下乱翻，遇到别人夹菜时，要有意避让，谨防“筷子打架”。

（6）忌舞筷：说话时，不要在餐桌上乱舞筷子，也不要在请别人用菜时把筷子戳到别人面前，这样做是失礼的。

● 勺子

（1）用勺子舀取汤菜时，不要过满，免得溢出来弄脏餐桌或自己的衣服。

（2）在舀取食物后，可以在原处停留片刻，以免汤汁往下流。

（3）如果取用的食物太烫，不可用勺子舀来舀去，也不要用嘴对着吹，可以先放到自己的碗里，等凉了再吃。更不要把勺子塞到嘴里，或者反复吮吸。

◎ 进餐时的注意事项

（1）吃饭要端起碗，伏在桌子上对着碗吃饭是非常不雅观的。

（2）进餐时要闭嘴咀嚼，细嚼慢咽，嘴里不要发出声音，口含食物时最好不要与别人交谈。

（3）不能在夹起饭菜时伸长脖子，张开大嘴，伸着舌头用嘴去接菜。

（4）食物过热时，可稍候再吃，切勿用嘴吹。

（5）要用筷子或手取接吐出的骨头、鱼刺、菜渣，不能直接吐到桌面或地面上。

（6）如果要咳嗽、打喷嚏，要用手或手帕捂住嘴，并把头向后方转。

（7）吃饭嚼到沙粒或嗓子里有痰时，要离开餐桌吐掉。

（8）如果需要为别人倒茶倒酒，要记住“倒茶要浅，倒酒要满”的礼仪。

（9）如果宴会没有结束，但自己已用餐完毕，不可随意离席，要等主人和主宾餐毕先起身离席，其他客人才能依次离席。

第三节　西餐礼仪

◎ 西餐入座礼仪

西餐中最得体的入座方式是从左侧入座，先将一只脚跨入桌椅间的空隙，另一只脚随后跟上。等到双脚到达定位后，上半身保持挺直，下半身弯曲，垂直坐下。

就座后，身体要端正，手肘不要放在桌面上，不可跷腿，与餐桌的距离以便于使用餐具为佳。餐台上已摆好的餐具不要随意摆弄，可将餐巾对折轻轻放在膝上。

◎ 西餐正确的上菜顺序

西餐的一般上菜顺序依次是：头盘（鱼子酱、鹅肝酱、熏鲑鱼、什锦冷盘等），汤（清汤、奶油汤、蔬菜汤、冷汤等），副菜（水产类、蛋类、面包类等），主菜（肉类、海鲜等），蔬菜类（沙拉），甜品（布丁、冰激凌、奶酪、水果等），咖啡或茶，小吃（曲奇饼等）。

另外，餐前可选香槟、雪利酒等较淡的酒作为餐前酒，主菜若是肉类则应搭配红酒，鱼类则搭配白葡萄酒，饭后可点水果类甜酒。餐点没有必要全部点，点太多吃不完反而失礼。

稍有水准的餐厅都不欢迎只点前菜的人，前菜、主菜（鱼或肉择其一）加甜点是最恰当的组合。点菜并不是由前菜开始点，而是先选一样最想吃的主菜，再配适合主菜的汤。

◎ 如何根据菜肴点酒

西餐点酒分餐前酒、佐餐酒、餐后酒。餐前酒可以选用起泡酒，如香槟酒；佐餐酒可遵循“红葡萄酒配红肉，白葡萄酒配白肉”的基本原则；餐后酒通常会选用度数较高的葡萄酒，最有名的餐后酒是有“洋酒之王”之称的白兰地。

最重要的是，饮酒时搭配食物应根据口味而定：

（1）酸味：酸味酒宜和酸性食物或含盐食品共用。

（2）甜味：吃甜点时，糖分过高的甜点会将酒味覆盖，使酒失去原味，因此应该选择略甜一点的酒，这样酒才能保持原来的口味。

（3）苦味：如果想减淡或除去苦味，可以将苦酒和带苦味的食物搭配食用。

（4）咸味：一般没有咸味酒，但许多酒类都能降低含盐食品的咸味。许多国家和地区食用海产品如鱼类时，都会配用柠檬汁，主要原因是酸能降低鱼类的咸度，食用时，味道更加鲜美可口。

◎ 使用西餐餐具的礼仪

西餐的餐具与中餐的不同，应注意以下一些使用西餐餐具的礼仪常识：

（1）左手持叉，右手持刀，轻握刀叉的尾端，食指按在柄上。如果刀叉有两把以上，应先从最外面的一把开始依次向里取用。

（2）使用刀叉切东西时，应左手拿叉按住食物，右手执刀将食物切成小块，然后用叉子蘸上调料，送入口中。吃体积较大的蔬菜时，可用刀叉折叠、分切。较软的食物可放在叉子平面上，用刀子整理一下。注意，使用刀时，刀刃不可向外。

（3）在进餐过程中和他人交谈时，可以拿着刀叉，无须放下。不用刀时，也可以用右手持叉；但若需要做手势，就应放下刀叉，千万不可手执刀叉在空中挥舞；也不要一手拿刀或叉，而另一只手拿餐巾擦嘴；也不可一手拿酒杯，另一只手拿叉取菜。

（4）任何时候都不可将刀叉的一端放在盘上，另一端放在桌上。

（5）在进餐途中停顿时要学会运用“刀叉语言”向服务员表达你的意图。将刀叉成八字形搭靠在自己的盘子上，表示你还要继续用餐，服务员不会将你的盘子收走。

而暂停食用菜点时，英国人和法国人的示意方式不尽相同。

英式：叉在左边，面朝下，刀在右边。刀叉无须交叉，只需将刀叉在盘子中间摆成八字形，且注意不使其滑落。

法式：叉在左边，面朝下，刀在右边，将刀叉交叉斜放即可。

◎ 不同食物的取食方法

● 鱼

先用刀叉把鱼头和鱼尾割下，放在盘边，然后用刀尖顺着鱼骨把鱼从头到尾劈开，将鱼骨剔出；或将鱼平着分开，取出鱼骨；或揭去上面一片，吃完后再去骨。如果嘴里吃进小骨头，则用舌头尽量把它顶出来，用叉子接住，再放到碟子的一角。

鱼肉极嫩易碎，多使用稍大而平的专用汤匙，不但可切分菜肴，还能将菜和调味汁一起舀起来吃。

鸡肉

先吃鸡的一半。把鸡腿和鸡翅用刀叉从连接处分开，然后用叉稳住鸡腿(鸡脯或鸡翅)，用刀把肉切成适当大小的片，每次只切两三片。在非正式场合，可用手拿取小块骨头，但只能使用一只手。

肉排

用叉子或尖刀将牛排、猪排或羊排切开来吃。如果排骨上有纸袖（包裹着排骨的纸)，可抓住纸袖再切骨头上的肉，但不要用手拿骨头啃着吃。在非正式场合，骨头上没有汤时才可以拿起来啃着吃。

图 7.8 用叉子将面条卷起，再食用

面条

吃面条时不要直接用叉子挑起面条送入口中，而要用叉子先将面条卷起（从里向外卷)，然后送入口中，如图7.8所示。

面包

先用手将面包撕成小块，再用左手拿来吃。吃硬面包时，先把面包固定，再用刀切成两半。先把刀刺入中央部分，往靠近自己身体的部分切下，再将面包转过来切断另一半，然后用手撕成块来吃。

酱

食用薄荷胶、葡萄干胶、芥末、苹果酱、酸果蔓酱时，要先用汤匙将其舀入盘子里，然后用叉子叉肉蘸食。

汤

喝汤时不要啜。如汤菜过热，可待稍凉后再吃，不要用嘴吹。喝汤时，英

式的方法是用汤勺从里向外舀，法式习惯从外向内舀。汤盘中的汤快喝完时，左手将汤盘的外侧稍稍翘起，右手用汤勺舀净即可。喝完汤后，将汤匙留在汤盘（碗）中，匙柄指向自己。

● **水果**

吃水果时，不要拿着整个水果咬，应先用水果刀将其切成两半，再用刀去掉皮、核，切块，用叉子叉着吃。

知识链接：哪些菜可以用手拿着吃

吃西餐时，有一些菜可以用手拿着吃：玉米、肋骨、带壳的蛤蚌和牡蛎、龙虾、三明治、干蛋糕、小甜饼、某些水果、脆熏肉、蛙腿、鸡翅和排骨（非正式场合）、土豆条或炸薯片、小萝卜、橄榄和芹菜等。

◎ 不同甜点的吃法

● **冰激凌**

吃冰激凌一般使用小勺。当它和蛋糕或馅饼一起吃或作为主餐的一部分时，要使用甜点叉和甜点勺。

● **馅饼**

吃馅饼通常要使用叉子，但如果提供了叉子和甜点勺，就用叉子固定馅饼，用甜点勺挖着吃。

● **煮梨**

用叉竖直地把梨固定，用勺把梨挖成方便食用的小块。如果只有一把勺子，就用手旋转盘子，把梨核留在盘里，用勺把糖汁舀出。

● 果汁冰糕

如作为肉食的配餐食用，可用叉；如作为甜点食用，应用勺子。

● 炖制水果

吃炖制水果要使用勺子，可用叉子来稳住大块水果，把樱桃、梅干、李脯的核体面地吐到勺里，放在盘边。

◎ 吃西餐的禁忌

（1）取食时不要站起来，坐着拿不到的食物应请别人传递。

（2）不要一次送过多的食物入口，咀嚼食物时不能说话，也不要含着食物喝水，这样做是不礼貌的。

（3）自己不愿吃的食物也应盛一点放在盘中，以示礼貌。有时主人劝客人添菜，如有胃口，添菜不算失礼，相反主人会引以为荣。

（4）当盘内剩余少量菜肴时，不要用叉子刮盘底，更不要用手指相助食用，应以小块面包或叉子相助食用。

（5）饮酒干杯时，即使不喝，也应该将杯口在唇上碰一下，以示敬意。当别人为你斟酒时，如不要，可简单地说一声“不，谢谢”，或以手稍盖酒杯表示谢绝。

（6）喝咖啡时，应右手拿杯把，左手端垫碟，直接用嘴喝，不要用小勺舀着喝。

（7）进餐时可与左右客人交谈，但应避免高声谈笑。不要只同几个熟人交谈，左右客人如不认识，可自我介绍，但别人讲话时不可插话。

（8）进餐过程中，不要解开纽扣或当众脱衣。如主人请客人宽衣，男客人可将外衣脱下搭在椅背上，不要将外衣或随身携带的物品放在餐台上。

（9）进餐时不可抽烟，直到上咖啡表示用餐结束时方可。如左右有女客人，应礼貌地询问一声：“您不介意吧？”

（10）不可在餐桌边化妆、用餐巾擦鼻涕，更不可在用餐时打嗝，万一发生此种情况，应立即向周围的人道歉。

（11）不可在进餐中途退席。如有事确实需要离开，则应向左右的客人小声打招呼。

第四节　涉外礼仪

◎ 涉外礼宾次序礼仪

礼宾次序所体现的是东道国对各国来宾的礼貌和尊重，着重突出平等，绝不能有大国小国、强国弱国、富国穷国之分。在一般情况下，如果外宾的身份、职务相仿，则应以声望、资历和年龄为礼宾次序，我方亦应由与外宾身份、职务相当者出面接待。一般有如下几种排序法：

（1）按外宾的身份与职务高低顺序排列。在官方活动中，通常采用这种方法安排礼宾次序。

（2）按参加国国名的英文字母顺序排列。在国际会议和国际体育比赛中一般都采取这种方法。

（3）按派遣国通知代表团组成的日期排列。若各国代表团的身份、规格相当，通常采用这种方法。

（4）按照各国代表团到达活动地点的时间先后排列礼宾次序。

◎ 涉外迎送礼仪

迎来送往是常见的社交礼仪。在国际交往中，对外国来访的客人，通常视其身份和访问性质，以及两国关系等因素，安排相应的迎送活动。

各国对外国国家元首、政府首脑的正式访问，往往都会举行隆重的迎送仪式。对军方领导人的访问也举行一定的欢迎仪式，如安排检阅仪仗队等。对其他人员的访问，一般不举行欢迎仪式。

对应邀前来的访问者，无论是官方人士、专业代表团还是民间团体、知名人士，在他们抵离时，均应安排相应身份人员前往机场（车站、码头）迎送。对长期在本国工作的外国人士和外交使节、专家等，在他们抵离时，各国有关方面亦应安排相应人员迎送。

● 确定迎送规格

对来宾的迎送规格，各个国家有所不同，因此确定迎送规格时，主要依据来访者的身份和访问目的，适当考虑两国关系，同时注意国际惯例，综合平衡地安排。

主要迎送人通常要与来宾的身份相当，但由于各种原因（例如国家体制不同，当事人年高不便出面，临时身体不适或不在当地等）不可能完全对等。遇此情况，可灵活变通，由职位相当的人士或副职出面。当事人不能出面时，无论作何种处理，从礼貌出发，都应向对方作出解释。

● 掌握来宾抵达和离开的时间

迎接外宾时，迎接人员应在飞机（火车、船舶）抵达之前到达机场（车站、码头）；送行则应在客人登机之前抵达（离去时如有欢送仪式，应在仪式开始之前到达）。如客人乘坐飞机离开，应通知其按航空公司规定的时间抵达机场。

● 献花

如安排献花，须用鲜花，并注意保持花束整洁、鲜艳，忌用黄色花朵，如菊花、杜鹃花、石竹花等。有的国家习惯送花环，或者送一两枝名贵的兰花、玫瑰花等。在参加迎送的主要领导人与客人握手之后，通常由儿童或女青年将花献上，有的国家由女主人向女宾献花。

● 介绍

客人与迎接人员见面时，要互相介绍。通常先将前来欢迎的人员介绍给来宾，可由礼宾交际工作人员或其他接待人员介绍，也可以由欢迎人员中身份最高者介绍。客人初到，一般较拘谨，主人宜主动与客人寒暄。

另外，迎接一般客人时，无官方正式仪式，主要是做好各项安排。如果客人是熟人，则可不必介绍，仅向前握手，互致问候；如果客人是首次前来，又互不认识，接待人员应主动打听，主动自我介绍；如果迎接的是大批客人，也可以事先准备特定的标志，如小旗或牌子等，让客人从远处就能看到。

◎ 涉外乘车礼仪

客人抵达后，从机场到住地直至访问结束，都要安排好陪车。如果主人陪车，应请客人坐在主人的右侧。轿车座次安排通常有三种情况。

● 双排、三排座的小型轿车

如果由主人亲自驾驶，一般前排为上，后排为下，多不安排翻译人员；如果由专职司机驾驶，通常后排为上，前排为下，以右为尊。若是双排座，翻译人员坐在司机旁边；若是三排座的轿车，翻译人员坐在主人前面的加座上。

● 多排座的中型轿车

无论由何人驾驶，均以前排为上，后排为下，右高左低。

● 轻型越野车

轻型越野车也称吉普车。不管由谁驾驶，其座次尊卑依次为：副驾驶座、后排右座、后排左座。

此外，上下轿车的先后顺序通常为：尊长、来宾先上后下，秘书或其他陪同人员后上先下。即请尊长、来宾从右侧车门先上，秘书再从车后绕到左侧车门上车。遇客人先上车，坐到了主人的位置上，则不必请客人挪动位置。

下车时，秘书人员应先下，并协助尊长、来宾开启车门。

◎ 涉外中的国歌礼仪

国歌是一个国家的象征，多在正式迎送场合和仪式上演奏。外国领导人来访时，在欢迎仪式上，军乐队高奏两国国歌。这时乐队以管乐为主，服装要整齐划一。为表示对客人的尊重，通常先行演奏外国国歌。国歌的曲调和配器都有许多严格的规定，任何人不得擅自更改。

我国规定，在演奏国歌的时候，在场人员均应向国歌肃立致敬：

（1）起身端立，目视前方，双手下垂，脱帽，取下太阳镜，神态端庄，聚精会神地默唱或放声高唱国歌。

（2）不允许稍息端臂、弯腰、垂首或东张西望，更不允许嬉笑、喧哗、随意走动。若升国旗与演奏国歌同步进行，应目视徐徐上升的国旗行注目礼。

若在他国领土上，应预先了解并遵守当地对于演奏或演唱国歌的有关规定。

◎ 涉外中的称呼礼仪

在涉外交往中，称呼礼仪十分重要，需要注意以下一些情况：

（1）在国际交往中，一般对男性称先生，对女性称夫人、女士、小姐。已婚女性称夫人，未婚女性统称小姐。不了解婚姻情况的女性可称小姐，对戴结婚戒指、年纪稍大的女性可称夫人。这些称呼均可冠以姓名、职称、头衔等，如“布莱克先生”、“议员先生”、“市长先生”、“上校先生”、“玛丽小姐”、“秘书小姐”、“护士小姐”、“怀特夫人”等。

（2）对地位高的官方人士，一般为部长以上的高级官员，按国家情况称“阁下”、职衔或先生，如“总统阁下”、“总理阁下”、“部长阁下”等。但美国、德国等国没有称“阁下”的习惯，因此对这些国家相关人员可称先生。对有地位的女士可称夫人，对有高级官衔的妇女，也可称“阁下”。

（3）在君主制国家，按习惯称国王、皇后为“陛下”，称王子、公主、亲王等为“殿下”。对有公、侯、伯、子、男等爵位的人士可称爵位，一般要连姓名称呼，如“××男爵”等。

（4）对医生、教授、法官、律师以及有博士学位的人士，均可单独称“医生”、“教授”、“法官”、“律师”、“博士”等，同时可以加上姓氏，也可加先生，如“卡特教授”、“法官先生”、“律师先生”、“博士先生”、“马丁博士先生”等。

（5）对军人一般称军衔或军衔加先生，知道姓名的可冠以姓与名，如“上校先生”、“莫利少校”、“维尔斯中尉先生”等。有的国家对将军、元帅等高级军官称“阁下”。

（6）对教会中的神职人员，一般可称教会的职称，或姓名加职称，或职称加先生，如“福特神父”、“传教士先生”、“牧师先生”等。

◎ 涉外中的座次礼仪

外事会见，多在会客厅或办公室内进行，因此需注意座次礼仪：

宾主可各坐一边，也可交错而坐。

有些国家元首在会见外宾时，要举行一定的礼节性仪式，其主要程序是致辞、宾礼、合影，然后入座交谈。

中国的会见座次是：客人坐在主人右边，记录员和翻译人员坐于宾主后面，客方随员依礼宾次序在主宾一侧就座，主方随员依次在主人一侧就座。

◎ 涉外中的翻译礼仪

翻译按出席的场合、级别大致可以分为正式和非正式两种。

● 正式翻译

正式翻译是指在正规的涉外场合为领导者当翻译，这要求翻译人员：

（1）专业素质高，口译人员必须眼快、耳快、嘴快，及时翻译。

（2）精通国际礼仪，预先了解对方的背景、日程安排等，这样在翻译过程中可以比较准确地理解并转述对方的意思。

（3）在不同的场合，翻译人员的着装要和领导人的着装风格一致，比如领导人穿礼服，翻译人员同样要穿礼服。

（4）在宴会上，即使主客间暂时没有对话、不需要翻译，翻译人员也不要随其他人一起吃东西，以防有人突然讲话而需要翻译，自己嘴里却含着东西，那是非常尴尬的。

● 非正式翻译

非正式翻译是指一些非官方的民间交往中的翻译，除了遵循国际交往礼节、尊重对方国家的风格习惯外，还要多一些热情、随和，给人一种宾至如归的感觉。

◎ 常见涉外禁忌

在涉外活动中，不仅应做到尊重国际公众、礼貌待人，也应了解他国忌讳，避免不礼貌情况的发生。

● 颜色忌讳

（1）在欧美，许多国家都以黑色为丧礼的颜色，表示对死者的悼念和尊敬。

（2）在巴西，棕黄色为凶丧之色。

（3）土耳其人讨厌黄色和紫色，因为它们均被视为与死亡有关。
（4）在埃塞俄比亚，穿淡黄色的服装表示对死者的深切哀悼。
（5）泰国人比较忌讳褐色与红色。
（6）尼日利亚人视红色、黑色为不吉祥的颜色。
（7）在印度，人们不欢迎黑色和白色。
（8）在埃及，蓝色是恶魔的象征。
（9）在比利时，蓝色是不吉利的象征。
（10）在伊拉克，黑色用于丧事。

数字忌讳

（1）在西方国家，“13”是不吉利的，日常生活中的编号，如门牌号、旅馆房号、层号、宴会桌编号等都会避开这个数字。

（2）在西方国家，一些人认为星期五也是不吉利的，尤其是13日又恰逢星期五时，最好不举办任何活动。

食品忌讳

（1）伊斯兰国家和地区的居民不吃猪肉。
（2）大多数日本人不爱吃肥猪肉和猪内脏。
（3）在东欧一些国家，人们喜食海味，忌吃各种动物的内脏。
（4）在叙利亚、埃及、伊拉克、黎巴嫩、约旦、也门等国家，除忌食猪肉外，还不吃海味及各种动物内脏（肝脏除外）。

其他忌讳

（1）在使用筷子进食的国家，不可将筷子垂直插在米饭中。
（2）在日本，不能穿白色鞋子进入房间。
（3）有些西方人将打破镜子视为运气变坏的预兆。
（4）在匈牙利，打破玻璃器皿被认为是厄运的预兆。
（5）中东人不用左手递东西给别人，认为这是不礼貌的。

第八章

急救与自救常识

生活中我们可能会遭遇一些突发事故，比如触电、溺水、心绞痛、毒蛇咬伤等意外伤害，以及地震、海啸、森林大火等自然灾害，或是在野外生存活动时迷路，或是在野外作业时发生油田气中毒等事故。如果我们预先掌握一些防护及急救常识，就能从容应对危机，保护自己、救助他人。

第一节　突发事故的应急处理

◎ 急救必须遵守的原则

当意外事故突然发生时，人们需要利用当时环境中可供应用的一切设备及材料，按照一定的原则，立即对伤病者加以处理，这样的行为就是急救。一般来说，急救主要遵循以下几个原则：

（1）保持冷静。遇到意外事故时要保持冷静，不要惊慌失措，并设法维持好现场秩序。

（2）尽快求救。当意外事故发生时，应大声向周围人求救，可拨打急救电话120呼叫急救车，或拨打当地负责急救任务的医疗部门的电话，具体报告现场伤亡及抢救情况。

（3）服从统一指挥。现场抢救的一切行动必须服从统一指挥，不可各自为政，以免延误最佳抢救时机。

（4）先抢后救。在可能再次发生事故或引发其他事故的现场，如失火可能引起爆炸的现场，应先抢后救，抢中有救，尽快脱离事故现场，以免发生爆炸或有害气体中毒等，确保救护者与伤者的安全。

（5）先救命后治伤。在事故的抢救工作中不要因忙乱而受到干扰，被轻伤者的喊叫所迷惑，致使危重伤者落在最后抢出而处于奄奄一息的状态。

（6）人工呼吸抢救。对呼吸困难、窒息或是心搏骤停的伤者，应立即原地抢救：将伤者头置于后仰位，托起下颌，使呼吸道畅通，同时施行人工呼吸、胸外心脏按压等复苏操作。

（7）先分类再运送。如果不管伤势轻重，甚至对大出血、严重撕裂伤、内脏损伤、颅脑损伤者，未经检伤和任何医疗急救处置就急送医院，容易使情况恶化。因此，必须坚持先进行伤情分类，把伤者集中到标志相同的救护区，有的伤者需等待伤势稳定后方能运送。

（8）做好交接工作。当伤者已转交给医护人员或者其他适当人员时，急救者的责任才结束。离开前，急救者必须把整个情况及处理过程报告给接管者，并确定已经没有必要再帮忙。

◎ 家庭急救小药箱必备品

为了应对突如其来的伤病，每个家庭都需要置备一个家庭急救小药箱。一般来说，家庭急救小药箱主要包括常用药、应急药、常用器具等物品。

● 常用药

（1）解热镇痛药：阿司匹林、去痛片、消炎痛等。

（2）治感冒类药：新康泰克、强力银翘片、白加黑感冒片、999感冒灵等。

（3）止咳化痰药：急支糖浆、必嗽平、咳必清、蛇胆川贝液等。

（4）胃肠解痉药：普鲁本辛、山莨菪碱、颠茄片等。

（5）助消化药：吗丁啉、多酶片、江中健胃消食片等。

（6）通便药：果导片、甘油栓、开塞露等。

（7）止泻药：易蒙停、止泻宁、肠炎宁片等。

（8）抗过敏药：息斯敏、开瑞坦等。

（9）外用消炎、消毒药：酒精、碘酒、红药水、高锰酸钾等。

（10）外用止痛药：扶他林乳膏、云南白药气雾剂、奇正消炎止痛贴、风湿膏等。

（11）眼药：左氧氟沙星滴眼液、红霉素眼膏、金霉素眼膏、氯霉素眼膏等。

● 应急药

根据家庭成员身体状况来置备急救药物，如云南白药（用于内出血、外出血的止血）、美宝湿润烧伤膏（用于小的烫伤，止痛消肿）、硝酸甘油或速效救心丸（用于心脏病、心肌梗死发作）、可乐定（用于治疗中、重度高血压，患有青光眼的高血压，也用于偏头痛、严重痛经、绝经潮热和青光眼）等。

● 常备器具

浓度为75%的医用酒精及棉球、体温计、血压计、橡皮膏、绷带、脱脂棉、小剪刀、热水袋等。

注意，家庭备药除个别需要长期服用的药品外，备量不可过多，一般够3～5日剂量即可，以免备量过多造成失效浪费，且家庭小药箱必备基础药3～6个月应清理一次。另外，上述药物具体如何使用，应谨遵医嘱。

◎ 呼叫救护车

在意外事故发生时，人们首先会想到呼叫救护车，在呼叫救护车时要注意以下几点：

（1）因交通事故、火灾、台风等灾害受伤或溺水时，因急病昏倒、病情恶化成重症时，头部、胸部、腹部等部位剧烈疼痛时，发生意识障碍、呼吸困难、痉挛时；咯血、出血、神志不清或休克时，先判断病人的情形，如果病人所在的位置不会造成二次伤害，则尽量不要移动；反之，则必须将他搬移到安全的位置，再立刻呼叫救护车。

（2）在电话中告知准确的地址。如果附近有显著的建筑物，最好一并告知；如果是社区或住宅，则务必说清楚栋号、楼层；如果是交通意外，说清楚所处地点是什么路段或交叉口。

（3）以最简洁的方式说明病人的主要病情，如意识状况和呼吸状况，以便医护人员迅速准备急救药品。最好能够询问有无妥善的急救可以在救护车到达之前先做。

（4）一旦听到救护车的鸣笛声，最好有人前去接应，以便给医务人员带路，争取抢救时间。

◎ 在野外发送急救信号

在野外遇险时，首先要和外界取得联系，告知他人你所处的危险境地。一般来说，野外遇险求援的方式有以下几种：

（1）烟火信号：燃放三堆火焰是国际通行的求救信号。当在野外遇险，而身边又有生火条件时，可以将三堆柴堆摆成三角形，生起三堆火，并在火堆里加入胶片、青树叶、苔藓等能产生浓烟的物品，如图8.1所示。但要注意的是，信号火种不可能整天燃烧，应随时准备妥当，使燃料保持干燥、易于燃烧，一旦有人员路过，就尽快点燃求助。

（2）地对空信号：如果不具备生火条件，则可使用地对空信号求救。首先要寻找一大片开阔地，设置易被空中救援人员发现的信号，信号的规格以每个长10米，宽3米，各信号之间间隔3米为宜。SOS（Save Our Soul）是国际通用的求救信号；“I”——有伤势严重的病人需立即转移或需要医生；“F”——

图 8.1　遇险求救火光信号

需要食物和饮用水；“II”——需要药品；“LL”——一切都好；“×”——不能行动；“→”——按这一路线运动。

（3）光信号：遇险时也可以利用阳光和一个反射镜或玻璃等明亮的材料反射出信号光，在每组发送3次信号后，间隔1分钟时间，然后再重复。

（4）旗语信号：左右挥动表示需救援，要求先向左长划，再向右短划。

◎ 心跳呼吸骤停

当有人突然出现神志丧失、颈动脉和股动脉搏动消失、呼吸停止、心音听不到、瞳孔散大、各种生理反射消失等症状时，这就是心跳呼吸骤停，是指心脏突然衰竭，不能搏出足够的血液供给大脑及其他重要器官的需要，呼吸突然停止，机体不能进行有效的气体交换的情况。一般在心跳呼吸停止5～6分钟称临床死亡期，处于此期的患者是有可能被抢救过来的。因此，一旦发现患者心跳呼吸骤停，就必须争分夺秒地抢救：

（1）保持呼吸道通畅。抢救者一手使患者头后仰，另一手把患者下颌向前提起或使颈抬升、舌根上移而不影响呼吸道通畅，并用手或器具去除口腔内的异物，如图8.2所示。

如果异物在气管内，则可用腹部按压法，即让患者仰卧，抢救者用一只手掌根部放在患者上腹部剑突下方，另一手重叠在前一手掌背上，双手用力向胸部方向推压，使腹压剧增，把气管内异物迫出，如图8.3所示。

（2）施行人工呼吸。患者仰卧于硬地或硬床板上，抢救者一手使患者头后仰、口张开，另一手用拇指和食指紧捏患者鼻孔，有条件时可在患者口上

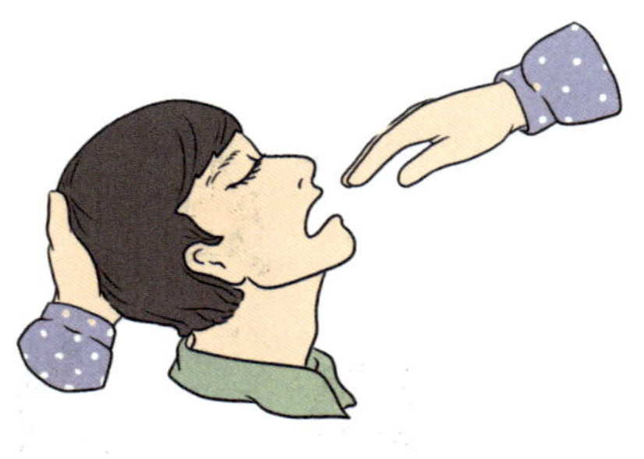

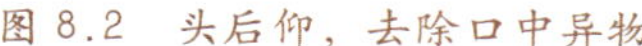

图 8.2 头后仰，去除口中异物

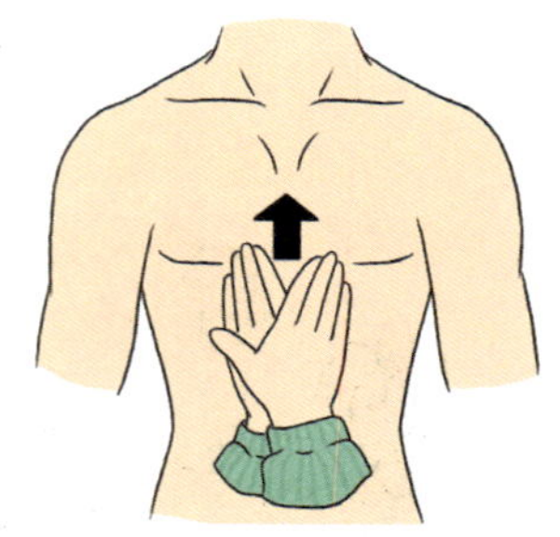

图 8.3 腹部按压法

盖一块消毒纱布或干净的手帕，抢救者深吸气后对患者口内吹气至患者胸部鼓起；随后放开鼻孔，使患者被动呼气，这时可见胸部回缩，如图8.4所示。胸外按压与人工呼吸的比率为30 ∶ 2，也就是胸外按压30下进行人工呼吸2次。

（3）胸外心脏按压。患者仰卧在硬地或硬床板上，双腿稍抬高以利静脉回流。抢救者位于患者一侧，把一手掌根部置于患者胸骨中、下1/3交界处（手掌与患者胸骨纵轴一致），另一手掌根部重叠于该掌背，双肘关节伸直，借助双上肢和自身体重垂直下压，使患者胸骨下沉4～5厘米（13岁以下儿童2～3厘米，婴幼儿1～2厘米），然后迅速放松，使胸骨弹起（这时抢救者手掌要始终轻贴在患者胸壁），如此反复，如图8.5所示。按压频率为每分钟80～100次。

图 8.4 人工呼吸

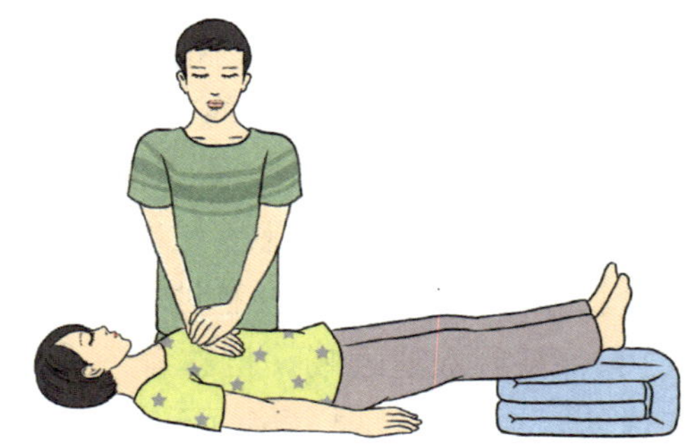

图 8.5 胸外心脏按压

◎ 紧急止血

人体发生外伤出血，如不立即止血，在短时间内失血量过多，会引起失血性休克，甚至导致死亡。根据出血部位的不同，应使用不同的止血方法。

指压止血法

具体操作方法是：用手指压迫出血的血管上部（近心端）用力压向骨方，以达到止血目的，适用于头部、颈部和四肢的动脉出血。不同的出血部位有不同的指压止血方法：

（1）头顶部出血：在伤侧耳前，对准耳屏前上方，用拇指压迫动脉，如图8.6所示。

（2）面部出血：用拇指压迫下颌骨与咬肌前缘交界处的面动脉，如图8.7所示。

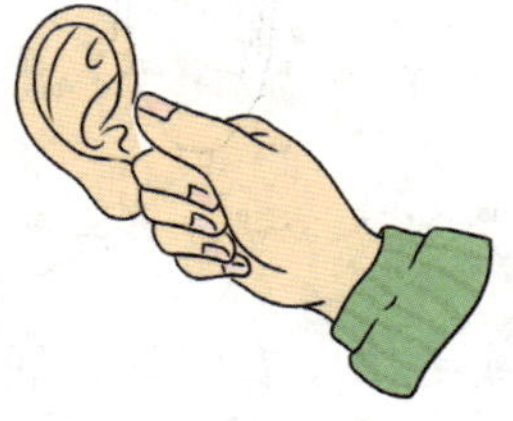

图 8.6　头顶部出血

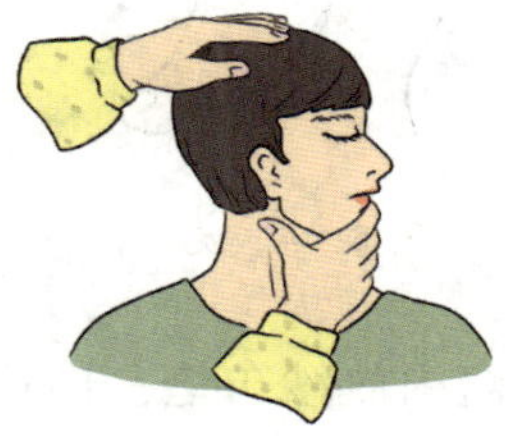

图 8.7　面部出血

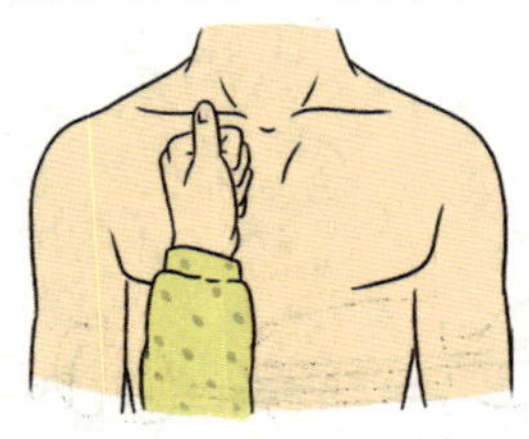

图 8.8　肩、腋部出血

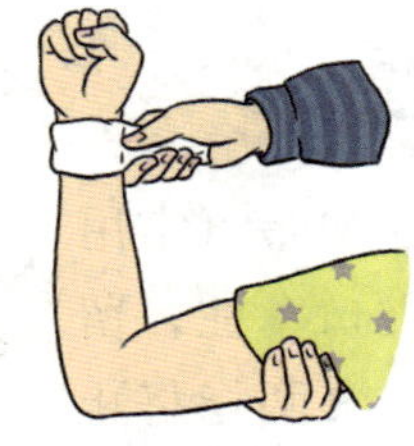

图 8.9　上臂出血

（3）肩、腋部出血：用拇指压迫同侧锁骨上窝中部、胸锁乳突肌外缘，略用力将锁骨下动脉压向第一肋骨，如图8.8所示。

（4）上臂出血：一只手抬高患肢，另一手用拇指或四指在上臂肱二头肌内侧沟处，施以压力，将肱动脉压于肱骨上即可止血，如图8.9所示。

（5）前臂出血：将患肢抬高，用四指压在肘窝肱二头肌内侧的肱动脉末端，如图8.10所示。

（6）手掌出血：将患肢抬高，用两手拇指分别压迫手腕部的血管，如图8.11所示。

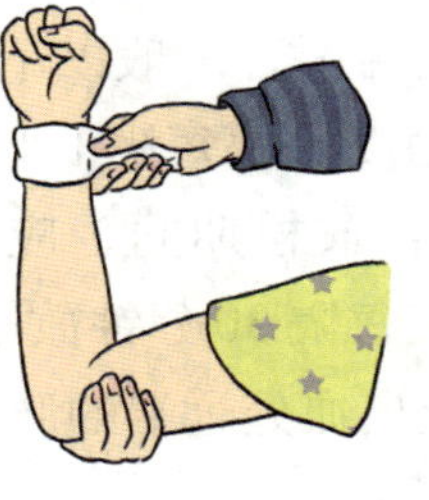

图 8.10　前臂出血

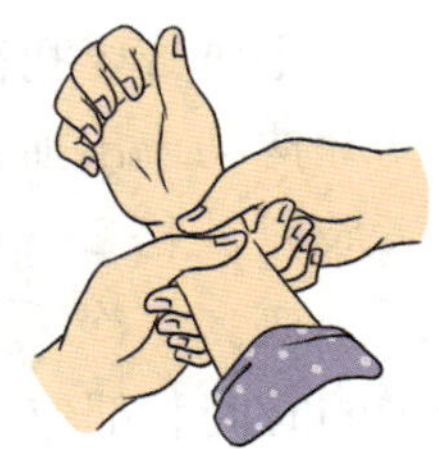

图 8.11　手掌出血

（7）手指出血：将患肢抬高，用另一手的食指和拇指分别压迫手指两侧指动脉，如图8.12所示。

（8）大腿出血：在腹股沟中点稍下方，用双手拇指向后用力压股动脉，如图8.13所示。

图 8.12　手指出血

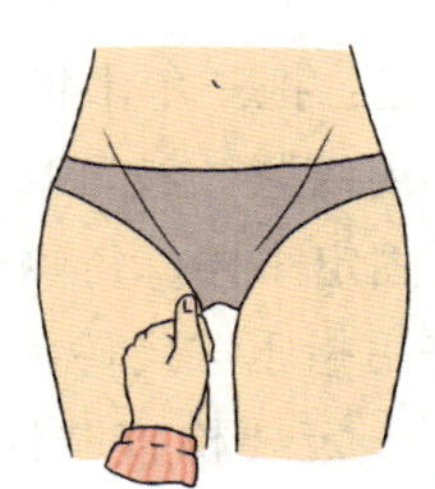

图 8.13　大腿出血

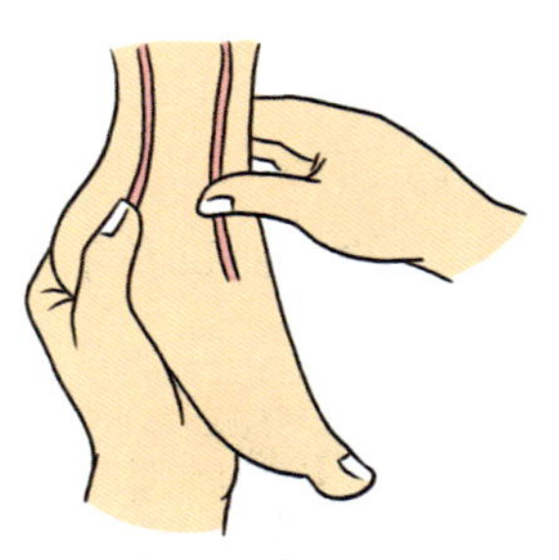

图 8.14　足部出血

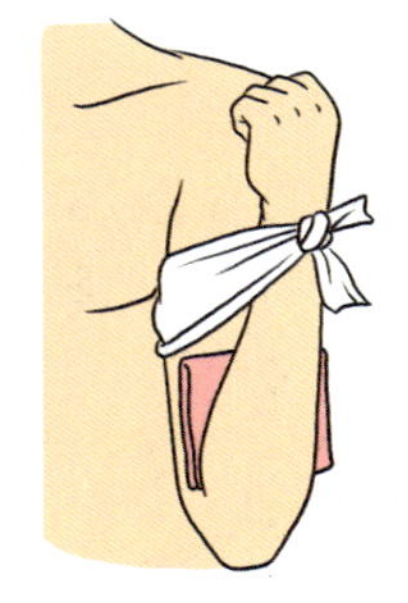

图 8.15　屈肢加垫止血法

（9）足部出血：用两手拇指分别压迫足部背动脉和内踝与跟腱之间的胫后动脉，如图8.14所示。

屈肢加垫止血法

具体操作方法是：当前臂或小腿出血时，可在肘窝、腘窝内放纱布垫、棉花团或毛巾、衣服等，屈曲关节，用三角巾作八字形固定的止血方法，如图8.15所示。但注意，此方法不适用于骨折或关节脱位者。

橡皮止血带止血法

具体操作方法是：掌心向上，将止血带（常用止血带是3尺左右的橡皮管）一端由虎口拿住，留出1寸，一手拉紧，绕肢体2圈，中、食两指将止血带末端夹住，顺着肢体用力拉下，压住“余头”，以免滑脱，如图8.16所示。

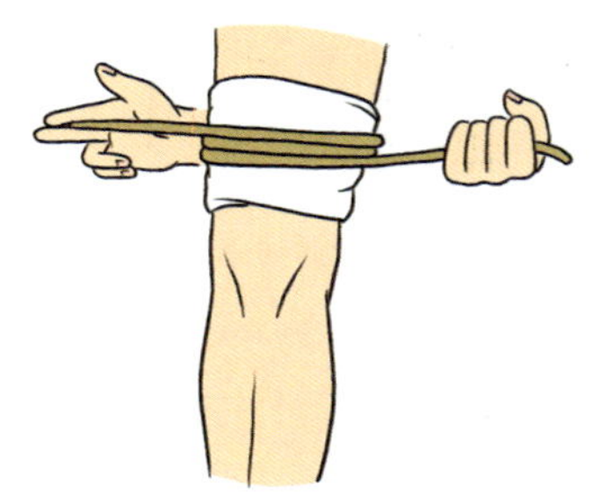

图 8.16　橡皮带止血

止血带要扎得松紧合适，一般以不能摸到远端动脉搏动或出血停止为度。要每隔1小时（上肢或下肢）放松2～3分钟；放松期间，应用指压法暂时止血。寒冷季节时应每隔30分钟放松一次。在止血带附近皮肤上注明止血带的时间和部位。防止出血处远端的肢体因缺血而导致坏死。

绞紧止血法

图 8.17　绞紧止血法

具体操作方法是：把三角巾折成带形，打一个活结，取一根小棒穿在带形内绞紧，绞紧后将小棒的一头穿入活结，再将活结抽紧即可固定小棒。每隔40分钟放松一次止血带，每次3～5分钟，并用指压法代替止血，如图8.17所示。

包扎完成后，一定要检查肢体血液循环情况：按压手指甲或脚趾甲2～3秒，然后放开，2秒钟后手指甲和脚趾甲能迅速恢复红润，如果仍然苍白，则说明血液循环不佳。如果伤肢远端的皮肤苍白，伤侧手指尖或脚趾间苍白或麻木，也是血液循环不佳的表现。这时，应松开止血带或绷带，重新包扎。

◎ 刀伤

刀伤分为一般刀伤和严重刀伤，各自的处理方式不同。

● 一般刀伤的处理

（1）先将双手洗净，再用清水或生理盐水稍微冲洗（以伤口为中心环形向四周冲洗），再给伤口擦上消毒药水，比如双氧水，但要避免使用过于刺激的消毒水或消炎药，以免伤害伤口的组织。

（2）在伤口处贴上一片消毒纱布，并用绷带包扎固定住。但要注意的是，如果伤口已经开始结痂，就不用包扎了，也不要用力清洗伤口处凝固的血块，以免对伤口造成二次伤害。

若伤口较深、污染较重时，应注射破伤风抗毒血清，并服用消炎药。

● 严重刀伤的紧急处理

（1）压迫止血法：直接用纱布、手帕或毛巾按住伤口，再用力把伤口包扎起来。此法能暂时缓解出血症状。

（2）止血点指压法：所谓止血点，就是在出血伤口附近靠近心脏的动脉点，找到止血点用力按住，让由心脏流出的血液不能顺畅地流向伤口，可减少出血量。

（3）止血带止血法：严重血流不止时，用布条、三角巾或绳子绑在止血点上，扎紧；每40分钟放开止血带一次，让远端充血3~5分钟，以避免组织坏死。

需要注意的是，一旦确定伤势严重，应尽快在40分钟以内送患者去医院急救。

◎ 烧烫伤

人们经常会遇到一些烧烫伤事件，需要注意以下几点：

（1）迅速脱离烧烫伤源，以免烧烫伤加剧。不要撕去粘在患者烧伤处的衣服，以免皮肤剥脱，用冷水轻轻冲洗或浸泡20～30分钟以上，直到疼痛减轻。

（2）烧伤后创面一定要保持清洁，不要涂抹任何不确定药效的药物或酱油、龙胆紫、红药水等有色物质，以免影响医生对创面的进一步观察，更不能抹盐于创面上，应以清洁的毛巾或被单保护伤处，并尽快送医院治疗。

（3）比较严重的烧烫伤，受伤者往往感觉浑身发热、口渴，想喝水。如果烧烫伤部位在面部、头部、颈部、会阴部等，为防止发生休克，可以给伤者喝些淡盐水。但千万不要在短时间内给伤者喝大量的白开水、矿泉水、饮料或糖水，否则可能会因饮水过多引发脑水肿、肺水肿等并发症，甚至危及生命。

◎ 触电

发现有人触电，应采取以下措施：

（1）立即切断电源，千万不要用手拉触电者，那样会导致自己也触电，如图8.18所示。

如果一时不能切断电源，救助者应该戴上厚塑胶手套，穿上橡胶长靴，用木棍、塑料棒等干燥不导电的器具把引起触电的电线挑开，将触电者与电源隔离开来，如图8.19所示。

（2）迅速查看触电者受伤的情况，如图8.20所示。如果伤者昏迷或者摔伤，应当立即送医院救治。如果触电者呼吸、心跳停止，在请医生救治的同时，还应对触电者立即进行人工呼吸、胸外心脏按压等复苏措施，一般抢救时间为60～90分钟。等触电者恢复呼吸心跳后，应立即送往医院救治。

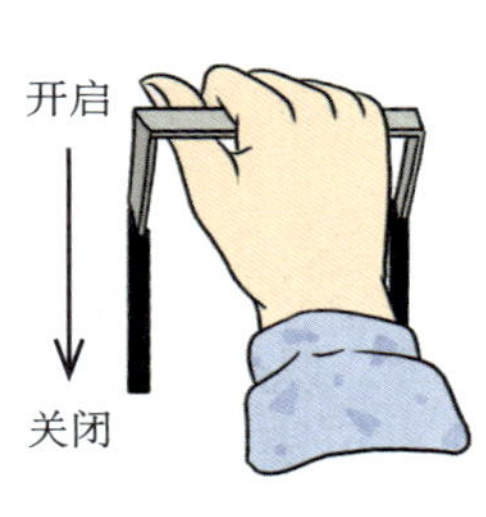

图8.18　立即切断电源

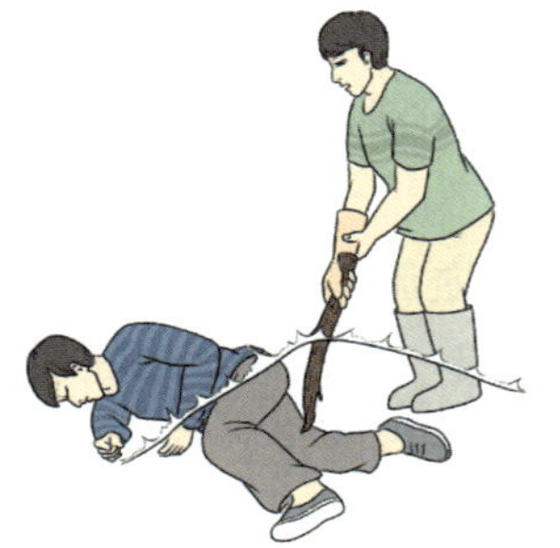
图8.19　用木棒挑开电线

图8.20　查看触电者伤情

◎ 溺水

遇到有人溺水时，施救者掌握正确的抢救方法，对溺水者实施及时、准确的抢救措施十分重要：

（1）将溺水者救出水面后，施救者蹲下，用纱布（手帕）裹着手指将溺水者口中的泥沙等脏物清理掉，并将其舌头拉出口外，如图8.21所示。

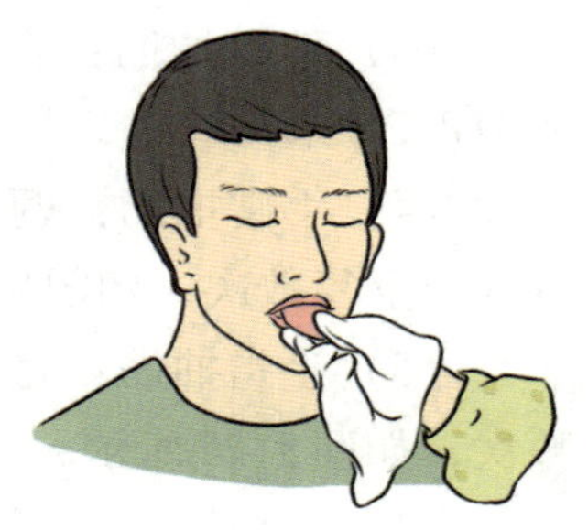
图 8.21　清理溺水者口中异物

（2）解开溺水者的衣扣、领口，以保持其呼吸道通畅，然后使溺水者头朝下趴在施救者的腿上，迅速按其背部，促使其将腹中的水吐出，如图8.22所示。

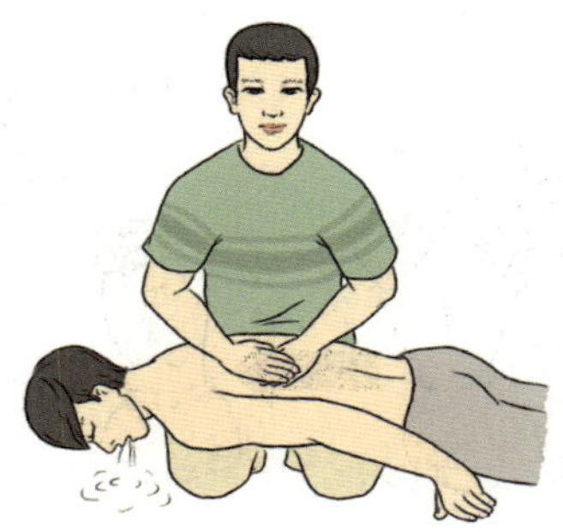
图 8.22　按压溺水者背部

（3）对于呼吸停止的溺水者，应立即进行口对口人工呼吸。如果溺水者牙关紧闭，那就要做口对鼻人工呼吸。

（4）如果溺水者心搏骤停，则应立即进行胸外心脏按压急救。溺水者恢复呼吸心跳后立即送往医院救治。

◎ 抽筋

抽筋，又叫肌肉痉挛，指肌肉突然、不自主地强直收缩的现象，造成肌肉僵硬、疼痛难忍。不同身体部位出现抽筋症状，有着不同的处理方法：

（1）小腿或脚趾抽筋：左腿或左脚趾抽筋，则用右手握住抽筋腿的脚趾用力向上拉，同时将左手的手掌压在左膝盖上，帮助小腿伸直。反之则以左手拉、右手掌压。反复数次，至抽筋消失为止，如图8.23所示。

（2）大腿抽筋：将抽筋的大腿与膝盖弯曲至腹部前，用两手抱着小腿，用力使它贴在大腿上并做振颤动作，随即放开，将腿伸直，反复数次，至抽筋消失为止，如图8.24所示。

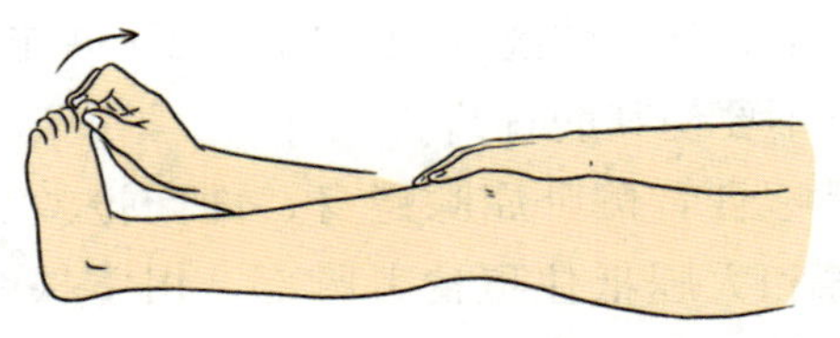
图 8.23　小腿抽筋的处理方法

图 8.24　大腿抽筋的处理方法

（3）手臂抽筋：将手握成拳头并尽量屈肘，然后用力伸开，反复数次，如图8.25所示。

（4）手掌抽筋：两掌相合，未抽筋的手掌用力压抽筋的手掌向后弯，再放开，反复数次，如图8.26所示。

（5）手指抽筋：将手握成拳头，然后用力张开，又再次迅速握拳，反复数次，如图8.27所示。

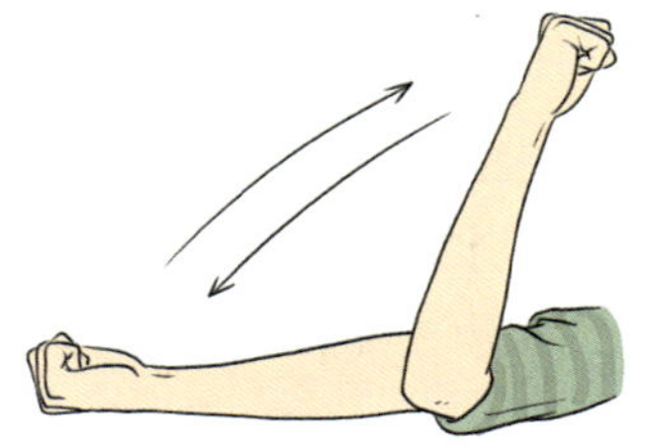
图 8.25　手臂抽筋的处理方法

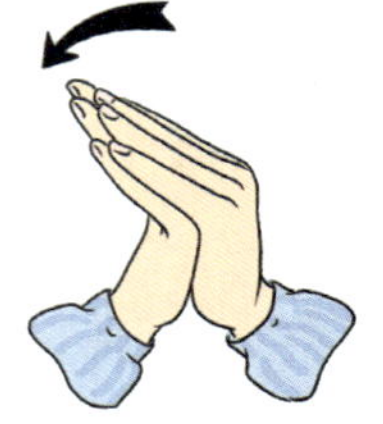
图 8.26　手掌抽筋的处理方法

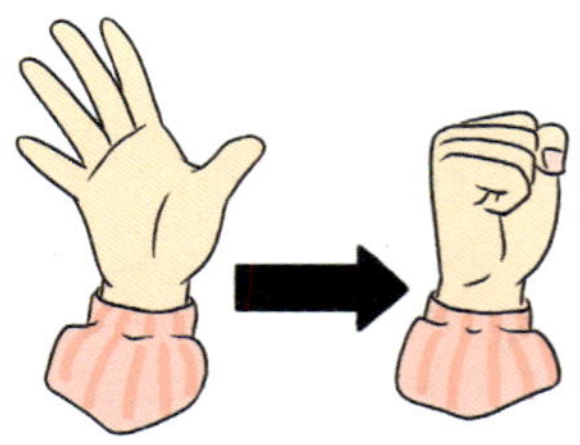
图 8.27　手指抽筋的处理方法

◎ 噎食

人们在进食时因噎食完全堵塞声门或气管时，如果没有得到及时救助，4分钟内就可能窒息死亡。一般来说，噎食的急救主要注意以下几点：

（1）如果噎食情况不太严重，可以给噎食者喝几口水，疏导一下食道；也可以喝点香油或甘油，润滑食管，帮助食物向下滑落；还可以用手指刺激咽喉部位，引起恶心，将食物吐出来。

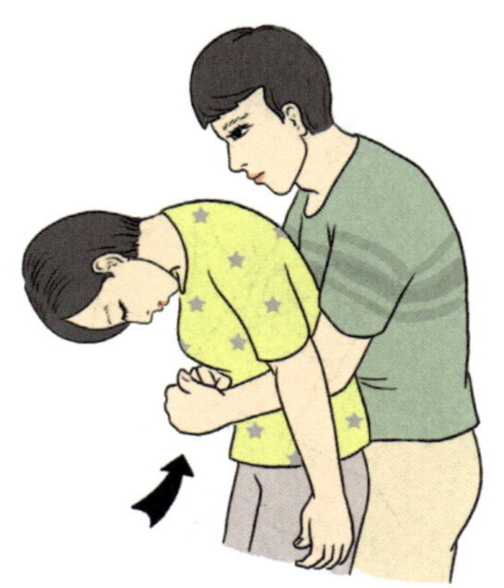
图 8.28　哈姆力克法

（2）如果噎食情况较为严重，但噎食者意识尚清醒，则可采用哈姆力克法，如图8.28所示，即腹部快速按压法：抢救者站在噎食者的背后，双臂环抱病人，一手握拳，使拇指掌关节突出点顶住病人腹部正中线脐上部位，另一只手的手掌压在拳头上，连续快速向内、向上推压冲击6～10次（注意不要伤其肋骨）。

或是噎食者侧卧屈膝蜷身，面向抢救者，抢救者用膝和大腿抵住噎食者胸部，用掌根在肩胛区间的脊柱上连续有力地拍击4次，如图8.29所示，使异物排出。

（3）对于已经昏迷的噎食者，应让其仰卧，抢救者骑跨在噎食者髋部，推压冲击脐上部，使阻塞气管的食物上移并将其驱出，如图8.30所示。如果无效，隔几秒钟后，可重复操作一次，造成人为的咳嗽，将堵塞的食物团块冲出气管。

注意，噎食的处理方法同样适用于哮喘发作、误吞异物等情况。

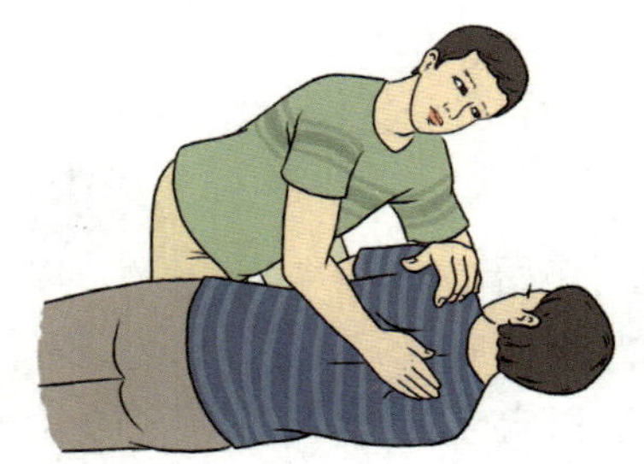

图 8.29　用掌根拍打肩胛区的脊柱

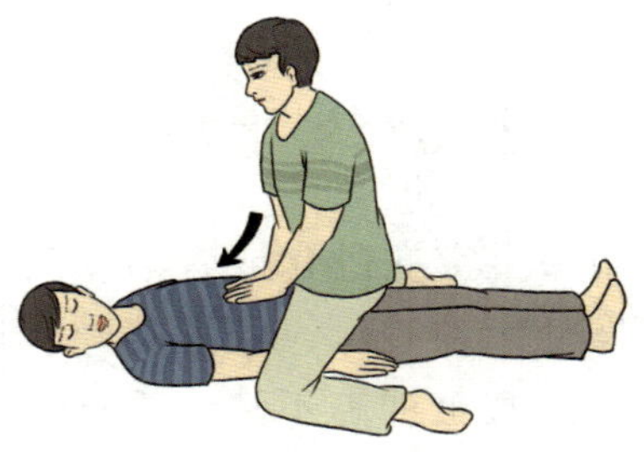

图 8.30　推压冲击脐上部

◎ 昆虫钻进耳朵

当昆虫钻进耳朵后，应立即让病人侧卧，患耳朝上，滴几滴刺激性小的油（如麻油、菜油）于耳道内，使昆虫淹死或逃出。

如果昆虫已死于外耳道内，可用温开水轻轻灌洗耳道，使昆虫顺水流出，或直接用镊子将其镊出。

此外，也可根据大多昆虫喜欢光亮的特点，用手电筒照射耳内，将其引诱出来，如图8.31所示。

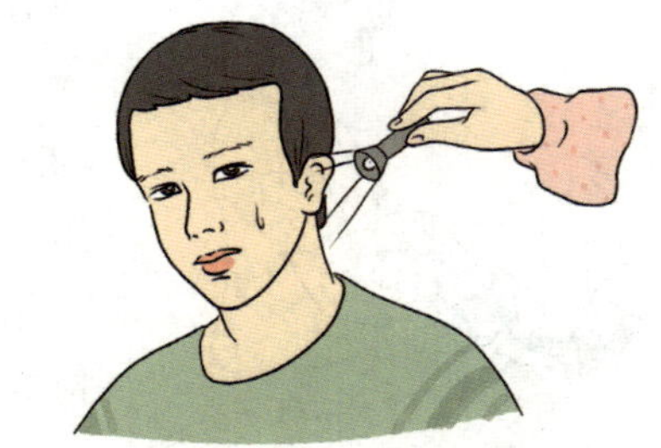

图 8.31　用手电筒的光线引诱虫子出来

总之，当昆虫钻进耳内时，绝不能盲目地凭感觉用挖耳勺、发夹等胡乱掏取，因为钻入耳内的昆虫都是头朝里的，盲目乱挖耳朵，可能促使虫子越钻越深，甚至把鼓膜弄破。

◎ 异物误入耳朵

有时，豆粒、果仁、石块、铁屑、玻璃珠或煤渣等异物也可能误入外耳

图 8.32　轻拍另一侧耳郭

道，此时，应将有异物的耳朵朝下，用手轻轻拍击另一侧耳郭，使其倒出，如图8.32所示。但要注意，如果豆子、谷粒、果仁之类异物进入耳朵，不宜滴耳药液，免得异物受湿膨胀，增加取出时的困难。

注意，出不来的异物不要用耳勺硬掏，以免损伤耳朵内部，应及时去医院耳鼻喉科就诊。

◎ 小儿气管堵塞

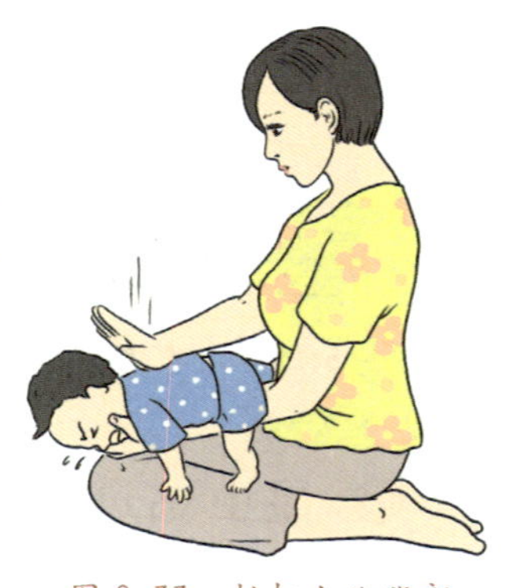
图 8.33　拍打小儿背部

如果宝宝在进食或者活动时突然停止，开始出现阵发性大声咳嗽、喘息哮鸣音以及面色青紫、呼吸困难，甚至神志不清、昏迷时，家长要想到宝宝可能是气管吸入异物。此时要马上拨打急救电话，快速进行急救处理：

（1）针对1岁以下的宝宝：小心地将宝宝脸朝下，使其趴在自己的前臂上，用手掌托住宝宝的头部和颈部，再用大腿抵住手臂作支撑；使宝宝的头低于身体其他位置，用手掌根部快速用力地叩击其背部两肩胛骨之间5次，利用异物自身的重力和叩击时胸腔内气体的冲力，促使异物向外排出，如图8.33所示。

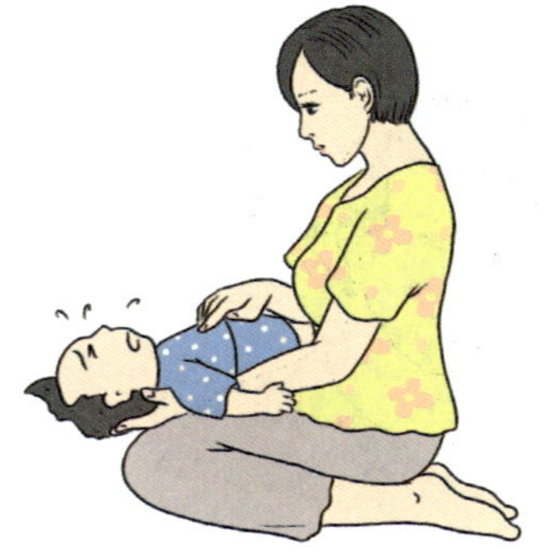
图 8.34　按压小儿胸腹部

随后，小心地把宝宝翻过来、脸朝上躺在自己的前臂上，用手掌托住其头颈部，再用腿抵住手臂作支撑；使宝宝的头低于身体其他位置，用两三根手指，将指肚放在宝宝的两乳头连线中点向下一横指的位置，垂直向下按压1.5～2.5厘米后松开，让胸廓回复到正常状态，如此连续按压5次，如图8.34所示。

连续做5次拍背和5次胸部按压，直到异物被强行排出或宝宝开始咳嗽，咳嗽可让宝宝自己把异物咳出。

（2）针对1岁以上的宝宝：家长站在宝宝背后，手臂直接从宝宝腋下环抱至胸前腹部中线处（约在剑突与肚脐之间的中点处）；一手握拳，一手包住拳头，用力且有节奏地向上、向内压迫数次，以促使横膈膜抬起，压迫肺底使其产生一股强大的气流由气管内向外冲出，迫使气管内的异物随气流直达口腔，并将其排出，如图8.35所示。

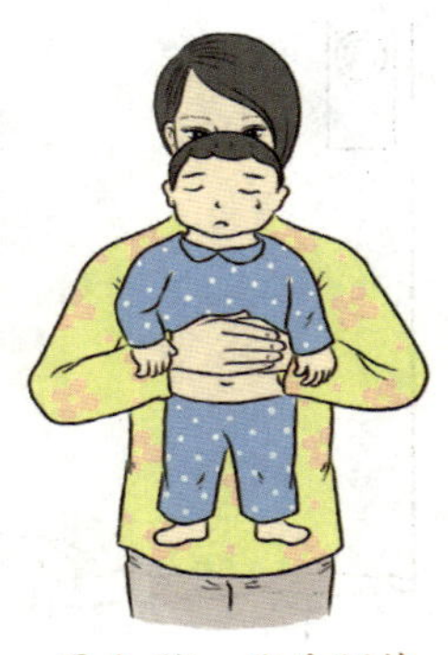
图 8.35　背后环抱握拳按压小儿腹部

如果上述方法未能将异物排出，应等待医护人员到来。

注意，如果宝宝吞入的是小图钉等带钩的异物，一定不要给宝宝服用导泻药，以免药物使肠蠕动加快，导致异物损伤消化道，此时要立即送宝宝去医院处理。

◎ 火灾

当家中发生火灾时，应采取以下措施应对：

图 8.36　身披湿棉被逃生

（1）先迅速切断电源。如果火势较小，则应迅速组织扑救。如火势太大，无法控制，则要迅速使家人疏散，并立即拨打火警电话119，也可拨打110，在电话中讲明地址和火势，比如起火单位或户主的名称、地址、燃烧物质、有无被困人员、有无爆炸和毒气泄漏、报警人的姓名、电话号码等，并说出附近有无明显的标志，然后派人到路口迎候消防车。

（2）火灾发生后，室内往往漆黑一片，此时用手电筒帮助照明，并戴上防毒面具、头盔等护具或穿上阻燃隔热服；如果没有这些护具，可向头部、身上浇冷水或用湿毛巾、湿棉被、湿毯子等将头、身裹好再冲出去，迅速从安全通道逃生，如图8.36所示。

图 8.37　利用绳索逃生

如果楼梯被堵塞或烧坏，不要选择电梯逃生，可以利用身边的绳索或床单、窗帘、衣服等自制简易救生绳，并用水打湿，从窗台或阳台，沿绳缓滑到下面楼层或地面，从而安全逃生，如图8.37所示。

（3）假如用手摸房门已感到烫手，此时开门火焰与浓烟势必迎面扑来。若逃生通道被切断且短时间内无

图 8.38　用湿布塞堵门缝

人救援，可采取创造避难场所、固守待援的办法。首先应关紧迎火的门窗，打开背火的门窗，如图8.38所示，用湿毛巾或湿布塞堵门缝或用水浸湿棉被蒙上门窗，然后不停用水淋透房间，防止烟火渗入，固守在房内，直到救援人员到达。

被烟火围困暂时无法逃离的人员，应尽量待在阳台、窗口等易于被人发现和能避免烟火近身的地方。白天，可以向窗外晃动鲜艳衣物，如图8.39所示，或向外抛轻型晃眼的东西；晚上则可以用手电筒不停地在窗口闪动或者敲击东西，及时发出有效的求救信号，引起救援者的注意。此外，因为消防人员进入室内都是沿墙壁摸索行进，所以在被烟气窒息失去自救能力时，应努力滚到墙边或门边，便于消防人员寻找、营救；而且，滚到墙边也可防止房屋结构塌落砸伤自己。

图 8.39　向窗外晃动鲜艳衣物

（4）如果发现身上着了火，千万不可奔跑或用手拍打，因为奔跑或拍打时会形成风，加速氧气的补充，促旺火势。当身上衣服着火时，应赶紧设法脱掉衣服或就地打滚，压灭火苗，如图8.40所示；能及时跳入水中或向着火者身上浇水、喷灭火剂就更有效了。

图 8.40　迅速脱掉着火衣物

（5）万不得已需要跳楼逃生时，要尽量往救生气垫中部跳或选择有水池、软雨篷的地方跳；如有可能，要尽量抱些棉被、沙发垫等松软物品或打开大雨伞跳下，以减缓冲击力。

大火扑灭后不应随便清理现场，在公安消防部门调查火灾原因时，如实提供有关情况。

知识链接：使用灭火器灭火的小常识

当家中发生火灾时，可迅速使用灭火器灭火。左手托住灭火器底部，拔掉安全销，对准火焰底部，右手按下压把喷射。此外，人们还应根据火灾起因的不同来选择不同类型的灭火器，达到快速灭火的目的：

（1）固体火灾应选用水型、泡沫、磷酸胺盐干粉、卤代烷型灭火器进行扑救。

（2）液体火灾应选用干粉、泡沫、卤代烷、二氧化碳灭火器进行扑救。

（3）气体火灾应选用干粉、卤代烷、二氧化碳灭火器进行扑救。

（4）带电物体火灾应选用卤代烷、二氧化碳、干粉型灭火器进行扑救。

（5）针对金属火灾，我国还没有专门的灭火器材，应迅速报警，交由当地公安消防部门处理。

◎ 被困电梯

当被困电梯时，需要注意以下几点：

（1）保持镇定，并按下电梯内部的紧急呼叫按钮，或是利用对讲机、手机等一切可能的求援方式求救，但切忌自行扳动电梯设备。如果电梯地面上铺有地毯，则应卷起地毯，如图8.41所示，将底部的通风口暴露出来，达到最好的通风效果。

（2）如果恰逢停电，或是电梯内手机没有信号，可大声呼喊，以期引起过往行人的注意。如果大声呼救一段时间后无效，应保存体力，选择间歇性地拍打电梯门，或用坚硬的鞋底敲击电梯门，如图8.42所示，等待救援人员的到来。

图 8.41　卷起电梯地面的地毯

（3）不要强行扒开电梯门，如图8.43所示，因为电梯在出现故障时，门的回路有时会失灵，这时电梯可能会异常启动，如果强行扒门就容易造

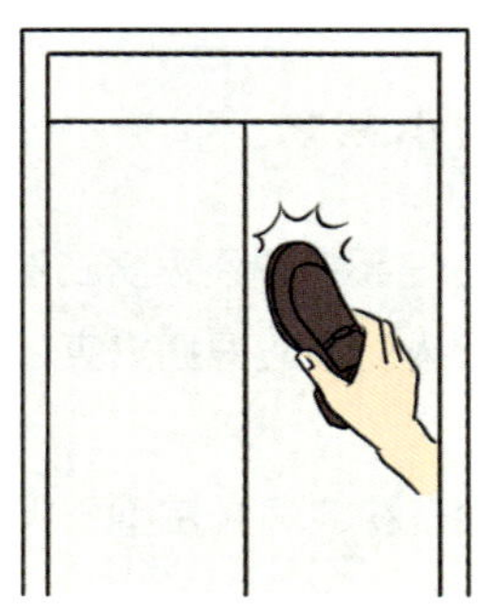

图 8.42　用坚硬的鞋底敲击电梯门求救

图 8.43　不要强行扒开电梯门

成人身伤害。另外，被困者因为不了解电梯停运时身处的楼层位置，盲目扒开电梯门，也会有坠入电梯井的危险。

（4）电梯天花板即使有紧急出口，也不要爬出去。因为出口板一旦打开，安全开关就使电梯刹住不动。但如果出口板意外关上，电梯会重新开动而使在电梯槽里的人失去平衡，容易被电梯缆索绊倒，或因踩到油垢而滑倒掉下电梯。

总之，合理控制情绪，科学分配体力，耐心等待救援，才是成功脱困的最佳途径。

知识链接：电梯意外下坠时的自我保护措施

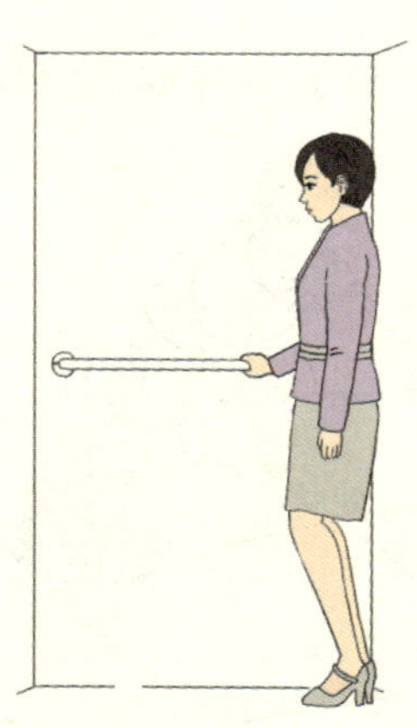

生活中，万一遇到电梯发生事故而迅速往下坠，人们应采取以下自保方法，如图8.44所示：

（1）迅速把每一层楼的按键都按下，这有利于启动紧急电源，让电梯停止下坠。

（2）使整个背部和头部紧贴电梯内墙，呈一直线，运用电梯墙壁作为脊椎的防护。

（3）如果电梯内有扶手，一只手紧握扶手，能够稳住重心，防止摔伤。

（4）屈膝，借用膝盖弯曲来承受重击压力。

图 8.44　电梯意外下坠的自保动作

◎ 毒气泄漏

毒气泄漏后的逃生需要注意以下几点：

图 8.45 用湿布捂住口鼻

（1）一旦发现毒气泄漏，要迅速采用常备或方便的防护器材保护自己，比如用湿手巾、湿口罩、防毒面具保护呼吸道，如图8.45所示，用雨衣、手套、雨靴保护皮肤，用防毒眼镜、游泳潜水镜保护眼睛，并及时报警。

（2）确定风向，迅速向上风方向或侧风方向转移，也就是逆风逃生，如图8.46所示。有条件的也可转移到有滤毒通风装置的人防工事内。

图 8.46 逆风逃生

（3）来不及撤离时，可躲在结构较好的多层建筑物内，堵住明显的缝隙，关闭空调、通风机等，熄灭火种，尽可能待在背风无门窗的地方。

（4）服从统一引导和安排，镇静、有序地离开泄漏区。

（5）逃离泄漏区后，要立即脱去污染衣物，及时进行消毒，并立即到医院进行检查，必要时进行排毒治疗。

◎ 煤气中毒

发现有人煤气中毒时，应立即采取以下措施进行救助：

（1）匍匐进入室内，如图8.47所示，不要开灯，不要打手机，不要使用明火，立即打开门窗通风，并让中毒者离开室内到户外呼吸新鲜空气，轻度中毒者一般可较快恢复正常。

（2）如果中毒较重时，应立即将中毒者抬离现场，移到空气流通的地方，解开领口、裤带，清除口鼻分泌

图 8.47 匍匐进入室内

物，以利呼吸。因为煤气中毒多发生在冬季，还要注意给中毒者保暖，并及时护送其到医院抢救。如果中毒者呼吸、心跳已停止，在立即进行口对口人工呼吸及胸外心脏按压的同时速请医生抢救。

◎ 食物中毒

一旦有人出现上吐、下泻、腹痛等食物中毒症状，应立即停止食用可疑食物，拨打120呼救，并采取以下自救措施：

（1）催吐。对中毒不久而无明显呕吐者，可先用手指、筷子等刺激其舌根部的方法催吐，或让中毒者大量饮用温开水或盐水并反复自行催吐，以减少毒素的吸收。如经大量温水催吐后，呕吐物已为较澄清液体，可适量饮用牛奶以保护胃黏膜。如在呕吐物中发现血迹，则提示可能出现了消化道或咽部出血，应暂时停止催吐。

（2）导泻。如果吃下去的食物时间较长（如超过两小时），中毒者精神仍较好，可采用服用泻药的方式，促使有毒食物排出体外。用大黄、番泻叶煎服或用开水冲服，都能达到导泻的目的。

（3）保留食物样本。由于确定中毒物质对治疗至关重要，因此，在发生食物中毒后，要保存导致中毒的食物样本，以提供给医院进行检测。如果身边没有食物样本，也可保留中毒者的呕吐物和排泄物，以便医生确诊和救治。

◎ 骨折

发现有人骨折时，需要采取以下救助措施：

（1）不要急着脱掉患者骨折部位的衣服、鞋袜，也不要随便挪动患者，以防骨折断端刺伤周围神经、血管等组织。如果折断的骨头已露出体外，千万不要弄回去，因为暴露在外的骨头已受到污染，易造成伤口感染。

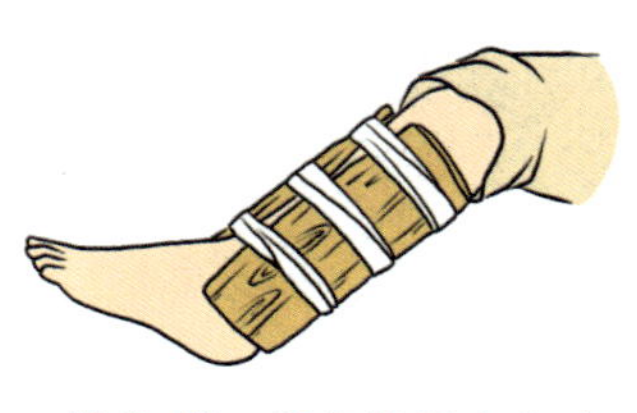
图 8.48　用木板固定伤肢

（2）保持伤口的清洁，可用凉开水轻轻冲去伤口上的脏物，再用干净毛巾或纱巾盖上，不要撒止血药粉在伤口上，更不要撒香灰、细沙等物。

（3）用木板等物体固定住伤肢，如图8.48所示，如果现场没有木板等固定物，可将患者受伤的上肢绑在胸部，受伤的下肢健肢一并绑起，这样可减轻搬运时骨折端对软组织、血管、神经或内脏的损伤，也有利于止痛和抗休克。

◎ 休克

发现有人休克时，需要采取以下救助措施：

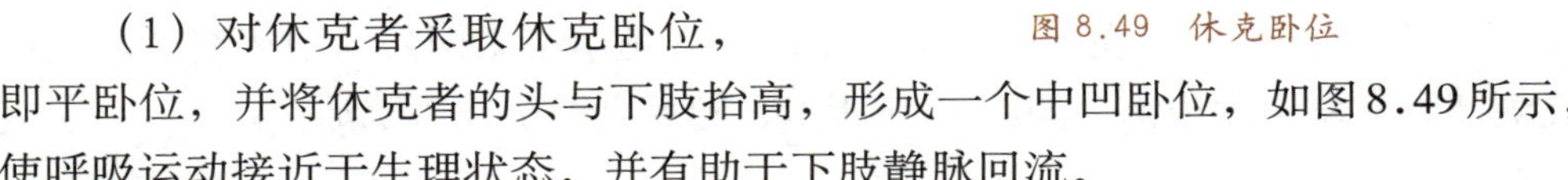

图 8.49　休克卧位

（1）对休克者采取休克卧位，即平卧位，并将休克者的头与下肢抬高，形成一个中凹卧位，如图8.49所示，使呼吸运动接近于生理状态，并有助于下肢静脉回流。

（2）注意给休克者保暖。休克者因周围循环衰竭，体温低于正常值，四肢发冷，此时可为休克者盖上被子保暖，但不宜用热水袋加温，以免周围血管扩张而加重休克。

（3）如有条件，要尽快给休克者吸入氧气，并及时送往医院救治。

◎ 昏厥

图 8.50　头垂两膝间

当发现有人昏厥时，身边人应采取以下救助措施：

（1）如果病人已经昏倒在地，千万不要扶起他，应让病人平卧，抬高下肢15分钟，以增加回心血量；如果病人尚未失去意识，则让病人坐下，把头垂到双膝之间，使病人的头部处在比心脏低的位置，如图8.50所示，同时松解衣扣、腰带及其他紧身的饰物，若有假牙应取出假牙。

（2）用指甲掐病人的人中，如图8.51所示，可使病人苏醒。若病人此时呕吐，应将其头偏向一侧，以免呕吐物吸入气管或肺内。

（3）病人一般 5 分钟内便能恢复神志，否则应立即找医生救治。

（4）病人在醒后至少要仰卧10分钟以上，休息30分钟以上才能重新站立。恢复神志后，可让病人饮用热茶、姜糖水等。

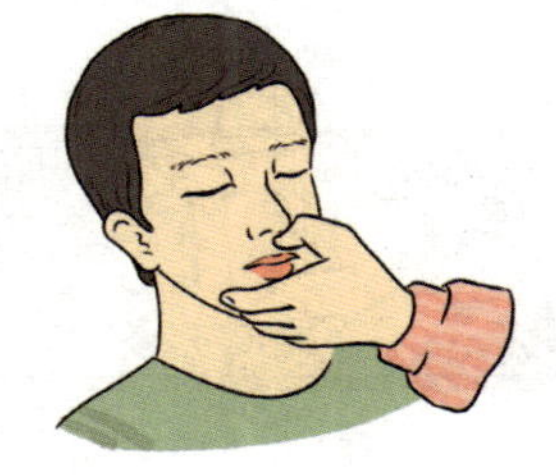

图 8.51　用指甲掐病人人中

◎ 脱臼

不论何种脱臼，病人均应保持冷静，不要活动，脱臼部千万不能随便揉搓，应迅速赶往医院治疗。

（1）肩、肘关节脱臼。把病人肘部弯成直角，用三角巾将其前臂和肘部托起，挂在颈上，再加一条宽带缠过胸部，在胸前作结，把脱位关节固定住，如图8.52所示，并迅速送往医院治疗。

（2）下颌脱臼。在下颌系上三角巾，三角巾于太阳穴周围相交叉，在相反侧捆紧三角巾的边缘，如图8.53所示，随后立即前往医院治疗。

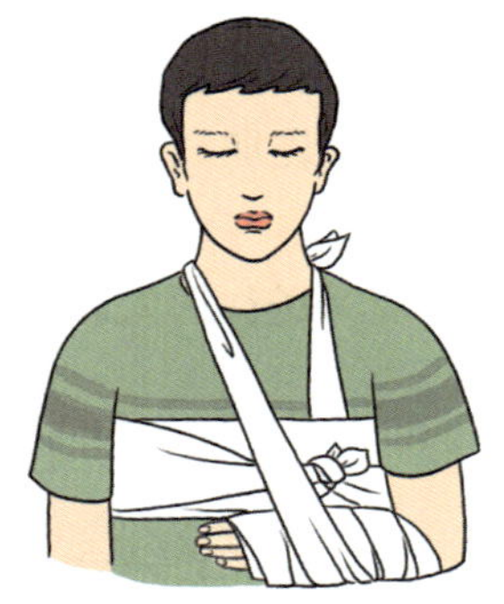
图 8.52　肩、肘关节脱臼

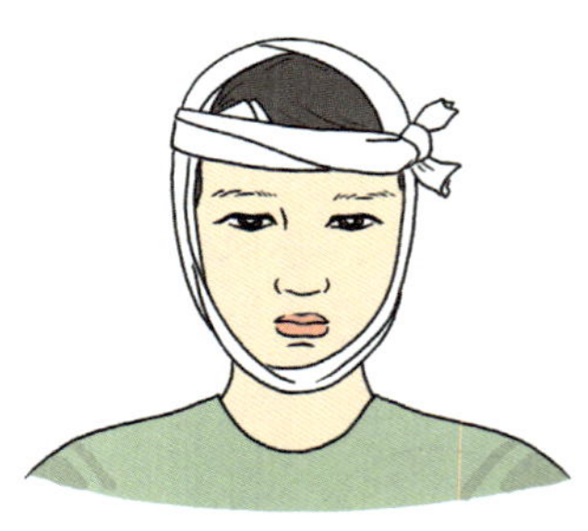
图 8.53　下颌脱臼

（3）髋关节脱臼。不可随意挪动病人，应立即用担架将病人送往医院治疗。

◎ 扭伤

扭伤是指人们的四肢关节或躯体部的软组织（如肌肉、肌腱、韧带、血管等）损伤，但并没有出现骨折、脱臼、皮肉破损等情况，多发于腰、踝、膝、肩、腕、肘、髋等部位，主要症状为损伤部位疼痛肿胀和关节活动受限。

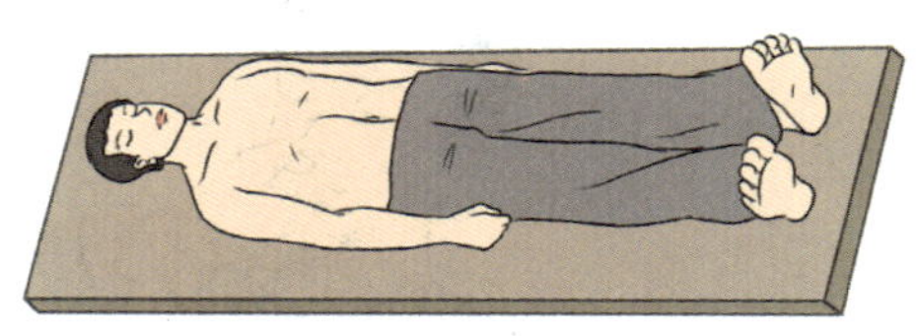
图 8.54　急性腰扭伤

生活中的扭伤多为急性扭伤。一旦发现有人急性腰扭伤，应该立即让患者绝对平卧在硬木板上，如图8.54所示，用跌打损伤丸之类的中成药，以醋调匀后外涂抹或外敷伤处，随后送医院治疗。

若是踝关节、膝关节、腕关节扭伤时，应将扭伤关节部位垫高，先冷敷，24小时后再热敷。扭伤部位肿胀、皮肤青紫和疼痛者，可取陈醋250毫升煮开后用毛巾蘸敷伤处，每日2～3次，每次10分钟。病情严重者，应尽快送医院检查治疗。

◎ 肌肉拉伤

肌肉拉伤指肌纤维撕裂而导致受伤，通常是由于肌肉过度拉紧。肌肉拉伤的部位多为大腿后部肌群、腰背肌、小腿三头肌等，主要是运动过度或热身不足造成的。如拉伤较轻，可用冷水渗透毛巾或以冰块放在水袋内冷敷，保持半小时，每隔90分钟敷1次，重复3次。如肌肉大部分或全部断裂，则应在加压包扎后立即送医院进行手术缝合。

◎ 高血压

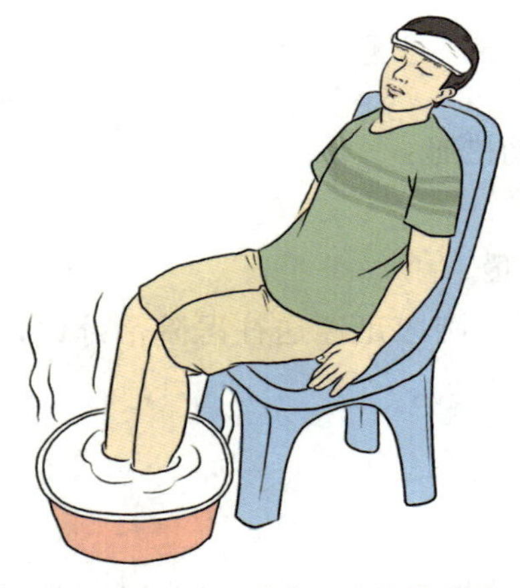

图 8.55　热水泡脚、冷毛巾敷头

遇到高血压患者突然血压升高的情况，应采取以下救助措施：

（1）保持冷静，立即让患者服用降压药物，并将其转移到阴凉通风处坐下，使其上身和头部抬起。

（2）让患者用40摄氏度左右的热水泡脚，水浸到距离膝盖2/3小腿处，并以冷水浸湿的毛巾敷于患者头部，时间控制在30分钟以内，如图8.55所示。

如果患者病情未见好转，反而出现恶心呕吐、头痛加剧等症状，应立即送往医院治疗。注意：饭后30分钟不宜泡脚，否则会影响胃部血液的供给。

◎ 中风

发现有人中风时，应立即采取以下救助措施：

（1）保持镇静，不要强行搬动病人，而要立即扶病人平卧（脑出血病人头部垫高），使其头部偏向一侧，防止口腔分泌物流入气管，以保持呼吸道通畅。

(2)松开病人衣服的领扣、腰带，并保持室内空气流通。天冷时要注意保暖，天热时要注意降温。

(3)如果病人出现昏迷症状，并发出强烈的鼾声，表明其舌根已经下坠，应用干净的手帕、纱布等包住病人的舌头，并轻轻向外拉出，如图8.56所示，保证其呼吸道通畅。

(4)送往医院救治的途中，要将病人的头部稍微垫高，与地面保持20度角，如图8.57所示，并随时注意病人情况。此外，运载病人的车辆应尽量平稳行驶，以减少颠簸震动。

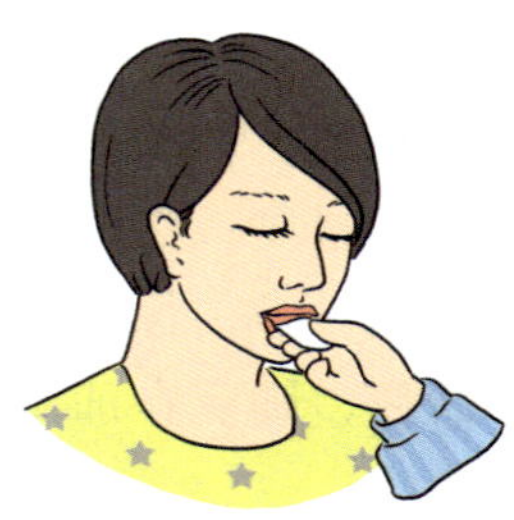

图8.56 将患者舌头轻轻拉出

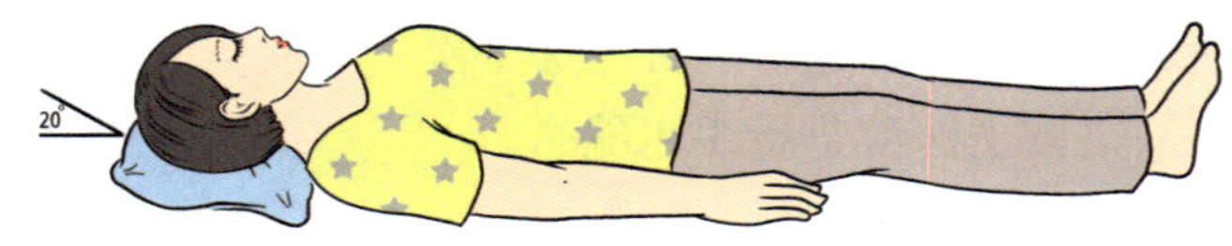

图8.57 头与地面保持20度角

◎ 心绞痛

当有人突发心绞痛时，应立即采取以下救助措施：

(1)让病人舌下含服硝酸甘油。

(2)采用半卧位，安静地休息，并注意保暖。

(3)如果5分钟内病人的心绞痛仍未缓解，则应迅速送往医院治疗，以防突发心肌梗死。

◎ 心肌梗死

发现有人心肌梗死，除立即拨打120呼叫救护车外，还应采取以下救助措施：

(1)不要随意搬动病人，而要让病人原地静卧休息，足部稍垫高，去掉枕头以改善大脑缺血状况。

(2)迅速给病人舌下喷硝酸甘油气雾剂1～2下；或舌下含服硝酸甘油1～2片；或口服冠心苏合丸1粒；或含服速效救心丸10粒；或用亚硝酸异戊酯1支，包在手帕内拍碎后，置于患者鼻前使其吸入。

(3)稳定病人情绪，让病人深呼吸后用力咳嗽，可起到心肺复苏的作用，或者对病人进行胸外心脏按压和口对口人工呼吸。

（4）有条件时要立即给予病人吸氧治疗。

◎ 中暑

发现有人中暑时，要立即采取以下救助措施：

（1）迅速把病人转移至阴凉、通风好的地方，让病人平卧，松开衣服领扣，用冷水浸湿毛巾敷其头部，或用酒精、白酒等擦拭病人额头、颈动脉、腋窝、腹股沟等处，加快散热，也可用扇子、电风扇等吹风散热。但要随时注意病人体温、脉搏、呼吸，当体温降至38℃左右时，应停止降温，以防虚脱。

（2）让病人饮用盐水、绿豆汤等清凉饮料，症状较轻的中暑者也可口服人丹、十滴水等药，或者在太阳穴擦清凉油等。

（3）对病情危重或经适当处理无好转者，应在继续抢救的同时立即送往医院。

◎ 猫、狗咬伤

被猫、狗咬伤后，应立即检查伤口有无出血，如果出血，则迅速采取以下处理措施：

（1）用大量清水或肥皂水反复彻底清洗伤口20分钟以上，再用70%的酒精或碘酒消毒。

注意，伤口不可包扎，也不宜上任何药物，因为狂犬病毒是厌氧的，在缺乏氧气的情况下会大量生长。

（2）24小时之内必须到医院注射狂犬疫苗，在咬伤后72小时内要使用高效免疫血清一剂，分2～3次注射完，以抑制入侵人体的狂犬病毒扩散，延长其潜伏期。

注意，即便在注射疫苗的过程中出现某种局部或全身反应，也应在对症治疗的同时继续注射疫苗。

◎ 毒蛇咬伤

在野外不小心被毒蛇咬伤后，应采取以下急救措施：

（1）保持冷静，尽量辨别咬人的蛇有什么特征，以便医生对症下药。

不要慌忙奔走，更不能饮用酒、浓茶、咖啡等兴奋性饮料，以免加速体内毒液扩散。

（2）尽快结扎伤口，可用止血带于伤口近心端5～10厘米处结扎，也可用绳子、鞋带、布条、植物藤蔓代替。注意，结扎时不可太紧，可通过一指为宜，其程度以能阻止静脉和淋巴回流而不妨碍动脉流通为原则（和止血带止血法阻止动脉回流不同），每15～30分钟要放松30秒～1分钟。

（3）用清水、食盐水、蒸馏水清洗伤口，将伤口用消毒刀片切开成十字形，再用吸吮器将毒血吸出，如图8.58所示。

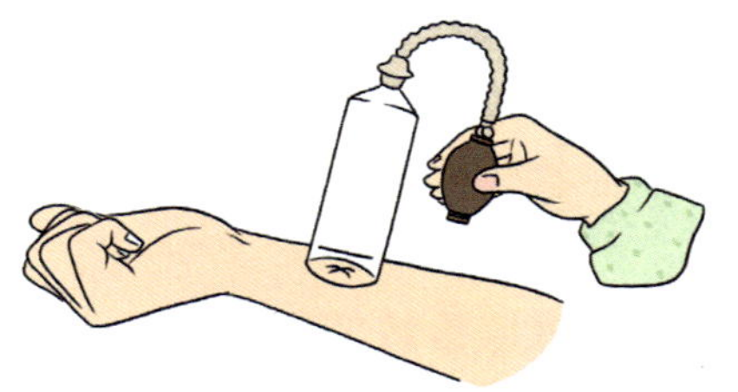

图 8.58　用吸吮器吸出毒血

注意，救助者尽量不要用口为伤者吸出毒液，因为一旦救助者口腔内有伤口（如口腔溃疡），则可能导致自身中毒。

（4）让伤者口服蛇药片（如季德胜蛇药片），或将蛇药片用清水溶成糊状涂在伤口四周，并迅速送往医院接受蛇毒血清注射等治疗。

◎ 蜂类蜇伤

发现有人被蜂蜇伤之后，应立即采取以下救助措施：

（1）将病人移至安全环境，仔细检查伤处，若皮内留有毒刺，应先用镊子或缝衣针将残留在伤处的毒刺挑出，如图8.59所示。

（2）或用力掐住被蜇伤处，反复逼挤毒血。

（3）若被蜜蜂蜇伤，因蜜蜂毒液是酸性的，故可选用肥皂水或3%氨水、5%碳酸氢钠溶液、食盐水等洗敷伤口。若被黄蜂蜇伤，则用食醋洗敷，也可将鲜马齿苋洗净，挤其汁涂于伤处。

（4）若有季德胜蛇药，可将药片用温水溶化后涂于伤口周围；或用紫金锭、六神丸等药研末湿敷患处，有解毒、止痛、消肿之功效。

如果伤口肿得厉害，且伴有发热、倦怠感，则要立即前往医院就诊。

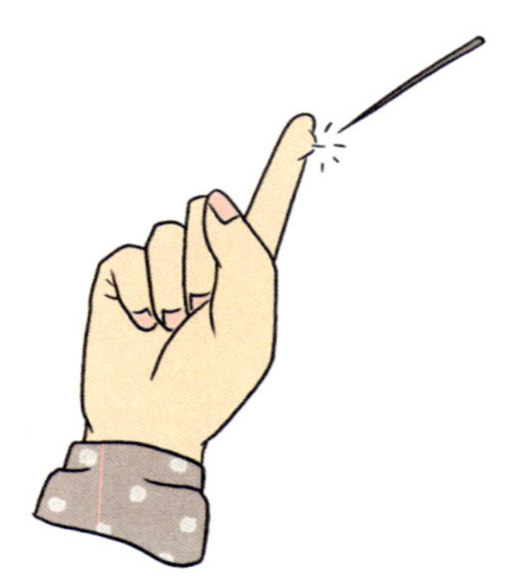

图 8.59　用针挑出毒刺

第二节　野外生存常识

◎ 野外活动适宜的服装

去野外活动时，应注意以下服装常识，如图8.60所示：

（1）根据野外目的地的气候环境准备服装，适当准备些厚衣服以防寒。不可穿紧身衣裤，代之以宽松、合体的运动服或休闲服装，并尽量穿长袖衫和长裤，以防树枝划伤和蚊虫叮咬。至少准备一套更换服装。

（2）野外活动容易出汗，衣服被汗浸湿后，应该及时换掉，保持清爽、暖和，预防感冒。

（3）带上雨衣或雨伞，在下雨时可用雨伞挡雨，雨衣遮住背包。

（4）为了避免脚起水泡，鞋一定要选择系带且经过一段时间适应和磨合的旧鞋。鞋子应比平时的尺码大半码或者一码，最好选择防水性能较好的登山靴或防滑性能、防水性能较好的旅游鞋。最好选择含10%化学纤维的合成纤维袜子，且长短、松紧适中。

（5）手是最容易受伤的部位，因此要选择一双结实、舒适的手套，而且手套还可以御寒。

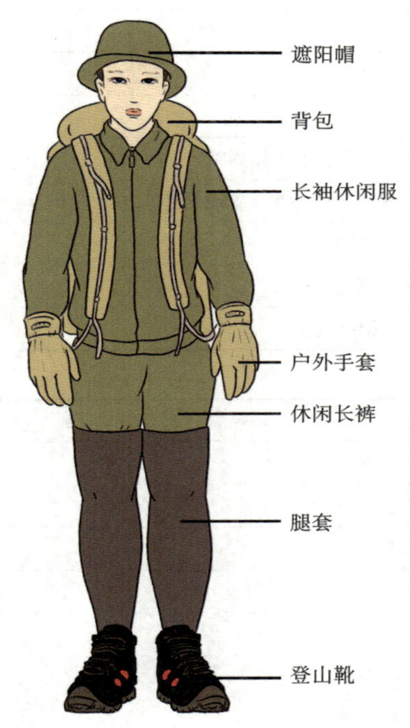

图 8.60　野外活动适宜的服装

（6）戴帽子不仅能防风、遮挡强烈的阳光、防止紫外线灼伤面部皮肤，还可以防止树枝、荆棘丛刮伤脸部。相同的帽子，可作为队伍的标志。

（7）在腿上套毛织物或尼龙制品的弹性腿套。如果长时间在野外或者在毒虫、蛇较多的地方，则需要学会打绑腿，绑腿还可以帮助缓解小腿肌肉疲劳。

此外，还应将衣物按内衣、中衣、外衣和雨衣的顺序分层着装，因为这样可以使每层服装之间形成一个相对稳定的空气层，有效防止人体热量的散失。

◎ 野外生存急救包

野外生存随时可能面临意外伤害，因此需要随身携带一个急救包，主要常用药品如表8.1、表8.2所示，还可以根据自己的身体状况携带其他备用药品。

表8.1　外伤急救药品

药物名称	适应证
消毒绷带或胶布	包扎伤口
消炎粉	消炎
云南白药	止血愈伤
创可贴	小创伤出血
京万红软膏或獾油	烧烫伤
2%碘酊或70%酒精	局部消毒
氯霉素眼药水（避光保存）	角膜炎
风油精	虫咬、晕车、牙痛、关节痛
清凉油	驱暑醒脑，防治虫咬
季德胜蛇药	毒蛇咬伤

表8.2　内服药品

药物名称	适应证
速效感冒胶囊	发热感冒
麦迪霉素	急性咽炎、急性扁桃体炎、支气管炎、肺炎等
氟哌酸	腹泻及尿路感染
复方甘草片（口含）	镇咳、祛痰
氨茶碱	哮喘
碘喉片	咽炎、扁桃体炎等
颠茄片	胃痉挛
多酶片	消化不良
复方胃友片	胃炎、胃及十二指肠溃疡
开瑞坦	抗过敏，用于荨麻疹、皮疹、皮炎等
果导片	便秘
安定	失眠
心痛定	降血压，治高血压、冠心病、胃肠痉挛
硝酸甘油	心绞痛
速效救心丸	心绞痛、冠心病
阿司匹林或布洛芬	解热、镇痛、消炎、抗风湿

◎ 野外生存的基本装备

野外活动前，除了准备衣服和急救包外，还应准备野外活动所需的以下装备：

（1）生活用品：毛巾、香皂、牙具、防晒霜、防冻霜、手纸等。

（2）野外工具用品：手电筒、军刀、匕首、指南针、蜡烛、火柴（打火机）、太阳镜、防风镜、针、线、笔记本、笔、塑料袋、雨具等。望远镜、相机自便，不做硬性要求。

（3）集体装备：集体出行的时候还应分配携带大背包、小背包、帐篷、防潮垫、睡袋、防雨布、地钉、毡布、吊床、拉绳、水壶、应急灯、铁锹、铝锅、炒锅、砧板、净水器、酒精炉等。

在将各种用具装入背包时，需要遵循合理紧凑的基本原则，如图8.61所示：背包的最下面一层，放置睡袋和宿营用品；衣物放置在睡袋的上层；炉具、饭盒等物品放置在背包的中层；食品应尽量放在包的上层；雨衣、手套等物品则应放在包的最上层；帐篷和防潮垫应绑置于背包顶部，防潮垫也可系在包的两侧或包的下部；侧包里放休息时要用的物品，如卫生纸、毛巾等。

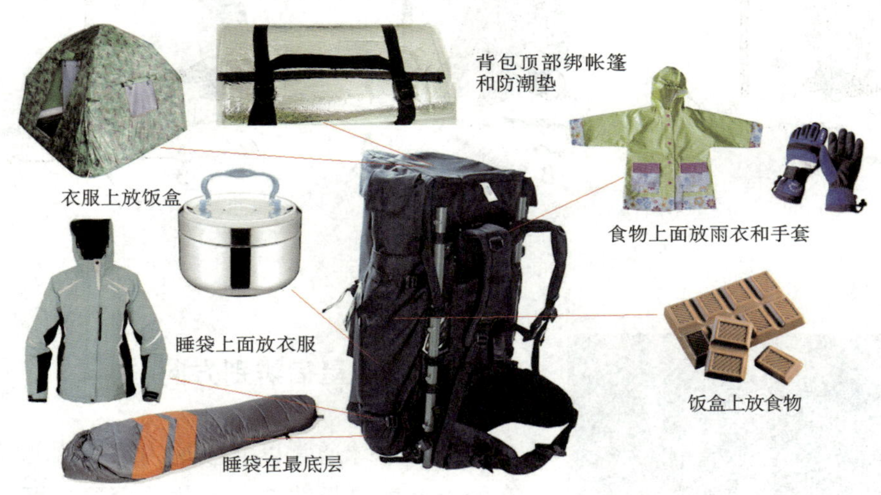

图8.61 背包放置物品顺序

◎ 野外方向辨别

为避免在野外迷失方向，需要掌握以下辨别方向的常识（以北半球为例）。

利用太阳辨别方向

太阳从东方出、西方落，这是最基本的辨识方向的方法。借助太阳还可用木棒成影法来辨别方向，在太阳光照强烈且足以成影的时候（接近正午或午后不久），在平地上竖一根直棍（1米以上），在木棍影子的顶端放一块石头（或作其他标记），木棍的影子会随着太阳的移动而移动。30～60分钟后，再次在木棍的影子顶端放一块石头。然后在两块石头之间画一条直线，在这条线的中间画一条与之垂直相交的直线。接着左脚踩在第一标记点上，右脚踩在第二标记点上。这时站立者的正面即是正北方，背面为正南方，右手为东，左手为西，如图8.62所示。

图 8.62　利用太阳辨别方向

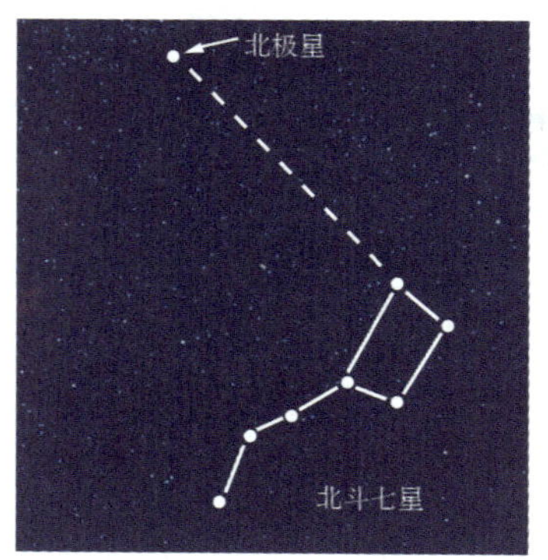

图 8.63　利用星宿辨别方向

利用星宿辨别方向

在北半球通常以北极星为目标，北极星所在的方向就是正北方。寻找北极星，可先找到勺状的北斗七星，以勺口上两颗星的间隔延长5倍，就能在此直线上找到北极星，如图8.63所示。

利用手表指针辨别方向

牢记“时数折半对太阳，12指的是北方”的原则。如下午14:40的时间，其一半为7:20，把时针对向太阳，那么12指的就是北方。或者将表平置，时针指向太阳，时针与12点刻度平分线的反向延伸方向就是北方。又或者将一根小棍垂直立在手表中央，转动手表，使小棍的影子与时针重合，时针与12点刻度之间的平分线即北方，如图8.64所示。

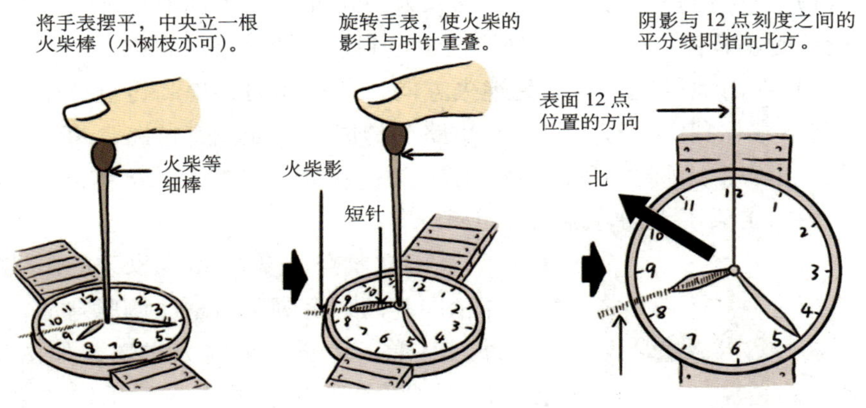

图8.64　利用手表辨别方向

需要注意的是，判定方向时，手表应平置；在南、北纬20度30分之间地区的中午前后不宜使用。

利用植物辨别方向

（1）独株树的阳面（即朝南方向）枝叶茂盛，而阴面（即朝北方向）枝叶较稀疏。

（2）在密林中，岩石南面较干，而北面较湿且有青苔。

（3）桃树、松树分泌胶脂多在南面。

（4）树墩的年轮，朝南的一半较疏，而朝北的一半较密。

利用地理环境辨别方向

（1）建筑物和土堆等的北面积雪多，融化慢，而土坑等凹陷处则相反。

（2）在中国北方草原，沙漠地区西北风较多，在草丛附近常形成雪龙、沙龙，其头部大、尾部小，头部所指的方向是西北。

（3）山沟或岩石等物体积雪难以融化的部位，总是在朝北的方向上。

◎ 野外行进的技巧

为了保护自身安全，在野外行进时需要利用以下技巧：

（1）在平坦路上行走，把步幅放大，这样不仅可以节省体力而且便于休息。疲劳时不宜停下，应用放松的慢步达到边走边休息的目的。

（2）在山地行进，为避免迷失方向，节省体力，提高行进速度，应遵循“有道路不穿林翻山，有大路不走小路”的原则。如没有道路，可选择在纵向的山梁、山脊、山腰、河流边缘，以及树高林稀、空隙大、草丛低疏的地形上行进。力求走梁不走沟，走纵不走横。

图 8.65　上坡

（3）攀登坡度在30度以下的山坡时，身体稍向前倾，全脚掌着地，两膝弯曲，两脚呈外八字形，迈步不要过大过快，如图8.65所示。坡度大于30度时，一般采取“之”字形攀登路线。攀登时，腿微曲，上体前倾，内侧脚尖向前，全脚掌着地，外侧脚尖稍向外撇。在行进中不小心滑倒时，应立即面向山坡，张开双臂，伸直双腿，脚尖跷起，使身体尽量上移，以减缓滑行的速度，有利于在滑行中寻找攀引和支撑物。千万不要面朝外坐，因为那样不但会滑得更快，而且在较陡的斜坡上还容易翻滚。

图 8.66　下坡

（4）下坡时，要全脚掌着地，身体稍向后倾，重心落在后脚上，两脚膝盖弯曲，如图8.66所示，切勿并脚停下，这样易跌倒。

（5）攀登岩石时，应对岩石进行细致的观察，慎重识别岩石的质量和风化程度，确定攀登的方向和路线。攀登岩石的基本方法是“三点固定”法，即两手一脚或两脚一手固定后再移动剩余的一手或一脚，使身体重心上移，如

图8.67所示。手脚要很好地配合，避免两点同时移动，一定要稳、轻、快，根据自己的情况选择最合适的距离和最稳固的支点，不要跨大步和抓、蹬过远的点。

图 8.67　攀岩

（6）遇到河流时不要草率入水，要仔细观察河水的深浅，以选择安全的渡河地点和方法。山区河流通常水流湍急，水温低，河床坎坷不平。一人涉渡时，为保持身体平衡，应当用一根棍子支撑在水的上游方向，如图8.68所示，或者手执15～20千克的石头。集体涉渡时，可3～4人一排，彼此环抱肩部，身体最强壮的位于上游方向，如图8.69所示。若河底多石块，应穿鞋渡河，以免尖石划破脚掌，同时也更有利于保持平衡。

图 8.68　一人涉渡

（7）过独木桥时，两脚外分呈八字形，伸开双臂保持平衡，切忌向桥下多看，如图8.70所示，以免产生恐惧感。多人过独木桥时应单独按次序过桥。

图 8.69　集体涉渡

（8）冰面和积雪山坡交界的地方，雪往往很深。行进时必须用绳子把队员串成一组，两脚站稳后再移动；向前跨步，要用前脚掌踏雪，踩成台阶再移动后脚；不慎跌倒要立即俯卧，防止下滑。体力较好的人在前，后面的队员沿着前面踩出的脚印行进。

图 8.70　过独木桥

◎ 野外扎营的方法

在野外扎营时，需要注意以下常识：

（1）选择营地时，首先要选择近水的地方（溪流、湖潭、河流边），以便取水，但也不能将营地扎在河滩上，以免水位暴涨时受到冲击；选择向阳、干燥、平坦的地方；若营地需长时间居住，则要选择背阴的地方，如在大树下面及山的北面，最好是朝照太阳，而不是夕照太阳，以免白天帐篷内太闷热；选择背风的地方，尤其注意帐篷门的朝向不要迎着风，这样便于帐篷内的保暖和用火安全；营地尽量靠近村庄，以便发生意外后及时得到救援；在雨季或多雷电区，营地绝不能扎在高地上、高树下或比较孤立的平地上，这样容易遭雷击；不能在悬崖下扎营，以免大风吹落石块等物，造成伤亡事故。

（2）选定营地后，首先要平整场地。将已经选择好的帐篷区打扫干净，清除石块和矮灌木等不平整、带刺、带尖的东西，不平的地方可用土或草等物填平。如果是一块坡地，只要坡度不大于10度一般都可以作为露营地。然后是划定生活区域。帐篷区选定后，在距离帐篷区10～15米的下风处设置用火区、就餐区，活动及娱乐区应在就餐区的下风处。卫生区也应在露营区的下风处，与就餐区、活动区保持一定的距离。用水区应在溪流及河流中分上、下两段，上段为饮用水区，下段为生活用水区，如图8.71所示。

（3）进出帐篷时要拉好帐篷拉链以防蚊虫进入，但要定期开窗通风透气。进帐篷休息时把鞋子鞋尖向外摆放好，头灯放在身边随手可取的位置，匕首（锋利的25厘米匕首为佳）放在枕头底下，除枕头、毛毯等睡眠需用物外，其他物品必须收拾整齐置于背包里，摆放在帐篷出口的外帐帐檐里，以便遭遇突发状况时迅速逃生。未经允许不得擅入他人帐篷，以免他人误以为野兽或歹徒袭击而导致意外事故发生。此外，还要注意夜晚安排人员轮流值夜。

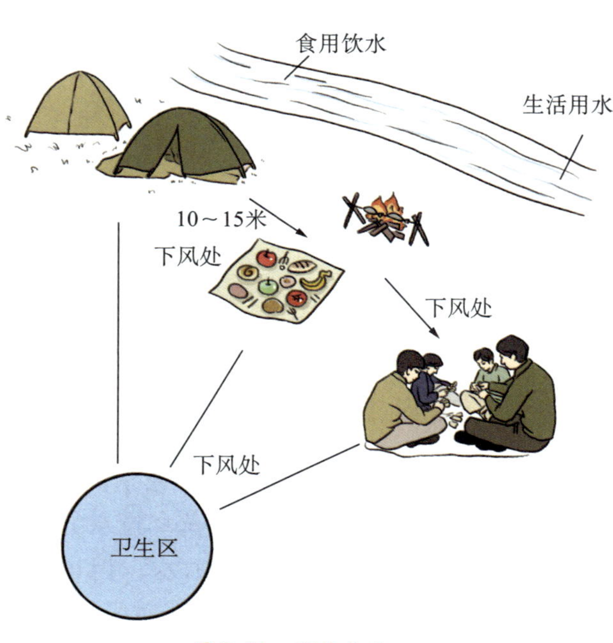

图 8.71　野外扎营

（4）为了保证野外露营时的饮食卫生，最好采用分餐制或自备餐具，尽量不用公用的洗漱用具和盆浴，预防疾病的交叉感染。如用公用洗漱用具，一定要彻底洗净、消毒，并注意定期清理垃圾，防蚊灭蝇。

知识链接：野外中途休息常识

在野外行走时，不能感觉疲惫就立即休息，而要遵循长短结合、短多长少的中途休息原则。

长短结合，即短时间的休息与长时间的休息应保持一个合理的度。

短时间的休息，是指行进途中临时的短暂休息，一般10分钟以内，并且不卸掉背包等装备，站着休息为主。这种休息可以多一些，但时间短。

长时间的休息，在平路旅行中一般2小时一次，一次可在20分钟以内，休息时应卸下所有的负重，先站一会儿后才能坐下休息，不要马上坐在地上。休息期间，可以自己或者相互按摩一下腿部（尤其是小腿）、肩部、颈部等部位的肌肉，同时活动一下四肢。

休息时应选择干燥、干净的石头或地面坐下，不要在树下、草丛中坐卧太长时间，以防虫类叮咬引发疾病。

◎ 野外生火的技巧

野外生存，燃点篝火是一项重要技能，需要掌握以下技巧：

（1）点燃篝火最好的材料是桦树皮，其含油量极高，在雨中仍可燃烧。

（2）应选择背风的地方，离帐篷2米以外，一定要远离树木、草丛，还要将火堆周围的易燃物清理干净，以免引起火灾。

（3）如果在湿地或雪地上生火，要先用石块垫地，为了便于燃烧，可与风向成直角放置两块枕木。

（4）在山地点火，应该用石块、泥块在火堆周围垒好防火墙。

（5）在草地点火，必须将火堆周围的草地清理干净，清理半径至少20米。

（6）在大风天气里尽量不要点火，如果必须点火，则应先挖一个坑，将火生在坑里。也可用岩石块将火堆围住，以使热量散失减慢，保存燃料。需要注意的是，一切有裂隙、空心或表面易剥落的岩石都不可使用。

在没有火柴、打火机的情况下，晴天可以用放大镜、老花镜、望远镜、汽车车头灯的反射镜、手电筒的反射镜对着阳光聚光生火，也可以用铁丝、细绳

图 8.72 钻木取火

摩擦干燥的木头生火。另外，还可以采用钻木取火的方法：选取干燥、质地较软的白杨、柳树枯木，在上面挖一个小坑，放入干燥易燃的火绒或枯叶，再用双手搓动一根质地较硬的枯木棒，用力钻动小坑，直到钻出火来为止，如图8.72所示。撤离时则应将篝火彻底熄灭，特别是春秋季节在林区和草原更应注意，以免引起火灾。

知识链接：搭建篝火的方法

（1）密林篝火：横放一根较粗的圆木，上面斜搭几根较细的干木头，一边烧一边挪动，适用于野外无遮棚的露营。

（2）星形篝火：把5～10根圆木的一头拼拢成星形，从中间点燃，然后一边烧一边把圆木往里推送。这种篝火热量很大，几个人可围绕着它在雪地上睡觉。

（3）长条形篝火：用两段约一人高的圆木顺风叠放，边上打入湿木楔，防止圆木滑落，两木之间加撑子，留出空隙以利于燃烧。这种篝火燃烧时间较长，几乎无须调整即可燃烧整晚。

（4）圣殿火：如果地面潮湿松软或积雪深厚，则需要搭建一个高出地面、悬在空中的平台，这就是所谓的圣殿。具体方法是：4根木桩竖直摆放，叉点上横担着木棍，在上面放置一层圆木棍，再覆盖几层土或石头，才可在上面生火。成对角线的两根最长的直木上横放一根木棍，用来悬挂锅等器皿。

◎ 野外鉴别水质的技巧

人们在野外应了解以下几点鉴别水质的技巧：

（1）颜色：洁净的水，在水层浅时无色透明，深时呈浅蓝色。可用玻璃杯或白瓷杯盛水观察，通常水越清水质越好，水浑则说明水里含杂质多。

（2）味道：清洁的水是无味的，而被污染的水常有异味。为了准确辨别水的气味，可以用一个干净的小瓶子装半瓶水，放入60℃的热水中，片刻后震荡数下，打开瓶塞后立即闻一下，如闻到水里有怪味，则不可饮用。

（3）杂质：取一张白纸，将水滴在上面晾干后观察水迹，清洁的水无斑迹，若有斑迹，则说明水中杂质多、水质差；若水中没有鱼类或其他生物、周边没有植物生长，也不宜饮用。

第三节　野外作业保健自救常识

◎ 安全帽的标准

头部外伤在野外作业时并不少见，野外作业员工需要佩戴安全帽来加强头部保护。

合格的安全帽由坚韧的外壳、消震衬垫和固定安全帽的头带构成，多使用改性聚乙烯、改性聚丙烯、玻璃纤维等原料制成，坚固耐用且佩戴舒适。

我国劳动部门颁布了安全帽的标准（GB 2811—2007），要求普通安全帽的帽重不超过430克，防寒安全帽的帽重不超过600克，帽檐≤70毫米，帽舌为10～70毫米，帽壳内部尺寸为长195～250毫米，宽170～220毫米，高120～150毫米，并要求须经冲击吸收、耐穿透、耐低温、耐燃烧、电绝缘和侧向刚性等技术性能试验合格后，始准生产销售。

◎ 面部安全防护

野外环境恶劣，风沙、日晒、雪地强光、蜂蜇、蚊咬，且作业时酸碱液的喷溅、焊接切割时的高温金属末、有害光线的侵害、放射线测井、X射线探伤时的无影射线等也会伤害眼睛和面部，因此，在生产作业过程中，保护眼睛和面部免受物理因素、化学因素的伤害是极其重要的。面部采用的防护用品主要有护目镜和防护面罩两大类。

● 护目镜

护目镜的种类很多，根据防护目的可分为：

（1）防异物冲击眼镜。多用于车、铣、磨、刨等机械加工及开山凿岩等作业，防止金属、砂石等飞溅物对眼部的打击。这种护目镜要求透光率达到89%，镜片和镜架的材质要非常牢固（不易碎），镜片多采用钢化玻璃、胶质黏合玻璃、塑钢和钢丝网等材料；且镜片和镜架的衔接也要非常牢固，镜架最好把整个眼窝盖住。

（2）防化学液体飞溅眼镜。主要用来防止酸、碱等液体及其他危险液体和化学药品所引起的眼睛伤害。这类眼镜的镜架形状要做成封闭式，但配有过滤式通风口（以防内部雾气影响视线）；镜片多采用普通玻璃、塑胶、有机玻璃，透光率达到89%。

（3）防烟尘及各种有害气体眼镜。适合在烟尘和有毒气体不太强的场合使用，在烟尘较大或毒性较大的场所，应配合使用防尘防毒面具。这种护目镜的镜架用耐酸碱的材料制成封闭式，以防烟尘或毒气进入眼睛；镜片采用普通玻璃、塑胶或有机玻璃，透光率达到89%。

（4）防弧光辐射眼镜。多用于各种金属冶炼、焊接、玻璃熔融、金属锻造等作业，也适用于那些长期在野外、沙滩、海岸工作的人员，交通民警、登山运动员，以及从事红外线、紫外线理疗的医务人员。这种护目镜还可细分为吸收式、反射式、吸收反射式、光化学式和光电式（变色镜片，可根据光的强弱调节镜片透明度）等几类。

（5）防激光眼镜。主要防止激光对眼睛的伤害，也分为吸收式、反射式、复合式（在两层反射介质膜中间加入一层吸收颜色的玻璃，抑制介质膜间的内反射，适用于大中功率激光器的防护）、爆炸式（在镜片上涂一层可爆炸物，当激光辐射过强时，迅速引爆以遮蔽激光、保护眼睛）、光化学反应式、微晶玻璃式几类。

此外，还有防微波眼镜、防X射线眼镜等。

需要注意的是，护目镜要按出厂时标明的遮光号和使用说明使用，镜片的颜色不能用单色，宜用黄、绿、灰等复合色。

● 防护面罩

防护面罩是用来保护面部和颈部免受飞来的金属碎屑、有害气体喷溅、熔融金属和高温溶剂飞沫伤害的用具，按用途可分为以下几种：

（1）防打击面罩。多用于车、铣、刨、磨、凿岩等作业。这种面罩用透明的有机玻璃、塑料或金属网制成，可防止金属屑、砂石等高速尘粒打击面部。

（2）防辐射面罩。适用于各种焊接作业。这种面罩分为头戴式和手持式两种，用厚钢纸板压制而成，面罩上开有观察孔（嵌入遮光护目镜，分固定式和翻动式两种），质地坚韧且重量轻，绝缘性能和耐热性能好。

（3）防化学液体飞溅面罩。防止酸碱等液体伤害面部，大部分用有机玻璃制成。

（4）防烟尘毒气面罩。适用于毒气较小的作业，如在沥青粉尘较多的场合，可用防沥青烟尘面罩——用人造革制成头盔面罩，镶着有机玻璃观察孔及可以更换滤料的过滤口罩，可防止由于接触沥青粉尘产生脸部皮炎和咽喉炎。

（5）隔热面罩。适用于消防、冶金、玻璃、陶瓷及热处理等作业，这种面罩是由铝箔隔热布和玻璃头盔组成，对辐射热反射效果较好，质地柔软，防水耐老化。

◎ 如何保护耳部安全

石油员工的野外工作地点多属于高噪声场所。高噪声容易引起听力损伤，严重者造成噪声聋。为防止噪声危害，需要采取噪声控制措施，如隔声、吸声、消声等，同时运用隔声棉、耳塞和耳罩等个体防护用品：

（1）隔声棉：用一般棉球塞入耳道，可以隔声10分贝左右；如果用石蜡或油浸透棉花再塞入耳道，则可隔声20分贝左右。

（2）耳塞：是塞入耳道的护耳器，通常由软橡胶或软塑料制成。耳塞的大小与外耳道比较合适时，隔声效果良好。目前国内外已研制出多种耳塞，石油钻井、井下作业、酸化压裂以及采油、输油等作业均可选用舒适、有效的耳塞。

（3）耳罩：耳罩能盖住整个耳朵，也叫护耳器。其外壳多由硬质材料制成，内衬泡沫塑料，与面颊接触的部位多用海绵橡胶、泡沫塑料等柔软材料，罩内空隙装上吸声材料（泡沫塑料），一般可降15～30分贝，适合多种工种使用，脱戴方便，但戴久了耳朵有闷热感，且戴眼镜者使用耳罩密封不严，活动时易滑落。

◎ 不同用途的工作服

野外作业员工需要能防油防水、冬天保暖、夏天透气的工作服，且不同工种需要配备不同性能的工作服：

（1）钻工服：防油、防水、透气、更换期短，适用于钻井、井下、试油、修井、测试等工种。

（2）采油工作服：防静电、阻燃，适用于采油、输油、输气、炼油和液化气生产储存等工种。

（3）防酸碱工作服：适用于从事电镀、充电、酸化、压裂、化学实验室等工作的员工。

（4）防射线工作服：适用于从事放射性测井、放射性核素作业的员工。

（5）井喷作业抢险服：防熔融物飞溅不黏附，外表反射率高，阻燃，适用于进行井喷高温抢救作业的员工。

（6）沙漠工作服：显著的红色适于在沙漠短时间作业或冬季作业的员工，白色等浅色适于长时间在沙漠作业的钻井、采油等员工。

（7）雪地防寒工作服：以防寒防冻为主，至少有一道防风层，选择呢绒、皮革等质密、透气性小的材料；最好是多层的，一方面增加衣下空气层的厚度有利于保暖，另一方面便于增减衣服；以深色为佳，能有效吸收太阳热量。同时配置保暖性能极佳、大小适中的防寒手套和防寒鞋袜，以有效维持人体热平衡。

知识链接：安全鞋的穿着常识

野外作业员工还应根据不同作业环境穿不同功能的安全鞋：

（1）湿滑环境：穿具有防滑功能的安全鞋，避免坠落摔伤。

（2）寒冷环境：穿防寒保暖靴，以免冻伤脚。

（3）钢铁较多的环境：穿鞋底和鞋面较厚实牢固的安全鞋，踩到一般的铁片、铁钉不会穿透致伤。

（4）电线较多的环境：穿橡胶底安全鞋，具有绝缘作用，防止电击伤。

（5）酸碱环境：穿耐酸碱的橡胶鞋，有效防止酸碱烧伤脚部。

（6）地面积油的环境：穿橡胶耐油靴或塑料耐油靴，防止油品的侵蚀使鞋变形。

（7）重物较多的环境：穿有钢包头的抗砸鞋，以防重物砸伤脚部。

（8）冶炼环境：穿特殊材料制成的防烧烫、防刺割的安全鞋。

◎ 海上作业遇险

海上作业人员需要熟练掌握以下海上自救常识，以使自己及时获得援救：

（1）海上作业人员需要随身携带的物品包括系在腰上的带鞘的小刀、发信号用的哨子、皮手套、防水打火机（防水火柴）、毯子、衬衣、袜子、帽子、太阳镜、钓鱼线、鱼钩、小型救护箱等。

（2）船舶遇险后，遇险人员要奋力自救，并通过一切可能的手段，将自己遇险的具体情况（时间、地点、遇险性质、所需帮助等）和报警求救信号发送出去。一般可通过甚高频无线电话、GMDSS海事卫星通信系统、应急示位标、单边带等船用救生设备求救，在条件允许时，也可直接用手机拨打水上遇险专用报警电话12395或当地水上搜救机构、海事机构值班电话求救。

（3）尽快穿好救生衣。需弃船避难时，首先要对浮舟进行检查，清点好带到浮舟上的备用品，将火柴、打火机、指南针、手表等装入塑料袋中，避免被海水打湿。根据一般原则，在最初24小时内应该避免喝水、吃饭，培养自己节食的耐力，同时注意保暖。

（4）长期在海上漂流时，容易生水疽、皮炎和眼球炎等。此时，不要将水疽弄破，最好消毒后待其自然干燥。对于皮炎和眼球炎，要避免阳光直射。

（5）一旦落入水中，应立即抓住船舷并设法爬到翻扣的船底上，如果未能抓住船舷也不要慌张，尽量减少在水中的活动，特别是水温低时尽量不要游泳，最大可能地保持体力，延长在水中的待救时间。

◎ 硫化氢中毒

在开采、提炼含硫石油、天然气时，常产生硫化氢。硫化氢为无色、臭鸡蛋味的气体，比空气重，易聚在低洼处，溶于水、乙醇、汽油和原油，有较强的腐蚀性，且易燃易爆，能够麻痹人的中枢神经。轻度中毒表现为畏光、流泪、眼刺激、咳嗽和胸闷，重度中毒还会有头痛、头昏、恶心、呕吐和昏厥等症。

具体急救方法为：立即戴上过滤式呼吸防护器逃离现场，并迅速将中毒者移到上风向空气新鲜处，脱去中毒者被污染的衣物，注意保暖，并保持其呼吸道通畅，立即给氧；眼部损害可用清水冲洗至少15分钟，并用激素软膏点眼；对心跳、呼吸停止者立即进行心肺复苏，有条件时及早注射强心剂及呼吸兴奋剂，待心跳恢复后立即就近送往有高压氧治疗设备的医院救护。注意，救援人员必须佩戴空气（氧气）呼吸防护器才能进入中毒现场救人。

◎ 二氧化硫中毒

天然气净化、炼油及含硫天然气、原油、重油燃烧时，都会产生二氧化硫，一旦吸入，就会出现无力、鼻炎、咽炎、支气管炎、嗅觉和味觉减退等症状。

具体急救方法为：立即将中毒者搬至空气新鲜处，给氧，尽快送医院救护；如皮肤接触了二氧化硫，则应迅速脱去被污染衣物，用流动清水彻底清洗，然后就医；如眼部受损，则应立即翻开上下眼皮，用流动清水冲洗20分钟以上，并迅速就医。

◎ 甲醛中毒

石油工业中产生的甲醛蒸气可引起眼部灼烧感、流泪、眼睑水肿、嗅觉丧失，进而引发结膜炎、角膜炎、鼻炎、喉炎和支气管炎，严重者发生喉痉挛、声门水肿和肺水肿。

具体急救方法为：立即撤离现场，及时脱去污染衣物，并对受污染皮肤用大量清水冲洗，再使用肥皂水或2%碳酸氢钠溶液清洗。对于急性吸入甲醛蒸气中毒者，应立即将中毒者搬至空气新鲜处，适时给氧，并应用抗生素预防感染，但忌用磺胺类药物，以防肾小管形成不溶性甲酸盐而致尿闭。

◎ 氨气中毒

石油工业中，氨气常被用作冷冻剂及净化天然气使用，一旦泄漏，容易引发氨气中毒，出现流泪、咳嗽、呼吸困难等症状，严重者出现喉头水肿、肺水肿甚至死亡。

具体急救方法为：立即将中毒者搬至空气新鲜处，让其吸入热的水蒸气（可加少许醋酸或柠檬酸），并让其饮用热牛奶；一旦窒息，应立即给予低压下吸氧；呼吸停止则应施行人工呼吸。

如氨水溅入眼内，应立即用大量清水冲洗，并尽快去医院治疗。

如氨水灼伤皮肤，应立即用清水和5%的醋酸配成的洗涤剂清洗。

◎ 钻井液烧伤

在石油勘探一线工作的石油钻井工人容易被钻井液烧伤，因为钻井液中的烧碱（学名氢氧化钠，又名火碱、苛性钠）属强碱，有强腐蚀性，一旦溅到皮肤上，会使皮肤变白、剧痛、红肿、起水泡，严重者可引起糜烂，称为化学烧伤。

一旦发现钻井液烧伤皮肤，应迅速用清水、稀醋酸或2%硼酸充分冲洗伤口。如钻井液溅到眼睛内，应立即用清水冲洗，一般需冲洗10分钟，冲洗时需转动眼球，如感觉疼痛，可滴表面麻醉剂后再冲洗，必须彻底冲洗干净。因此，钻井队应具备良好的清水冲洗设备，确保必要时能迅速清洗。

◎ 沥青烧伤

石油提炼过程中常产生高温的液体石油沥青，容易对赤膊工作者造成皮肤烧伤，且因为沥青粘在皮肤上不易去除，热量高，散热又慢，因此造成的烧伤比较深。

具体急救方法为：立即用冷水或冰贴敷于粘在皮肤上的沥青，使之冷却凝结，可迅速防止沥青烧伤的继续发展。

如沥青烧伤的面积不大，可用纱布蘸食用麻油、松节油或医用石蜡油擦洗皮肤并剥除沥青，然后涂上治疗烧烫伤的药膏。松节油能溶解沥青，轻轻地擦拭即可去除全部沥青，不会弄破皮肤水泡。

若沥青烧伤的面积较大，千万不要用汽油擦洗，以免引起急性中毒，应立即送医院抢救。

沥青烧伤患者要避免日光照射，因为沥青（主要是煤焦沥青）蒸发产生少量的蒽、菲、吖啶等对光敏感的物质，使得沥青烧伤创面疼痛增加。此外，应禁止在沥青创面上使用红汞、龙胆紫等只适用于小面积创伤的药物。

◎ 苯中毒

苯是石油开采、提炼过程中常用的溶剂、化学试剂和燃料，是一种芳香烃化合物，为具有特殊芳香味的无色透明液体，易燃、易挥发，微溶于水，易溶于乙醇、乙醚、汽油等有机溶剂中，能够损害人们的中枢神经，破坏人的骨髓造血功能，轻度中毒者会出现酒醉感、头痛、倦怠、耳鸣、恶心、呕吐、上腹灼烧感、尿频、嗜睡、神志不清等症状，重度中毒则会昏迷乃至呼吸、心搏骤停，并可导致白血病。

具体急救方法为：迅速将中毒者移至空气新鲜处，保持呼吸通畅，给氧；对于呼吸、心跳停止者立即施行人工呼吸及心肺复苏，有条件时可为中毒者注射葡萄糖或维生素C，待呼吸恢复后立即送往医院救护。

◎ 强酸中毒

石油工业中广泛使用硫酸、盐酸、硝酸等强酸，它们都具有强烈的刺激性和腐蚀作用。如果在生产过程中接触、吸入或误服强酸，可引发强酸中毒，使蛋白质凝固，造成凝固性坏死，表现为面色青紫，呼吸、脉搏加快，咳嗽加重，咯血等，甚至导致窒息、昏迷、死亡。

具体急救方法为：迅速将中毒者撤离现场，给予2%～4%碳酸氢钠溶液雾化吸入，对呼吸困难者立即给氧。

如眼睛受损，应立即用大量清水或生理盐水彻底冲洗，病情严重者应立即送医院抢救。

如果强酸灼伤皮肤，要立即用大量清水彻底冲洗，并脱去污染衣物，用4%碳酸氢钠溶液洗涤皮肤。

如果误服强酸，则严禁洗胃、催吐，以免加重损伤甚至引起胃穿孔，可口服2.5%氧化镁溶液、牛奶、豆浆、蛋清等。

◎ 强碱中毒

石油工业中广泛运用氢氧化钠、氢氧化钾、氧化钠、氧化钾等强碱，一旦皮肤接触强碱、吸入或误服强碱，会引发强碱中毒，常表现为局部皮肤及黏膜充血、水肿及糜烂，结膜和角膜损伤，以及恶心、呕吐、腹痛、腹泻、便血等症，严重时导致肺水肿、窒息乃至死亡。

具体急救方法为：强碱灼伤皮肤时，应立即用大量清水冲洗，洗到皂样物质消失为止，再用2%醋酸冲洗或湿敷，然后包扎。若眼内误入强碱，同样用大量清水冲洗，禁用酸性液体冲洗，冲洗干净后可使用氯霉素等抗生素眼药膏或眼药水，然后包扎双眼。

如误服强碱，严禁洗胃和催吐，可立即口服稀释的醋或1%醋酸或柠檬汁，也可口服蛋清、牛乳、植物油等，每次200毫升，以保护胃黏膜。

第四节　自然灾害中的逃生常识

◎ 地震

地震是一种自然灾害，虽然我们不能阻止地震的发生，但我们可以采取有效措施以最大限度地减轻地震可能造成的损伤。遭遇地震时，应尽快关闭电源、火源，打开门窗，找到出口。下面为大家介绍不同情况下遇到地震的自救措施：

（1）住平房的居民应迅速跑到屋外空旷处躲避，尽量避开高大建筑物、立交桥，远离高压线及化学、煤气等工厂或设施；如来不及跑出房屋，则应用坐垫、靠垫护住头部，或者将铁锅倒扣在头上，躲在桌下、床下及坚固的家具旁，并用毛巾或衣物捂住口鼻以防尘、防烟。

住在楼房的居民，应选择厨房、卫生间等开间小的空间避震；也可以躲在内墙根、墙角、坚固的家具旁等易于形成三角空间的地方；要远离外墙、门窗和阳台；不要使用电梯，更不能跳楼。

（2）正在教室上课、工作场所工作、公共场所活动时，应迅速抱头、闭眼，躲在讲台、课桌、工作台和办公家具等物体的下面。

（3）在百货公司、剧场时依工作人员的指示行动。即便发生停电，紧急照明也会即刻亮起来，要镇静地采取行动。如发生火灾，即刻会充满烟雾，此时应以压低身体的姿势避难。

在发生地震时，不能使用电梯。万一在搭乘电梯时遇到地震，应将操作盘上各楼层的按钮全部按下，一旦停下，迅速离开电梯。高层大厦以及近年来建筑物的电梯都有管制运行的装置，地震发生时，会自动停在最近的楼层。如果被关在电梯中，可通过电梯中的专用电话与管理室联系、求助。

（4）在野外活动遭遇地震时，应尽量避开山脚、陡崖，以防滚石和滑坡；如遇山崩，要向远离滚石前进方向的两侧跑。在海边游玩时，应迅速远离海边，以躲避地震可能引起的海啸。

地震发生时，若来不及避开，被埋于废墟下但受伤不严重时，应尽可能用湿毛巾等捂住口鼻防尘、防烟；用石块或铁器等敲击物体与外界联系，为了保存体力，不宜大声呼救；设法用砖石等支撑上方不稳的重物，创造自己的生存空间。

◎ 海啸

海啸是一种具有强大破坏力的海水剧烈运动。海底地震、火山爆发、水下塌陷和滑坡等都可能引发海啸。发生海啸时，可遵照以下方式紧急避难：

（1）如果发现潮汐突然反常涨落，海平面显著下降或者有巨浪袭来，应以最快速度撤离海岸，跑到山坡等地势高的地方避难，千万不要去观看海啸。发生海啸时，航行在海上的船只不可以回港或靠岸，应该马上驶向深海区，此时深海区相对于海岸更为安全。

（2）如果在发生海啸时不幸落水，要尽量抓住木板等漂浮物，同时注意避免与其他硬物碰撞。在水中不要举手，也不要挣扎，尽量减少动作，浮在水面随波漂流即可。这样既可以避免下沉，又能够减少体能的无谓消耗。还要注意尽可能向其他落水者靠拢，既便于相互帮助和鼓励，又可以让目标扩大，从而更容易被救援人员发现。

（3）落水者被救上岸后，要立即清除其鼻腔、口腔和腹内的吸入物，对其实施抢救。最好泡个温水澡以恢复体温，或裹上被、毯、大衣等保暖。可给落水者适当喝一些糖水，补充体内的水分和能量。注意不要采取局部加温或按摩的办法，更不能给落水者饮酒，饮酒将使热量散失得更快。

如果落水者受伤，应采取止血、包扎、固定等急救措施，重伤员则要及时送医院救治。

◎ 龙卷风

龙卷风破坏力极大，人们应提早做好防范措施避难：

（1）注意广播、电视等媒体的报道，并学会识别龙卷云。龙卷云是在云底出现的乌黑的滚轴状云，当云底有漏斗形状的龙卷云伸下来时，龙卷风就会出现。

（2）在野外听到由远而近、沉闷逼人的巨大呼啸声时要立即躲避，这声音或“像千万条蛇发出的嘶嘶声”，或“像几十架喷气式飞机、坦克在吼叫”，或“类似火车头或汽船的叫声”等。如在野外遇上龙卷风，应在与龙卷风路径相反或垂直的低洼区躲避，因为龙卷风一般不会突然转向。

乘汽车时遭遇龙卷风，应立即停车并下车躲避，防止汽车被卷走，引起爆炸等。

（3）当龙卷风向住房袭来时，要打开一些门窗，躲到小开间、密室或混凝土结构的地下场所（上覆有25厘米以上厚度的混凝土板较为理想）。在我国，龙卷风多从西南方向袭来，因此要在东北方向的房间躲避，并采取面向墙壁抱头蹲下的姿势。

如没有地下室，则应跑出住宅，远离危险房屋和活动房屋，向垂直于龙卷风移动方向的两侧撤离，藏在低洼地区或平伏于地面较低的地方，保护头部；可以跑到靠近大树的房内躲避，但要防止砸伤。

◎ 暴风雪

当暴风雪来临时，人们在逃生时应格外注意以下几点：

（1）尽量待在室内，不要外出。注意收听天气预报和交通信息，避免因机场、高速公路、轮渡码头等停航或封闭而耽误出行。如果发生断电事故，要及时报告电力部门。

（2）如果在室外，要远离广告牌、临时搭建物和老树，避免砸伤。路过桥下、屋檐等处时，要小心观察或绕道通过，以免冰凌脱落伤人。

（3）驾驶汽车时要慢速行驶，并与前车保持距离。车辆拐弯前要提前减速，避免踩急刹车。有条件要安装防滑链，佩戴雪地镜。出现交通事故后，应在现场后方设置明显标志，以防连环撞车事故发生。非机动车应给轮胎少量放气，以增加轮胎与路面的摩擦力。

◎ 洪水

我国南方夏季洪水多发，在遇到洪水时，人们应采取以下方法逃生：

（1）注意收听天气预报，在洪水来临前将衣被等御寒物放至高处保存；将不便携带的贵重物品做防水捆扎后埋入地下或置放高处，票款、首饰等物品可缝在衣物中；准备好医药、取火工具（打火机、火柴）等物品；保存好各种尚能使用的通讯设施，与外界保持联系；预先用木盆、水桶等盛水工具储备干净的饮用水。

（2）迅速登上牢固的高层建筑避险，立即与救援部门取得联系。避难所一般应选择离家最近、地势较高、交通较为方便的地方，并有上下水设施，卫生条件较好。城市中高层建筑的平坦楼顶，地势较高或有牢固楼房的学校、医院等比较适合避难。

（3）如洪水继续上涨，暂避险处已不安全，可利用船只等向高处转移，没有船只的情况下可扎制木排，并搜集木盆、木排、门板、木床等漂浮材料加工救生设备以备急需。洪水来得太快，已经来不及转移时，要立即爬上屋顶、楼房、大树、高墙，暂时避险，等待援救。不了解水情的人不要只身游泳转移，应该在安全地带等待救援。

（4）在山区，如果连降大雨，容易暴发山洪。遇到这种情况，应该避免渡河，以防止被山洪冲走，还要注意防止山体滑坡、滚石、泥石流的伤害。发现高压线铁塔倾倒、电线低垂或折断，要远离避险，不可触摸或接近，防止触电。

（5）洪水过后，要服用预防流行病的药物，做好卫生防疫工作，避免发生传染病。

◎ 泥石流

泥石流大多来势凶猛，破坏力极大，因此，居住在泥石流灾害高发区的居民在雨季应高度警惕泥石流的发生，并掌握以下逃生方法：

（1）随时注意当地气象部门在电台、电视台发布的暴雨消息，利用电话、广播等设施收听当地有关部门发布的灾害消息。

（2）时刻关注屋外任何异常的声音，如树木被冲倒、石头碰撞的声音。离沟道较近的居民要注意观察沟水流动的情况，如沟水突然断流或突然变得十分混浊，可能意味着泥石流将要发生或已经发生，应立即撤离。

（3）如果有关部门已发出山洪泥石流的预报或警报，或上述异常情况越来越明显，应立即组织人员按原定的疏散路线，迅速离开危险区，到安全地点避难。

◎ 火山爆发

在火山高发地区，一旦发现火山爆发的征兆，要迅速遵照以下方法逃生：

（1）一旦察觉到火山爆发的征兆（如频繁地震，地质地形变化，气味异常，地温、气温、水温升高，动物异常，水质异常，电磁异常等），要使用任何可用的交通工具迅速撤离，绝不要走峡谷路线，它可能会变成熔岩流经的道路。火山爆发后火山灰越积越厚，车轮陷住就无法行驶，这时应放弃汽车，迅速向大路奔跑，离开灾区。倘若熔岩流逼近，应立即爬上高地。

（2）戴上坚硬的头盔，穿上厚衣服，保护身体不受喷射物的伤害。戴上护目镜、通气管面罩或滑雪镜，以起到保护眼睛的作用，注意不能用太阳镜。用一块湿布护住嘴和鼻子，有条件者可用工业防毒面具。

（3）因火山爆发而形成的气体和灰球体能以超过每小时160千米的速度滚下山，因此，在遭遇气体球状物时，应迅速撤退到周围坚实的地下建筑物里，或是跳入水中；屏住呼吸半分钟左右，球状物就会滚过去。

（4）某些火山地区设有紧急庇护站，到附近的庇护站后脱去衣服，彻底洗净暴露在外的皮肤，用干净水冲洗眼睛。如果附近没有庇护站，则不可轻易在其他建筑物内躲避，因为墙壁虽然可挡住横飞的岩屑，屋顶却很容易被砸塌。

（5）如火山在一次喷发后平静下来，仍须赶紧逃离灾区，因为火山可能再度喷发，而那时威力会更猛烈。

◎ 雷电

当遭遇雷电天气时，要做好以下应对措施：

（1）当出现电闪雷鸣时，要留在室内，关好门窗，切勿接触天线、水管、铁丝网、金属门窗等带电设备或其他类似金属装置，拔掉电器插头，不用或尽量少使用电话和手机，不宜停留在铁栅栏、金属晒衣绳附近。

（2）如果在野外，则要迅速到附近装有避雷针的混凝土建筑物内避难，也可躲在具有完整金属车厢的车中避难。注意，不要靠近避雷设备的任何部分。在野外无法躲入有防雷设施的建筑物内时，要将手表、眼镜等金属物品摘掉，千万不要在离电源、大树和电线杆较近的地方避雨，而应到洞穴、沟渠、峡谷或高大树丛下面的林间空地避雷。不要待在开阔水域和小船上，也不要靠近空旷地带或山顶孤树。

（3）如在户外行走时遭遇雷电，不要狂奔，应两脚并拢并立即下蹲，不要与人拉在一起，最好使用塑料雨具、雨衣等避雷。当感到头发竖起或皮肤颤动时，就可能要发生雷击了，应立即卧倒在地上。遭到雷击的人可能被烧伤或严重休克，但身上并不带电，可以安全地加以紧急救治。

◎ 森林大火

遇到森林大火时，要保持冷静，采取以下措施自我防护，迅速逃生：

（1）立即使用沾湿的毛巾或衣服遮住口鼻，最好也浸湿身上的衣服，抵挡烟尘对人体的伤害。还应选择附近没有可燃物的平地卧地避烟，切忌选择低洼地或坑、洞，因为低洼地和坑、洞都容易沉积烟尘。

（2）判明火势大小和火苗燃烧的方向后，应当逆风逃生，切不可顺风逃生。同时密切关注风向，随时改变逃生方向。实践表明，刮起5级以上的大风，火灾就会失控。突然感觉无风时更不能麻痹大意，这往往意味着风向将会发生变化或者逆转，一旦逃避不及，极易造成伤亡。一旦大火扑来，如果处在下风向，要果断地迎风突破大火的包围。如果时间允许，可以主动点火烧掉周围的可燃物，当烧出一片空地后，迅速进入空地卧倒避烟。

（3）被大火包围在半山腰时，要快速向山下跑，切忌往山上跑，通常火势向上蔓延的速度比人跑的速度快得多。顺利脱离火灾现场后，休息时还要注意防止蚊虫或者蛇、野兽、毒蜂的侵袭。

（4）集体出游的应清点人数，发现有人失踪应及时向当地灭火救灾人员求援。

下篇 让你的生活更丰富

为了使自己的生活更精彩，我们不仅要通过了解黄金、白银、股票、基金、期货、外汇等基本理财知识来创造更加富足舒适的生活，也要懂得欣赏戏曲、体育比赛、音乐、舞蹈，并亲身体验养花养鸟、摄影等文娱活动，增添生活乐趣，还要懂得瓷器等艺术品收藏、境外旅游购物常识，享受更美好、更快乐的生活。

第九章

基本理财常识

在如今这个经济飞速发展的时代，我们需要掌握基本的理财常识，了解常见的理财工具，充分认识到理财的风险，再根据自身的兴趣及经济条件选择适合自己的理财项目，达到财富增值最大化、风险最小化。

第一节　黄金、白银

◎ 不同种类黄金投资的优劣势

黄金具有不变质、易流通、保值、储值的功能，是自古以来人们投资理财的首选。目前，黄金投资主要有实物黄金和纸黄金两大类。

● 实物黄金

（1）标金：标金是标准条金的简称，是黄金市场为使场内买卖交易行为规范化、计价结算国际化、清算交收标准化而要求进场的交易标准物，必须按规定的形状、规格、成色、重量等要素精炼加工成的条状金，如图9.1所示。

投资标金（知名企业的标金）不需要佣金和相关费用，流通性强，在世界各地都可转让、立即兑现，能够保值增值，可有效抵御通货膨胀。但它需占用一部分现金，在保存方面也存在风险，购买非知名企业的标金在兑现时需支付分析黄金的费用。

（2）金币：黄金铸币简称金币，有广义和狭义之分。广义的金币泛指所有在商品流通中专作货币使用的黄金铸件，如金锭、金元宝等。狭义的金币是指经过国家证明，以黄金作为货币的基材，按规定的成色和重量，浇铸成一定规格和形状，并标明货币面值的铸金币，如图9.2所示。

一般的金币收藏价值较小，只有数量稀少、铸造年代久远、品相完整的金

图 9.1　标金

图 9.2　金币

币才具有较大的升值潜力。投资金币需要具备一定的专业知识，以便对金币的价值有精准的判断。

（3）金饰：黄金铸造的饰品简称金饰，有广义和狭义之分。广义的金饰品指不论黄金成色多少，只要含有黄金成分的装饰品，如金杯、奖牌等纪念品或工艺品均可列入金饰品的范畴。狭义的金饰品专指以成色不低于58%的黄金材料加工而成的装饰物，如图9.3所示。

金饰具有一定的收藏价值，但投资价值不高，因为其折旧率高、易贬值。

图 9.3 金饰

纸黄金

纸黄金是黄金的纸上交易，投资者的买卖交易记录只在个人预先开立的“黄金存折账户”上体现，而不涉及实物金的提取。赢利模式即通过低买高卖，获取差价利润。纸黄金实际上是通过投机交易获利，而不是对黄金实物投资。

纸黄金没有实物黄金的储存风险，操作简单方便、交易时间灵活、交易成本低，宜做长期投资。

其他黄金投资

（1）黄金凭证：目前国际上比较流行的一种黄金投资方式。它不仅具有高度的流通性（随时随地都可以提取黄金），而且还可以帮助投资者避免储存黄金的风险。国内发行的“中华纸黄金”就是黄金凭证中的一种。另外，在投资黄金凭证时，需要向发行机构支付一定数量的佣金，具体数额与实金的存储费相当。

（2）黄金保证金：在投资黄金保证金时，投资者只需要按照黄金交易的总额支付一定比例的价款作为黄金实物交割时的履约凭证即可。市场上的黄金保证金交易可以分为黄金现货保证金交易和黄金期货保证金交易两大类。目前，杠杆式现货黄金交易是市场上最流行且最具收益性的黄金现货交易。而黄金期货则是名副其实的“定金交易”，在黄金期货合约交易中只要交易额10%左右的定金作为投资成本。价格发现、套期保值和投机获利是黄金保证金交易最主要的三大功能。

（3）黄金管理账户：属于黄金交易中风险较大的投资方式之一，具体是指由经纪人全权处理投资者的账户的投资方式。在黄金交易中，经纪人的专业知识、水平以及信誉是投资成功与否的关键所在。

（4）黄金股票：又称金矿公司股票，是黄金投资的延伸产品之一。当黄金价格上涨时，黄金股票的价格要大于黄金价格的涨幅；当黄金价格下跌时，它的跌幅则要小于黄金价格。同时，投资黄金股票会有多元化的选择和高回报率，还能有效地分散投资风险，增加赢利的机会。

（5）黄金基金：是专门以黄金或黄金类交易品种作为投资媒介的一种共同基金，具有投资风险小、收益比较稳定的优点。

（6）黄金期权：属于黄金交易中的新兴方式，是指交易双方约定在黄金到达某一价位时具有购买一定数量黄金的权利而非义务。这样，当价格走势对期权买卖者有利时，他们即可获利；而当价格走势对其不利时，则只损失当时购买期权时的费用。在黄金期权交易中，由市场供求双方共同决定买卖期权的费用。这样，投资风险就会大大降低。

◎ 如何鉴别黄金的成色

黄金分为生金和熟金两大类，生金是未经提炼的黄金，熟金是经过提炼的黄金。熟金又分为清色金和混色金，清色金是加入了银而没有其他金属的熟金，混色金是掺入了银和其他金属的黄金。

黄金的纯金含量简称金位（K），一般称纯金为24K，即理论上含金量为100%，因此黄金1K约为含金量4.166%，不同级别有不同的含金量。有时也会以含金量作为黄金成色标准，如金件上标注9999的是含金量为99.99%。国家规定黄金首饰的含金量必须在9K以上。下面为大家介绍一下各种规格K金含金量的公式：

$$24K=24\times 4.166\%=99.984\%(999‰)$$
$$22K=22\times 4.166\%=91.652\%(916‰)$$
$$21K=21\times 4.166\%=87.486\%(875‰)$$
$$20K=20\times 4.166\%=83.320\%(833‰)$$
$$18K=18\times 4.166\%=74.998\%(750‰)$$
$$14K=14\times 4.166\%=58.324\%(583‰)$$
$$12K=12\times 4.166\%=49.992\%(500‰)$$

$$10K=10\times4.166\%=41.660\%(417‰)$$
$$9K=9\times4.166\%=37.494\%(375‰)$$
$$8K=8\times4.166\%=33.328\%(333‰)$$

许多金饰也会用文字来标注黄金纯度：足金指含金量不小于990‰，千足金指含金量大于999‰。我国对黄金制品印记和标志牌有规定，一般要求有生产企业代号、材料名称、含量印记等，无印记的为不合格产品，但一些特别细小的制品也允许不打标记。

◎ 选购黄金首饰要辨色听音

购买黄金首饰需要到有质量保证的大商店、大品牌店购买，还要注意以下几点：

（1）金饰要有正规的税务发票，标明饰品名称、成色（黄金含量）、重量。

（2）看色泽。赤黄色为佳，黄金含量在95%以上；正黄色，黄金含量在80%左右；青黄色，黄金含量在70%左右；黄色略带灰色，黄金含量在50%左右。故有口诀为“七青八黄九五赤、黄白带灰对半金”。对久藏初出的首饰来说，则有“铜变绿，银变黑，金子永远不变色”的说法。

（3）听音韵、看弹性。成色高的黄金首饰受敲击或往地面抛掷时，发出“扑嗒、扑嗒”的沉闷低声，且无音韵、无弹力；K金有音韵、有声、有弹力，弹力越大、音韵越尖越长者，成色越差。

另外，在保存金饰时，不要与化妆品、洗发液、洗洁精等相接触，以免发生化学反应。平时存放首饰时，最好用柔软的布把每件饰品分开包装，以免摩擦造成磨损。

◎ 铂金首饰的纯度标志

铂金又称白金，是一种天然生成的白色贵金属。国家规定只有铂金含量在85%及以上的首饰才能被称为铂金首饰，如图9.4所示。白色K金不是铂金，它的主要成分是黄金，由于加入其他金属后而呈现出白色。白色K金首饰通常使用18K(G750)、14K等来表示其中所含

图9.4　铂金戒指

黄金的纯度。

选购铂金时，人们需要注意以下几点：

（1）印记：按照国家产品标准，在铂金饰品上应有铂化学符号 Pt 及铂金含量、厂家印记。铂金首饰纯度标志主要有 Pt850（含铂量 85%）、Pt900（含铂量 90%）、Pt950（含铂量 95%）、Pt990（含铂量 99%）或 Pt999（千足铂，含铂量 999‰）。

（2）色泽：铂金首饰色泽呈灰色调的银白色，光泽明亮，永不变色；而白银多呈微带黄的白色；K 白金没有铂金明亮，白色中带有青黄色。

（3）重量：铂金的密度比白银大两倍多，同样体积的铂金和白银相比较，铂金有明显的下坠感。

（4）声音：敲击时，若发出“托托”声音而无韵者，则是较纯的铂金；若发出“叮叮”尖声，有声有韵者，则是成色较低的铂金。

◎ 不同种类白银投资的优劣势

银因其色白，称白银，与黄金相对，是自古以来仅次于黄金的投资选择。

● 实物白银

（1）银砖：长方形银锭，如图 9.5 所示，重量 2000 克左右，也有几百克的，成色 950‰居多，980‰较少。成色 900‰以下的会起很厚的皱皮，面上黑红色发乌。

图 9.5　银砖

银砖兑现方便，投资价值较高，但保存有风险，易损耗。

（2）银条：呈长条状，尺寸不等，如图 9.6 所示，重量 300 克左右，好的成色 950‰左右，一般成色 900‰左右，以 925‰最为多见，是制作银饰的原料。900‰以下的呈灰白色，质坚硬，敲打有铜声，底面无蜂窝，火烧后表面显黑红。

银条兑现方便，投资价值高，但要选择大公司的产品，其保存有风

图 9.6　深圳大运会银条

险，易损耗。

（3）银元宝：呈椭圆形或长方形，如图9.7所示，一般两耳高立，两耳中间面部凹下平坦，洁白光润，底部有蜂窝，蜂窝口小洞大，深浅不一，分布自然，打击声音贯通一致，重量1750克左右，成色980‰。若表面有黑斑点，成色970‰；黑斑点较多，成色950‰。重量为312.5克、31.25克的旧制十两及一两的小元宝，面部打有“十”戳记，成色950‰～980‰。

图 9.7　银元宝

银元宝现代较少见，多为具有收藏价值的文物。

图 9.8　银元

（4）银圆：也称银元，是我国过去市场上流通的一种货币，种类繁多，以清末各种龙洋、民国孙中山像开国纪念币、袁世凯头像银元、孙中山像船洋最为多见，如图9.8所示，还有中华苏维埃币、四川“汉”字币等。此外一些外国银元，如站洋、坐洋、鹰洋、日本龙洋等也在国内流通。

银元具有较强的收藏价值，投资价值不高。

（5）纪念银币：属于收藏品范围，如图9.9所示，但它和普通银币一样都受国际银价上涨的影响。目前，中国人民银行每年都要发

图 9.9　北京奥运会纪念银币

图 9.10 银手镯

行各种银币。纪念银币以发行种类多、数量大、价格低、升值幅度大深受投资者欢迎。不过，投资者在进行纪念银币投资之前需要对银币市场有所了解，并根据自己的具体情况进行选择。

(6) 银首饰、银器皿：银质首饰、器皿中掺入杂质红铜较多，白铜、黄铜较少。首饰有镯、佩、链、坠、簪、锁、戒指等，如图9.10所示；器皿有餐具、壶、碗、杯、鼎、炉、盾牌等，具有一定的收藏价值，投资价值不高。

纸白银

纸白银是一种个人凭证式白银，是我国继纸黄金后的一个新的贵金属投资品种，投资者按银行报价在账面上买卖“虚拟”白银，个人通过把握国际白银走势低吸高抛，赚取白银价格的波动差价。投资者的买卖交易记录只在个人预先开立的“白银账户”上体现，不发生实物白银的提取和交割。纸白银没有储存白银的安全风险，操作简单，交易时间灵活，交易成本低，但只能做大宗、长期投资，风险较大。

其他白银投资

(1) 白银股票:G 豫光是我国目前沪深两市最主要的白银股票，仅2005年第三季度，白银产品就为该公司带来了8.88%的毛利润。如果国际市场的银价继续上涨，白银股票将会为投资者带来无限的机会。不过，若是银价出现下跌，可能也会出现一溃千里的情况，所以投资者在进行投资时一定要留有余地。

(2) 白银期货：关于白银期货，投资者可以依靠卖空银价下跌之后获利。期货与现货相对，具有杠杆效应、流动性高、不进入交割、不承担存储白银实物风险的优点。但同时，白银期货属于高风险投资，需要专业的投资技能。现阶段，我国尚未正式推出白银期货。

(3) 白银基金：2006年，第一只白银 ETF 基金诞生，它的发行者是巴克莱全球投资公司。它的投资与股票类似，投资者只要购买 ETF 股份就可以

参与白银的投资。不过，ETF 基金深受国际白银价格影响，具有一定的风险性。

◎ 鉴别白银首饰真假的四个方法

和黄金相比，白银首饰价格较低廉，成色鉴别也相对简单，具体鉴别方法如下：

（1）看戳记。正规厂家生产的白银首饰一般都有戳记。国际惯例以千分数加“S”或“Silver”或“银”字样表示白银首饰的成色，如“800S”表示成色为八成的银首饰。一般来说，800S 以上的成色为纯银首饰，以下成色不是纯银首饰。

（2）看颜色。高成色白银洁白且光亮细腻，低成色白银呈微黄色或灰色且不光洁。一般而言，银铜合金饰品颜色偏黄白，成色越低颜色越黄；银白铜合金颜色偏灰白，成色越低颜色越灰甚至呈灰黑色，如800银呈灰白色，700银呈灰色，500银呈黑灰色。

（3）掂重量。白银密度较一般常见金属略大，铝质轻，银质重，铜质不轻不重。如果饰品体积较大而重量较轻，则非银质饰品或银含量低。

（4）听声韵。纯银饰品掷地有声，无弹力，声响为“扑嗒扑嗒”。成色越低，声音越尖越高；若为铜质，其声音高且尖，韵声急促而短；若为铅、锡质地，则掷地声音沉闷、短促，无弹力。

第二节 股 票

◎ A 股、B 股、H 股、N 股和 S 股

依据股票的上市地点和所面对的投资者，股票可分为 A 股、B 股、H 股、N 股、S 股。

A 股的正式名称是人民币普通股票。它是由我国境内的公司发行，供境内机构、组织或个人（不含台、港、澳地区投资者）以人民币认购和交易的普通股票。

B 股的正式名称是人民币特种股票，它以人民币标明面值，以外币认购和买卖，在境内（上海、深圳）证券交易所上市交易。它的投资人限于：外国的自然人、法人和其他组织，中国香港、中国澳门、中国台湾地区的自然人、法人和其他组织，定居在国外的中国公民以及中国证监会规定的其他投资人。

H 股即注册地在内地、上市地在中国香港的外资股。香港的英文是 Hong Kong，取其字首，在香港上市的外资股就叫做 H 股。

N 股是指在中国注册、在纽约（New York）上市的外资股。

S 股是指主要生产或者经营等核心业务在中国内地且企业的注册地也在中国内地，但在新加坡（Singapore）交易所上市挂牌的企业股票。

◎ 绩优股和垃圾股

根据业绩，股票可分为绩优股和垃圾股。

绩优股就是业绩优良公司的股票。在我国，投资者衡量绩优股的主要指标是每股税后利润和净资产收益率。一般而言，每股税后利润在全体上市公司中处于中上地位，公司上市后净资产收益率连续三年显著超过10%的股票当属绩优股之列。

垃圾股指的是业绩较差公司的股票。这类上市公司或者由于行业前景不好，或者由于经营不善等，有的甚至进入亏损行列。

◎ 蓝筹股和红筹股

在股票市场上，投资者把那些在其所属行业内占有重要支配性地位、业绩优良、成交活跃、红利优厚的大公司股票称为蓝筹股。“蓝筹”一词源于西方赌场，在西方赌场中，有三种颜色的筹码，其中蓝色筹码最为值钱。

中华人民共和国在国际上有时被称为“红色中国”，相应的，中国香港和国际投资者把在境外注册、在中国香港上市的那些带有中国内地概念的股票称为红筹股。

◎ 融资和融券

融资、融券又称证券信用交易，是指投资者向具有上海证券交易所或深圳证券交易所会员资格的证券公司提供担保物，借入资金买入本所上市证券或借入本所上市证券并卖出的行为，包括券商对投资者的融资、融券和金融机构对券商的融资、融券。

融资是借钱买证券，即证券公司借款给客户购买证券，客户到期偿还本息，客户向证券公司融资买进证券称为“买空”。

融券是借证券来卖，然后以证券归还，即证券公司出借证券给客户出售，客户到期返还相同种类和数量的证券并支付利息，客户向证券公司融券卖出称为“卖空”。

目前国际上流行的融资、融券模式基本有四种：证券融资公司模式、投资者直接授信模式、证券公司授信的模式以及登记结算公司授信的模式。

◎ 常用股票术语

（1）开盘价：指当日开盘后该股票的第一笔交易成交的价格，是通过集合竞价的方式产生的。如果开市后30分钟内无成交价，则以前日的收盘价作为开盘价。

（2）收盘价：指每天成交中最后一笔股票的价格，也就是收盘价格。

（3）最高价：指当日成交价格中的最高价位。有时最高价只有一笔，有时不止一笔。

（4）最低价：指当日成交价格中的最低价位。有时最低价只有一笔，有时不止一笔。

（5）成交量：反映成交数量的多少。一般可用成交股数和成交金额两项指标来衡量。目前深沪股市两项指标均能显示出来。

（6）牛市：股市前景乐观，股票价格持续上涨的行情。

（7）熊市：股市前景暗淡，股票价格持续下跌的行情。

（8）停板：因股票价格波动超过一定限度而停做交易。其中因股票价格上涨超过一定限度而停做交易叫涨停板，因股票价格下跌超过一定限度而停做交易叫跌停板。目前国内规定 A 股涨跌幅度为10%，ST 股（因财务状况或其他状况出现异常而被股票交易所特别处理的上市公司股票）为5%。

（9）套牢：预期股价上涨而买入股票，结果股价却下跌，又不甘心将股票卖出，被动等待获利时机出现的行为。

知识链接：涨跌停板制度

涨跌停板制度是证券市场中为了防止交易价格的暴涨暴跌，抑制过度投机现象，对每只证券当天价格的涨跌幅度予以适当限制的一种交易制度，即规定交易价格在一个交易日中的最大波动幅度为前一交易日收盘价上下的百分之几，超过后停止交易。

我国证券市场现行的涨跌停板制度规定，除上市首日之外，股票（含 A、B 股）、基金类证券在一个交易日内的交易价格，相对上一交易日收市价格的涨跌幅度不得超过10%，ST 股涨跌幅度不得超过5%，超过涨跌限价的委托为无效委托。

◎ 股票开户流程

股票的开户基本流程如下：

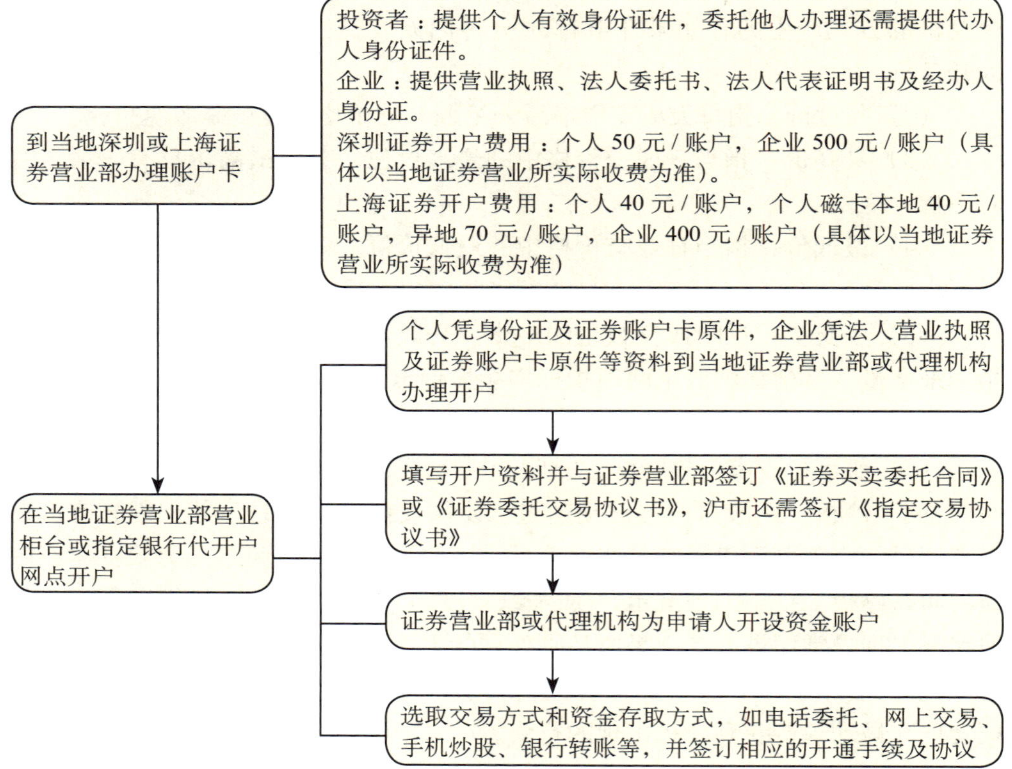

注意，开户要求皆以当地证券营业所实际要求为准。

◎ 新股申购常识

股票开户后，可申购新股：

（1）沪市每一申购单位为1000股，申购数量不少于1000股，超过1000股的必须是1000股的整数倍。深市申购单位为500股，每一证券账户申购数量不少于500股，超过500股的必须是500股的整数倍，且不能超过申购上限。沪深两市的上限不同，具体情况为沪市最高不得超过当次社会公众股上网发行数量或者9999.9万股，深市为不得超过本次上网定价发行数量，且不超过99999.95万股。

（2）申购新股每1000股配一个申购配号，同一笔申购所配号码是连续的。每个账户申购同一只新股只能申购一次（不包括基金、转债）。重复申购，只有第一次申购有效。申购新股的委托不能撤单，新股申购期间不能撤销指定交易。

（3）如果申购人数过多，会采取摇签的方式确定申购人，每个中签号只能认购1000股。

（4）申购上网定价发行新股须全额预缴申购股款。申购二级市场配售的新股不用预缴申购股款，中签后才缴款。客户如中签，在资金账户上存入相应资金，由交易系统缴款认购。

沪深两市申购时间均为发行日9:30～11:30，13:00～15:00。

◎ 股票交易程序

开户之后，投资者可进行股票交易，包括以下几个步骤：

（1）委托。委托的方式有柜台委托、电话委托、自助委托和网上委托。一般投资者都可以到开户的证券营业部通过电脑自助委托，只需利用股东账户卡，在自助委托终端机上输入交易密码即可进行委托，投资者在电脑上输入要买进或卖出股票的代码即可操作。

（2）竞价与成交。投资者发出的委托指令会通过证券交易所的交易系统被传送到交易所的撮合主机，撮合主机对接收到的来自全国各地的委托指令进行合法性的检测，然后按“价格优先、时间优先”的竞价规则排队，确定成交价，自动撮合成交，并立刻将结果传送给证券商，投资者可以通过营业部内的显示器看到自己的委托是否已经成交，当天不能成交的委托自动失效。

（3）清算与交割。投资者的委托成交之后，由证券登记结算公司负责对交易所传送的数据进行结算，证券营业部根据登记结算公司发来的资金交收数据划拨证券，由银行代理完成资金的划拨。

（4）过户。一般投资者在成交后的第二个交易日可以在自己的账户中查询成交的实际情况，将股票过户。

◎ 证券转托管

证券转托管是针对深圳证券交易所（简称“深交所”）上市证券进行托管转移的一项专门业务，具体是指投资者将其在深交所的上市证券从某一证券商处转移至另一证券商处托管。需要注意的是证券转托管是一种个人自愿行为。无论何种股票，一旦托管在某证券商处，则只能在该证券商处卖出被托管的股票，如果想在另外的证券商处卖出该股票，必须到原受托证券商处预先办理转托管手续（仅适用于深市），分为同城转托管和异地转托管两种。具体步骤如下：

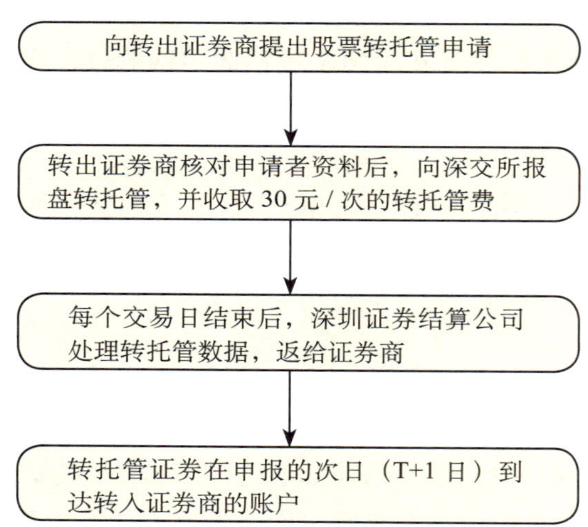

注意，利用交易系统办理转托管的证券品种只包括在深交所挂牌的 A 股、基金、可转换债券等，权证、国债不能转托管。

◎ 股票过户步骤

股票有记名股票与不记名股票两种。不记名股票可以自由转让，记名股票的转让必须办理过户手续。在证券市场上流通的股票基本上都是记名股票，都应该办理过户手续才能生效。具体步骤如下：

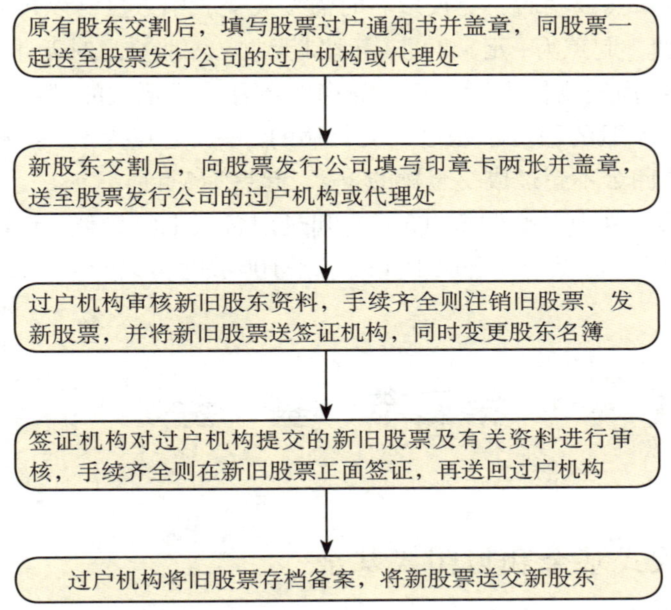

注意，签证机构不可自行设置，且过户机构与签证机构不能是同一家金融机构。

◎ 股票交易费用

当股票买卖成交后，买卖双方都要支付一定的手续费，主要包括以下几种：

（1）印花税。按照现行印花税法规定，企业公开发行的股票，因购买、继承、赠与等方式发生股权转让行为的，均依股权转让书据书立时的证券市场当日实际成交价格计算的金额，由买卖股票的双方当事人（投资者）分别依据规定税率缴纳征收印花税。它一般由与投资者进行交割的证券经纪商代为扣收，最后由结算公司统一向国家税务机关缴纳。

经国务院批准，财政部、国家税务总局决定自2008年4月24日起印花税税率由3‰调整为1‰。同时，按照现行规定，印花税的适用对象只包括 A 股和 B 股，各类基金、国债现券及回购等均不在征收之列。

（2）证券监管费。按照证监会〔2010〕18号公告，股票按照年交易额的

0.04‰来收取证券监管费。

(3)过户费。上海股票采取的是“中央登记、统一托管”的运作方式，因此人们在股票买卖成功后、更换户名时需按成交股票数量(以每股为单位)的1‰支付过户费，起点为1元，不足1元按1元收。深股交易时无此费用。

(4)证券商交易佣金。各家证券商及各种交易形式的佣金不同。在上海证券交易所，A股的佣金不超过成交金额的3‰，起点为5元；在深圳证券交易所，A股的佣金不超过成交金额的3‰，起点为5元。

鉴于股票交易中最低佣金(5元)和过户费(上海最低1元)的规定，股数大于100股时，可以一股一股地卖，低于100股时，只能一次性卖出。

第三节 基 金

◎ 开放式基金和封闭式基金

基金是证券投资基金的简称，指用投资组合的方式将众多投资人的资金集中起来进行证券投资的一种利益共享、风险共担的集合投资方式。根据基金单位是否可增加或赎回，可分为开放式基金和封闭式基金：

(1)开放式基金不上市交易，一般通过银行申购和赎回，基金规模不固定，价格由净值决定，市场选择性强，流动性好，透明度高，操作简单，可随时在各销售场所申购、赎回基金，但其随时面临赎回压力，风险较大。

(2)封闭式基金有固定的存续期，期间基金规模固定，交易价格主要受市场对该特定基金份额的供求关系影响，且有严格的申购、赎回时间，不能随时购买与赎回，风险较小，但收益也较小。一般在证券交易场所上市交易，投资者通过二级市场买卖基金单位。

◎ 公司型基金和契约型基金

根据组织形态的不同，基金可分为公司型基金和契约型基金。

基金通过发行基金股份成立投资基金公司的形式设立，通常称为公司型基金。

由基金管理人、基金托管人和投资人三方通过基金契约设立的基金，通常

称为契约型基金。

◎ 股票型基金、债券型基金、货币市场基金和期货基金

根据投资对象的不同，基金可分为股票型基金、债券型基金、货币市场基金、期货基金、期权基金、认股权证基金等，下面主要讲四类：

（1）股票型基金：以股票为主要投资对象的投资基金，收益率高，风险也高。

（2）债券型基金：以债券为投资对象的投资基金，风险较小，收益不如股票型基金高。

（3）货币市场基金：以国库券、大额银行可转让存单、商业票据、公司债券等货币市场短期有价证券为投资对象的投资基金。它只有一种分红方式——红利转投资，即货币市场基金每份单位始终保持在1元，超过1元后的收益会按时自动转化成基金份额，拥有多少基金份额即拥有多少资产，它有收益稳定、流动性强、购买限额低、资本安全性高等优点。

（4）期货基金：一种以期货为主要投资对象的投资基金，收益高，风险也高。

◎ 成长型基金、收入型基金和平衡型基金

根据投资风险与收益的不同，可分为成长型基金、收入型基金和平衡型基金：

（1）成长型基金：以资本长期增值为投资目标，其投资对象主要是市场中有较大升值潜力的小公司股票和一些新兴行业的股票，具有较强的投机性，风险较大，收益较高。

（2）收入型基金：主要投资于可带来现金收入的有价证券，以获取当期的最大收入为目的，以追求基金当期收入为投资目标的基金，其投资对象主要是那些绩优股、债券、可转让大额存单等收入比较稳定的有价证券。其风险较低，收益不高，适合保守投资者。

（3）平衡型基金：以既要获得当期收入，又追求基金资产长期增值为投资目标，把资金分散投资于股票和债券，以保证资金的安全性和赢利性的基金。该类基金风险较低，收益较高，但需要投资者具有较强的专业能力或选择实力非凡的基金经理。

◎ 常用基金术语

（1）基金募集期：指基金合同和招募说明书中载明，并经中国证券监督管理委员会（以下简称证监会）核准的基金份额募集期限，自基金份额发售之日起，一般为1～3个月不等，最长不超过3个月。

（2）开放日：可以办理开放式基金的开户、申购、赎回、销户、挂失、过户等一系列手续的工作日。

（3）认购：投资人在基金募集期，按照基金的单位面值加上少量手续费购买基金的行为。

（4）申购：投资人在基金成立之后，按照当日收市后计算出的基金单位资产净值加上少量手续费购买基金的行为。

（5）赎回：投资人将已经持有的开放式基金单位出售给基金管理人，收回资金的行为。

（6）基金的分红：基金将收益的一部分以现金形式派发给投资人，这部分收益原来就是基金份额净值的一部分。基金的分红方式有现金分红和红利再投资两种。

（7）基金转换：当一家基金管理公司同时管理多只开放式基金时，基金投资人将持有的一只基金转换为另一只基金的行为。

（8）基金转托管：投资者在变更办理基金申购与赎回等业务时，销售机构（网点）之间不能通存通兑的，可办理已持有基金份额的转托管。

（9）基金分拆：将一份净值较高的基金拆成净值较低的基金（如1元面值），同时基金份额相应增加，总资产规模不变，投资者在基金分拆后可按较低的基金净值继续申购基金。

◎ 基金开户

基金账户又称TA账户，不论投资人通过哪个渠道办理，均记录在该账户下。对某一基金管理公司而言，每个投资者只能申请开立一个基金账户。基金账户由注册登记人集中确认发放。

同一家基金管理公司的所有开放式基金在同一个基金账户，但各家基金管理公司开设不同的基金账户，基金账户以基金管理公司进行区别。凡持有本公司开设的基金账户卡即可购买基金管理公司旗下的所有开放式基金。

基金交易账户简称交易账户，是指基金销售机构为投资人开设的用于管理和记录投资人在该销售机构交易的基金种类和数量变化情况的账户。投资人在不同的销售机构购买同一种基金，要有不同的交易账户，但是基金账户始终只有一个。

基金账户由注册登记人集中确认发放。销售机构 T 工作日受理投资者开立基金账户的申请，注册登记中心 T+1 工作日提供投资者的基金账户号，投资者可于 T+2 工作日在销售机构查询基金账户开户是否成功。

◎ 基金申购方法

投资者在开立基金账户的同时可以获得销售机构发放的交易账号卡。在基金账户开立当日，投资者可提交认购或申购申请。

投资者可通过银行代销、证券公司代销、基金公司直销、网上购买的方式来购买基金。购买开放式基金时，要在开放式基金正式发行首日办理开户，进行认购，最终确认。购买封闭式基金时，先办理申购，再确认中签并解冻资金。

◎ 基金赎回流程

基金赎回是申购的反过程，是仅针对开放式基金而言的，即卖出基金单位收回资金的行为，主要分为以下两个步骤：

（1）发出赎回指令：人们可以通过传真、电话、互联网或亲自到基金公司直销中心或代销机构下达基金赎回指令。

基金的赎回价格是赎回当日的基金净值，加计赎回费。假定某投资者赎回某基金1万份基金单位，其对应的赎回费率为0.5%，如果当日基金单位资产净值为1.0198元，则其实际可得到的赎回金额为：赎回费用 = 1.0198 × 10000 × 0.5% = 50.99元，实际赎回金额 = 1.0198 × 10000 − 50.99 = 10147.01元。也就是说，投资者赎回某基金1万份基金单位，若该基金当日单位资产净值为1.0198元，则其可得到的赎回金额为10147.01元。

（2）领取赎回款：投资人赎回基金时，无法在交易当天拿到款项，该款项一般会在交易日的3～5天、最迟不超过7天后划出。投资人可以要求基金公司将赎回款项直接汇入其在银行的户头，或是以支票的形式寄给投资人。

注意，封闭式基金不能赎回，但可以像股票一样在交易市场买卖。

◎ 基金转换步骤

基金转换是指当一家基金管理公司同时管理多只开放式基金时，基金投资人可以将持有的一只基金转换为另一只基金，即投资人卖出一只基金的同时，买入该基金管理公司的另一只基金。

基金转换的步骤如下：

（1）基金份额持有人必须根据基金管理人和基金销售代理人规定的手续，在开放日的交易时间段内提出基金转换申请。

（2）基金管理人应以收到基金转换申请的当天作为基金转换申请日（T日），并在 T+1 工作日对该交易的有效性进行确认。投资人可在 T+2 工作日及之后到其提出基金转换申请的网点进行成交查询。

（3）基金份额持有人申请基金转换成功后，基金注册登记机构在 T+1 工作日为基金份额持有人办理相关的注册登记手续。

◎ 基金定投技巧

对于无暇顾及基金买卖或是初次涉足基金投资的人群，适合选用基金定投。基金定投指在固定的时间（如每月 8 日）以固定的金额（如 500 元）投资到指定的开放式基金中，类似于银行的零存整取方式，可有效平均成本、分散风险，此法适用于长期投资。

若已开立基金账户，可在日常基金交易时间携带有效证件、资金卡或银行卡到指定代销机构签订定期扣款协议，约定每月扣款时间和扣款金额；若尚未开立基金账户，可申请开立基金账户，同时开办定期定额业务；若尚未有银行账户，须先开立银行账户，用于定期扣划申购资金。开户和申购可同时在代销机构办理。

不同渠道对定投最低金额的限制不同，如工商银行定投业务每月最低定投金额为 100 元。

基金定投划款期限通常为一个月，但不同代销机构约定的每月扣款日期有所不同。如工商银行定投业务扣款时间为每月的第一个工作日；交通银行扣款时间则为每月 8 日。

在不同代销机构办理定投，对基金持有期的计算也有所不同。如工商银行、交通银行对基金持有时间按照各笔投入分笔计算，投资者可以在定投期满之前随时赎回；而广发证券对基金持有时间则统一从首次扣款算起，但投资者不能在定投合同到期前办理赎回。

◎ 基金分红

基金分红是指基金管理公司将收益的一部分以现金方式派发给基金投资人。按《证券投资基金管理暂行办法》的规定，基金管理公司必须以现金形式分配至少90%的基金净收益，并且每年至少一次。

基金分红需具备三个条件：基金当年收益弥补了以前年度亏损；基金收益分配后，单位净值不低于面值；基金投资当期没有出现净亏损。

基金分红分为现金分红和红利再投资两种方式。更改分红方式时，代销的客户需持本人身份证和证券卡去原先购买基金的代销机构修改；直销的客户可通过基金公司网站或电话交易系统自行修改。

需要注意的是，衡量基金业绩的最大标准是基金净值的增长，而不是基金分红，分红只不过是基金净值增长的兑现而已，因此基金分红并非越多越好。

第四节　期　货

◎ 常用期货术语

（1）期货合约：是由期货交易所统一制定的、规定在将来某一特定的时间和地点交割一定数量和质量的商品的标准化合约。

（2）保证金：是指期货交易者按照规定标准交纳的资金，用于结算和保证履约。

（3）结算：是指根据期货交易所公布的结算价格对交易双方的交易盈亏状况进行的资金清算。

（4）交割：是指期货合约到期时，根据期货交易所的规则和程序，交易双方通过该期货合约所载商品所有权的转移，了结到期未平仓合约的过程。

（5）开仓：开始买入或卖出期货合约的交易行为，也叫建立交易部位。

（6）平仓：是指期货交易者买入或者卖出与其所持期货合约约定的品种、数量及交割月份相同但交易方向相反的期货合约，了结期货交易的行为。

（7）持仓量：是指期货交易者所持有的未平仓合约的数量。

（8）仓单：是指由交割仓库开出并经期货交易所认定的标准化提货凭证。

（9）撮合成交：是指期货交易所的计算机交易系统对交易双方的交易指令进行配对的过程。

（10）头寸：一种市场约定。期货合约买方处于多头（买空）部位，期货合约卖方处于空头（卖空）部位。

（11）套利：投机者或对冲者都可以使用的一种交易技术，即在某市场买进现货或期货商品，同时在另一个市场卖出相同或类似的商品，并希望两个交易会产生价差而获利。

（12）爆仓：是指投资者账户权益为负数，表明投资者不仅赔光了全部保证金，而且还倒欠期货经纪公司债务。由于期货交易实行逐日清算制度和强制平仓制度，一般情况下爆仓是不会发生的。但在一些特殊情况下，如在行情发生跳空变化时，持仓较重且方向相反的账户就有可能发生爆仓。

（13）成交量：是指某一期货合约在当日交易期间所有成交合约的双边数量。

◎ 我国期货品种及代码

我国期货交易机构主要有大连商品交易所、郑州商品交易所、上海期货交易所和中国金融期货交易所四家，负责不同期货的交易管理。

● 大连商品交易所

黄大豆1号—A
黄大豆2号—B
豆粕—M
豆油—Y
玉米—C
LLDPE(聚乙烯)—L
棕榈油—P
PVC(聚氯乙烯)—V

焦炭—J

郑州商品交易所

白糖—SR
PTA(精对苯二甲酸)—TA
棉花—CF
强麦—WS
早籼稻—ER
菜子油—RO

上海期货交易所

铜—CU
铝—AL
锌—ZN
铅—PB
天然橡胶—RU
燃料油—FU
黄金—AU
线材—WR
螺纹钢—RB

中国金融期货交易所

沪深300指数期货—IF

◎ 期货市场七大制度

（1）保证金制度。在期货交易中，任何交易者必须按照其所买卖期货合约价值的一定比例（我国现行的保证金比率一般为5%，国际上一般在3%～8%）缴纳资金，作为其履行期货合约的财力担保，然后才能参与期货合约的买卖，并视价格变动情况确定是否追加资金。

（2）每日结算制度。期货交易所实行每日无负债结算制度，又称“逐日盯市”，是指每日交易结束后，交易所按当日结算价结算所有合约的盈亏、交易保证金及手续费、税金等费用，对应收应付的款项同时划转，相应增加或减少会员的结算准备金。期货交易的结算实行分级结算，即交易所对其会员进行结算，期货经纪公司对其客户进行结算。

（3）涨跌停板制度和熔断机制。涨跌停板制度又称每日价格最大波动限制，即指期货合约在一个交易日中的交易价格波动不得高于或低于规定的涨跌幅度，超过该涨跌幅度的报价将被视为无效，不能成交。熔断机制针对股指期货设定，在开盘之后，当某一合约申报价触及上一交易日结算价的 ±6% 且持续 5 分钟时，该合约启动熔断机制。启动熔断机制后的连续 5 分钟内，该合约买卖申报不得超过熔断价，但可以继续撮合成交。启动熔断机制 5 分钟后，10% 涨跌停板生效。每日收盘前 30 分钟内，不启动熔断机制。

（4）持仓限额制度。持仓限额制度是指期货交易所为了防范操纵市场价格的行为和防止期货市场风险过度集中于少数投资者，对会员及客户的持仓数量进行限制的制度。超过限额，交易所可按规定强行平仓或提高保证金比例。

（5）大户报告制度。大户报告制度是指当会员或客户某品种持仓合约的投机头寸达到了交易所规定的数量时，如上海证券交易所（简称“上交所”）规定是持仓限量 80% 以上（含本数），会员或客户应向交易所报告其资金情况、头寸情况等，客户须通过经纪会员报告。大户报告制度是与持仓限额制度紧密相关的又一个防范大户操纵市场价格、控制市场风险的制度。

（6）实物交割制度。实物交割制度是指交易所制定的、当期货合约到期时，交易双方将期货合约所载商品的所有权按规定进行转移，了结未平仓合约的制度。

（7）强行平仓制度。强行平仓制度是指当会员或客户的交易保证金不足并未在规定的时间内补足，或者当会员或客户的持仓量超出规定的限额时，或者当会员或客户违规时，交易所为了防止风险进一步扩大，实行强行平仓的制度。简单地说，就是交易所对违规者的有关持仓实行平仓的一种强制措施。

◎ 期货账户开户流程

要想从事期货买卖，投资者需要携带本人有效身份证及银行卡或存折，到期货公司或者当地营业部办理账户，从事期货交易的资金往来，该账户与期货经纪机构的自有资金账户必须分开。客户必须在其账户上存足额保证金后，方可下单。

◎ 期货交易方式

期货的交易方式较多，但传统的交易方式主要有书面方式和电话方式。

书面方式是客户在现场填写交易指令单，通过期货经纪公司将指令下达至交易所；电话方式是客户通过电话将指令下达给期货经纪公司，期货经纪公司在同步录音后再将指令下达至交易所。

此外，随着科技的发展，计算机自助委托交易、电话语音委托交易、网上交易等交易方式也日渐流行。

◎ 期货交易结算方式

结算是指交易所结算机构或结算公司对会员和对客户的交易盈亏进行计算，计算的结果作为收取交易保证金或追加保证金的依据。

因此，结算是指对期货交易市场的各个环节进行的清算，既包括交易所对会员的结算，也包括会员经纪公司对其代理客户进行的交易盈亏的计算，其计算结果将被记入客户的保证金账户中。

期货交易的结算方式主要分为以下三种：

（1）对冲平仓：是期货交易最主要的结算方式，结算公式：

赢利 =(卖出价 − 买入价) × 合约张数 × 合约单位 − 手续费

亏损 =(买入价 − 卖出价) × 合约张数 × 合约单位 − 手续费

（2）实物交割：实物交割方式较少，只占合约总数的1%～3%。结算结果：卖方将货物提单和销售发票通过交易所结算部门或结算公司交给买方，同时收取全部货款。

（3）现金结算：期货合约到期时采取现金清算，这种结算方式极少。

◎ 期货跨月套利

期货套利指利用相关市场或者相关合约之间的价差变化，在相关市场或者相关合约上进行交易方向相反的交易，以期价差发生有利变化而获利的交易行为。

跨交割月份套利，也称跨月套利，是最为常用的套利形式，指投资者在同一市场利用同一种商品不同交割月份之间的价格差距的变化，买进某一交割月份期货合约的同时，卖出另一交割月份的同类期货合约以获取利润的活动。

这是一种最为常用的套利方式，风险较小，收益不高。

◎ 期货跨市场套利

期货跨市场套利是在不同交易所之间的一种套利交易行为。当同一期货商品合约在两个或更多的交易所进行交易时，由于区域间的地理差别，各商品合约间存在一定的价差关系。

投资者利用同一商品在不同交易所的期货价格的不同，在两个交易所同时买进和卖出期货合约以获取利润。

该套利方法收益高、风险大，需要投资者有超强的专业技能。

◎ 期货跨商品套利

期货跨商品套利，指利用两种不同的但是相互关联的商品之间的期货价格的差异进行套利，即买进（卖出）某一交割月份某一商品的期货合约，而同时卖出（买入）另一种相同交割月份、另一关联商品的期货合约。

跨商品套利必须具备以下几个条件：

（1）两种商品必须有关联性、相互替代性。

（2）交易受同一因素制约。

（3）买进或卖出的期货合约通常应在相同的交割月份。

这种套利方法收益高、风险大，适合经验丰富、专业技能高超的投资者。

第五节　外　汇

◎ 外汇是什么

国际货币基金组织对外汇的解释为：外汇是货币行政当局（中央银行、货币机构、外汇平准基金和财政部）以银行存款、财政部库券、长短期政府证券等形式所保有的在国际收支逆差时可以使用的债权。

按照我国2008年8月1日修订颁布的《中华人民共和国外汇管理条例》规定，外汇是指：

（1）外币现钞，包括纸币、铸币。

（2）外币支付凭证或支付工具，包括票据、银行存款凭证、银行卡等。

（3）外币有价证券，包括债券、股票等。

（4）特别提款权。

（5）其他外汇资产。

◎ 自由兑换外汇、有限自由兑换外汇和记账外汇

按照外汇进行兑换时的受限制程度，可将外汇分为三种：

（1）自由兑换外汇：指在国际金融市场上可自由买卖、可用于偿清债权债务、可自由兑换其他国家货币的外汇，如美元、英镑等。

（2）有限自由兑换外汇：指未经货币发行国批准、不能自由兑换成其他货币或对第三国进行支付的外汇。大多数的国家货币都属于有限自由兑换货币，包括人民币。

（3）记账外汇：又称清算外汇或双边外汇，是指记账在双方指定银行账户上的外汇，不能兑换成其他货币，也不能对第三国进行支付。

◎ 贸易外汇、非贸易外汇和金融外汇

根据用途不同，可将外汇分为以下三种，三者经常相互转化：

（1）贸易外汇：也称实物贸易外汇，是指来源于或用于进出口贸易的外汇，即由于国际间的商品流通所形成的一种国际支付手段。

（2）非贸易外汇：指贸易外汇以外的一切外汇，即一切非来源于或用于进出口贸易的外汇，如劳务外汇、侨汇和捐赠外汇等。

（3）金融外汇：与贸易外汇、非贸易外汇不同，它属于一种金融资产外汇，例如，银行同业间买卖的外汇，既非来源于有形贸易或无形贸易，也非用于有形贸易，而是为了各种货币头寸的管理和摆布。

◎ 外汇主要币种

下面是我国外汇市场上常用的币种。

● 美元（USD）

美元（图9.11）是美国的官方货币，它是外汇交换中的基础货币，也是国际支付和外汇交易中的主要货币，在国际外汇市场中占有非常重要的地位。

美元的纸币以美元（Dollar，$）为单位，美元的硬币以美分（Cent，¢）为单位，1美元 =100美分。纸币面额分为1、2、5、10、20、50、100美元7种，硬币面额分为1、5、10、25、50美分和1美元。

图9.11 美元

欧元（EUR）

欧元（图9.12）是指在比利时、法国、德国、芬兰、荷兰、卢森堡、爱尔兰、意大利、葡萄牙、西班牙、希腊、斯洛文尼亚、塞浦路斯、斯洛伐克、爱沙尼亚、奥地利、马耳他共17个欧洲联盟会员国使用的官方货币。

欧元的纸币以欧元（Euro，€）为单位，面额分为5、10、20、50、100、200、500欧元7种；欧元的硬币以欧元、欧分（Euro cent）为单位，1欧元=100欧分，面额分为1、2、5、10、20、50欧分，1、2欧元8种。

图 9.12　欧元

英镑（GBP）

英镑（图9.13）是英国国家货币和货币单位名称。历史上，英镑一直是最有价值的基础外汇品种。

英镑纸币以镑（Pound，£）为单位，硬币以新便士（New pence）为单位，1英镑 =100新便士。纸币面额分为5、10、20、50镑4种，硬币面额分为1、2、5、10、20、50新便士及1英镑的铸币7种。

图 9.13 英镑

日元（JPY）

日元（图9.14）是日本的官方货币，也是第二次世界大战后升值最快的货币之一，在外汇交易中的地位变得越来越重要。

日元纸币称为日本银行券，以円为单位，面额有1000、2000、5000、10000円4种（2004年发行新币之后面额为1000、5000、10000円3种），硬币有1、5、10、50、100、500円6种。

瑞士法郎（CHF）

瑞士法郎（图9.15）是瑞士发行的官方货币，它在20世纪一直是最稳定的货币，并在相当长的时间内被视为“避风港货币”，因此在瑞士几乎总是零通胀，并且货币依托有40%的黄金储备。

瑞士法郎以法郎（Swiss franc）为单位，纸币面额分为10、20、50、100、200、1000瑞士法郎6种。

图 9.14　日元

图 9.15　瑞士法郎

澳元（AUD）

澳元（图9.16）是澳大利亚联邦的法定货币，是外汇市场中一种重要的币种。

澳元以元（$）、分（Cents，c）为单位，纸币面额分为5、10、20、50、100澳元5种，硬币面额分为1、2、5、10、20、50分6种，1元=100分。

图9.16 澳元

◎ 人民币真伪鉴别常识

看

（1）看水印。第五套人民币各券别纸币的固定水印位于各券别纸币票面正面左侧的空白处，迎光透视，可以看到立体感很强的水印。100元、50元纸币的固定水印为毛泽东头像图案，如图9.17所示。20元、10元、5元纸币的固定水印为花卉图案（20元为莲花、10元为玫瑰花、5元为水仙花、1元为兰花）。

（2）看安全线。第五套人民币纸币在各券别票面正面中间偏左，均有一条安全线。100元、50元纸币的安全线，迎光透视，分别可以看到“RMB100”、“RMB50”的缩微文字，仪器检测均有磁性；20元纸币，迎光透视，是一条明暗相间的安全线，10元、5元纸币安全线为全息磁性开窗式安全

线，即安全线局部埋入纸张中，局部裸露在纸面上，开窗部分分别可以看到由缩微字符“￥10”、“￥5”组成的全息图案，仪器检测有磁性。

（3）看光变油墨。第五套人民币100元券和50元券正面左下方的面额数字采用光变油墨印刷。将垂直观察的票面倾斜到一定角度时，100元券的面额数字会由绿色变为蓝色，50元券的面额数字则会由金色变为绿色。

图9.17　人民币防伪特征

（4）看票面图案是否清晰，色彩是否鲜艳，对接图案是否可以对接上。第五套人民币纸币的阴阳互补对印图案应用于100元、50元和10元券中。这三种券别的正面左下方和背面右下方都印有一个圆形局部图案。迎光透视，两幅图案准确对接，组合成一个完整的古钱币图案。

（5）用5倍以上放大镜观察票面，看图案线条、缩微文字是否清晰干净。第五套人民币纸币各券别正面胶印图案中，多处均印有缩微文字，20元纸币背面也有该防伪措施。100元缩微文字为“RMB”和“RMB100”；50元为“50”和“RMB50”；20元为“RMB20”；10元为“RMB10”；5元为“RMB5”和“5”字样。

● 摸

（1）摸人像、盲文点、中国人民银行行名等处是否有凹凸感。第五套人民币纸币各券别正面主景均为毛泽东头像，采用手工雕刻凹版印刷工艺，形象逼真、传神，凹凸感强，易于识别。

（2）摸纸币是否薄厚适中，挺括度好。

● 听

根据钞票抖动发出的声音来分辨人民币真伪。人民币的纸张，具有挺括、耐折、不易撕裂的特点。手持钞票用力抖动、手指轻弹或两手一张一弛轻轻对称拉动，能听到清脆响亮的声音。

● 测

人们可借助一些简单的工具和专用的仪器来分辨人民币真伪。如：借助放大镜可以观察票面线条清晰度、胶、凹印缩微文字等；用紫外灯光照射票面，可以观察钞票纸张和油墨的荧光反应；用磁性检测仪可以检测黑色横号码的磁性等。

知识链接：人民币真伪硬币的鉴别方法

我国第五套人民币硬币分为1元、5角、1角三种，硬币背面主景图案分别为菊花、荷花、兰花。要鉴别硬币的真假，可注意以下两点：

（1）通过观察硬币外形来辨别：与真币相比，假硬币的平整度较差，边缘部有起毛刺现象，且厚度不均匀，表面花纹模糊，图案缺乏层次和立体感，边缘滚字或丝齿的清晰度与规整度较差，丝齿齿线不直，光洁度差，丝齿间距与真币不同。

（2）通过观察硬币正背面图案方向是否一致来辨别真假硬币：当人们将硬币作水平翻转时会发现，有的假硬币正背面图案之间存在一定的倾斜角度，而真币的正背面图案方向则完全一致。

◎ 汇率标价方式

汇率，又称汇价，指一国货币以另一国货币表示的价格，或者说是两国货币间的比价。在外汇市场上，汇率是以五位数字来显示的，如欧元（EUR）为8.2901（2012年2月7日欧元对人民币汇率）。

汇率的标价方式有直接标价法和间接标价法：

（1）直接标价法：指以一定单位（1、100、1000、10000）的外国货币为基准，将其折合为一定数额的本国货币的标价方法，目前大多数国家都采用这种标价法。在国际外汇市场上，日元、瑞士法郎、加拿大元等均为直接标价

法，如1美元=76.5697日元（2012年2月7日汇率）。

（2）间接标价法：指以一定单位（1、100、1000、10000）的本国货币为基准，将其折合为一定数额的外国货币的标价方法。在国际外汇市场上，欧元、英镑、澳元等均为间接标价法，如1欧元=1.3123美元（2012年2月7日汇率）。

知识链接：人民币现行汇率

人民币现行汇率如表9.1所示。

表9.1　人民币现行汇率

货币名称	现汇买入价	现钞买入价	现汇卖出价	现钞卖出价	人民币汇率中间价	中行折算价	发布日期	发布时间
英镑	988.91	958.38	996.85	996.85	993.92	993.92	2012-02-22	17:06:21
港币	81.03	80.38	81.33	81.33	81.23	81.23	2012-02-22	17:06:21
美元	628.21	623.18	630.73	630.73	629.88	629.88	2012-02-22	17:06:21
瑞士法郎	686.69	665.49	692.2	692.2		689.41	2012-02-22	17:06:21
新加坡元	497.92	482.55	501.92	501.92		499.78	2012-02-22	17:06:21
瑞典克朗	94.34	91.43	95.1	95.1		94.51	2012-02-22	17:06:21
丹麦克朗	111.51	108.06	112.4	112.4		111.95	2012-02-22	17:06:21
挪威克朗	110.6	107.19	111.49	111.49		110.51	2012-02-22	17:06:21
日元	7.8156	7.5743	7.8783	7.8783	7.8898	7.8898	2012-02-22	17:06:21
加拿大元	628.72	609.31	633.77	633.77	631.4	631.4	2012-02-22	17:06:21
澳大利亚元	667.43	646.83	672.8	672.8	670.92	670.92	2012-02-22	17:06:21
欧元	829.16	803.56	835.82	835.82	833.74	833.74	2012-02-22	17:06:21
澳门元	78.71	78.05	79.01	79.01		78.85	2012-02-22	17:06:21
菲律宾比索	14.71	14.25	14.83	14.83		14.69	2012-02-22	17:06:21
泰国铢	20.49	19.86	20.66	20.66		20.51	2012-02-22	17:06:21
新西兰元	521.76		525.95			523.94	2012-02-22	17:06:21
韩国元		0.5391		0.5846		0.5617	2012-02-22	17:06:21
卢布	21.04		21.21			21.13	2012-02-22	17:06:21

可登录中国银行官网 http://www.boc.cn/ 查询外汇当日牌价。

◎ 世界主要外汇市场

广义的外汇市场泛指进行外汇交易的场所，甚至包括个人外汇买卖交易场所、外币期货交易所等；狭义的外汇市场指以外汇专业银行、外汇经纪商、中央银行等为交易主体，通过电话、电传、交易机等现代化通讯手段实现交易的无形的交易市场。

世界上有30多个主要的外汇市场，它们遍布于世界各大洲的不同国家和地区。根据传统的地域划分，可分为亚洲、欧洲、北美洲三大部分，其中，最重要的有欧洲的伦敦、法兰克福、苏黎世和巴黎，美洲的纽约和洛杉矶，大洋洲的悉尼，亚洲的东京、新加坡和中国香港等，其中以伦敦外汇市场的交易量为最大，纽约外汇市场波动幅度较大。

每个市场都有其固定和特有的特点，但它们之间通过先进的通信设备和计算机网络连成一体，人们可以在世界各地进行交易，外汇资金流动顺畅，市场间的汇率差异极小，形成了全球一体化运作、全天候运行的统一的国际外汇市场。世界主要外汇市场的营业时间，如表9.2所示。

表9.2　世界主要外汇市场营业时间

地区	城市	开市时间（GMT）	收市时间（GMT）
大洋洲	悉尼	11:00	19:00
亚洲	东京	12:00	20:00
亚洲	中国香港	13:00	21:00
欧洲	法兰克福	08:00	16:00
欧洲	巴黎	08:00	16:00
欧洲	伦敦	09:00	17:00
北美洲	纽约	12:00	20:00

◎ 常用炒汇术语

（1）买入价和卖出价：买入价是银行买入外汇（标价中列于“ / ”左边的货币，即基础货币）时所使用的汇率；卖出价是指银行卖出外汇（标价中列于“ / ”左边的货币，即基础货币）时所使用的汇率。

（2）外汇中间价：又叫中间汇率，是买入汇率和卖出汇率的平均数。计

算公式为：中间汇率 =(买入汇率 + 卖出汇率)/ 2。

(3) 直盘和交叉盘：直盘是指非美货币与美元的对比率。我国常见的外汇直盘有：日元 / 美元、欧元 / 美元、英镑 / 美元、瑞郎 / 美元、澳元 / 美元、加元 / 美元。交叉盘是指美元之外的货币相互之间的比率，比如：欧元 / 日元、欧元 / 英镑、英镑 / 日元、欧元 / 澳元等。

(4) 头寸、多头、空头、平仓：头寸，也称为部位，确切的概念应该是市场约定的合约。买进某个货币对的看涨合约之后，称之为该货币对的多头。买进某个货币对的看跌合约之后，称之为该货币对的空头。比如，投资者买入了一笔欧元多头合约，就称这个投资者持有了一笔欧元多头头寸；如果做空了一笔欧元，则称这个投资者持有了一笔欧元空头头寸。当投资者将手里持有的欧元头寸卖回给市场的时候，就称之为平仓。

(5) 波幅、窄幅波动：波幅是指汇价一段时间内的最高价和最低价之间的幅度，比如单日波幅指某个交易日汇价的最高价和最低价之间的幅度。窄幅波动一般指一段时间内汇价的波幅处于30点以内。出现窄幅波动往往是在为下一轮较大波幅走势积蓄动能。

(6) 突破、假突破：突破往往指对关键支撑或者阻力价位的越过走势，对汇价接下来的运行节奏有指示意义。而假突破则是指汇价越过了关键支撑或者阻力价位，但是很快又回到突破前的价格范围内，并能表明汇价不会按照突破的指示意义继续运行。

(7) 反抽：又叫回抽，是指在突破某些关键支撑或者阻力价位之后，汇价再回撤到原来的支撑或者阻力价位附近的过程，此后汇价再按照突破的方向运行。

(8) 止损：是投资者离场的一种方式，主要目的是为了保护资金安全，在市场走势与判断有差异时，需要及时地止损离场，避免损失无谓地扩大。止损的放置基本原则是放在关键支撑的下方、关键阻力的上方。

(9) 基本面、技术面：基本面主要分析全面的经济、政治、军事等数据，有利于把握汇率走势的大方向；技术面重在借助技术指标来分析汇率运行的阶段性趋势、节奏、价位、支撑阻力等，并以此来指导操作。

◎ 炒汇的实盘交易方式

实盘交易，又称外汇现货交易，是指个人委托银行，参照国际外汇市场实时汇率，把某种可自由兑换的外币兑换成另一种可自由兑换的外币的交易行为。国内的大多数银行皆提供个人外汇买卖业务，人们可通过银行柜台、银行营业厅内的个人理财终端、电话和互联网进行外汇实盘交易，各种交易方式的详细说明请参考所开户银行提供的帮助文件。实盘交易具有投资门槛低、风险小的优点，但也具有点差过大、收益较低的缺点。

◎ 炒汇的保证金交易方式

保证金交易又称虚盘交易，就是投资者通过与（指定投资）银行签约，开立信托投资账户，存入一笔资金（保证金）作为担保，由（投资）银行（或经纪行）设定信用操作额度（即20～200倍的杠杆效应），将资金放大来做外汇交易，即融资放大。融资的比例越大，客户需要付出的资金相对就越少。保证金交易因为具有卖空机制和融资杠杆机制，因而有点差小、短期收益高的优点，但它的投资门槛较高、风险较大。

第六节 保 险

◎ 保险的种类

● 按保险标的划分

（1）财产保险：以物或其他财产利益为标的的保险。广义的财产保险包括有形财产保险和无形财产保险。

（2）人身保险：以人的生命、身体或健康作为保险标的的保险。

● 按保障主体划分

（1）个人保险：以个人或家庭作为被保险人的保险。

（2）团体保险：以集体名义为其团体内成员所提供的保险。

● 按实施方式划分

（1）强制保险：又称法定保险，它是由国家颁布法令强制被保险人参加的保险。

（2）自愿保险：是在自愿协商的基础上，由当事人订立保险合同而实现的保险。

● 按赢利与否划分

（1）商业保险：以赢利为目的的保险。

（2）社会保险：不以赢利为目的的保险。

◎ 投保须知的五件事

保险业从业人员鱼龙混杂，为了避免上当受骗，大家在投保时要注意以下五点：

（1）当业务员拜访时，应要求业务员出示其所在保险公司的有效工作证件。在业务员依据保险条款如实讲解险种的有关内容后，要仔细阅读保险条款，尤其关注退保、减保可能带来的经济损失。

（2）填写保单时，如实填写有关内容并亲笔签名，被保险人签名一栏应由被保险人亲笔签署（少儿险除外）。当你付款时，业务员必须当场开具保险费暂收收据，并在此收据上签署其姓名和业务员代码，也可要求业务员带你到保险公司付款。

（3）收到保险单后，应当场审核，如发现错漏之处，有权要求保险公司及时更正。如果你在投保一个月后还未收到正式保险单，请及时向保险公司查询。

（4）投保后一定期限内，你享有合同撤回请求权，具体情况视各公司规定。如你的通讯地址变更，请及时通知保险公司，以确保你能享有持续的服务。在投保过程中有任何疑问或意见，可向保险公司的有关部门咨询、反映或向保险行业协会投诉。

（5）保险事故发生后，参照保险条款的有关规定，及时与保险公司或业务员取得联系。

◎ 购买社会保险的一般原则

社会保险是指国家通过立法的形式，以劳动者为保障对象，以劳动者的年老、疾病、伤残、失业、死亡等特殊事件为保障内容，以政府强制实施为特点的一种保障制度。未达到法定退休年龄，与单位终止、解除合同后中断投保的自谋职业者、自由职业者以及城镇户口的个体劳动者，均在社会保险的参保范围之内。

个人办理社会保险的有关手续：

（1）对原来已参加社会保险的人员，可凭《职工养老保险手册》、个人身份证复印件等材料到户口所在地社保机构继续参保。

（2）对尚未参加社会保险的人员，可凭个体工商户营业执照等证件（复印件）、本人身份证、户口簿和一寸免冠照片两张，到户口所在地社会保障局办理社会保险参保登记手续。

缴纳社会保险费的有关规定：缴费金额 = 缴费基数 × 缴费比例。

依据我国法律的规定，不管是临时工还是固定工，单位都有义务为其办理社会保险参保缴费。《中华人民共和国劳动合同法》颁布实施后参加工作的都是合同工，都依法享有社会保障的权益。你可向劳动监察部门举报投诉，可申请劳动仲裁等维护自身合法权益。

当然，如现实情况下不能让所在单位为你办理社保，你可以在户籍所在地以个体劳动者的身份参加基本养老保险，自己缴纳养老保险费。

◎ 五险一金

五险指的是养老保险、医疗保险、失业保险、工伤保险和生育保险五种保险，一金指的是住房公积金。其中“五险”是法定的，“一金”不是法定的。

以北京为例，五险一金的缴费比例为：养老保险（单位20%，其中17%划入统筹基金，3%划入个人账户；个人8%，全部划入个人账户）、医疗保险（单位10%，个人2%+3元）、失业保险（单位1.5%，个人0.5%）、工伤保险（不同行业有不同的工伤费率，0.5%～2%）、生育保险（单位0.8%，个人不缴纳）、公积金（根据企业实际情况选择公积金缴费比例，原则上最高缴费额不得超过北京市职工平均工资300%的10%）。

◎ 商业保险购买原则

购买商业保险时，人们要遵照一定的基本原则：

（1）对于还没有任何商业保险保障的家庭，可以先以短期保障型产品迅速建立家庭保障措施，比如，购买一些1年期的人身意外险、医疗保险等。

（2）结合家庭的整体财务状况和长期理财目标来制订长期的保险方案，确定保险的选择顺序和逐年增加保险费用的比例，要做到既能解决短期问题，又不会造成财务压力。

（3）应先选择基本保障型保险，并在经济允许的情况下逐步补充其他万能型或投资型的保险。

总的来说，人们在购买商业保险时应遵循短期建立、长期规划、逐渐增加的原则。此外，由于商业保险也是家庭财产规划的一部分，应随着家庭经济条件的变化而变化。

◎ 保险理赔流程

当遭遇保险事故时，人们要遵循如下理赔步骤：

（1）通知保险公司。当发生保险事故时，应立即通知保险公司或业务员，通知的方式有电话、信函、传真、上门等。

（2）提交申请材料。在通知保险公司以后，应该将保险合同约定的证明文件交给保险公司，也可以书面委托业务员或他人代办。这些文件主要包括：保险合同；理赔申请书；被保险人身份证明和出险人身份证明；门诊病历和处方；出院小结及诊断证明；医疗费用原始收据；住院费用明细清单；延长住院申请表（条款注明住院超过15天需要申请的）；重大疾病诊断证明书；意外事故证明（如被保险人驾驶机动车辆发生交通意外需提供有效驾驶证和行驶证，由交警处理的需要提供相关责任认定材料）；残疾鉴定报告（需要与理赔部联系）；授权委托书；被委托人身份证明；受益人存折复印件；受益人身份证明、户籍证明与被保险人的关系证明；非定点医院申请；公安部门或保险公司认可的医疗机构出具的被保险人死亡证明、殡殓证明、事故者户籍注销证明，如死亡医学证明书、火化证、户口注销证明等；与事故性质相关的证明材料，如意外、工伤事故证明，医院死亡记录及相关病历资料，司法公安机关出具的尸检报告书等。

（3）审核、报批提交申请材料之后，保险公司审核责任并计算赔款额。如果赔付金额较大，还须报请上级机关批准。此时，需等待一段时间。

（4）领款。保险公司一旦审核完毕，会将核赔结论用书面形式通知被保险人。被保险人带上身份证和书面通知去领取保险金即可。

第十章

丰富多彩的娱乐生活

随着物质生活水平的提高，如今人们更加注重精神上的享受：或是欣赏传统的戏曲艺术，或是观看紧张刺激的足球、篮球等体育比赛，或是聆听优雅迷人的音乐，或是观赏柔美或热辣的舞蹈表演，或是寄情于花、鸟、鱼、犬，或是用相机记录生活的每个美好瞬间，从而拥有更丰富多彩的生活。

第一节 戏 曲

◎ 戏曲的种类与特征

戏曲的种类多种多样，有京剧、越剧、豫剧、昆曲、粤剧、评剧、川剧、秦腔、晋剧、汉剧、河北梆子、黄梅戏、花鼓戏、湘剧等。

戏曲主要有综合性、虚拟性、程式性等艺术特征。综合性表现为戏曲是空间艺术与时间艺术的结合，是艺术表现手段与表演艺术的结合。舞台艺术不是单纯地模仿生活，而是对生活原型进行选择、提炼和加工，有一定的虚拟性。程式性是戏曲的另一个艺术特征，指戏曲的舞台动作都有一套固定的程式，既有规范性又有灵活性。

◎ 京剧的唱、念、做、打

京剧是我国的国粹，又称“皮黄”，由“西皮”和“二黄”两种基本腔调组成音乐素材，也兼唱一些地方小曲调（如柳子腔、吹腔等）和昆曲曲牌。它的行当全面、表演成熟、气势宏美，是近代中国汉族戏曲的代表。

唱、念、做、打是京剧表演的四种基本形式，也是戏曲的重要标志：

（1）唱的第一步是喊嗓、吊嗓，扩大音域、音量，锻炼歌喉的耐力和音色，学习呼吸、咬字等技巧，运用声乐技巧来表现人物的性格、感情和精神状态。

（2）念就是念白，是基本功之一。念白与唱互相补充、配合，用以表达人物的思想感情。念白大体上可分为韵白和散白两大类，具有节奏感和音乐性。

（3）做指做功，泛指表演技巧，一般特指舞蹈化的形体动作。演员在创作和表演角色时，用一系列身体语言或借用道具，通过艺术加工塑造人物性格和内涵。

（4）打是传统武术的舞蹈化，是戏曲形体动作的重要组成部分，一般分为把子功和毯子功两大类。戏曲演员要有深厚的功底，并且善于运用高难度的技巧，展示人物的神情气质和精神面貌。

◎ 京剧的四大行当

生、旦、净、丑是京剧的四大行当。

● 生行

生行是扮演男性角色的行当，包括老生、小生、武生、红生、娃娃生等。除红生和勾脸武生以外，生行一般都是素脸，行内术语称为“俊扮”，即扮相都是洁净俊美的，图10.1所示为小生。

● 旦行

旦行是扮演各种不同年龄、性格、身份的女性角色，分为正旦（青衣）、花旦、彩旦、刀马旦、武旦、老旦等专行，图10.2所示为花旦。

图10.1 小生

图10.2 花旦

● 净行

净行又称“花脸”，主要扮演在性格、品质或相貌等方面具有突出特点的男性人物，如图10.3所示。面部化妆勾画脸谱，演唱时运用宽音和假音，表演动作幅度大，以突出性格、气度和声势。净行分为正净、副净和武净三类。正净，也叫大花脸，表演时一般以唱功为主，所以又叫唱功花脸；副净，包括架子花脸和二花脸。二花脸的表演风格近似丑角，有时候还扮演一些诙谐、狡猾的角色；武净，又叫武二花、摔打花脸，重视武打，对唱念则不太讲究。

● 丑行

丑行俗称“小花脸”，因化妆时在鼻梁上抹一小块白粉，故而以“丑”为名，如图10.4所示。因和净行的大花脸、二花脸并列，又称“三花脸”。丑行的“丑”是指扮相不俊美，并非品质上的丑恶。丑行扮演的角色有阴险狡诈的人物，也有正直善良的形象。丑行分为文丑、武丑两种。

图10.3 净角

图10.4 丑角

◎ 京剧的四大名旦

我国著名的京剧四大名旦是梅兰芳、程砚秋、荀慧生、尚小云。

● 梅兰芳（1894—1961）

梅兰芳综合了青衣、花旦、刀马旦的表演方式，创造了独具特色的唱腔，并吸收了上海文明戏的优点，在京剧唱腔、念白、舞蹈、音乐、服装上均进行了独树一帜的艺术创新，形成独具一格的梅派京剧。

其主要特点是唱腔醇厚流丽、感情丰富含蓄；念白抑扬顿挫，句读分明，越是高音，越是圆润甜脆，且处处顾及人物身份和剧情，并与身、手、步法、面部表情融为一体；做功身段糅进昆曲表演的身段，糅化大量的舞蹈动作，着重突出“圆”的美感；打法上舞多武少，主要是以干净、准确、漂亮为主。代表剧目有《霸王别姬》、《贵妃醉酒》、《穆桂英挂帅》、《花木兰》等。

● 程砚秋（1904—1958）

程砚秋在艺术上勇于革新创造，讲究音韵，注重四声，追求“声、情、美、水”的高度结合，并根据自己的嗓音特点，创造出一种幽咽婉转、起伏跌宕、若断若续、节奏多变的唱腔，其创作的角色典雅娴静，恰如霜天白菊，有一种清峻之美，形成独特的艺术风格，世称“程派”。代表剧目有《荒山泪》、《梅妃》、《锁麟囊》、《春闺梦》等。

● 荀慧生（1900—1968）

荀慧生汲取梆子戏中旦角艺术之长，熔京剧花旦的表演于一炉，在唱腔上大胆破除传统局限，吸取昆、梆、汉、川等曲调旋律，使用上滑下滑的装饰音，且从人物感情与心境出发，腔随情出，听来俏丽、轻盈、谐趣，素以柔媚婉约著称，并创造出融韵白、京白为一体的念白，韵调别致，形成独特的艺术风格，世称“荀派”。代表剧目有《金玉奴》、《钗头凤》、《玉堂春》、《红娘》等。

● 尚小云（1899—1976）

尚小云打破了以往京剧旦行专门讲究“贞女节烈”的道德评判标准，从“烈”之一端引发了“侠”、“义”、“刚”、“健”等内涵，从更广阔的层面关注女性的生存和生活价值，实际上隐含了对传统女性观念的批判，颇具时代意义，也大大增强了京剧旦角一行的表现力，拓展了京剧旦行的表现空间，被公认为“青衣正宗”，世称“尚派”。

“尚派”行腔吐字清楚，以嗓音清亮激越、旋律跌宕缭绕见长，并以板头的变化运用，打破唱腔的固定节奏，展示唱腔的丰富内涵，又以斩钉截铁的断和错综有力的顿挫使唱腔错落有致，往往在平易简约、坚实整齐中呈现峭险之处，显出深厚功底。代表剧目有《四郎探母》、《祭塔》、《银屏公主》等。

◎ 京剧的四大老生

我国著名的四大老生是：马连良、谭富英、杨宝森、奚啸伯。

● 马连良（1901—1966）

马连良早期以做功及念白出名，中年后兼重唱功，发展为唱、念、做并重。唱腔委婉、俏丽新颖，念白清楚爽朗，声调铿锵，做功潇洒飘逸，形成独特的艺术风格，人称“马派”。代表剧目有《甘露寺》、《清宫册》、《四进士》、《梅龙镇》、《借东风》等。

● 谭富英（1906—1977）

谭富英出身于京剧世家，从小受到祖、父两辈的艺术熏陶。在演唱和武功方面均有坚实基础，尤其擅长靠把戏。唱腔继承了“谭（鑫培）派”和“余（叔岩）派”的风格，并发挥自己的特长，酣畅淋漓，朴实大方，人称“新谭派”。代表剧目有《定军山》、《战太平》、《桑园寄子》、《二进宫》、《南阳关》等。

● 杨宝森（1909—1958）

杨宝森出身于京剧世家，祖父、伯父均为著名京剧花旦，父演武生。幼年便练就毯子功，后习武生。其嗓音宽厚有余而高昂不足，根据这一特点加以变化，唱功清醇雅正，韵味朴实浓厚，做功稳健老练，人称“杨派”。代表剧目有《碰碑》、《珠帘寨》、《阳平关》、《朱良记》、《伍子胥》、《击鼓骂曹》等。

● 奚啸伯（1910—1977）

奚啸伯自幼爱好京剧，虽未受科班的严格训练，但经过刻苦自学，认真实践，博采众长，融会贯通，终于成名。代表剧目有《乌龙院》、《白帝城》、《二堂舍子》、《苏武牧羊》等。

◎ 京剧的服装

京剧服装经过一二百年的演进和发展，种类十分丰富，大致可分为五大类。

● 长袍类

长袍的款式较多，主要有以下几种：

（1）蟒：多在较严肃的场合穿着，如朝贺宴会等，分为男蟒和女蟒两种。男蟒的式样为圆领、大襟，长度一般可至脚面，用缎子做成，再用金线、银线或彩线刺绣出各种图案（多为龙形图案）。女蟒的式样与男蟒相同，但长度稍短一些，且下身系裙子，外面罩蟒，在肩上加罩云肩。角色不同，蟒的颜色也不同，如皇帝穿黄蟒，将相、驸马穿红蟒，高级武将穿绿蟒，英俊少年穿白蟒，粗鲁刚猛的大汉穿黑蟒，等等。

（2）官衣：从蟒袍变化而来的一种袍服，是给一般低于将相的文职官员穿用的礼服。官衣上的花纹多按照清朝的制度，文官用禽鸟的图案，武官用野兽的图案。

（3）宫衣：从蟒袍变化而来的一种袍服，是给王妃和公主们穿的礼服。宫衣的尺寸要比女蟒长一些，且从腰部开始，底襟周围缀有很多五色绣花的飘带，还有一些色彩鲜艳的穗子，显得比女蟒鲜艳华丽。

（4）帔：达官显贵、有钱人在家里穿的便服，样式是对襟、长领、宽袖，也带水袖，用缎子做成，绣有龙、凤、仙鹤、鹿、花卉、禽鸟等图案。

（5）开氅：兼有大衣和外套的作用，在左右腋下沿着开衩的地方有两条硬质地的宽边，俗称摆，前后襟上绣有龙、虎、豹等兽类的图案。开氅主要是武将穿着，一些占山为王的寨主、有武艺的侠客、武士也可穿开氅。

（6）褶子：男女老少、贵贱贫富、身份高低都可穿，式样是大领、斜大襟、宽袖带、水袖，很像和尚道士穿的道袍。

短衣类

短衣的样式不多，主要有以下几种：

（1）茶衣：色彩比较单一，多是用蓝布做成的半身的短褶子，样式朴素，有大襟和对襟之分，对襟一般只有儿童穿。茶衣袖子分为带水袖和不带水袖，多为酒保、樵夫、渔夫等劳动人民和下层人士所穿。

（2）女式裤、袄：花样和色彩较多，用缎子、绸子做成，样式是立领、大襟、袖口较肥，不带水袖，多为小户人家的年轻妇女或大户人家的丫环所穿。

（3）抱衣抱裤：又称“英雄衣”，多为侠客、义士、绿林英雄所穿，样式是大领、大襟、紧袖，在褂子的底襟周围缝着三层宽绸边，一层摞着一层，像裙子似的。上面有绣花的宽绸边，裤子也和褂子一样有绣花，叫花彩裤。

● 铠甲类

古代战士穿的铠甲在京剧舞台上叫“靠”，是一种美化了的舞蹈服装，分成前后两扇披在身上；腹部是一块比腰围要宽、长方形的靠肚（一般绣有凸出来的虎头）；靠肚下边垂着的一扇，叫做“吊鱼”；大腿两侧系有两片长方形、绣有鱼鳞图案的甲叶子，名为下甲或靠腿；两个袖口是收紧的瘦袖；两个肩膀头上绣有蝴蝶翅膀、虎头等图案，名为护肩；脖子上一般围有一块护领，上面绣着云头。靠分为硬靠（又称大靠，在靠背后绑着一个皮鞘，里面插着四面三角形靠旗，多为威猛的武将所穿）、软靠（背后不插靠旗，多为年老力衰的老将所穿）、改良靠（背后不插靠旗，腰身紧瘦）。

● 盔帽类

盔帽分为盔、冠、帽、巾，总称盔头。盔是武将战斗时戴的帽子，盔上多缀有绒球、珠子；冠是比较郑重的礼帽，如皇帝所戴的九龙冠，皇后戴的凤冠等；帽分为硬罗帽和软罗帽，硬罗帽最有代表性的是官员所戴的乌纱帽，帽身背后下端左右对称平插一对翅帽（展），软罗帽多为劳动人民所戴的毡帽等；巾是家常戴的便帽。

● 靴鞋类

靴子种类众多，主要是厚底的官靴，靴筒较长，用青缎子做成，靴底厚度在两寸到四寸之间，并刷成白色；扮演官吏和太监的丑角穿薄底靴子，武生、武旦、武净穿靴底更薄的快靴。鞋子主要分为普通人所穿的便鞋，老年人所穿的夫子履，兵士、差役所穿的洒鞋，妇女所穿的绣花彩鞋，穿旗袍时所穿的花盆底鞋等。

◎ 京剧的道具

京剧舞台上的道具，包括剧中人台上所使用的各种器具和简单的舞台装置，过去叫砌末。道具分大道具和小道具。大道具是指室内的陈设物件，小道具是剧中人物随身使用的器具。这些道具均是按照生活中的实物加以仿制，而且惟妙惟肖，可以乱真。京剧中常见的道具有以下几种：

（1）一桌二椅：传统京剧中最基本的舞台装置。通常中间一张桌子，左右两把椅子，可视为室内的家具摆设，又可替代许多其他物件和环境，充分凸显戏曲艺术的假定性。

（2）各种帐子：起着代表剧情中的场景的作用。

（3）各种旗帜：常见的道具，有一些旗帜还具有象征指代作用，象征指代波涛、起风、烈火等自然现象和现实场景。

（4）仿制的动物形体：如龙形、虎形、狗形、羊形、豹形、鹿形、狼形等，演员穿戴起来进行一些翻扑的表演。

（5）生活用具：如文房四宝、酒具、茶具、烛台、灯笼、令箭、令箭架、印、印盒、签筒、签条、扇子、扁担等。

（6）各种刑具：锁链、镣、手铐、木枷、鱼枷、拶指、夹棍、铡刀等。

（7）銮架：金瓜、钺斧、玉棍、朝天镫、提炉、提灯、掌扇、伞等。

（8）各种兵器：刀、枪、剑、戟、斧、钩、叉、鞭、锏、锤、弓、箭等。

（9）写意道具：不追求形似，讲求假定性、象征性，如舞台上的交通用具船桨、马鞭、车旗等。

◎ 京剧的脸谱

戏曲的脸谱是演员面部化妆的一种程式，如图10.5所示。为了突出人物的性格特征，戏曲人物大都有自己特定的谱式和色彩，一般应用于净、丑两个行当，尤其是净行。

图10.5　京剧脸谱

脸谱具有“寓褒贬、别善恶”的艺术功能。比如，红色的脸谱大多表示忠勇义烈，如关羽、常遇春等；蓝色或绿色的脸谱大多表示刚强粗犷、桀骜不驯，如窦尔敦、程咬金、马武、公孙胜等；黄色的脸谱大多表示阴险、彪悍、凶狠残暴，如庞涓、典韦、宇文成都等；白色的脸谱大多表示奸诈多疑，如曹操、赵高、严嵩、秦桧、司马懿等；黑色的脸谱大多表示正直、刚烈、勇猛、粗率、鲁莽，如张飞、李逵、包拯、项羽、杨七郎等。但京剧脸谱的用色也不是绝对的，有灵活性。例如，红色用在关羽脸上代表其赤胆忠心，《法门寺》中太监刘瑾的红色脸则代表其养尊处优、权压朝臣。

京剧脸谱的色画方法分为揉脸、抹脸、勾脸三类，脸谱种类主要包括整脸、三块瓦脸、十字门脸、六分脸、碎花脸、歪脸等。

◎ 京剧《四郎探母》赏析

《四郎探母》是京剧中的传统名剧，它取材于古典小说《杨家将》，讲述的是宋、辽两国在金沙滩一战后，四郎杨延辉被擒，招为辽国驸马。15年后，辽主萧太后设下天门阵，宋王御驾亲征。四郎得知老母佘太君压粮来到军前，便与铁镜公主诉说以往，求公主盗出令箭，乔装改扮过关探母，在宋营之中与母、妻相见，倾诉离情后挥泪告别。回到辽邦，萧太后欲将四郎斩首，幸有铁镜公主与二位国舅苦苦求情，杨四郎得以保全性命。

这部戏曲人物多，行当配置整齐，唱念安排得当，唱腔丰富而优美，淋漓尽致地抒发了母子、夫妻、兄弟之间的种种人伦之情，苍凉凄楚，哀婉动人，往往是名家联袂演出的大合作戏。

◎ 豫剧与《穆桂英挂帅》

豫剧是在河南梆子戏的基础上，不断进行继承、改革和创新发展起来的，是我国最大的地方剧种。豫剧一向以唱功见长，唱腔属于“板腔体”，结构为板式变化体，流畅、节奏鲜明、极具口语化，词通俗易懂，多为七字句或十字句，吐字清晰、行腔酣畅，表演风格朴实、乡土气息浓厚；音乐丰富多彩，曲调流畅，节奏鲜明，文场（管弦乐）柔和舒畅，武场（打击乐）炽烈劲切，艺术风格豪迈激越，深受人们欢迎。

《穆桂英挂帅》描写北宋时，西夏犯境，佘太君劝穆桂英挂帅出征，塑造了穆桂英的英雄形象。其中，《辞印》、《挂帅》两场戏集中突出了穆桂英由感慨杨家历代忠良却不获朝廷信任，到决定挂帅出征的为国为民的责任感，充满苍劲、悲壮的色彩。

豫剧大师马金凤饰演的穆桂英嗓音明亮纯净，清脆圆润，音质坚实柔韧，唱法上以假声为主，真假声结合运用；唱功以大段叙述性“豫东调”、“二八板”为其擅长，吸收山东梆子的音调加以融化；唱腔结构严谨，旋律简练朴实，节奏明快舒展，技巧娴熟，造诣深厚。其融合青衣、武旦、刀马旦等表演程式，独具匠心地创造了适合剧情人物需要的“帅旦”这个新的艺术行当，成功地塑造了气宇轩昂、雍容大度的巾帼英雄穆桂英的艺术形象。

◎ 昆曲与《牡丹亭》

昆曲是发源于苏州昆山的曲唱艺术体系，以鼓、板控制演唱节奏，以曲笛、三弦等为主要伴奏乐器，主要以中州官话为唱说语言，糅合了唱念做表、舞蹈及武术的表演艺术，抒情性强、动作细腻，歌唱与舞蹈的身段结合得巧妙而和谐。昆曲是中国汉族传统戏曲中最古老的剧种之一，有“中国戏曲之母”的雅称，并在2001年被联合国教科文组织列为“人类口述和非物质遗产代表作”。

《牡丹亭》凭借优美婉转的词曲成为昆曲中的代表作。它讲述了一个浪漫的爱情故事：少女杜丽娘长期深居闺阁，接受封建伦理道德的熏陶，但仍免不了思春之情，梦中与书生柳梦梅幽会，后因情而死，死后魂游梅花庵观的后园，和柳梦梅再度幽会，并最终还魂复生，与柳在人间结成夫妇。作品歌颂了青年男女大胆追求自由爱情，勇于反抗封建礼教的精神。

《牡丹亭》中的《惊梦》、《寻梦》两折曲文之优美，感情之真切，为历代评论家称颂不已。《惊梦》中的《步步娇》、《醉扶归》和《皂罗袍》、《好姐姐》两组曲子，写景写情，由景起情，因情生景，达到了情景交融、内外一如的境界，使人们不能不随之动情，而痛恨“以理相格”的悖人之情。

◎ 越剧与《梁山伯与祝英台》

越剧是中国五大戏曲种类之一，是中国第二大剧种，发展过程中汲取了昆曲、话剧、绍剧等特色剧种之精华，经历了由男子越剧到女子越剧为主的演变。越剧长于抒情，以唱为主，声腔清悠婉丽、优美动听，表演真切动人，极具江南灵秀之气，以才子佳人的题材为主。

《梁山伯与祝英台》是越剧中的经典之作，主要故事情节是：祝英台女扮男装外出求学，与书生梁山伯同窗三年而对其暗生情愫，但梁山伯并不知祝英台为女儿身。祝父思女，催归甚急，祝英台只得仓促回乡。在十八里相送途中，祝英台不断借物抒意，暗示爱情，可忠厚淳朴的梁山伯始终不解其故。最终，梁山伯在得知祝英台被许配他人后，抑郁而亡，祝英台则在被迫出嫁时，绕道去梁山伯墓前祭奠，跳入裂开的坟墓中，和梁山伯化为两只蝴蝶双双飞去。

《十八相送》是该剧中的经典唱段，讲述的是梁山伯为祝英台送行路上发生的故事。祝英台一路上以物作比喻，吐露情思，可惜梁山伯性格木讷，没有理解其含义。梁山伯这种性格正是导致悲剧的原因之一。该唱段的唱腔清新婉转，富有情趣，人物感情表现得生动丰富。

◎ 评剧与《花为媒》

评剧1909年左右形成于唐山，在华北、东北等地区流行很广，于2006年经国务院批准列入首批国家级非物质文化遗产名录。评剧以唱功见长，吐字清楚，唱词浅显易懂，演唱明白如诉，生活气息浓厚，有亲切的民间味道。

《花为媒》是评剧经典剧目，主要讲述王俊卿与表姐李月娥的爱情故事。王、李二人青梅竹马，自小情笃，相誓永结百年之好。但李父不允二人婚事，王母便托阮妈为王俊卿介绍了才貌出众的女子张五可，并约定在花园会面，无奈王俊卿病重，只得让表兄贾俊英代为相亲。张五可见贾俊英一表人才，举止潇洒，于是赠与定情信物，以示相许。后王、张两家父母约定了婚期。李月娥之母不忍见女儿伤心，暗中抢先将李月娥送到王家与王俊卿拜堂成亲，待张五可花轿到来时，他们已经完婚。张五可见状，怒不可遏，大闹花堂，质问王俊卿。阮妈见状，无地自容，不知如何是好。正值此际，众人发现贾俊英，随即将他拖入洞房，于是真相大白，两对有情人各遂心愿。

《花为媒》全剧结构严谨、详略得当，风格幽默，唱词优美，是评剧乃至中国戏曲中的精品，著名唱段为《报花名》、《菱花自叹》、《闹洞房》。尤其是《报花名》，词曲活泼生动，带有一种说唱倾诉的味道，让人为之惊叹。

◎ 黄梅戏与《天仙配》

黄梅戏，旧称黄梅调或采茶戏，与京剧、越剧、评剧、豫剧并称中国五大剧种。黄梅戏用安庆语言念唱，唱腔流畅，以明快抒情见长，具有丰富的表现力，其表演质朴细致，以真实活泼著称，雅俗共赏、怡情悦性，以浓郁的生活气息和清新的乡土风味感染观众。

《天仙配》是著名的黄梅戏剧之一。故事情节是：董永卖身葬父，玉帝的第七个女儿（七仙女）深为同情，私自下凡，在槐树下与董永结为夫妇。一百天后，玉帝派人逼迫七仙女返回天庭，夫妻在槐树下忍痛分别。

该剧唱腔没有过多的技巧，朗朗上口，对主人公的心理活动和情绪状态表现得生动自然，很容易让人受到感染。其中的《夫妻双双把家还》是黄梅戏唱段中的经典，用口语化的唱词表现劳动人民的幸福，也表现了董永与七仙女对爱情和生活的美好憧憬。

第二节　体育运动

◎ 足球

● 简介

足球运动是现今体育界最有影响力的运动之一。4年一届的世界杯是全世界足球迷的盛会。此外，还有许多知名的足球联赛，比如欧洲的五大联赛——英超、西甲、德甲、意甲、法甲。足球场地示意，如图10.6所示。

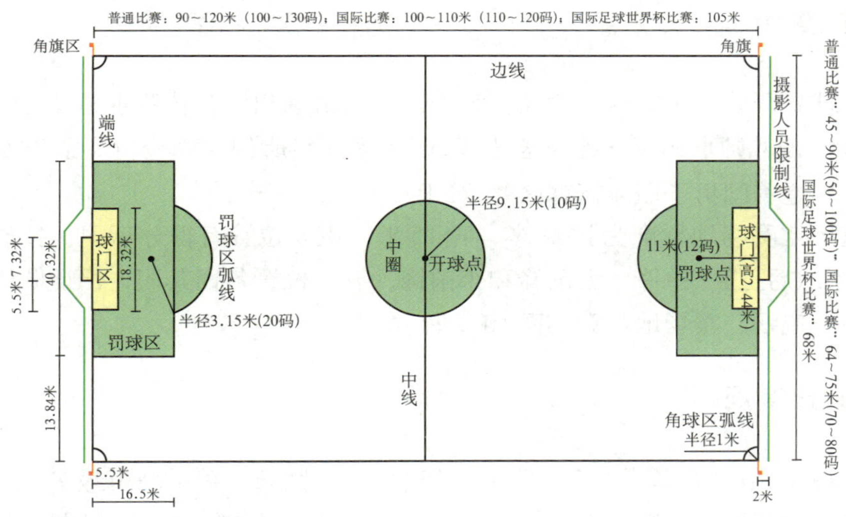

图 10.6　足球场地示意图

● 比赛规则

（1）人数：两队对抗，每队各11人，其中1人为守门员，可有1～3名替补队员，如果是友谊比赛，可有5名以下替补队员。

（2）时间：分上下半场，每半场45分钟，中间休息一般为15分钟。

（3）得分：将球踢入对方球门，当球的整体从球门柱间及横梁下越过球门线，而此前未违反竞赛规则，即由主裁判判为进球，得1分。

（4）计胜：在比赛中进球数较多的队为胜者。如两队进球数相等或均未进球，则比赛为平局，可通过加时赛（上下半场各15分钟，共30分钟）来决出胜负，如果还是平手，则要通过点球来分出胜负。

（5）犯规：足球是以脚支配球为主的运动，也可以使用头、胸等部位触球，除守门员外，其他队员不能用手或臂触球，否则视为犯规；队员不能故意拉扯、冲撞、绊倒、推搡对方队员，否则裁判将判给对方队员任意球或点球机会，严重犯规者可被主裁判罚以黄牌警告或红牌直接罚下场，第一次被黄牌警告的球员仍可继续比赛，但第二次接受黄牌警告或遭红牌罚下时会被逐离球场，球队也不能用后备球员补上，须在缺人情况下继续比赛。

◎ 篮球

● 简介

篮球是两队对抗的球类运动，为美国马塞诸塞州斯普林菲尔德基督教青年会训练学校教师詹姆斯·奈斯密斯博士于1891年所创。当今世界篮球水平最高的联赛是美国男子职业篮球联赛（NBA）。

篮球比赛场地标准为长28米，宽15米，主要位置有得分后卫、控球后卫（也叫组织后卫）、中锋、大前锋和小前锋，五个位置各司其职，保证队伍的进攻和防守流畅。其场地示意如图10.7所示。

● 比赛规则

（1）人数：每队出场5名队员，其中1人为队长，替补球员最多7人。

（2）时间：比赛为4节，每节10分钟（NBA为12分钟），每节之间休息

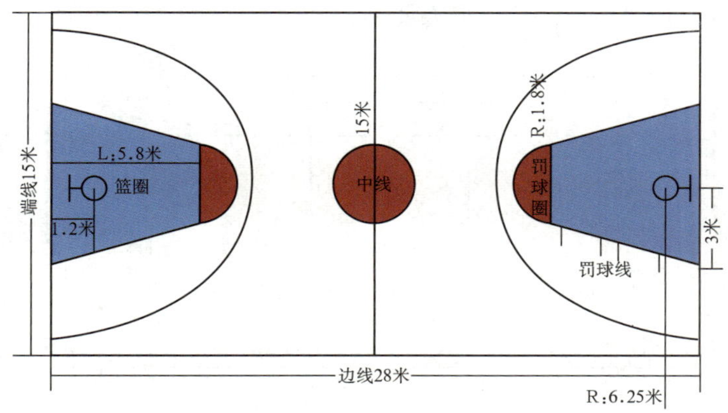

图 10.7　篮球场地示意图

5分钟（NBA 为130秒），中场休息10分钟（NBA 为15分钟）。

（3）得分：将球投进对方篮筐得分，同时阻止对方获得球或得分。球员可将球向任何方向传、投、拍、滚或运，球投进对方篮筐经裁判认可便为得分，在篮筐周围那道被称作三分线的弧线外投球入篮得3分，在三分线内投球入篮得2分，罚球投进得1分。

（4）计胜方法：在比赛中得分较多的队为胜者。若比赛结束时两队积分相同，则进入5分钟延时赛，若积分仍相同，则再进行5分钟延时赛，直至分出胜负。

（5）犯规：犯规包括技术犯规、侵人犯规和违反体育道德的犯规。犯规方球队单节累计犯规4次则给予对方球队罚球机会，三分线外投篮被犯规罚3次，三分线内罚2次；投篮球进被犯规加罚1次，投篮照样得分；防守被犯规罚1次，技术性犯规罚2次，违反体育道德犯规罚2次。

◎ 排球

● 简介

排球是两队对抗性球类运动项目之一，比赛场地为18米 ×9米的长方形，四周至少有3米空地，场地上空至少7米内不得有障碍物。如图10.8所示。场中间横画一条线把球场分为相等的两个场区，上空架有一定高度的球网，女子网高2.24米，男子网高2.43米。球的圆周为65～67厘米，重量为260～280

克，气压为0.40～0.45千克／平方厘米。

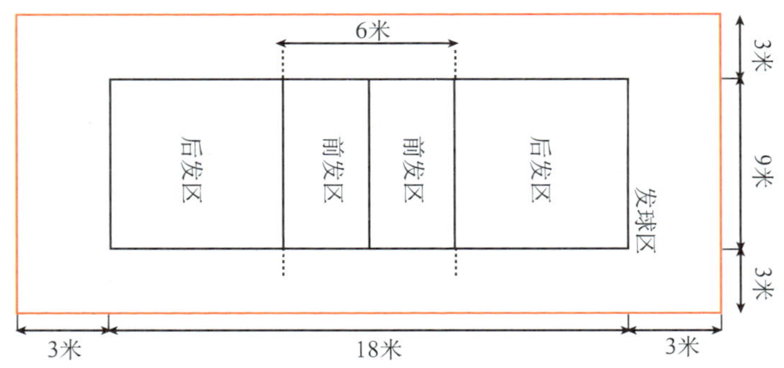

图10.8　排球场地示意图

比赛规则

（1）人数：每队上场6人，替补队员最多6人，上衣前后有明显号码。

（2）得分：由一队后排右边（1号位）队员发球开始算起，每队可触球3次（拦网触球不计在内），如对方接球失误、犯规或球落到对方场内，即发球方得1分，继续发球；如发球队员发球违例或发出界外则对方得分，换发球。

（3）计胜：正式比赛采用五局三胜制，前4局比赛采用25分制，每个队只有赢得至少25分，并同时超过对方2分时，才胜1局。决胜局的比赛采用15分制，一队先得8分后，两队交换场区，按原位置顺序继续比赛到结束。决胜局没有最高分限，一方得到15分，并至少领先对方2分才算获胜。

（4）犯规：击球时不能持球、连击、过中线拦球，不要在对方进攻性击球前或击球的同时在对方场区空间拦网触球。

◎ 乒乓球

简介

乒乓球被誉为中国的“国球”，也是一种世界流行的球类体育项目。现在所用的乒乓球标准直径40毫米，重量2.7克，用赛璐珞制成，有白色、橙色两种。乒乓球台长274厘米、宽152.5厘米、高76厘米，中间有横网。

比赛规则

（1）人数：2人或4人对抗，比赛分团体、单项两种，单项包括单打、双打和混合双打。

（2）得分：打球时运动员各站球台一侧，用球拍击球，球须在台上反弹一下后才能还击过网，如对方未将球回击至发球者球台一侧，则发球者得1分；如球未击过网或球落到球台外，则对方得1分。

（3）计胜：每局施行11分制，先得11分者为胜，10平后，先多得2分的一方为本局胜方。团体比赛采用五局三胜制，单项比赛多采用七局四胜制。

◎ 羽毛球

简介

羽毛球是一项隔着球网，使用长柄网状球拍击打平口端扎有一圈羽毛的半球状软木的室内运动，可以分为单打与双打。

羽毛球场长度为13.4米，双打场地宽为6.1米，单打场地宽为5.18米。场地上空12米以内和四周4米以内不应有障碍物。球场中央网高1.524米，双打边线处网高1.55米。其场地示意图如10.9所示。

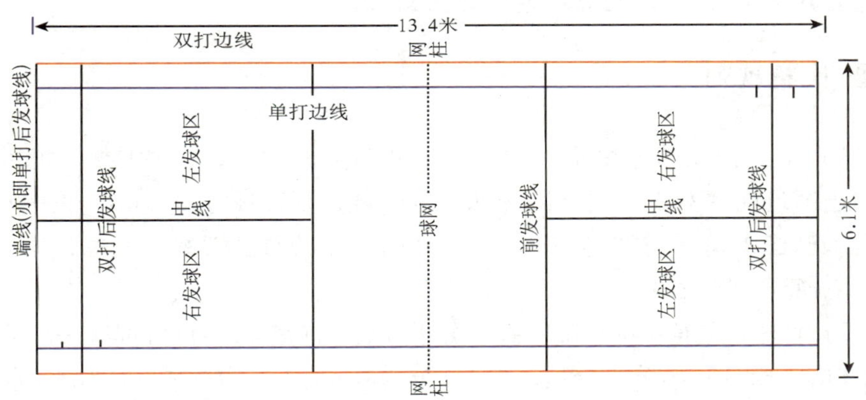

图 10.9 羽毛球场地示意图

比赛规则

（1）人数：2人或4人对抗，分为男子单打、女子单打、男子双打、女子双打、混合双打、男子团体、女子团体等形式。

（2）得分：发球者将球击过网，落入对方区域，如对方未能将球击回至发球者区域，则发球者得1分；如发球未过网或落入球区外，则对方得1分。得分者方有发球权，如果本方得单数分，从左边发球；得双数分，从右边发球。

（3）计胜：采用21分制，即双方分数先达21分者胜，三局两胜。每局双方打到20平后，一方领先2分即算该局获胜；若双方打成29平后，一方领先1分，即算该局取胜。

（4）换场：第一局结束后，第三局开始前，在第三局或只进行一局的比赛中，领先一方得分为6分（11分为一局）、8分（15分为一局）时，双方交换场地。如未按规定交换场地，一经发现即在死球时交换，已得比分有效。

◎ 网球

简介

网球是一项优美而激烈的运动。常说的四大满贯赛事分别是澳大利亚网球公开赛（硬地）、温布尔登网球公开赛（草地）、美国网球公开赛（硬地）、法国网球公开赛（红土）。网球场地示意图如10.10所示。

比赛规则

（1）得分：发球方用手将球向空中任何方向抛起，在球接触地面以前，用球拍击球过网，对方未击球回发球一方区域，则发球方得1分；如击球未过网或落入球区外，则对方得1分。每局开始，先从右区端线后发球，得或失1分后，应换到左区发球。

（2）计胜：先得4分者胜1局，3分平分后，净胜2分为胜1局（一般巡回赛双打无须净胜2分）。6分平分后，先得1分为胜1局。一方先胜6局为胜1盘，双方各胜5局时，一方净胜2局为胜1盘。双方各胜6局时，进行决胜局（也叫抢七局），先得7分即胜该局及该盘，若分数为6平时，一方须净胜2分。

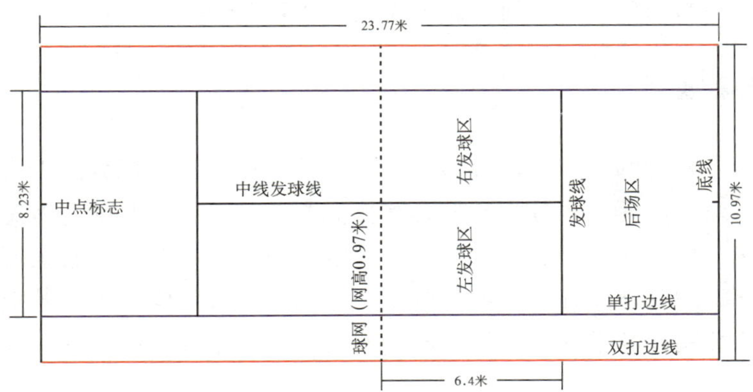

图 10.10 网球场地示意图

网球比赛中，男子的戴维斯杯、四大满贯和奥运会决赛是五盘三胜制，其余比赛均为三盘两胜制，而女子比赛都为三盘两胜制。

（3）换场：双方应在每盘的第1、3、5等单数局结束后，以及每盘结束双方局数之和为单数时，交换场地。

◎ 高尔夫球

● 简介

高尔夫是英文 Golf 的音译，是一种在优美环境中进行的高雅的娱乐活动。这种运动所需设备昂贵，所以又称为“贵族球”，如图10.11所示。英国公开赛、美国公开赛、美国大师赛和美国职业高尔夫球协会锦标赛是高尔夫球界的四大大满贯赛事。

图 10.11 高尔夫球

高尔夫球场一般设在风景优美的草坪上，球场的形状没有统一的标准，中间需要一些天然或人工设置的障碍，如高地、沙地、树木、灌丛、水坑、小溪等。9个球洞的场地一般为3000平方米，18个球洞的场地一般为6400平方米。每个球洞旁边插一面小旗，距离洞口100米或500米处设一个发球点。

比赛规则

比赛者在各自的发球点挥杆击球，直至球入洞，总计杆数越少得分越高。

高尔夫球的比赛形式分为比杆赛和比洞赛两种。比杆赛就是将每一洞的杆数累计起来，待打完一场后以总杆数来评定胜负。比杆赛规定必须待球入洞后才能够往下一洞开球点开球。比洞赛是以每洞的杆数决定该洞的胜负，每场再把胜负的洞数累计起来裁定成绩，比洞赛可以一球未入洞而另开一球。

◎ 斯诺克

简介

斯诺克是一项极具技术性的运动，也被称为“绅士运动”。“斯诺克”的意思是“阻碍、障碍”，所以斯诺克台球也被称为障碍台球。

比赛规则

两人竞争击球权的斯诺克是在台球桌面上进行的，台面四角以及两长边中心位置各有一个球洞。台面上有16个球，其中包括一个白球，也就是母球，要用母球撞击其他球入袋而得分。

除母球外剩下的都是目标球，包括15个红色球和黄、绿、棕、蓝、粉、黑6个彩球。目标球不能直接用球杆击打，必须用母球击打。目标球的分值为：红色球1分、黄色球2分、绿色球3分、棕色球4分、蓝色球5分、粉色球6分、黑色球7分，如图10.12所示。

图 10.12　斯诺克

击球顺序为一个红球、一个彩球，直到红球全部落袋，然后以黄、绿、棕、蓝、粉、黑的顺序逐个击球，如果一方击球失误，则击球权转给另一方。待所有球都被击入袋之后，以得分高者为胜。打自由球时，彩球算1

分。满分为147分，技高者可独自击落桌面上所有的球，被称为“大满贯”。

◎ 跳水

● 简介

图 10.13　跳水

跳水是一项优美的水上运动，是从高处的跳板或跳台起跳，在空中完成一定动作姿势，并以特定动作入水的运动，对运动员身体的协调性、柔韧性、平衡感和时间感等要求很高，如图10.13所示。

跳水运动一般分为竞赛性跳水和非竞赛性跳水两大类。竞赛性跳水由竞技跳水和高空跳水组成。竞技跳水分跳板跳水和跳台跳水，是奥运会正式竞赛项目之一。跳板跳水是在一端固定，另一端有弹性的板上进行，跳板离水面的高度有1米和3米两种。跳台跳水是在坚硬而没有弹性的平台上进行。跳台距水面高度为5米、7.5米和10米，一般比赛项目大多为10米跳台。

● 比赛规则

跳水比赛有向前跳水、向后跳水、反身跳水、向内跳水、转体跳水和臂立跳水6组正式动作。参加决赛的运动员要跳两个规定动作和3个自选动作。跳水的动作越复杂，难度系数越高，成绩也就越高。

评分裁判分为7人制和5人制，国际比赛通用7名裁判。每个裁判可给的最高分为10分，可用0.5给分，0分为失败，0.5～2分为不好，2.5～4.5分为普通，5～6分为较好，6.5～8分为很好，8.5～10分为最好。裁判主要根据运动员的助跑、起跳、空中动作、水中动作来评分，因此运动员要做到助跑平稳，起跳果断有力，起跳角度恰当并具有一定高度，空中姿势优美，翻腾转体快速，入水时身体与水面垂直，水花越小越好。最后总分为去掉最高分和最低分的分数之和乘以动作难度系数，总分最高者获胜，如分数相同则名次相同。

◎ 艺术体操

● 简介

艺术体操是一项优美的女子竞技体育项目，有个人单项赛、个人全能赛和团体赛等多种形式，分为绳操、球操、圈操、带操、棒操5项，一般在音乐伴奏下进行。

图 10.14 艺术体操

● 比赛规则

艺术体操个人比赛音乐时间为1分15秒至1分30秒。每套动作有10个最高价值难度动作，其中至少有5个难度动作是属于各项器械所要求的规定身体动作组，并且要与器械特有的技术动作紧密结合，如图10.14所示。这10个最高价值动作的难度决定了该套动作的技术价值。团体比赛要求每套动作必须由5名运动员来完成。

◎ 花样滑冰

● 简介

花样滑冰是一项兼具技术性和艺术性的冰上运动，要求在音乐伴奏下于冰面上表演各种技巧和舞蹈动作，裁判员根据动作评分决定名次。一般有单人花样滑冰、双人花样滑冰和冰上舞蹈3个比赛项目，如图10.15所示。

图 10.15 花样滑冰

● 比赛规则

在花样滑冰的单人滑与双人滑比赛中，选

手必须完成两套节目。在短节目中，选手要完成一系列必选动作，包括跳跃、旋转和步法；在自由滑也就是长节目中，选手有更大的自由度来选择动作。冰上舞蹈的比赛通常包括至少一套规定舞、一套创编舞和一套选手自己选择的自由舞。其中，创编舞要根据每年指定采用的一种国际标准舞节奏来进行。2010年以后，冰上舞蹈比赛中取消规定舞，只保留创编舞和自由舞。

◎ 马术

● 简介

马术比赛需要骑师和马匹配合默契，考验马匹的速度、技巧、耐力和跨越障碍的能力，分为盛装舞步赛、障碍赛和三日赛3项，每项均有团体赛和个人赛。

● 比赛规则

盛装舞步赛又称骑术赛，骑手和马要在长60米、宽20米的场地内用12分钟的时间完成一系列规定和自选动作，依据骑手完成动作的姿势、风度、难度等技巧和艺术水平来评分，如图10.16所示。

图 10.16　马术

障碍赛的场地至少要2500平方米，要求运动员骑马按规定的路线、顺序跳越十多个高1.4～1.7米的障碍。

三日赛又称综合全能马术赛，分个人和团体两个项目。骑手在第一天进行花样骑术赛，第二天越野赛，第三天障碍赛，以三项总分评定名次。

◎ 象棋

象棋分为中国象棋和国际象棋，是一种双方对阵的竞技项目。

图 10.17　中国象棋

中国象棋

中国象棋棋子共有32个，分为红、黑两组，各有16个，由对弈的双方各执一组，如图10.17所示。棋子有帅（将）、车、炮、马、相（象）、士（仕）、兵（卒）。当帅（将）被“将死”或无可避免地与对方将（帅）直接对面、己方已无棋可走或是自己主动认输、同一局棋技术犯规两次的情况下判负。另外，和棋的情况也常在中国象棋对弈中出现。

国际象棋

国际象棋又称欧洲象棋或西洋棋，棋盘由64个黑白相间的格子组成，如图10.18所示。国际象棋由黑白两色棋组成，黑白棋子各16个，多用木材、塑胶或石块制作，白棋先行，目的和中国象棋一样，是把对方的王“将死”。如果王被“将死”，攻击方取胜。另外，超时会被判负，对峙不下时可以和棋。

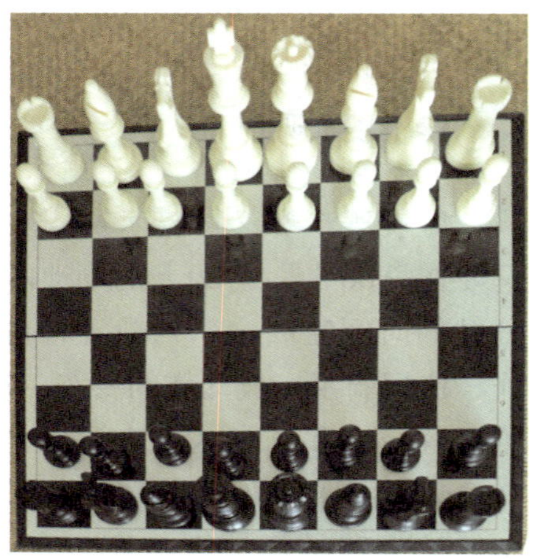
图 10.18　国际象棋

◎ 围棋

简介

围棋起源于中国古代，是一种策略性二人棋类游戏，使用格状棋盘及黑白二色棋子进行对弈。

比赛规则

围棋的棋盘盘面有纵横各19条等距离、垂直交叉的平行线，共构成

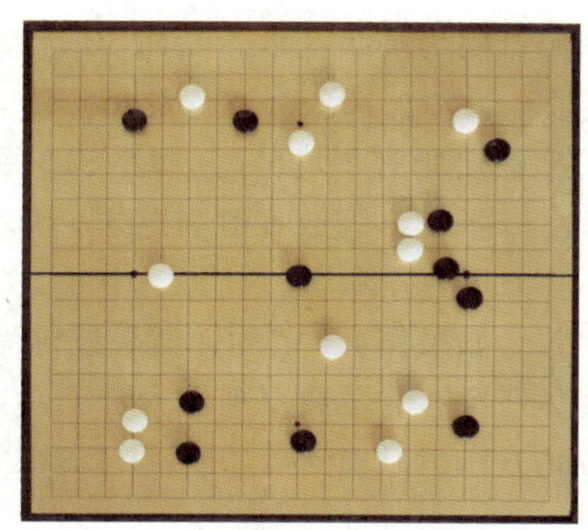
图 10.19 围棋

19×19即361个交叉点。盘面上标有小圆点的称为星位，棋面一共有9个星位，中央的星位又称“天元”。

围棋有黑、白两色的扁圆形棋子，如图10.19所示。其中，黑色棋子为181个、白色棋子为180个，但正式比赛以双方各180子为宜。对局双方各执一色棋子，黑先白后，黑白交替着下在棋盘的一点上，每次只能下一子，棋子下定后不能移动，但允许放弃下子权。直线相邻的点上如有同色棋子存在，则相互连接成一个不可分割的整体，形成“气”，但如果直线紧邻的点上有异色棋子存在，“气”便不存在，棋子如失去所有的“气”，则不能在棋盘上存在。

当棋盘已无子可下，棋局便告结束，棋盘上棋子多的一方获胜。注意黑子一方因为先下须贴$3^{3}/_{4}$子才算获胜，日韩围棋规则中黑子一方须贴6目半（约$3^{1}/_{4}$子）。对局中，双方对峙不下时，可以判和棋或重下，有一方中途认输即为终局。

◎ 桥牌

● 简介

图 10.20 桥牌

桥牌是扑克的一种打法，是一种两人对两人的四人游戏，更是一种高雅、文明、竞技性很强的智力性游戏。

● 比赛规则

桥牌使用普通扑克牌去掉大小JOKER后的52张扑克牌，共分梅花、方片、红桃、黑桃四种花色，如图10.20所示。梅花和方片为低级花色，每墩20分；红桃和黑桃为高级花色，每墩30分。每一种花色有13张牌，顺序如下：A(最大)、K、Q、J、10、9、8、7、6、5、4、3、2(最小)。

52张牌平均分配，每人13张；打牌时，一方出一张引牌，另外三方跟着出一张牌，牌放在胜者这里，称为一墩。定约以6墩为本底墩数，6墩以上的牌方可算作赢墩。

如果作4H 定约，就是红桃为将牌，取到10墩牌以上才算完成。如果没有达到足够的墩数，则称为宕了，会被罚分。离定约差几墩就称为宕几。比如南北方作5NT 定约，最后拿了8墩牌，则称为宕3。

第三节　音　乐

◎ 音乐的基本要素

音乐的基本要素有很多，力度、速度、节奏、音程和音高及音色等都是构成音乐的基本要素，它们通过把旋律、和声、复调、曲式、调式和调性、配器等技法综合在一起，从而形成和谐的整体，变成动听的音乐。

◎ 音乐常见的体裁

音乐体裁可分为声乐体裁和器乐体裁。声乐体裁主要有歌剧、音乐剧、清唱剧、弥撒和组歌、艺术歌曲和浪漫曲、小夜曲、摇篮曲和船歌、宣叙调和咏叹调以及安魂曲、合唱、齐唱与重唱、康塔塔、牧歌、声乐套曲等。

器乐体裁主要包括奏鸣曲和交响曲、交响音乐和交响诗、音诗、音画、协奏曲、套曲和组曲、前奏曲和序曲、夜曲、军乐和进行曲、圆舞曲、变奏曲、改编曲、幻想曲、随想曲和狂想曲、创意曲、叙事曲、谐谑曲、幽默曲、练习曲、托卡塔、重奏和独奏曲等。

◎ 出席音乐会的礼仪

（1）男士燕尾服、女士晚礼服是最传统的西方音乐会着装。盛装出席是重视音乐会的表现，衣着要整洁。

（2）最好不要随意拍照，如果需要，不要使用闪光灯。

（3）不要在场内进食和吸烟，这是对其他观众和演奏者最起码的尊重。

（4）尽量不要发出各种声音来干扰气氛，比如大声咳嗽。如果控制不住，可以暂时离场。

（5）为减少对演奏者和其他观众的影响，一般情况下，如演出中途需要离场，要在一首乐曲结束后再离开座位。

（6）欣赏交响乐作品或组曲时，不要在乐章之间鼓掌，而要在全部作品结束时鼓掌。

◎ 中国十大古曲

中国古典音乐中有十大著名古曲。它们分别是：

（1）《广陵散》：又名《广陵止息》，据传为嵇康临刑前所奏，曲调大气磅礴，真曲已经失传。

（2）《高山流水》：相传钟子期与俞伯牙因此曲结成知音，被传为千古佳话。据文献记载，《高山流水》原为一曲，唐代后分成《高山》和《流水》两曲。

（3）《平沙落雁》：又名《雁落平沙》、《平沙》，作者传有唐代陈子昂、宋代毛逊、明代朱权等，众说不一。全曲曲意爽朗，肃穆而又富于生机，表达人们如鸿雁高翔一样的胸怀。

（4）《阳春白雪》：《阳春》和《白雪》两首曲子的合称，由楚国著名歌舞家莫愁女在屈原、宋玉的帮助下传唱开来。

（5）《十面埋伏》：琵琶曲中的经典。乐曲风格雄伟，内容壮丽，把战场画面表现得生动强烈。

（6）《夕阳箫鼓》：一首旋律优美流畅的写意曲，在演奏中运用了各种琵琶技法。后被现代改编成丝竹乐曲《春江花月夜》。

（7）《渔樵问答》：著名的古琴名曲，音乐形象生动精确，反映了对渔樵生活的向往，表现一种轻松的田园乐趣。

（8）《梅花三弄》：又名《梅花引》、《梅花曲》、《玉妃引》，是一首古琴曲，早在唐代就在民间广为流传，全曲表现了梅花纯洁坚毅的高尚品性。

（9）《胡笳十八拍》：根据汉代以来流传的同名叙事诗而创作的古典琴曲，反映了战乱给人民带来的深重灾难，抒写了主人公对故土的思念及骨肉离别的痛苦感情。

（10）《汉宫秋月》：有琵琶曲、二胡曲、古筝曲、江南丝竹等不同版本，表现了古代宫女哀怨悲愁的情绪和无奈寂寥的心境。

◎ 交响乐

交响乐是采用大型管弦乐队演奏的奏鸣曲，包括交响曲、协奏曲、乐队组曲、序曲和交响诗，也涉及一些各具特色的管弦乐曲，如交响乐队演奏的幻想曲、随想曲、狂想曲、叙事曲、进行曲、变奏曲和舞曲等。

欣赏一首交响曲，听者需要对作曲者所处时代、环境、经历、遭遇、身世等有所了解，同时还要了解他写作此曲时的动机以及乐曲的基本内容。如此，在听音乐时，听者就能随着乐曲感情的起伏变化而在内心得到一种讯号，随着乐曲之乐而乐，悲而悲，愤而愤，并转化成哲理概念。

贝多芬的《田园交响曲》像一幅广阔的画卷。第一乐章通过人们《初到乡村时的快乐感受》反映出“在鸟语花香的田野里，阳光透出了薄云，微风吹拂着大地”的画面；第二乐章写了人们《在小溪旁》的沉思默想。在伴奏中可以听到潺潺流水的背景，小提琴奏出的第一主题在表现凝神静思的同时，流露出优游自得的情趣，特别是第二主题中大管吹出的旋律，更显得悠闲旷达、怡然自得。而在该曲的尾声中，贝多芬独具匠心地运用三种木管乐器分别模仿了三种鸟鸣声，使乐曲在鸟语花香的气氛中结束，显得分外生意盎然。

◎ 组曲

组曲是由几个具有相对独立性的乐章在统一艺术构思下，排列、组合而成的器乐套曲，包括古典组曲、芭蕾组曲、现代组曲三大类。

《卡门》是世界上上演率最高的歌剧，也是音乐家比才创作的著名组曲。《卡门》的前奏曲是家喻户晓的最精彩的曲子之一。第一部分气氛热烈欢快，第二部分利用弦乐表现出令人战栗不安的感觉。该组曲通过12个曲目分别表现了不同的场景，紧贴着剧情和情节的发展。其中最为著名的第六个曲目《斗牛士之歌》绘声绘色地描述了斗牛的场景，音乐雄壮有节奏，具有很强的感染力。

◎ 协奏曲

协奏曲指一件或几件独奏乐器与管弦乐队竞奏的器乐套曲。巴洛克时期形成的由几件独奏乐器组成一组与乐队竞奏的协奏曲称为大协奏曲。古典乐派时期形成的由小提琴、钢琴、大提琴等一件独奏乐器与乐队竞奏的协奏曲称独奏协奏曲。

门德尔松《e小调小提琴协奏曲》全曲由三个乐章构成，乐章之间连续演奏没有中断，在当时是一种新的音乐手法，可以使浪漫的气氛不被切断，显得更加流畅。但三个乐章又都是独立的，体现了门德尔松的古典派传统风格，并注入了一种新时代的气息。而且，在这首协奏曲中没有序引或前奏，一开始就以一支抒情旋律作为第一乐章的主题，旋律幸福又荡漾着忧愁，是整部作品最著名的乐章。同时，这一乐章的华彩乐段也着重体现了小提琴演奏的高超技巧。第二乐章是一个抒情醇美的乐章，富有门德尔松的风格韵味。第三乐章是奏鸣曲式，也是世界著名的乐章之一。

◎ 序曲

早期的序曲有两种主要类型：一种是法国作曲家吕里创始的法国式序曲，由慢板—快板—慢板三个段落组成；另一种是意大利那不勒斯歌剧乐派代表人物斯卡拉蒂确立的意大利式序曲，由快板—慢板—快板三个段落组成，它的快慢顺序恰恰和法国式序曲相反。早期的歌剧序曲和歌剧的内容没有直接的关系，往往一部歌剧的序曲可以借用于另一部歌剧。

后来，格鲁克和莫扎特在不同程度上提高了歌剧序曲的表现力，使歌剧序曲开始具有暗示剧情的作用。而贝多芬为歌剧《费台里奥》所写的四首序曲则把这一体裁提高到了交响音乐的水平。

19世纪初叶以后，出现了一种新型的序曲，它既不是歌剧的开场音乐，也不是器乐作品的开始曲，而是一种独立的、专为音乐会演奏而作的管弦乐作品，被称为“音乐会序曲”。

◎ 间奏曲

间奏曲原指16、17世纪在意大利正歌剧的两幕之间演出的轻松愉快的喜剧，后发展为意大利趣歌剧。历史上第一部意大利趣歌剧《女仆夫人》（G.B. 佩尔戈莱西作曲）原是其正歌剧《傲慢的囚徒》中的幕间剧。

后来“间奏曲”一词成为歌剧或其他戏剧中器乐插曲的专用语，如 P. 马斯卡尼的独幕歌剧《乡村骑士》中的间奏曲即是歌剧间奏剧。R. 舒曼和 J. 勃拉姆斯的间奏曲则是独立的钢琴特性曲，意味着是在写大作品之间随兴写成的小作品，即器乐曲间奏剧。

◎ 歌剧咏叹调

歌剧是将音乐（声乐与器乐）、戏剧（剧本与表演）、文学（诗歌）、舞蹈（民间舞与芭蕾）、舞台美术等融为一体的综合性艺术，通常由咏叹调、宣叙调、重唱、合唱、序曲、间奏曲、舞蹈场面等组成，有时也会用到说白和朗诵。

歌剧《蝴蝶夫人》是19世纪末20世纪初意大利最杰出的作曲家普契尼根据贝拉斯科的同名戏剧改编而成。这部歌剧描写了日本妇女“蝴蝶夫人”的爱情悲剧。《晴朗的一天》是歌剧第二幕蝴蝶夫人唱的一段咏叹调。普契尼运用较长的宣叙性的抒情曲调，把蝴蝶夫人坚信平克尔顿会归来的幸福心情描写得细腻贴切，体现了这位歌剧音乐色彩大师的高超创作手法。

◎ 音乐剧

音乐剧又称为歌舞剧，是音乐、歌曲、舞蹈和对白结合的一种戏剧表演，富于幽默情趣和喜剧色彩，且音乐通俗易懂，因此很受大众的欢迎。

《歌剧魅影》是一部脍炙人口的音乐剧，讲的是年轻的歌剧院出资人拉包尔与新女歌剧演员克里斯汀相爱。可是，剧院地下湖的幽灵也爱上了克里斯汀，他开始教克里斯汀声乐。当幽灵发现拉包尔和克里斯汀相爱时，他试图阻止他们，在最后的演出之后，幽灵劫持了克里斯汀，但拉包尔始终追随着，在幽灵擒获拉包尔以后，用他的生命来要挟克里斯汀，克里斯汀勇敢地做出选择。幽灵绝望了，最后放他们两人离去，自己对着八音盒唱起了歌，当人们追来时，他只在座位上留下一个白色的面具。

该剧是音乐剧大师韦伯的代表作，以恐怖的氛围、惊险的剧情、完美的布景和精彩的音乐成为音乐剧中永恒的佳作。该剧的音乐神秘而优美，充分表现了主人公的心情和剧情。其中“The Phantom of Opera”，“All I Ask of You”以及“The Music of the Night”等都已经成了音乐剧的经典名曲。

◎ 舞剧音乐

舞剧音乐是作曲家为各种类型的舞剧所写的音乐。在西欧，主要的舞剧音乐是芭蕾音乐。此外，还包括民族舞剧与现代舞剧所用的音乐。著名舞乐有《胡桃夹子》、《火鸟》、《彼得鲁什卡》等。

《胡桃夹子》是柴可夫斯基后期的著名作品。音乐展现出逼真写实的效果，在第二幕的插曲中，以西班牙舞代表巧克力，以阿拉伯舞代表咖啡，以中国舞代表茶。糖果王国的场面音乐音色迷人而温柔，表示温婉美丽的糖梅仙子的来临。柴可夫斯基在这里应用了音色亮丽的钢片琴作为本曲的主角，声音轻巧而愉快，使得这首曲子非常特别，这也是钢片琴第一次被运用于音乐作品中。整部曲子为观众编织出一个梦幻般的世界，带给人无限的遐想。在旋律较为平淡的地方，柴可夫斯基用杰出的处理方式表现了温暖明亮的音乐色彩，赋予了这部音乐强大的情感。

◎ 合唱

合唱指集体演唱多声部声乐作品的艺术门类，常有指挥，可有伴奏或无伴奏。它要求歌唱群体音响的高度统一与协调，是普及性最强、参与面最广的音乐演出形式之一。人声作为合唱艺术的表现工具，有着其独特的优越性，能够最直接地表达音乐作品中的思想情感，激发听众的情感共鸣。著名的合唱曲有《黄河大合唱》、《弥赛亚》、《凯旋大合唱》等。

《黄河大合唱》是著名作曲家冼星海最重要且影响最大的一部代表作。《黄河大合唱》由《序曲》及八个乐章组成。

管弦乐队演奏的《序曲》对全曲进行了极富特点的概括描绘，乐队效果色彩浓郁，音乐刻画了人民的意志和力量，象征着崇高伟大的民族精神。

第一乐章：《黄河船夫曲》(混声合唱)，采用了劳动号子的体裁形式，展现了在乌云满天、惊涛拍岸的环境中，船夫与暴风雨奋力拼搏的生动形象，表现了华夏子孙吃苦耐劳的优秀品质和必胜的决心。

第二乐章：《黄河颂》(男声独唱)，第一部分以平稳的节奏、宽广的气息歌唱了黄河的雄姿；第二部分以热情、奔放的旋律赞美中华民族五千年的灿烂文化，热情激昂地颂扬了中华民族的英雄气概。

第三乐章：《黄河之水天上来》(配乐诗朗诵)，充满了博大、豪放的情怀。

第四乐章：《黄水谣》(女声合唱)，朴素的音调优美而动人。第一部分描写了奔流不息的黄河之水和中华儿女美好安宁的和平生活；第二部分主题深沉、痛苦，描写了日寇侵略后妻离子散、天各一方的悲惨情景，音乐在低沉的情绪中结束，使人久久难忘。

第五乐章：《河边对口曲》(对唱、轮唱)，如民间小曲般亲切而富有乡土气息，通过叙事般的对唱形式，描摹了国土沦丧后日寇铁蹄下人民的悲惨遭遇。

第六乐章：《黄河怨》(女声独唱)，以低沉凄惨、悲恸欲绝的音调，哭诉了一个遭受日寇蹂躏、失去丈夫孩子、留下“把血债清算”的遗愿而投入滚滚黄河怀抱的妇女的深仇大恨。

第七乐章：《保卫黄河》(齐唱、轮唱)，表现了游击健儿的英勇气概，是表现人民战争壮阔场面的战斗进行曲，其中“龙格龙格龙格龙”的衬词此起彼伏，波澜壮阔的宏伟场面和乐观主义的民族精神跃然眼前。

第八乐章：《怒吼吧，黄河》(混声合唱)，愤怒的情绪、战斗的号角、坚定的节奏、丰满的合唱以宏伟的气势使音乐达到了最高潮，作品在乐队全奏和八声部合唱气吞山河的澎湃波涛中结束。

知识链接：和声与声部

和声是指两个以上不同的音按一定的法则同时发声而构成的音响组合。和声的处理是音乐创作的重要写作技巧，也是对位、配器、曲式等其他作曲技法的基础。比如，和声对音乐形式构成有三大作用：音高纵向结合的组织作用，确立或瓦解调性、调式的作用，发展或终止某一结构的作用。

四部和声的每一部叫做一个声部。器乐声部分高音、中音、次中音、低音；声乐声部分女高音、女低音、男高音、男低音。每个音域中还有特别的区分，如花腔女高音和抒情男高音。

第四节 舞 蹈

◎ 舞蹈的种类

根据舞蹈的目的和作用，可分为生活舞蹈和艺术舞蹈两大类。

生活舞蹈，顾名思义就是人们为了自己生活兴趣等需要进行的舞蹈活动，主要包括社交舞蹈、自娱舞蹈、体育舞蹈、教育舞蹈、习俗舞蹈、宗教祭祀舞蹈等。

艺术舞蹈则具有一定的表演性和观赏性。根据不同的风格特征，可分为古典舞蹈、民族民间舞蹈、当代舞蹈、现代舞蹈和芭蕾舞。按照表演形式来分，又有独舞、双人舞、三人舞、群舞、组舞、歌舞、歌舞剧、舞剧等种类。

◎ 中国古典舞

中国古典舞是在民族民间传统舞蹈的基础上，经过历代专业工作者提炼、整理、加工、创造，并经过较长时期艺术实践的检验流传下来的具有一定典范意义和古典风格特色的舞蹈，如图10.21所示。

中国古典舞十分注重身韵，即要从摆脱戏曲的行当、套路出发，从中国的大文化传统，包括书法、武术来探索它的“形、神、劲、律、气、意”的审美规律，总结古典舞运动的路线、法则和阳刚、阴柔、节奏的内涵。

《扇舞丹青》是现代一部优秀的古典舞作品。作品以《高山流水》作为背景音乐，显得玲珑剔透，意味悠远。舞者身体动作快慢相宜、刚柔并济，并且杂糅了书法的抑扬顿挫、错落有致，将扇子与肢体动作的幅度、力度、速度和空间相结合，用一把折扇演绎了中华民族书法艺术的神韵之美。

图 10.21 中国古典舞

◎ 民族民间舞

民族民间舞泛指产生并流传于民间，受民俗文化、民族文化制约，即兴表演但风格相对稳定、以自娱为主要功能的舞蹈形式，具有朴实无华、形式多样、内容丰富、形象生动等特点。民族民间舞中，以傣族舞和蒙古舞较为突出。

图 10.22 傣族舞

傣族舞如图10.22所示，是傣族古老的民间舞，以孔雀舞为代表，舞蹈动作模仿孔雀：飞跑下山、漫步森林、饮泉戏水、追逐嬉戏、拖翅、抖翅、展翅、登枝、歇枝、开屏、飞翔，等等，跳出丰富多彩的舞蹈动作和富于雕塑性的舞姿造型。他们的舞蹈有严格的程式和要求，有固定的步法和地位，甚至每个动作都有固定的鼓语伴奏。

蒙古族由于长期生活在草原，自古以来崇拜天地山川和雄鹰图腾，因而形成了蒙古族舞蹈浑厚、舒展、豪迈的特点。蒙古族民间舞蹈主要有盅碗舞、筷子舞、安代舞、查玛四种。

盅碗舞一般为女性独舞，具有古典舞蹈的风格。舞者头顶瓷碗，手持双盅，在音乐伴奏下，按盅子碰击的节奏，两臂不断地舒展屈收，身体或前进或后退，意在表现蒙古族妇女端庄娴静、柔中有刚的性格气质。利用富有蒙古舞风格特点的“软手”、“抖肩”、“碎步”等舞蹈语汇，表现舞者典雅、含蓄的风格。

◎ 芭蕾舞

图 10.23 芭蕾舞

芭蕾舞孕育于意大利文艺复兴时期，17世纪后半叶开始在法国发展流行并逐渐职业化，在不断革新中风靡世界。芭蕾舞最重要的一个特征即女演员表演时以脚尖点地，故又称脚尖舞，如图10.23所示。其代表作品有《天鹅湖》、《仙女》、

《胡桃夹子》等。

《天鹅湖》是最为著名的芭蕾舞作品之一。这部舞剧取材于神话故事，描述被妖人洛特巴尔特用魔法变为天鹅的公主奥杰塔和王子齐格弗里德用爱情的力量战胜了魔法，奥杰塔得以恢复为人身。这其中天鹅的主题贯穿整部舞蹈，包括很多经典舞蹈。全剧包括四幕二十九个分曲。在第二幕时，用细腻的慢板双人舞来表达白天鹅奥杰塔从恐惧、提防到逐渐对王子放心和信任。第四分曲是著名的《四小天鹅》舞曲，包含“击脚跳”和“轻步行进”的动作，音乐轻松活泼，四只小天鹅整齐一致的舞姿以及头部的转动，惟妙惟肖地表现了小天鹅的可爱形象。

◎ 现代舞

现代舞如图10.24所示，是20世纪初在西方兴起的一种与古典芭蕾相对立的舞蹈派别，主张摆脱古典芭蕾舞过于僵化的动作程式的束缚，以合乎自然运动法则的舞蹈动作，自由地抒发人的真实情感，强调舞蹈艺术要反映现代社会生活。

图 10.24　现代舞

国外著名的现代舞有：保罗·泰勒舞蹈团《光环》、《B团》、《滑稽报纸》、《草地》、《海滨广场》、《黑色星期二》、《普罗米修斯之火》，何塞·利蒙舞蹈团《编舞的献礼》、《叛徒》、《摩尔人的帕凡舞》、《那一刻》，玛莎·葛兰姆现代舞团《步入迷宫》、《神话寓言》，雷动天下现代舞团《前定的暗色》。

国内著名的现代舞有：北京现代舞团和荷兰 Anouk van Dijk 现代舞团合作的《世界女人》，北京现代舞团《问·香》，香港城市当代舞蹈团《银雨》，香港不加锁舞踊馆《爱息》，香港新约舞流《馨香》，云门舞集《水月》、《行草》、《流浪者之歌》。

优秀的现代舞作品辈出，其中，在《80后》这部现代舞蹈作品中，舞者用中性的舞者造型、鲜明的视觉反差、极度夸张的形体语言，来表现对于生活的积极态度，使得这部作品具有很强的现实意义，让观众跟随着“80后”一起同悲同喜，具有很强的感染力。

◎ 踢踏舞

踢踏舞是一种形式自由的舞蹈形式，最显著的特点就表现在舞者的鞋子带有特制的铁掌，利用灵活的舞步在地板上打击出各种节奏。踢踏舞因为其独特的形式和自由大气的表演风格，极具观赏性。

踢踏舞发源于社会底层，后来融合了百老汇歌舞表演形式，得到了进一步的发展。踢踏舞早期服装的颜色一般以绿色、白色或橘黄色为主。到了现代，各种颜色都有。男舞者的服装颜色通常较柔和。

踢踏舞分为美式和爱尔兰式。美式踢踏舞形态自由轻松，节奏表达复杂。踢踏舞是爱尔兰的国粹，爱尔兰式踢踏舞上半身没有动作，双手自然下垂，和髋部贴着，下半身双脚保持交叉的姿势。1997年，《大河之舞》获得格莱美最佳音乐剧专辑奖，掀起了一股踢踏舞的风潮。

◎ 拉丁舞

图 10.25　拉丁舞

拉丁舞主要分为五种，有活泼的恰恰、婀娜的伦巴、激情的桑巴、强劲的斗牛和逗趣的牛仔，如图10.25所示。

恰恰舞音乐节奏感强，舞步利落紧凑，舞态花俏，在全世界广为流行。

伦巴舞音乐缠绵，舞步婀娜款摆，舞态柔美。

桑巴舞音乐热烈，舞步摇曳多变，舞态富有动感，深受人们的喜爱。

斗牛舞音乐雄壮，舞步振奋有力，舞态豪放。

牛仔舞音乐欢快，舞态风趣，步伐活泼轻盈，舞者手脚放松，舞蹈自由，且不断地与舞伴换位，转圈旋转。

◎ 肚皮舞

图 10.26　肚皮舞

肚皮舞发源于中东，具有强烈的民族特色。舞者在平滑的地板上赤足舞蹈，随着变化万千的快速节奏，摆动腹部，舞动臂部、胸部，优雅而性感。

肚皮舞可以无伴奏地独舞，但大多数都会用独特的阿拉伯音乐作为伴奏。伴奏中打击乐器的手鼓尤为重要，可以配合舞者的动作，增加动感。跳肚皮舞有时会结合一些道具，如指拨、面纱、蜡烛等，来增加舞蹈气氛。

肚皮舞按地域分，主要有埃及风格、土耳其风格、印度风格等。埃及风格特点是含蓄、内敛、优雅，土耳其风格则奔放大胆，印度风格则结合了印度舞的特色，妩媚婀娜，如图10.26所示。

图 10.27　弗拉明戈舞

◎ 弗拉明戈舞

弗拉明戈舞如图10.27所示，是吉普赛人最具特色的舞蹈，节奏强烈明快，动作夸张有力。女舞者身穿色彩艳丽的大摆长裙，随着舞姿转动。男演员一般身穿衬衫、马甲、配马裤、长筒皮靴，或是威武精神的军装。舞者在表演的过程中，伴随着随性的拍手、捻指或喊叫，舞蹈的表达自由奔放。

◎ 爵士舞

爵士舞是一种急促又富动感、外放性的节奏型舞蹈，源于非洲，在美国开始本土化。爵士舞主要是动作和旋律方面的表演，舞蹈形式自由活泼，具有很强的娱乐性。经过发展和演变，现代爵士舞有了很强的可塑性。主要有舞台爵士舞、现代爵士舞和街头爵士舞等种类。

第五节　花鸟鱼犬

◎ 养花的土壤和浇水

● 养花的土壤

土壤是养花的基础，一般分酸性、碱性两类，应根据花的种类不同选择不同的土壤：

（1）沙土质地软松、无碱性，排水效果好，宜用于花木的扦插、播种和育苗，但不宜栽植木本类花卉。

（2）街道土具有一定的肥效，适合栽植多年生花木，可种植海棠、无花果等，但需要经过充分发酵和筛选后才能使用。

（3）河泥、草灰、腐叶土土质疏松、肥沃，呈酸性，适宜种植君子兰、朱顶红、杜鹃等盆栽花卉。

（4）胶性颗粒土的土温低、水肥蒸发少，且空隙较大，排水和通风效果较好，对栽种含笑、茉莉等十分有利。

一般在种花时，土壤中要拌入适量的黄沙、木屑、焦泥灰、煤灰等做成复合土，过筛后使用，忌用黏土、生土、硬土、基建土等杂土。

● 花卉浇水技巧

花卉的浇水也需要一定的技巧：

（1）花木种类：仙人掌、龙舌兰等要少浇水，温性花卉要多浇水。叶片上有绒毛的花木不宜在叶片上洒水。生长旺季和花蕾期适当多浇水。

（2）水质：无污染的雪水、雨水是首选，淘米水、茶水等也可用来浇花。日常用的自来水需放置一两天再浇花。

（3）水温：一般来说，水温和土温的温差在5℃之间即可。

（4）时间：春天花木需水量大，要保持土壤湿润；夏天失水多，浇水要加倍；秋季适当少浇水，避免植物疯长；冬季保持稍湿即可。10:00左右和16:00以后适宜浇花，夏季忌中午浇花。

（5）花盆：应根据花盆的大小、深浅以及花盆的质地而定。盆小而浅，浇水要少而勤；泥盆渗水性好，要勤浇；石盆、釉盆不易渗水，要少浇水。

知识链接：如何为花草施肥、松土

花草施肥的一般原则是：施肥宜多次少量；无机化肥在施撒时不能直接接触茎基部；有机肥要经堆沤腐熟再使用；大雨过后或植株叶色黄绿暗淡缺肥时要及时补施；夏季植株生长旺盛时应该多施肥；冬季花木生长缓慢时少施肥；在苗期应施氮肥，孕蕾期施磷肥，少施或不施氮肥；木本花卉以氮、磷、钾配制的复合肥为主，草本花卉以施磷肥为主，球根类以施钾肥为主。

在给花木松土前要浇一次透水，在盆土表面七八成干时松土，松土深度一般在3厘米左右即可，浅根系的植物在松土时要稍浅些，深根系或普通的要稍深一些。松土时可以用竹、木片或小耙，在浇水后盆土半干时进行。深度以见根为准，也可以切断一些表层的根，有利于生发新根。

◎ 家养花卉的防护药方

家庭中的一些简单方法也可对花卉的防护起到很好的效果：

（1）洗涤剂：用1匙洗涤剂与4升水混合，每隔4～5天喷洒叶背一次，可以消灭白蝇。

（2）醋：杜鹃花和栀子花喜酸性土壤，用硬水浇会导致植物叶子逐渐发黄、枯萎，可以用2匙醋和1升水配成醋水，每隔两三个星期在花卉的周围浇一次，黄叶便会逐渐消失。

（3）全脂牛奶：花木上有壁虱，可将4杯面粉和半杯全脂牛奶加入20升的清水中，搅拌均匀后用纱布过滤，然后将液体喷洒到花卉的枝叶上。

（4）烟草：将两三个烟头泡水，再加入少许肥皂水，直接喷洒在花卉上，能有效杀死花卉上和泥土中的蚜虫。

（5）大蒜：把大蒜和洋葱头切碎，与1匙胡椒粉一起加入1升的水中，然后喷洒在花卉的叶子上，可以驱散猫狗之类的动物。花盆上的腐叶较多时会招来小虫，可喷点姜汁或蒜汁，并注意保持土面干净。

◎ 常见观赏鸟的种类

观赏鸟的选择，一般听鸣叫声，看羽毛颜色。百灵（图10.28）、画眉、云雀、红点颏、鹊鸲等是以鸣声为特色的观赏鸟；羽毛颜色鲜艳、有观赏价值的有寿带鸟、蓝翡翠鸟、红嘴、蓝鹊（图10.29）等；鹦鹉（图10.30）、黄雀、金翅、朱顶雀、蜡嘴等鸟精于表演；斗鸟有画眉、鹌鹑、棕头鸦雀、鹊鸲等；百灵、云雀、绣眼（图10.31）的身姿体态很优美。

图10.28　百灵鸟

图10.29　蓝鹊

图10.30　鹦鹉

图10.31　绣眼

◎ 不同观赏鸟的饲料配制方法

不同种类的观赏鸟需要配制不同的饲料，下面介绍几种常见的饲料配制方法：

（1）食素性鸟类：饲料的谷粒以油料作物种子为主，配制方法较简单，一般将几种颗粒饲料按适当比例混合即可。比如，粟米、稗谷等可喂虎皮鹦鹉等观赏鸟，平常期为粟米或稗谷85份，菜子15份，苏子0.5份混合拌匀；换羽期为粟米75份，菜子15份，芝麻0.5份，苏子0.5份，混合拌匀，并增加青绿饲料、熟蛋黄和其他色素饲料。

（2）食虫性鸟类：常以豆粉、少量肉粉或鱼粉和熟蛋黄粉混合拌匀后再稍加水调匀，配制方法是：平常期为豆粉7份，蛋黄粉2份，鱼粉0.5份，肉粉或蚕蛹粉0.5份，混合拌匀；换羽期为豆粉5份，蛋黄粉2份，鱼粉 1份，肉粉 1份，蚕蛹粉1份，混合拌匀。

（3）食杂性鸟类：笼养以碎米炒蛋或蒸米炒蛋为主，并辅以豆粉拌蛋黄及昆虫等，配制方法是：平常期为碎米炒蛋或粟米蒸蛋8份，蚕蛹粉1份，肉粉1份，混合拌匀；换羽期为碎米炒蛋或粟米蒸蛋6份，鱼粉1份，蚕蛹粉1份，肉粉1份，豆粉1份，混合拌匀，并辅以色素饲料。

◎ 鸟类的饲养常识

饲养家庭观赏鸟时，需要注意以下几点：

（1）饮水：供给鸟儿清洁干净的饮水，以凉白开为好，一次不要加太多，每天换一次水。可在水缸中放入一块丝瓜络或海绵，使鸟仅能饮水而不能玩水。

（2）水浴：在鸟笼中放入盛有清水的浅盘，也可将水滴从笼顶滴洒到鸟身上，也可连鸟笼带鸟放入盛水的浅盘中，供鸟沐浴。一般在夏季1～2天水浴一次，冬季和早春4～5天水浴一次。

（3）沙浴：养百灵、云雀等有沙浴习惯的鸟类，应在笼底铺上一层0.58毫米的干净细沙（河沙为佳），2～3天更换一次。

（4）修爪：鸟儿的爪长度超过趾长的2/3或爪已向后弯时，要用剪刀小心地在其爪内血管外端1～2毫米处向内斜剪一刀，并用锉刀锉平。

（5）修喙：鸟喙生长过长或弯曲，应用锉刀将鸟喙过长的部分锉去，或是在食物中加入部分沙粒。

（6）清洗：定期清洗鸟儿。清洗时，左手轻轻握住鸟儿，将欲清洗的部分浸入水中，右手持打湿的软布或棉花在有积垢的部位轻轻搓擦，清洗干净后用干毛巾将清洗部位擦干。注意，水的温度不要过高或过低，以40～50℃为宜。

此外，每天清晨要带鸟儿去附近的公园或树林呼吸新鲜空气。

◎ 常见观赏鱼的种类

观赏鱼主要分为温带淡水观赏鱼、热带淡水观赏鱼和热带海水观赏鱼三大品系：

（1）温带淡水观赏鱼主要有日本锦鲤（图10.32）、中国金鱼（图10.33）等。

图 10.32　日本锦鲤

图 10.33　中国金鱼

（2）热带淡水观赏鱼主要有三大著名品种。一是灯类品种，如头尾灯、红绿灯、蓝三角、红莲灯、黑莲灯等（图10.34）；二是神仙鱼系列，如黑神仙（图10.35）、芝麻神仙、鸳鸯神仙、红眼钻石神仙、蓝七彩、红七彩、条纹蓝绿七彩等；三是龙鱼系列，如金龙、银龙（图10.36）、红龙、黑龙鱼等。

图 10.34　灯鱼

图 10.35　黑神仙鱼

图 10.36　银龙鱼

（3）热带海水观赏鱼常见的品种有蝶鱼科、棘蝶鱼科、雀鲷科、粗皮鲷科等，著名品种有铜带蝴蝶（图10.37）、月眉蝶、人字蝶、女王神仙、皇后神仙、皇帝神仙（图10.38）、红小丑（图10.39）等。

图 10.37　铜带蝴蝶鱼

图 10.38　皇帝神仙鱼

图 10.39　红小丑鱼

◎ 选购观赏鱼的常识

购买观赏鱼需要注意以下几点：

（1）品种：初养鱼者，应选易于饲养、对水质要求不高的观赏鱼，如孔雀鱼、月光鱼、斑马鱼、虎皮鱼、曼龙鱼、灯科中的黑裙鱼、红旗鱼等，不要选择大型鱼。

（2）看鱼：健康的观赏鱼体色鲜亮，体表光洁，外表无畸形，鳃盖开启自如，各鳍和脊椎无破损，游动迅速，群游群栖，抢食积极，用捞网去捞时不断挣扎和跳动，不易抓到。如箱中有部分鱼游动时无精打采，甚至弱小的鱼儿也会去啄它，多为病鱼，整个缸内的鱼都不宜购买。

（3）看水族箱：水质应清澈透明、不偏色，带有一点淡淡的腥味，箱里和过滤棉上应有大量鱼的粪便，鱼饵不应有剩余。

◎ 观赏鱼的饲料

观赏鱼按照食性大致可分为三大类，分别是肉食性、素食性和杂食性。作为热带鱼来说，肉食性占大部分：

（1）肉食性观赏鱼（如图10.40所示地图鱼等）：主要的饲料有灰水（蜉蝣生物中的原生动物，如草履虫、太阳虫等）、轮虫、蚤类、蚯蚓类、赤线虫、蚕蛹等。

（2）素食性观赏鱼（纯素食的观赏鱼极少，一般鲷科鱼食性偏素一些，如图10.41所示七彩神仙鱼等）：可以用熟鸡蛋黄或者各种藻类等植物饲料喂养。一般家庭养鱼除了买来的饲料外，还可以用米饭、饼干等少油脂的食物来喂养，但提前要用水漂洗一下，避免水体混浊。

（3）杂食性观赏鱼（如图10.42所示罗汉鱼等）：荤素饲料都可以使用。

图10.40　地图鱼

图10.41　七彩神仙鱼

图10.42　罗汉鱼

◎ 世界名犬

世界著名的犬种主要有以下几种：

（1）运动犬：爱尔兰雪达犬、波音达犬、金毛寻回猎犬、拉布拉多猎犬（图10.43）、美国可卡犬、史宾格犬、魏玛犬、英国可卡犬等。

（2）工作犬：阿拉斯加雪橇犬、大丹犬、杜宾犬、西伯利亚雪橇犬、西班牙加纳利犬、美系秋田犬、拳师犬、萨摩耶犬（图10.44）、雪纳瑞犬等。

图 10.43　拉布拉多猎犬

图 10.44　萨摩耶犬

(3) 畜牧犬：中国藏獒（图10.45)、澳大利亚牧羊犬、边境牧羊犬、波利犬、长须柯利牧羊犬、德国牧羊犬、佛兰德牧羊犬、高加索犬、英国古代牧羊犬、卡斯罗、马林诺斯犬、日本银狐、苏格兰牧羊犬、威尔士柯基犬、谢德兰牧羊犬、中亚牧羊犬等。

(4) 狩猎犬：阿富汗猎犬（图10.46)、巴吉度猎犬、比格犬、惠比特犬、中国细犬、阿根廷杜高犬等。

图 10.45　中国藏獒

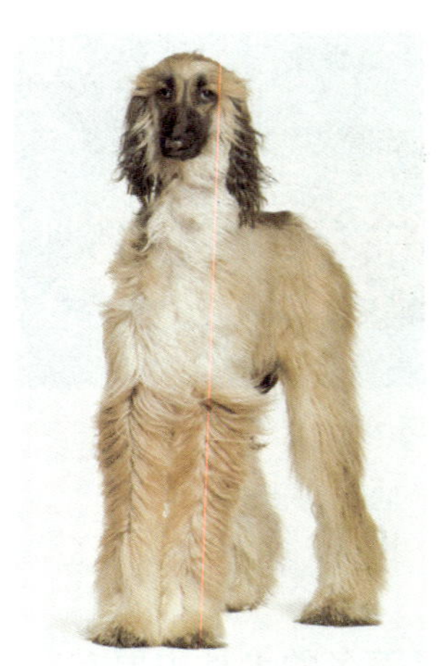

图 10.46　阿富汗猎犬

(5) 梗犬：比特犬、贝灵顿梗、刚毛猎狐梗、湖畔梗、凯利蓝梗、美洲无毛梗、迷你牛头梗（图10.47)、平毛猎狐梗、爱尔兰软毛麦色梗、斯凯梗、苏格兰梗、威尔士梗、西高地白梗、斯塔福郡斗牛梗、西里汉梗等。

(6) 家庭犬：大麦町犬、比熊犬、贵宾犬（图10.48)、荷兰毛狮犬、日本柴犬、松狮犬、英国斗牛犬等。

（7）玩赏犬：北京犬、博美犬（图10.49）、八哥犬、查理士王小猎犬、蝴蝶犬、吉娃娃犬、迷你杜宾、马尔济斯犬、墨西哥无毛犬、日本梗、西施犬、约克夏梗、中国冠毛犬等。

图 10.47　迷你牛头梗

图 10.48　贵宾犬

图 10.49　博美犬

◎ 宠物犬选购

去宠物店购买宠物犬时，需要注意以下几点：

（1）闻：闻宠物犬身上是否有浓重的染发剂、洗发水等味道，以判断该犬是否被店主恶意美容。

（2）看：幼犬身上的胎毛要均匀，颜色要鲜艳分明；不可弓腰，弓腰的犬可能体内有虫；不可夹尾；眼睛、鼻子、嘴、耳朵、屁股等要清洁无污垢；舌头颜色要鲜艳，幼犬口中不能有残留的口水；颈部和四肢端正，行走稳健，活动灵敏，精神状态良好。

（3）摸：身体应比较硬朗，不能太弱；胎毛下无任何皮肤异常。

（4）唤：叫宠物犬的名字或吹口哨，看宠物犬的反应是否灵敏，如果反应迟钝或没有反应，可能有听觉问题或其他问题。

（5）喂：拿几种食物喂食宠物犬，观察其进食情况，看其是否偏食等。注意多观察一会儿，最好能看到宠物犬大小便，尤其大便不能稀（未断奶的除外）。

最后要向店主详细了解宠物犬的生活习性及免疫情况。在购买宠物犬之后最好去正规的宠物医院为其做一次全身体检。

◎ 宠物犬的日常饲养

宠物犬的喂养饲料主要有以下几种：

（1）能量类饲料：常用的有麦麸、玉米、大米、碎米、高粱、马铃薯、甘薯等。

（2）青绿多汁的营养饲料：主要有白菜、甘蓝、菠菜、西红柿、胡萝卜等。

（3）蛋白质饲料：包括鱼粉、肉骨粉、虾粉、奶粉等动物蛋白饲料和豆类及一些加工副产品等植物蛋白饲料。

（4）矿物质饲料：如骨粉、食盐、贝壳粉及某些微量元素等。

另外，还应该根据宠物犬的种类和身体状况不同，补充适量的维生素，如公犬补充维生素 A，处于妊娠期的母犬补充维生素 D 等。

饲养宠物犬时，要注意清水的补给，注意水质、水温和补水时间。要定期对犬舍进行消毒通风，定期给幼犬做好疫苗接种。

第六节 摄 影

◎ 数码单反相机、卡片相机和长焦相机

● 数码单反相机

数码单反相机，采用的是当今最流行的单镜头反光取景系统。在这种系统中，反光镜和棱镜的独到设计使得摄影者可以从取景器中直接观察到通过镜头的影像，可以准确地看见胶片即将“看见”的相同影像。可以交换不同规格的镜头，配置许多高规格的附件，使得摄影质量明显高于普通数码相机。此类相机一般体积较大，较重。

● 卡片相机

卡片相机在业界没有明确的概念，小巧的外形、相对较轻的机身以及超薄时尚的设计是衡量此类数码相机的主要标准。其中索尼 T 系列、奥林巴斯 AZ1、卡西欧 Z 系列和 IXUS105 等都属于这一类。

● 长焦相机

长焦数码相机指的是具有较大光学变焦倍数的机型，而光学变焦倍数越大，能拍摄的景物就越远，浅景深功能强大：突出主体而虚化背景，适合拍摄远处景物或静物。普通数码相机的光学变焦倍数大多在3～12倍之间，即可把10米以外的物体拉近至3～5米。也有一些数码相机拥有10倍的光学变焦效果，而长焦数码相机的光学变焦可达35倍甚至更高，且能通过在镜头前加一个增倍镜来增加光学变焦倍数。

◎ 数码相机必备的五大配件

要想利用数码相机拍摄出更优质的图片，需要为数码相机搭配相应的配件：

（1）UV 镜片：它能过滤空气中多余的紫外线，还能保护镜头。优质的UV 镜片表面上是有镀膜的，尤其是在强光下晃动的时候我们能看到五颜六色的光线，通光性能非常好，把镜片放到眼前却感觉不到镜片的阻隔。

（2）液晶保护膜：数码相机屏幕上应贴液晶保护膜，防止液晶屏幕划伤，保护膜表面划伤比较严重要及时更换。

（3）气吹：为了清理镜头以及相机表面的灰尘要备有气吹。使用时吹头必须离镜头有一段距离，通过手掌的瞬间用力去吹，这样可以保证吹头不会因为不注意而碰到镜头，划伤镜头。

（4）镜头布：气吹吹不干净的镜头上的浮灰，要用专门的镜头布来清理。

（5）摄影包：选择具有防雨、防震、防尘、防火等功能的摄影包，能更好地保护相机。

◎ 正确的拍摄姿势

相机拍摄的正确姿势是：两腿自然分开站立，距离与肩同宽，或是将肩膀斜靠在一个牢固的支撑物上，比如树、墙等，或是坐、跪、趴在地上，双手牢牢抓住相机，左手手掌向上，托住相机的整个机身，右手食指轻轻压在快门按钮上，取好景后，快速按下快门。注意眼镜不要贴到相机上，以免擦伤相机。

◎ 常见的构图技巧

想拍出好照片，要掌握常用的构图技巧：

（1）黄金分割构图：黄金分割法，就是把一条直线段分成两部分，使其中一部分对于全部的比等于其余一部分对于这一部分的比，常用2∶3、3∶5、5∶8等比值作为近似值。在摄影构图中，常使用的概略方法，就是在画面上横、竖各画两条与边平行、等分的直线，将画面分成9个相等的方块，称九宫图，直线和横线相交的4个点，称黄金分割点，主体在这4个黄金分割点上及点内即可。

(2)S形构图：景物呈S形曲线，具有延长、变化、优美的特点，适用于溪河、曲径等。

（3）对称式构图：具有平衡、稳定、相对的特点，适用于对称的物体、建筑等。

（4）对角线构图：把主体安排在对角线上，突出主体，显得动感、活泼。

（5）交叉线构图：景物呈斜线交叉布局，交叉点可在画面内，也可在画面外，具有轻松活泼的特点，适用于建筑物、道路等。

（6）斜线式构图：分为立式斜垂线和平式斜横线两种，适用于运动、流动、动荡、失衡、紧张、危险、一泻千里等场面。

（7）三角形构图：以三个视觉中心为景物的主要位置，形成一个稳定的三角形，具有安定、均衡、活泼的特点。

（8）变化式构图：将景物故意安排在某一角或某一边，给人以思考和想象的空间，适用于山水小景、体育运动、艺术摄影、幽默照片等。

◎ 准确曝光的秘诀

曝光是指数码感光部件接受从镜头进光来形成影像。正确的曝光是指曝光结果和想要的一致；曝光过度指照片表现比希望的要亮；曝光不足指照片比希望的暗。要想准确曝光，要注意测光与曝光补偿。

● 测光

（1）分区测光：对整个取景画面的各区域测光值进行综合运算得出的曝光值，尼康称“矩阵式测光”，佳能称“评价式测光”，美能达（索尼）称“蜂巢式测光”。适用于取景范围内光线比较均匀、明暗反差不大的情况。

（2）中央重点平均测光：是以取景范围中央的30%左右的区域平均测光为主的测光模式。当需要表现的主体在取景范围中间部分，而环境明暗与主体有较大的差别时，选择中央平均测光，偏重对中央大部分区域测光，能使主体的曝光较为准确。

（3）点测光：又称重点测光，是对取景范围中的1%～5%区域内测光。如果取景内光线分布不均而且反差很大，应用点测光，以免主体曝光不正确。

曝光补偿

拍完照片后，最好回放照片，查看照片的直方图（从左到右分成“很暗”、“较暗”、“较亮”、“很亮”四个区域），如曝光不准确，则应重拍并进行补偿曝光。

曝光补偿是指通过改变光圈、快门等参数来改变照片的亮度。如：环境光源偏暗，应增加（0.5～1EV）曝光值；环境光源偏亮，则应减少（0.5～1EV）曝光值，以增加画面的清晰度。

知识链接：怎样解决拍摄中常见的三个问题

在使用数码相机拍照时，图片中常常出现身上白斑、眼镜白点、人物红眼三个问题：

（1）身上白斑：在室内用自然光拍照时，阳光可能通过窗户直射到人物的身上和脸上，这些被太阳直射的地方往往就是照片中的白斑。只要避开太阳的直射，选择光线柔和均匀的地方，就能避免这个问题。

（2）眼镜白点：在光线较暗的室内或夜晚拍照时，人们会选择使用闪光灯，如果被拍人物戴有眼镜，就可能反射闪光灯的光，形成眼镜白点。为了避免这种现象，人们在拍照时可让人物的脸略低些，用间接闪光法在斜侧闪光。

（3）人物红眼：在光线较暗的室内或夜晚拍摄人物照时，如果用闪光灯直接向较暗处的被摄者闪射，会导致被摄者眼睛受到强光刺激而瞳孔开得较大，从而产生红眼现象。为了避免这种情况，应尽量采用侧位或间接闪光，同时打开相机自带的防红眼设施。

◎ 拍摄不同对象的技巧

拍摄不同的对象，有不同的摄影技巧。

● 人像

背景尽量简单，构图时，要把人物眼睛部分放在画面显著的横向1/3线位置，可突出画面主体。

多采用45度的侧光拍摄，应靠近主体测光，以免受背景光的干扰。人物面部的明暗处要分别测量，并按平均光值来处理。光比一般控制在3∶1，当光比反差较大时，可利用反光屏或闪光灯来补足暗处亮度。

● 花卉

画面要干净、明快，尽量舍弃与主题无关的花和枝叶，集中力量突出主体。

远景构图，花田要占2/3左右的画面，并取远山和蓝天；中景构图，花占据全部画面，也可收进小河、小道等；近景特写，花卉要选花形完整、色彩鲜艳的单株花，以花蕊为焦点。

多用逆光、测光拍摄，这样光线透射过花瓣和叶片时具有透明感，使花有一圈轮廓光，产生立体感，有薄云的天气或阴雨天拍摄为佳。

一般对于浅色花或亮背景要增加曝光1～2挡，对于深色花或深色背景要减少曝光1～2挡。对于逆光或测逆光，最好用点测光。

● 昆虫

昆虫体积较小，需使用微距镜头，而微距镜头稍有晃动就会造成调焦点偏移，因此必须使用三脚架或独脚架来稳定镜头，并使用大光圈，多为F16，让图片有更多细节。

因为昆虫随时都在运动，因此要先寻找好某一昆虫必至的地点（如枝条的一端），固定住相机，调好焦距，耐心等待昆虫进入这一地点后即可拍摄。

最好采用带微距的长焦距镜头，也可使用镜头接圈或者是近摄镜。但当镜头用上接圈后，虽然能直接改变原来的焦距，收到影像变大的结果，但曝光值就不能再依照原先所测得的，而必须增加曝光量。补偿曝光的倍数公式为：补偿曝光的倍数 =（原镜头焦距＋接筒长度）×（原镜头焦距＋接筒长度）÷（原镜头焦距 × 原镜头焦距）。

知识链接：夜间摄影应注意什么

夜间光线较暗，摄影时需注意以下几点：

（1）拍摄夜景，常使用小光圈，增加景深范围，常用光圈为 F8，如景物距离远，还可使用更小光圈，但要延长曝光时间。

（2）避免临近的灯光或迎面的强光直射镜头，以防产生光晕，造成整个影调严重发灰。

（3）夜间用测光表测光时，应避开强光，否则将会得出错误的测光读数。

（4）夜间作多次曝光，每曝光一次必须把镜头挡住，以免其他光线进入镜头。

（5）夜间拍摄黑白片时，不宜加用黄色等滤色镜，因为夜间照度原已很低，加滤色镜只会影响曝光量。

◎ 数码相机的清洁

数码相机的清洁主要指镜头的清洁，大致分为四步：

（1）用气吹吹净镜头表面的灰尘，不要直接用嘴去吹，以免唾液微粒吹到镜头表面。

（2）对于一些顽固的污渍，例如指痕等，要使用镜头清洗布或镜头纸来进行清洁，在擦洗时注意不要用力挤压镜头表面。

（3）竖直镜头笔从镜头中间顺时针向外刷，然后用气吹吹去镜头表面脱落的镜头碳粉，再擦再吹，反复4～5次，镜头即可光亮如新。

（4）镜头有油污或指纹，且吹、刷都无效，可用极柔软的洁净棉签蘸上一点镜头水轻轻擦拭干净后晾干。

知识链接：如何做好相机防潮

保养相机要注意防潮，因为当相机器材长期处于潮湿的环境下，相机器材内部的电子器件会受到影响，加快集成电路的老化，影响显示屏寿命等：

（1）在相机包内放干燥剂，并定期更换。

（2）选购密封性好的密封箱来存放相机，并在密封箱内放置变色硅胶防潮。变色硅胶在干燥时为蓝色，受潮后为粉红色，这时可放置到日光下暴晒或者放在微波炉中烘，就又变回蓝色，可以多次使用。注意不要让相机直接接触变色硅胶，中间应隔一块干净白布做隔离层。

（3）对于价钱昂贵的高端数码相机，最好购买专业的电子防潮箱来防潮。

第十一章

艺术品收藏

古语说："乱世黄金，盛世收藏。"随着我国经济的飞速发展，生活水平日益提高，人们越来越重视投资理财，并逐步将投资目光转向艺术品。面对瓷器、玉石、宝石、书画、邮票、古币、古典家具这些热门收藏品，只有熟知鉴别真伪、优劣的技巧，才能选到风险小、升值快的收藏品。

第一节　瓷　器

◎ 瓷器常见器形

瓷器器形常识如表11.1所示。

表11.1　瓷器器形常识

瓷器	器形
碗	葵口碗、净水碗、盖碗、鸡心碗、笠式碗等
盘	敞口、撇口、敛口、洗口、卷沿、板沿、折腰式、葵瓣式、荷叶式、方形转角式和花形攒盘等
杯	高足杯、羽觞压手杯、高士杯、三秋杯、爵杯等
瓶	梅瓶、玉壶春瓶、盘口瓶、瓜棱瓶、葫芦瓶、贯耳瓶、天球瓶、多角瓶、洗口瓶、转心瓶、赏瓶等
盒	圆形、长方形、八角形、瓜形、石榴式、桃式、双鸟式、银锭式、朵花式、镂空式、委角式、菊瓣式、筒式等
罐	瓜棱罐、天字罐、壮罐、蟋蟀罐、鼓式罐、将军罐、日月罐、盖罐、塔式罐等
壶	扁壶、鸡首壶、凤首壶、鸡冠壶、梨式壶、僧帽壶、盘口壶等
炉	鱼耳炉、鼓钉炉、乳钉炉、莲瓣炉、筒式炉、鼎式炉等
灯柱	筒形、螺旋形、兽形等

◎ 胎质对瓷器价值的影响

未涂釉的瓷骨称为胎，因为做胎的泥有精、粗之分，所以胎也有各种名目：用普通瓷泥所做的为瓷胎；用泥捣水中，取其未沉的细粉而做的为浆胎；粗的为瓦胎；笨重而坚朴的为石胎；胎质呈铁色的叫铁胎。

图11.1　瓷器

鉴别瓷器的胎质主要看器物的底足部分：元代的瓷器底足大多露胎，而且质地粗糙；明清瓷器带字款的底部多满釉；清中期以后露胎减少。

北方的定窑、耀州窑、钧窑、磁州窑等的胎质，一般迎光不透明；南方的景德镇窑、龙泉窑以及福建、广东等地的瓷窑产品，胎质均比较透明，如图11.1所示。这也是区分南北瓷窑的依据之一。

◎ 如何从釉质鉴别瓷器价值

釉是用矿物原料如长石、石英、滑石、高岭土等和化工原料按一定比例配合制成釉浆，施于坯体表面，用特定的温度煅烧而成，是覆盖在陶瓷制品表面的无色或有色的玻璃质薄层。釉是瓷器年代的重要标志之一。

（1）东汉晚期：瓷器大部分上釉，只是近底处无釉，釉层增厚，胎釉结合紧密，釉层具有较强的光泽度。

（2）三国时期：瓷器釉色呈淡青色，透明度较高，富有光泽，釉层厚而均匀，无流釉或剥落现象。

（3）西晋时期：釉色普遍为青灰色或青中泛黄，釉层厚而均匀，常有剥釉现象。

（4）东晋时期：一般呈青绿、豆青或青黄色，釉层均匀，具有较好的光泽。釉层厚而均匀，胎釉结合牢固。黑瓷釉层厚，呈黑褐色或黄褐色。

（5）南北朝时期：南朝釉色普遍呈青黄色，釉色匀净，胎釉结合较差，容易剥落。北朝青瓷釉色青灰，挂釉不到底，易于剥落；白瓷釉层薄而滋润，呈乳白色，但仍普遍泛青，有些釉厚处呈青色；黑瓷釉色漆黑光亮、釉质均匀，釉层较厚，上半部呈黑褐色、下半部呈茶褐色。

（6）隋唐五代时期：青瓷釉层匀净，开细碎纹和肃釉的现象少见，呈现色黄或青中泛黄，滋润而不透明；黄釉釉面光润开小片纹，釉色有蜡黄、鳝鱼黄、黄绿等，釉层厚薄不均，釉色浓淡不一；花釉瓷是在黑釉、黄釉、黄褐釉、天蓝釉或茶叶末釉上饰以天蓝或月白色斑点。

（7）宋朝：北方窑系的瓷胎以灰或浅灰色为主，南方窑系的胎质则以白或浅灰白居多，釉色却各有千秋。

（8）明代：釉质肥厚、滋润，青花品种除成化、弘治、正德三朝少数器物釉面洁白外，其余皆为青白色，俗称亮青釉，器口及足边微有垂釉痕迹。

（9）清代：釉面不及明代瓷器肥腴光亮，施釉稀薄，釉面分别呈青白、粉白、酱白、硬亮青等几种色泽，嘉庆以后的瓷器则不够平整光滑，尤其是晚清瓷器施釉稀薄，釉质疏松，不够坚实。

◎ 瓷器上的常见纹饰

中国古代瓷器纹饰都有着美好吉祥的寓意。如科举时代对赶考学生的祝颂“一路连科图”；包含“八仙过海”、“八仙祝寿”、“八仙捧寿”等内容的“八仙图”；瓷盘上绘佛手、桃、石榴，喻多福（佛与福音近）、多寿、多子，绘九个如意指代“九如”，合称“三多九如”；等等。

图 11.2　鱼纹瓷瓶

纹饰中不同的事物蕴涵着不同的意义。如牡丹——富贵，桃子——多寿，石榴——多子，松鹤——长寿，鸳鸯——爱情，喜鹊——喜庆，鹿——禄，蝙蝠——福，鱼——富足有余（图11.2），鹌鹑——平安，画面绘灵芝和山石，代表“寿山”，绘蝙蝠和海水，代表“福海”等。在封建社会，纹饰还代表了不同的权力等级，如“龙纹”象征着皇室贵族。

◎ 常见的瓷器残伤

瓷器的残伤主要分为以下几种：

（1）磕：陶瓷器身局部被冲击而残缺，属硬伤。

（2）冲：陶瓷器物因磕碰而造成自口部向下、内外胎釉呈一条线的裂痕。

（3）纹：陶瓷器物因磕碰而造成釉面或胎釉的裂痕。

（4）惊釉：指瓷器的釉面因外力碰触或环境影响而产生的均匀而细小的裂纹。

（5）缩釉：因胎面有油污，所施之釉未能全部覆盖，形成中间缺釉露出胎骨而出现的露胎现象。

（6）窑封：又称窑裂。陶瓷器出窑之前坯釉同时开裂，出现裂纹。

（7）窑粘：陶瓷在烧制过程中粘上窑里的杂质。

（8）失亮：又称失釉，是因长期使用器物使釉面磨损而失去光泽。

（9）炸底：陶瓷器具因磕碰而造成底部的釉面或胎釉的裂痕。

（10）炸釉：由于坯釉的膨胀系数不相适应而造成瓷器釉面产生裂纹。

（11）爆釉：瓷器在烧制过程中由于施釉薄厚不均，在窑内产生部分釉层爆裂。

◎ 中国古代五大名窑口

窑口指的是专门烧造陶瓷的窑炉。窑炉有馒头窑（圆窑）、龙窑、阶梯窑、葫芦形窑、蛋形窑等多种。中国古代五大名窑是指宋代五大名窑，分别是：

（1）官窑：胎体较厚，其厚釉的素瓷很少施加纹饰，主要以釉色为装饰，常见天青、粉青、米黄、油灰等多种色泽。天青色釉略带粉红颜色，釉面开大纹片，如图11.3所示。

（2）哥窑：也称章窑、龙泉窑。釉面有大大小小不规则的开裂纹片，俗称“开片”或“文武片”。小纹片的纹理呈金黄色，大纹片的纹理呈铁黑色，故有“金丝铁线”之说。其中仿北宋官窑的瓷器为黑胎，也具有“紫口铁足”。其胎色有黑、深灰、浅灰及土黄多种，其釉均为失透的乳浊釉，釉色以青为主，如图11.4所示。

图 11.3　官窑瓷器

图 11.4　哥窑瓷器

（3）汝窑：以青瓷为主，釉色有粉青、豆青、卵青、虾青等。汝窑瓷胎体较薄，釉层较厚，有玉石般的质感，釉面有很细的开片。汝窑传世作品不足百件，因此非常珍贵，如图11.5所示。

（4）定窑：定窑以烧白瓷为主，兼烧黑釉、绿釉和酱釉，瓷质细腻，质薄有光，釉色润泽如玉。器身上的花纹大多模仿古铜镜上的花纹，以牡丹、萱草、飞凤、双鱼之类为主。盘、碗因覆烧有芒口及因釉下垂而形成泪痕之特点，如图11.6所示。

（5）钧窑：钧瓷分两次烧成，第一次素烧，出窑后施釉彩，再烧。钧瓷的釉色为一绝，千变万化，红、蓝、青、白、紫交相融汇，灿若云霞，这是因为在烧制过程中，配料掺入铜的气化物造成的艺术效果，此为中国制瓷史上的一大发明，称为“窑变”。因钧瓷釉层厚，在烧制过程中，釉料自然流淌以填补裂纹，出窑后形成有规则的流动线条，非常像蚯蚓在泥土中爬行的痕迹，故称之为“蚯蚓走泥纹”，如图11.7所示。

图 11.5　汝窑瓷器

图 11.6　定窑瓷器

图 11.7　钧窑瓷器

◎ 唐三彩

唐三彩是一种盛行于唐代的陶器，吸取了中国国画、雕塑等工艺美术的特点，并加入了中东国家的文化元素，以黄、白、绿为基本釉色，多种颜色互相浸润，形成异常光亮、斑驳灿烂、绚丽多彩的釉面，烘托出了富有浪漫色彩的盛唐气氛，创造出了唐以前单色釉陶器所没有的艺术效果。唐三彩的陶塑以人物俑、马俑、骆驼俑最为有名，尤其以白色三彩马和黑色三彩马最为珍贵，如图11.8所示。

图 11.8　唐三彩

真品唐三彩的釉本质上是一种亮釉，刚烧成时光亮炫目，光泽灿烂，百年之后光泽渐退，温润晶莹，釉光逐渐变得柔和自然，精光内蕴，宝光四溢。把真品露胎部分放进水中，取出后会出现中度粉红状；仿品的露胎处放进水中则呈现土白色。部分真品唐三彩露胎处会生出极细小的如针尖大的暗红、浅褐、黑等色的土锈；仿品则做旧痕迹明显，或者没有土锈的特征。

◎ 青花瓷

青花瓷将中国国画与精美的瓷器融为一体，具有浓厚的中国特色，釉面清爽透亮，纹饰灵动而不失规矩，具有极高的历史文化价值、科技工艺价值和美学价值，因而其收藏价值也日益升高。目前发现的最早的青花瓷标本为唐代的，青花瓷在元代趋于成熟，在明代成为主流瓷器，在清康熙时发展到了顶峰。当时官窑出产的“五彩青花瓷”代表了青花瓷的最高成就，如图11.9所示。

图 11.9　五彩青花瓷

青花瓷各个时期的款识均有鲜明的时代特征，主要分为纪年款、吉言款、堂名款、赞颂款和纹饰款五大类。根据青花瓷款识的形式、种类，可以辨别青花瓷的窑口和年份。民窑青花瓷的纪年款很少，有“大明年造”等，字体草率，书写得很随意。

◎ 釉里红瓷器

釉里红是瓷器釉下彩装饰手法之一，是将含有金属铜元素为呈色剂的彩料按所需图案纹样绘在瓷器坯胎的表面，再罩以一层无色透明釉，然后入窑在高温还原焰气氛中一次烧成。釉里红的种类有釉里红线绘、釉里红拔白、釉里红涂绘等。釉里红的最大特点是烧制难度大，成品率极低。目前发现的元代釉里红完整瓷器不过数十件，因此收藏价值极高。

釉里红创烧于元代，但由于其制作工艺复杂，铜红料煅烧难度大，因此产量较少。元代釉里红大多呈灰白色，器物以碗、罐居多。装饰简单，有缠枝莲、缠枝牡丹、草叶纹等。

图 11.10　釉里红瓷器

明代永乐窑、宣德窑成功烧造出呈色红艳却不失凝重的釉里红瓷器，如图11.10所示，只有官窑才能烧制，为官府专用。其中洪武釉里红和永宣釉里红是当今收藏市场的首选。

元代釉里红的特征多为：胎骨一般比同期青花粗，前期龙纹白胎为多，元末有白胎；器物有明显的旋削痕和接胎痕；釉层早期的淡青白色或灰白色属影青釉，透明度高，有玻璃质感；元末见卵白釉、浅红油状青白釉，不见同期大型青花瓷上的透明白釉；呈色不稳，浅红、红和深红的夹杂灰色，有不同程度的晕散，大多见于铜红料边缘；因烧制温度过高，大多有烧飞的状况。

◎ 五彩瓷器

五彩瓷的出现是在继承和发展传统彩绘瓷的基础上逐渐形成的，创造了釉下青花与釉上彩料相结合的装饰方法，基本色调以红、黄、绿、蓝、紫五色彩料为主，按照花纹图案的需要施于瓷器釉上，再次入炉经过770～800℃的温度二次烧制而成。五彩瓷器因色彩丰富且明亮艳丽，取材广泛，富有生活情趣，画风细腻自然，具有极高的审美价值和收藏价值。它的最主要特征是：

图 11.11　五彩瓷器

（1）胎釉和青花、斗彩相似。

（2）一般用小开片，裂纹向下而紧合。

（3）先在白釉瓷面上绘画，画人的颜面，不填颜色，用红色笔加勾。

在市场上，往往官窑的五彩瓷更受青睐，其中以康熙五彩瓷为最，尤其是康熙青花五彩瓷，如图11.11所示。民窑产品图案题材丰富多样，运用自如，也具有很高的收藏价值。

◎ 斗彩瓷器

斗彩又称逗彩，据历史文献记载，斗彩始于明宣德时期，但实物罕见，因而具有极高的收藏价值。成化时期的斗彩最受推崇，文献中称之为“成窑彩”或“青花间装五色”，如图11.12所示。斗彩是釉下彩（青花）与釉上彩相结合的一种装饰品种，是预先在高温下烧成的釉下青花瓷器上，用矿物颜料进行二次施彩，填补青花图案留下的空白，涂染青花轮廓线内的空间，然后再次入小窑经过低温烘烤而成。

图 11.12　斗彩瓷器

斗彩瓷器以其绚丽多彩的色调和沉稳老辣的色彩，形成了一种独特的审美情趣。传世成化斗彩瓷器图案绘画简练，内容主要是花鸟和人物，胎质洁白细腻，轻薄通透，小杯胎体薄如蝉翼，可映见手指，白釉柔和莹润，表里如一，且没有大器形。

◎ 珐琅彩瓷器

瓷胎画珐琅是珐琅彩瓷器的正式名称，据清宫造办处的文献档案记载，其为康熙帝授意而创制的新瓷器品种。珐琅彩瓷器盛于雍正、乾隆年间，属宫廷垄断的工艺珍品。珐琅彩瓷器所需白瓷胎由景德镇御窑厂特制，所需图式由造办处如意馆拟稿，经皇帝钦定，由宫廷画家依样画到瓷器上，在清宫造办处彩绘、彩烧。

初期珐琅彩是在胎体未上釉处先做底色，后画花卉，有花无鸟。康熙时珐琅彩瓷器多以蓝、黄、紫红、松石绿等色为底色，以各色珐琅料描绘各种花卉纹。

图 11.13　珐琅彩瓷器

珐琅彩瓷器彩料凝重，色泽鲜艳，绘画是其精华所在，如图11.13所示。胎壁极薄，均匀规整，结合紧密，施釉极细，釉色白璧无瑕，釉表光泽，没有橘皮釉、浪荡釉。珐琅彩瓷器绝大多数是盘、碗、杯、瓶、盒、壶，其中碗、盘最多，没有大的器物造型。制作珐琅彩瓷器极度费工，乾隆以后就销声匿迹了。

◎ 粉彩瓷器

粉彩是一种釉上彩绘经低温烧成的彩绘方法。粉彩瓷又叫软彩瓷，是以粉彩为主要装饰手法的瓷器品种，景德镇窑四大传统名瓷之一，是清康熙晚期在五彩瓷基础上，受珐琅彩瓷器制作工艺的影响而创造的一种釉上彩新品种，从康熙晚期创烧，雍正时趋于成熟，乾隆时发展到顶峰，如图11.14所示。清中期的粉彩瓷做工细腻、粉润柔和、色彩丰富，被誉为“东方艺术珍宝”，具有极高的收藏价值。

图 11.14　粉彩瓷器

粉彩瓷的描绘着色技法比较复杂细致，人物、山水、花卉、鸟虫都显得质感强，明暗清晰，层次分明；采用的画法既有刻画微妙的工笔画，又有简洁洗练的写意画，还有夸张装饰的画风。粉彩瓷一般是白底多彩，粉彩摸上去凸出感强，尤其是雍正和乾隆时的粉彩，用料多，粉比较厚，较容易保存。

第二节　玉　石

◎ 中国主要的玉石类型

玉有软硬两种，平常说的玉多指软玉。软玉通常指的是我国出产的一些玉种，包括和田玉、独山玉、岫玉、蓝田玉等，其中以和田玉为最佳，因其产于新疆和田而得名。软玉具有蜡状光泽，多数不透明，个别半透明，按颜色可分为白玉（白色）、青玉（淡青、青绿、灰白色）、青白玉（白中泛淡淡的青绿色）、碧玉（灰绿、深绿、墨绿色）、黄玉（蜜蜡黄、栗色黄、秋葵黄、黄花黄、鸡蛋黄等）、墨玉（黑色）、糖玉（深红色如红糖）、花玉（色彩斑斓艳丽）等。其中以白玉中色白如羊脂的羊脂玉、黄玉中色如鸡油者、青玉中呈淡绿色的翠青玉较为罕见，价格极为昂贵，如图11.15所示。和硬玉相比，软玉质地坚韧，能够雕琢复杂的图案，因此精雕细琢的玉器在中国有着悠久的历史和极高的文化价值。

硬玉是指翡翠，主要产于缅甸，因此又称缅甸玉。危地马拉、日本、美国、哈萨克斯坦、墨西哥和哥伦比亚等地也出产翡翠，但达到宝石级的很少。翡翠具有玻璃光泽，分透明、半透明、不透明，有白、红、绿、紫、黄、粉等多种颜色，其中以艳绿色（祖母绿色）或苹果绿色且色彩均匀鲜艳、玻璃质地（半透明、质地细腻）、无杂质、无裂纹的老坑翡翠为佳品，如图11.16所示。

图 11.15　羊脂玉壶

图 11.16　老坑翡翠

知识链接：什么是老坑、新坑

一般将缅甸所产的，经过机械风化和河水搬运至河谷、河床中的翡翠大砾石称为“老坑玉”或“仔料”。这种玉的特点是“水头好”，质坚，透明度高，其上品透明如玻璃，故称“玻璃件”或“冰种”，其中的翠绿绿得可爱，被称为“高绿”或“艳绿”。

而在原产地新开采出来的翡翠玉料，没有风化表皮，其水头和光泽都比老坑玉差，被称为“新坑玉”，也称“山料”。

◎ 中国四大名玉

● 和田玉

和田玉因产自新疆和田而得名。因其历史悠久（早在新石器时代就受到人们喜爱），质地细腻、温润，硬度和韧度都很大，颜色纯正，被誉为中国的“国石”，如图11.17所示。和田玉玉质按颜色不同，可分为白玉、青玉、墨玉、黄玉四类。白玉按颜色可分为羊脂玉和青白玉。羊脂玉产出十分稀少，极其名贵。

图11.17 和田玉

● 绿松石

绿松石产于湖北郧县，因其形似松球且色近松绿而得名，如图11.18所示。颜色有蓝色、浅蓝色、蓝绿色、绿色、黄绿色、浅绿色几种。我国将绿松石划分为三个等级：

（1）一级绿松石：呈鲜艳的天蓝色，颜色纯正、均匀，光泽强，半透明至微透明，表面有玻璃感。质地致密、细腻、坚韧，无铁线或其他缺陷，块度大。

（2）二级绿松石：呈深蓝、蓝绿、翠绿色，光泽较强，微透明。质地坚韧，铁线或其他缺陷很少，块度中等。

（3）三级绿松石：呈浅蓝或蓝白、浅黄绿等色，光泽较差，质地比较僵硬，铁线明显，或白脑、筋、糠心等缺陷较多，块度大小不等。

独山玉

独山玉产于河南南阳，玉质坚韧微密，细腻柔润，色泽斑驳陆离，如图11.19所示，有绿、蓝、黄、紫、红、白六种色素，77个色彩类型，是工艺美术雕件的重要玉石原料。独山玉以色正、透明度高、质地细腻和无杂质裂纹者为最佳。其中以芙蓉石、透水白玉、绿玉价值较高。

图11.18　绿松石摆件

图11.19　独山玉摆件

图11.20　岫玉摆件

岫玉

岫玉产于辽宁岫岩，以绿色居多，产量和用料最多。大体分以下两类：

（1）老玉（河磨玉），其质地朴实、凝重、色泽深绿，是一种珍贵的璞玉。

（2）软玉，其质地坚实而温润，细腻而圆融，多呈绿色，而其中以纯白、金黄两种颜色为罕世之珍品，如图11.20所示。

◎ 鉴别玉优劣的六个标准

鉴别玉石优劣有“色、透、匀、形、敲、

照”六个标准：

图 11.21　白玉方瓶

（1）色：“白如割脂”、“黄如蒸栗”、“绿如翠羽”、“黑如墨光”等都是对玉石成色的绝好概括，如图11.21所示。含四色的玉称“福禄寿喜”，含红、绿、白三色的则称为“福禄寿”。

（2）透：透明似玻璃者称翡翠玉，此为上品。半透明、不透明者称为中级玉或普通玉。

（3）匀：指色泽均匀。玉的色泽贵在均匀。

（4）形：一般来说，越大越厚越有价值。

（5）敲：玉中常有断裂、割纹，可由声音的清浊辨出是否有裂纹存在。

（6）照：玉中有肉眼不易发现的瑕疵，在灯光下用10倍放大镜即可看清。

在购买玉时，切忌在较强的灯光下进行。因为灯光的照射容易使玉失去原色，甚至会掩饰一些瑕疵。另外，还要注意看工艺，玉制品造型讲究精巧别致，形象生动，要因色生巧。

◎ 古玉的鉴别

古玉是指中国古代的美玉，具有质地细腻、色泽温润、莹和光洁、冬温夏凉的特点，被视作兼具灵性与正气的护身、驱邪宝物，深受人们喜爱，如图11.22所示。不同朝代的玉石具有不同的纹饰特点，具有独特的审美价值和极高的收藏价值。

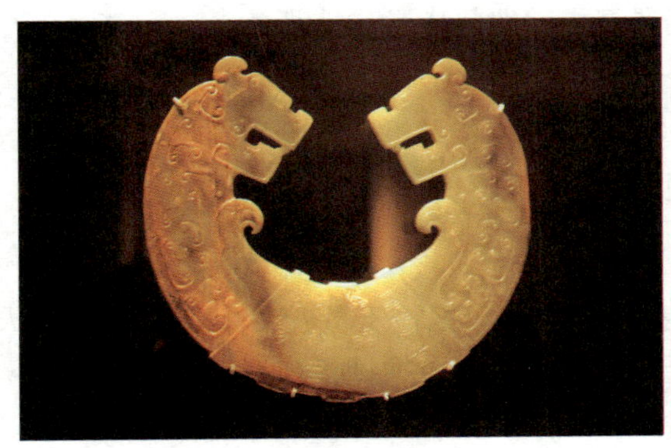
图 11.22　古玉

古玉的鉴定主要有六个步骤：

（1）包浆：一块玉经过人长期盘玩，人体的有机物质凝聚在玉表面形成一层湿润光滑的油脂，称为“包浆”。包浆是鉴别传世古玉的重要依据。包浆分为软包浆和硬包浆，软包浆手头有肉涩感，硬包浆有明显玻璃光。软硬包浆在一定条件下可互相转化。出土古玉的包浆称为“灰皮”，可以洗刷掉。传世古玉的包浆很难洗刷，且包浆越厚，年代越久，而现代玉石则无包浆。现在的仿包浆是将玉置入一些药液中浸泡而成的，没有层次感，也不如古玉的包浆柔和温润。

（2）沁色：古玉在土中埋藏多年会受土壤的影响而发生颜色变化，比如受黄土沁的古玉颜色如栗子黄，受松香沁的古玉色如蜜蜡，呈淡黄色。色沁土斑分布自然，多呈斑块或块状。而作伪古玉的沁色多呈点状或线状，浓淡十分呆板，色泽较暗淡。

（3）玉质：新疆和田玉是最美观、文化承载量最大的一种玉，常见的有黄玉、羊脂玉等；河南独山玉主要有白青色和白绿色，白青色多做仿古器，白绿色多做低档的仿翠件，古器中少见；阿富汗玉密度、硬度低，很像玻璃，古器少见；其他一些地方玉常见于高古器、葬器等。

（4）形神：需要多看真品才能体悟出玉器的形神。

（5）纹饰：对纹饰的了解有助于判断年代。以玉带钩为例，如果是龙首玉带钩，则多为夏商时期作品；如果是马首玉带钩，则多为汉代作品；如果是凤首玉带钩，多是晋代作品；如果是如意玉带钩，多为唐代作品。

（6）刀痕：各个朝代有各自的雕刻刀工，或粗或细，刀法皆自然流畅。崩碴、刀痕粗大是现代电动工具所为；无刀痕是现代抛光；菊皮状是化学抛光；钻孔内壁有明显刀痕一般是电动钻头所为。

◎ 古玉的盘玩

爱玉的人讲究盘玉，玉器要经盘玩，精光才得以显露。古玉盘玩有急盘、缓盘和意盘之分：

（1）急盘：要求必须每天把古玉戴在身上，不停地用人涵养着，等玉器的质地变得稍微硬一些后，用棉布擦拭，玉器的色泽就会转亮一些。棉布要选用白色的粗布，越擦越热，不宜间断，这样玉器上的灰土、浊气、燥性会自然退去，颜色越来越艳，玉器恢复原来的状态。

（2）缓盘：要把玉器经常系于腰间，借以人气养着，但需要的时间很长，可能要几年甚至几十年，才有可能使玉色复原。

（3）意盘：是指把玉器握在手中把玩，意想着和玉器的气质融合，让玉越来越温润，也让自己感染着玉的精华。

◎ 翡翠A、B、C货的鉴别

一般市场上将A货翡翠定义为：除了切磨抛光外，没有经过任何人为处理的翡翠，以及经过酸洗但没有注胶的翡翠。酸洗一般是用草酸或者杨梅酸等弱酸，不会对翡翠结构造成破坏。在A货翡翠中，颜色越纯正、越透亮，色调越均匀，价值就越高。B货的范畴是经过酸洗且注胶的翡翠，或经过酸洗、大量注蜡的翡翠。C货翡翠即染色翡翠，是经过人工着色处理的翡翠，通常是用有机染料或无机染料着色。

鉴别翡翠时，可将翡翠放在荧光灯下，观察其颜色变化，A货和C货不发生变化，B货有荧光，泛白色。但C货经过染色处理，翡翠颜色沿裂隙分布，分布不均匀。

◎ 鸡血石的鉴别

顾名思义，鸡血石名称的由来是由于石头的颜色像鸡血一样。现在鸡血石产量相当有限，市场价格日增不衰，其中最有名的当属昌化鸡血石。

鸡血石的颜色有鲜红、淡红、紫红、暗红等，以带有活性的鲜红、血状者为上品。其红色以鲜、凝、厚为佳，也就是血色鲜红，聚而不散，有厚度，有层次，深透于石层中为好。另外鸡血石的地张也是判断鸡血石的重要依据。地张，就是红色染在什么样的石头上。鸡血石的地张以纯净、半透明者为上品。鸡血石的品样可分为方形、长方形、椭圆形、圆形、畸形等，如图11.23所示。

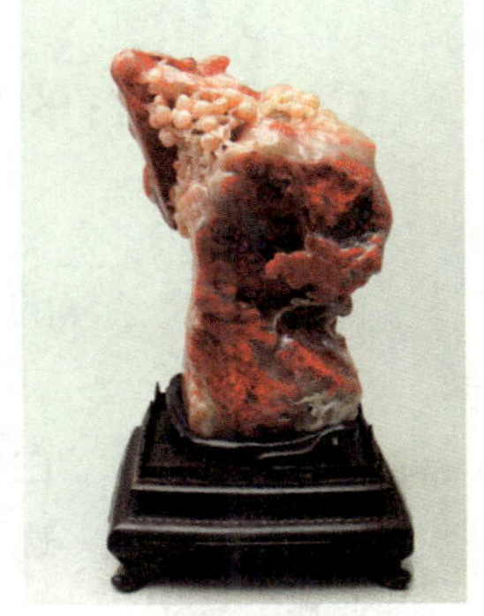
图11.23 鸡血石

鸡血石的质地细腻，结构紧密，有韧性，受刀不崩。一般好的鸡血石都不加雕琢，以做印章或工艺雕刻品为最宜。

◎ 青田石的鉴别

青田石产于浙江青田县，是我国四大印章石之一。青田石以“叶蜡石”为主，显蜡状，有油脂、玻璃光泽，无透明、微透明至半透明，质地坚密细致，是中国篆刻用石最早的石种，如图11.24所示。青田石以“封门”为上品，淡青略带黄，微透明，是所有印石中最宜受刀的。另外还有灯光冻和兰花青，并称为“三青”。

除此以外，青田石还有竹叶青、金玉冻、酱油冻、黄金耀、红青田、紫檀、蓝花钉、封门三彩、水藻花、白果青田、煨冰纹、皮蛋冻等，名称一般都由石头的特征得来，所以容易辨别。近年来新出现的外壳呈棕色、壳内石质细致如嫩玉，多呈淡绿或淡黄的小如蛋、大如瓜的卵形青田石为龙蛋石，如图11.25所示，和类似田黄的青田石都极为罕见，具有很高的收藏价值。

图11.24 青田石

图11.25 龙蛋石

◎ 寿山石的鉴别

图11.26 寿山石

寿山石是中国传统四大印章石之一，有着“石中之王”的美誉，如图11.26所示。因产于田底，多呈黄色，所以又称田坑石或田黄。以色泽分类，一般可分为田黄、红田、白田、灰田、黑田和花田等。以石皮多呈微透明、肌理玲珑剔透、有细密清晰的萝卜纹的黄田石中的黄金黄、橘皮黄为上品，产于中坂、色如碎蛋黄的田黄冻石为极品，因其十分稀罕，历史上列为贡品；白田石中以质地细腻如凝脂、微透明、纹细少格者为佳；自然生就一身厚红色的红田石是稀有石种。寿山石呈自然块状，无明显棱角，有明

显色皮，受刀流畅，手掂有重坠感，本身固有肌理的分隔线或纹线。

寿山石一般为雕刻所用。收藏鉴赏寿山石雕，应该注意是否因材施艺，技法是否合理，刀法是否精湛。此外，还要看作品的创意度、雕工度、知名度、稀有度以及年代等。

第三节 宝 石

◎ 宝石肉眼鉴别

在选择宝石首饰时，我们可以用肉眼鉴别人造宝石和天然宝石。天然宝石一般色泽柔和自然，用肉眼对强光，或用5倍以上的放大镜看宝石，有时可见宝石内部有如棉絮状、网状或树根状的包裹体和小裂缝，偶尔可见明显的扁平生长线；有些宝石手感发凉、滑手。而人造宝石一般颜色鲜艳纯净，光泽耀眼，颜色的人工意识强，绝不会出现像天然宝石那样几种色彩共处于宝石体中的现象。

辨别宝石的真假时，可以把宝石含入口中片刻，如果满口生凉，并且宝石本身变热的话，就有可能是真品。另外，在日光下用浅银色小盆或白缎子作衬，把宝石放在5寸左右高的地方，如果是假的宝石，衬物上会呈现出一块黑影；如果穿透宝石的光线在衬物上呈现出金星银翅的样子，就可能是真品。

◎ 钻石的4C 标准

4C 即4个以 C 开头的英文单词的简称，指钻石的克拉重量（CARAT WEIGHT）、净度（CLARITY）、色泽（COLOUR）、切工（CUT）。钻石4C 的重要比例分别为：重量40%，颜色、净度、切工各占20%。4C 是判断钻石价值与品质的标准，但彩钻除外。

钻石重量以克拉计算：

1克拉 =200毫克 =0.2克

1克拉分为100份，每一份称为1分。

钻石的净度，通常使用10倍放大镜对钻石内部、表面瑕疵及其对光彩影响程度来对未镶嵌钻石的净度级别进行分级，按中国国检的标准细分为 LC、VVS1、VVS2、VS1、VS2、SI1、SI2、P1、P2、P3共10个级别。已镶嵌钻石划分为极好、很好、好、较好等级别。

图 11.27　裸钻

钻石色泽共分为11个级别，依次分别为：D、E、F、G、H、I、J、K、L、M、N，最白的钻石定为D级。

好的切工应尽可能地体现钻石的亮度和色彩，并且尽量保持原石重量，如图11.27所示。IGI 国际宝石学院的切工等级从高到低分为 ID(标准)、EX(优)、VG(很好)、G(好)，中国国检分为 EX(优)、VG(很好)、G(好)。

知识链接：世界主要钻石产地

全世界只有30多个国家拥有钻石资源，年产量1亿克拉左右，宝石级占20%，其中钻石的五大产地——澳大利亚、扎伊尔、博茨瓦纳、俄罗斯、南非的产量占总量的80%，占宝石级总量的70%左右。其他产钻石的国家有巴西、圭亚那、委内瑞拉、刚果（金）、安哥拉、中非、加纳、几内亚、印度尼西亚、印度、中国、纳米比亚、塞拉利昂、坦桑尼亚、津巴布韦、加拿大等。

◎ 红宝石、蓝宝石

蓝宝石和红宝石都属于刚玉矿物，是除了钻石以外地球上最硬的天然矿物，基本化学成分都为氧化铝。红色并含铬元素的刚玉呈红色调，故被称为红宝石，如图11.28所示；蓝宝石则含有微量的钛和铁元素，如图11.29所示。

红宝石内部有很多的裂纹，具有较明显的二色性，有时肉眼从不同角度就能看出其颜色变化；加工之前的红宝石原形为桶状、板状。红宝石多色性明显，紫外灯下，红宝石有红色荧光；放大检查时，红宝石内气液包体和固态包体丰富。

蓝宝石，是刚玉宝石中除红宝石之外，其他颜色刚玉宝石的通称，主要成分是氧化铝。蓝宝石的蓝色，是由于其中混有少量钛和铁元素所致；蓝宝石的颜色，可以有粉红、黄、绿、白，甚至同一颗宝石有多种颜色。

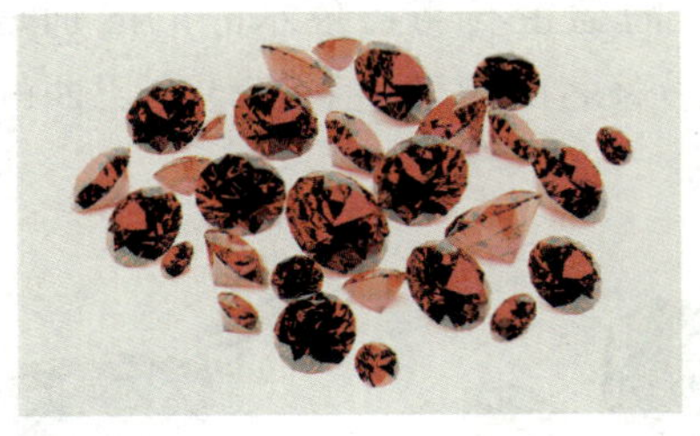

图 11.28　红宝石

图 11.29　蓝宝石

知识链接：世界著名红、蓝宝石产地

世界上红宝石产地屈指可数，亚洲主要有缅甸、斯里兰卡、泰国、柬埔寨、巴基斯坦、越南、中国、阿富汗等国家，大洋洲有澳大利亚，非洲有肯尼亚，此外俄罗斯、印度、坦桑尼亚等地也有少量红宝石。

蓝宝石产地不多，主要有印度、缅甸、斯里兰卡、泰国、澳大利亚、中国等国家，就宝石质量而言，以斯里兰卡和印度产的蓝宝石质量最佳。

◎ 绿宝石

绿宝石又称为“绿柱石”，它的几个变种颜色不一，有淡蓝色的海蓝宝石，有深绿色的祖母绿，有金黄色的金绿柱石等，如图11.30所示，其中蜜黄色的比较常见。绿柱石一般为六方柱形晶体，呈现的颜色多为各种绿色。绿柱石家族以祖母绿最为著名，海蓝宝石次之。

祖母绿被称为“绿宝石之王”，是相当贵重的宝石，如图11.31所示。因其特有的绿色和神奇的传说，深受人们青睐，收藏、投资价值极高。X 射线照射下，祖母绿发出很弱的纯红色荧光。无论是阴天还是晴天，无论在人工光源还是自然光源照射下，祖母绿总是发出柔和而浓艳的光芒，这就是祖母绿的魅力所在。其产地主要有赞比亚、哥伦比亚、巴西、南非、印度等。

海蓝宝石被看做幸福和永葆青春的标志，能给予人们智慧和力量，因而深受人们喜爱，如图11.32所示。海蓝宝石有玻璃光泽，透明至半透明，X射线照射下不发光，且韧性良好。夜间灯光照射下，海蓝宝石会呈现出比白天更加耀眼的光芒，因而被称为“夜光宝石”。海蓝宝石与蓝色水晶的区别是海蓝宝石颜色蓝中带绿，且手感较轻。世界上最著名的海蓝宝石产地在巴西的米纳斯吉拉斯州，其次是俄罗斯、中国等国家。

图 11.30　金绿柱石

图 11.31　祖母绿

图 11.32　海蓝宝石

◎ 金绿宝石

金绿宝石在珠宝界又称“金绿玉”、“金绿铍”，一般为厚板状，有透明的玻璃光泽，呈深浅不同的绿色或黄至棕色，有些在不同的光源下会发出不同的颜色。金绿宝石韧性极好，有贝壳状断口。绿黄色的金绿宝石在短波紫外光下，产生绿黄色荧光，遇酸不受侵蚀。

透明的金绿宝石颜色为淡褐黄色、淡褐绿色，具有强玻璃光泽，宝石内部有时有一些羽毛状气液包裹体。外观与黄色蓝宝石和黄褐色钙铝榴石有些相似，可借助折光仪精确测定折光率来加以区别。

金绿宝石中有著名的猫眼石和具有变色效应的亚历山大石，二者都是极为罕见和贵重的宝石：

图 11.33　猫眼石

（1）猫眼石：又称东方猫眼，是珠宝中稀有而名贵的品种，如图11.33所示。猫眼石表现出的光现象与猫的眼睛一样，灵活明亮，能够随着光线的强弱而变化。按照我国的国家标准，只有具有猫眼效应的金绿宝石才能真正称为猫眼石，其他具有猫眼效应的宝石都不能直接称为猫眼石。

猫眼石呈透明至半透明状，玻璃至油脂光泽，二色性明显。金绿猫眼也就是猫眼石含有铬元素，有时候会呈现出变色效应，价格非常昂贵，且非常稀少。

猫眼石有各种各样的颜色，如蜜黄、褐黄、酒黄、棕黄、黄绿、黄褐、灰绿色等，其中以蜜黄色最为名贵。眼线要求平直、均匀，连续而不断线，清晰而不混浊，明亮而不灰暗；重量越大的猫眼石越珍贵。

真正的猫眼石可看到清晰的褐黄色猫眼。猫眼石的绢丝状包体有的是金红石，有的是空管，这些管状包体细长而且密集。而人工猫眼石比天然猫眼石的硬度低；用放大镜观察其两侧可见六边形蜂窝状结构；人工猫眼石在弧形顶端同时出现2～3条亮带，而天然猫眼石仅有1条。

（2）亚历山大石：又称变石，古称紫翠玉，呈透明、半透明至不透明形态，在阳光下呈绿色；在近似白光的日光照射下，变石也呈现蓝色；当用富含红光的蜡烛、油灯或钨丝白炽灯照射时，呈现出红色，因此被称为“白昼里的祖母绿，黑夜里的红宝石”。变石带有猫眼效应时，被称为变石猫眼，是非常罕见和昂贵的一种宝石。

知识链接：世界著名金绿宝石产地

透明的金绿宝石主要产地为巴西、马达加斯加、缅甸、津巴布韦；猫眼石的主要产地为巴西、斯里兰卡；亚历山大石的主要产地为俄罗斯、斯里兰卡、巴西，产量相当稀少。

◎ 欧泊

欧泊的英文是 Opal，源于拉丁文 Opalus，意为“集宝石之美于一身”。正如古罗马自然科学家普林尼所说：“在一块欧泊石上，你可以看到红宝石的火焰，紫水晶的斑斓，祖母绿的深海，五彩缤纷，浑然一体，美不胜收。”这正是欧泊的魅力所在，欧泊也被誉为世界上最美丽和最珍贵的宝石之一，如图11.34所示。欧泊又称为蛋白石、闪山云等。根据欧泊坯体的色调，可以分为无色、白色、浅灰、深灰一直到黑色。世界上95%的欧泊产于澳大利亚，但开采量中只有0.25%是真正有价值的欧泊。

图 11.34 欧泊

天然的欧泊主要分为普莱修斯欧泊和普通欧泊两大类，前者色泽明亮，呈现出充分的变色效应，比较稀有和珍贵；后者色泽暗淡，不能变色或变色不完全，又分为黑欧泊、白欧泊、烁石欧泊、水晶欧泊、基石欧泊等，具有迷人的色彩。欧泊的颜色呈现是由于自然光线的衍射效果。欧泊不会因为强光而退色，但极端的高温和干旱会导致欧泊干裂。

合成欧泊通常显现异常明亮的色彩，每种颜色的色块呈现出规则的蛇皮状图案，图案过渡很不自然，制作手段不能重现天然欧泊复杂的颜色变化，色块常常大于天然欧泊。

◎ 玉髓

玉髓又名“石髓”，是人类历史上最古老的玉石品种之一，如图11.35所示。依据玉髓的颜色、花纹及内部包体特征等，可将其分为普通玉髓、玛瑙、碧石三类，各类中又有多个品种。

图 11.35 玉髓

玉髓通常呈半透明至微透明，玻璃光泽至油脂光泽，韧性较好，质地非常细腻。纯质的玉髓是无色或白色的，但通常会含有少量其他矿物质，呈现出五彩缤纷的颜色。当所含其他矿物质分布不均或者规律分布时，则会出现各种图案或条带状花纹。

玉髓的产量相对较高，多制作成首饰等装饰物，观赏价值较高，收藏价值不高。

◎ 玛瑙

玛瑙是玉髓类矿物的一种，是经常混有蛋白石和隐晶质石英的纹带状块体，色彩有层次，呈半透明或不透明状，如图11.36所示。在古代，玛瑙是皇亲国戚、达官贵人的奢侈品，而今却日益走入寻常百姓家。

市场上真假玛瑙鱼龙混杂。首先，真玛瑙色泽鲜明光亮，假玛瑙的色和光均差一些；天然红玛瑙颜色分明，条带十分明显，而染色玛瑙颜色艳丽均一，

给人一种假的感觉。

其次，假玛瑙多为石料仿制，比真玛瑙质地软，用玉在假玛瑙上可划出痕迹，而真品则划不出。

再次，真玛瑙透明度不如人工合成的好，稍有混沌，而人工合成的玛瑙透明度好，像玻璃球一样透明。

另外，真玛瑙冬暖夏凉，而人工合成的玛瑙随外界温度而变化。真玛瑙首饰比人工合成的玛瑙首饰重一些。优质玛瑙的生产工艺要求严格，表面光亮度好，镶嵌牢固、周正，无划痕、裂纹。

图 11.36　玛瑙摆件

◎ 碧玺

碧玺又称电气石，有较强的多色性，因此又称“混合宝石”，是仅次于钻石、红宝石、蓝宝石、祖母绿的有色宝石，如图11.37所示。颜色以无色、玫瑰红色、粉红色、红色、蓝色、绿色、黄色、褐色和黑色为主。其中更以通透光泽的蔚蓝色、鲜玫瑰红色及粉红色加绿色的复色为上品。目前市场上以帕拉依巴碧玺价位最高，因其挖掘不易，晶体不大，产出较少。此外，尼日利亚的红碧玺、坦桑尼亚的绿碧玺也颇受欢迎。

图 11.37　碧玺坠子

常见的碧玺仿冒品有两类：一种以无色碧玺人工加色；一种以红色玻璃加工而成。真碧玺往往具有明显的二色性，可见双影，体内可见管状包裹物或棉絮状物；而人工染色的碧玺缺乏天然碧玺的“宝光”。

识别真碧玺还有一个方法，就是利用碧玺的热电性。碧玺在受热、摩擦或太阳的辐照下，表面会带有电荷，这些电荷对空气中的异性电荷有相吸性，能吸附空气中带异性电荷的灰尘、纸屑等。

◎ 水晶

水晶是我们常见的装饰品之一，有粉水晶、黄水晶、紫水晶等种类。粉水晶颜色以粉红为佳；紫水晶要求颜色为鲜紫，纯净不发黑，如图11.38所示；

图 11.38 紫水晶手链

黄水晶以金橘色为佳，要求颜色不含绿色、柠檬色调。

天然的水晶一般都会有絮状的瑕疵，而人工合成的水晶就不会有这样的特征。天然水晶摸上去有冰凉之感，且竖放在太阳光下，无论从哪个角度看，它都能放出美丽的光彩。天然水晶硬度高，用碎石在饰品上轻轻划一下，不会留痕迹，假水晶则没有这些特性。

除此之外，还可用10倍放大镜在透射光下检查，能找到气泡的基本上可以定为假水晶；天然水晶可以消除假色，减弱他色，保留自色，这也是鉴别水晶的一个重要方法。

◎ 珍珠

珍珠是一种产在珠母贝类软体动物体内的有机宝石，具有瑰丽的色彩和高雅的气质，象征着健康、纯洁、富有和幸福，自古以来为人们所喜爱。

珍珠的形状有圆形、梨形、蛋形、泪滴形、纽扣形和任意形，以圆形为佳，如图11.39所示。颜色有白色、粉红色、淡黄色、淡绿色、淡蓝色、褐色、淡紫色、黑色等，以白色为主，光泽柔和且带有虹晕色彩。

图 11.39 珍珠项链

天然珍珠表面呈白色、黄白色、浅粉红色、浅蓝色等，具美丽的彩色光泽，表面平滑，呈圆球形、椭圆形、不规则的球形或长圆形，直径1～6毫米，质较坚硬，断面呈层状，用火烧之有爆裂声，无气味，味微咸。做装饰用的珍珠中央多有穿孔。

人工养殖的珍珠形状与天然珍珠相似，但表面光泽较弱，断面中央有圆形的砂粒或石决明碎粒，表面有薄的珍珠层。

珍珠不仅是广受欢迎的装饰品，还可做药用，并具有延缓衰老、祛斑美白等美容功效。天然珍珠的美容保健功效强于人工养殖珍珠，海水珍珠强于淡水珍珠。

知识链接：珍珠的质量评价与保养

珍珠的质量评价主要从以下几方面来评定：

（1）从光泽来说，好的珍珠迎着光线可以看到七彩的虹光，层次丰富变幻，还可以看到如金属质感的球面。特别明亮的可列人 A 级，稍次之为 B 级。

（2）从圆度来说，中国的审美标准是越圆越美。以珍珠的最长直径和最短直径差的百分比≤1% 为正圆标准，1% ≤直径差比≤5% 为圆的标准，在5%～10% 的为近圆。

（3）从瑕疵上来说，珍珠表面的痘、斑、印、坑、点越少越好，一般在0.5米远外看不到瑕疵为可以接受的标准。

（4）从大小上来说，直径7～9毫米的珍珠较普遍，10毫米以上的就很珍贵了。

珍珠的保养要注意防酸，避免暴晒，防止硬物刮碰，擦拭珍珠最好用柔软的羊皮或绒布。另外，珍珠不能长期密闭保存，应时常拿出来让它“呼吸”新鲜空气，防止“珠黄”。

◎ 珊瑚

珊瑚在中国被视作佛教吉祥物，是较受珍视的一种首饰宝石，西方人则认为珊瑚具有防灾、止血、驱热和给人智慧的功效。珊瑚颜色多样，以深红、火红为主，如图11.40所示。抛光后为蜡状光泽，不耐酸，不耐有机溶剂和挥发性气体。鉴别珊瑚主要依据以下几方面：

（1）纵看：珊瑚纵向有平行的生长纹，方向为平行珊瑚柱体。如果是戒面，生长纹一般在背面；如果是雕刻件，表面上就能看到。

（2）横看：珊瑚的横截面上有像年轮一样的生长纹，由小及大，呈同心圆状，一般在珊瑚摆件上可以见到。

图 11.40　珊瑚手链

（3）看颜色：珊瑚的颜色是由内而外逐渐变化的，一般来说，珊瑚柱越接近表层的地方颜色越深，越里层颜色越浅。也就是说，珊瑚的颜色是不均匀的，如果颜色内外一致，就很可能是仿制品。

（4）仿制的珊瑚一般具有这些特征：利用海柳、海竹仿制成的珊瑚饰品表面有明显的纵向纹理，颜色均匀，没有珊瑚独具的孔隙特征；将质地疏松的浅海树枝状造礁珊瑚用注胶的方式填充染色的珊瑚仿制品，其表面光滑，粗糙易碎，易退色、变色；将各种贝类或造礁珊瑚研磨成粉末，再塑注成各样珊瑚形状的仿制品没有自然纹理，几乎每件珊瑚都相同，易退色、变色；用白云石或方解石染色而成的珊瑚制品看起来颜色很均匀，但易退色，没有光泽；塑料制品染色假冒的珊瑚质地轻，易退色，无任何自然纹理与光泽，完全没有珊瑚的神韵。

◎ 蜜蜡

蜜蜡是琥珀的一种，形成于几千万年甚至上亿年前。自古以来，蜜蜡受到各国皇室、贵族、收藏家的喜爱，它不只被当做装饰品，更是宗教的加持圣物，代表幸运和财富，所以欧洲有“千年琥珀，万年蜜蜡”的说法。蜜蜡比水重，在水里会下沉，有多种颜色，以黄、红两色居多，如图11.41所示。

图 11.41　蜜蜡

通常情况下，我们把不透明的琥珀称为蜜蜡。它属于中性的有机宝石，夏日戴不会很热，冬日戴不会太凉，在摩擦时只有很淡的气味，在燃烧时会有松香味，塑料的仿品燃烧时会发出刺鼻的气味。蜜蜡摩擦时会起电，内部一般有荷叶形的鳞片，发出灵性柔和的光泽。无镶嵌的蜜蜡珠子放在手中轻轻揉动，会发出柔和但略带沉闷的声音，而塑料或树脂的仿品声音比较清脆。用裁纸刀轻削，蜜蜡会呈粉末状脱落，树脂会成块脱落，塑料会成卷片，玻璃则削不动。用棉签蘸洗甲水擦拭，蜜蜡表面没有明显变化，树脂会被腐蚀。

◎ 煤精

煤精又称煤玉，是一种高级煤，黑色，质地细密，没有纹路，韧性大，比一般煤轻，具有明亮的沥青、金属光泽，可用于制作工艺美术品、雕刻工艺品和装饰品等，如图11.42所示。现在出现的煤精仿制品主要有玻璃、塑料、硫化橡胶、煤等。

图 11.42　煤精

鉴别煤精的方法比较简便。首先，煤精密度小，非常轻；其次，拿煤精在纸上或者瓷板上划，会留下深巧克力色的条痕，其他仿品一般只会留下黑色或者白色的条痕；再次，煤精摩擦后会有静电；最后，煤精有煤烟味，粉末褐色，不会脏手，而且，在煤精上会发现类似木头的构造。

第四节　书　画

◎ 中国书法的五种字体

中国书法源远流长，按照字体可分为五类，如图11.43所示：

（1）篆书：广义的篆书，包括甲骨文及金文，这里特指大篆及小篆。一般将秦以前的古文及籀文称为大篆，而由李斯整理出来的文字被称为小篆。

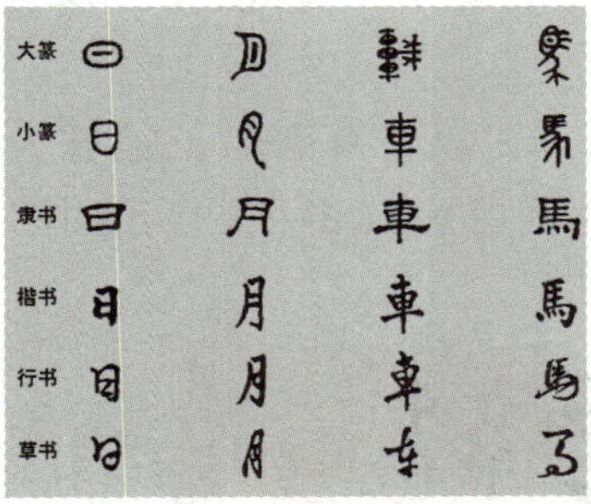

图 11.43　书法字体的分类

（2）隶书：秦狱吏程邈改变篆书的结构，创造出了隶书。隶书强调横平竖直、间架紧密，写起来比篆书方便很多。

（3）楷书：汉朝时把隶书字体作楷法加以改进，创造了正楷，书写起来比隶书方便。唐代楷书大盛，出现了如颜真卿这样的楷书大家。

（4）行书：字体介于楷书与草书之间，没有隶书的方和篆书的圆，是楷书的变体，因为写起来像人走路，所以称行书。一般认为行书起源于东汉的刘德升，东晋王羲之的《兰亭序》被称为“行书第一书迹”。

（5）草书：又称草篆、草隶、狂草等，结构省简，笔画纠连，书写流畅迅速，不易识别。历史上著名的草书家有东晋的王献之，唐代的怀素、张旭，以及近代的于右任等。

知识链接：什么是“文房四宝”

“文房四宝”指纸、墨、笔、砚四类书画用具。文房四宝之名，起源于南北朝时期。历史上，“文房四宝”所指之物屡有变化。南唐时，“文房四宝”特指诸葛笔、徽州李廷圭墨、澄心堂纸、江西婺源龙尾砚。自宋朝以来，“文房四宝”则特指湖笔（浙江省湖州）、徽墨（安徽省徽州）、宣纸（安徽省宣州）、端砚（广东省肇庆，古称端州）。

◎ 中国历代书法名家

● 魏晋

（1）钟繇：楷书（小楷）的创始人，与晋代书法家王羲之并称为“钟王”，但钟繇书法真迹到东晋时已亡佚。

（2）王羲之：擅长隶、草、楷、行各体，自成一家。其书法平和自然，笔势委婉含蓄，遒美健秀，被誉为“书圣”。代表作有楷书《黄庭经》、草书《十七帖》、行书《兰亭序》等，如图11.44所示。

（3）王献之：王羲之第七子，精通各体书法，尤以行草著名，被誉为“小圣”，与其父并称为“二王”。代表作有《淳化阁帖》、《中秋帖》，如图11.45所示。

图 11.44　王羲之《兰亭序》节选

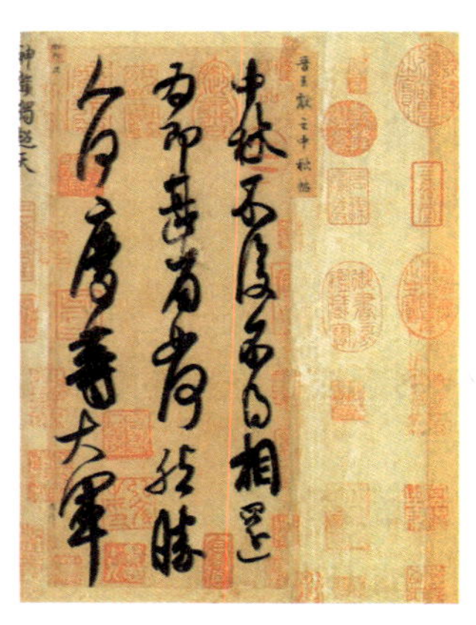

图 11.45　王献之《中秋帖》

唐代

（1）欧阳询：楷书四大家之一，其书于平正中见险绝，最便初学，号为“欧体”。代表作有楷书《九成宫醴泉铭》、《皇甫诞碑》，行书《梦奠帖》、《张翰帖》等，如图11.46所示。

（2）张旭：以继承“二王”传统为自豪，字字有法，另一方面又效法张芝草书之艺，创造出潇洒磊落、变幻莫测的狂草，其状惊世骇俗。代表作有《肚痛帖》、《古诗四帖》，如图11.47所示。

图11.46　欧阳询《九成宫醴泉铭》节选

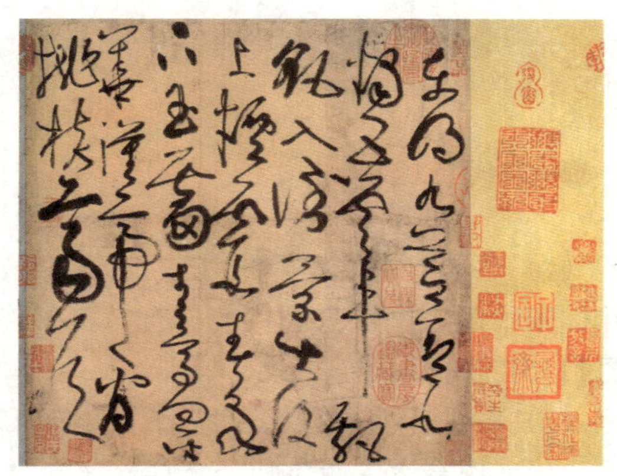

图11.47　张旭《古诗四帖》节选

（3）颜真卿：楷书四大家之一，其书法一反初唐书风，行以篆籀之笔，化瘦硬为丰腴雄浑，结体宽博而气势恢弘，骨力遒劲而气概凛然，世称“颜体”。代表作有《多宝塔碑》、《争座位帖》、《祭侄文稿》、《刘中使帖》、《自书告身帖》等，如图11.48所示。

（4）怀素：以狂草著名，和张旭齐名，喜醉后挥毫，用笔圆而有劲、奔放自然、一气呵成、变化莫测，与张旭被后人合称为“颠张醉素”。代表作有《自叙帖》、《食鱼帖》、《小草千字文》等，如图11.49所示。

（5）柳公权：其书法吸收了欧阳询的严谨险绝和颜真卿的雄浑宽博，形成了点画瘦劲、骨力遒劲的“柳体”，与颜真卿并称“颜筋柳骨”。代表作有《玄秘塔碑》、《神策军碑》、《金刚经刻石》等，如图11.50所示。

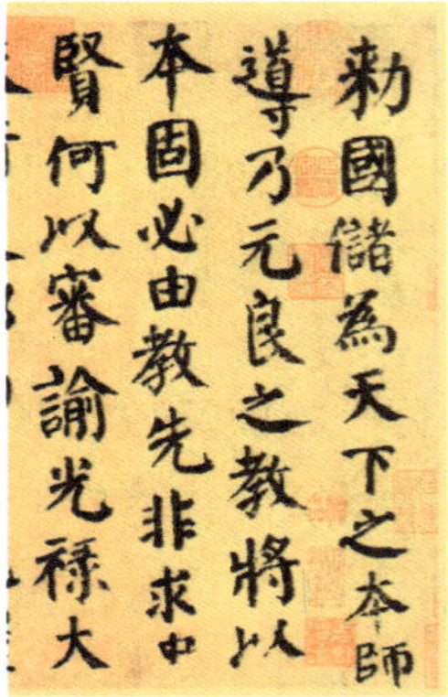

图 11.48　颜真卿《自书告身帖》节选

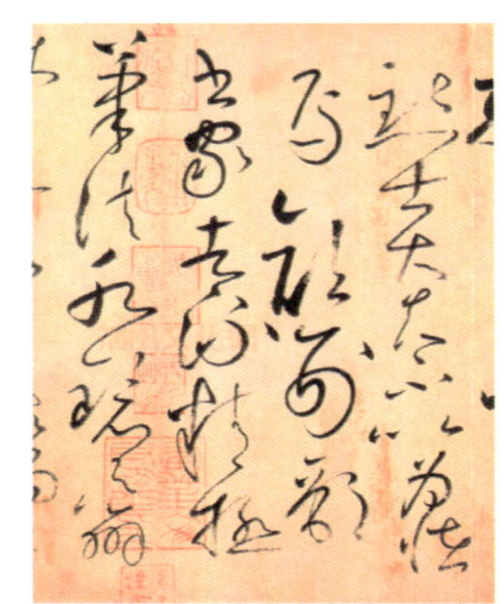

图 11.49　怀素《自叙帖》节选

图 11.50　柳公权《玄秘塔碑》节选

宋代

（1）蔡襄：书法浑厚端庄、淳淡婉美、自成一体，与米芾、黄庭坚、苏轼并称宋代四大书法家。代表作有《自书诗帖》、《谢赐御书诗》、《茶录》等，如图 11.51 所示。

（2）苏轼：擅长行书、楷书，能自创新意，用笔丰腴跌宕，有天真烂漫之趣。代表作有《答谢民师论文帖》、《前赤壁赋》等，如图 11.52 所示。

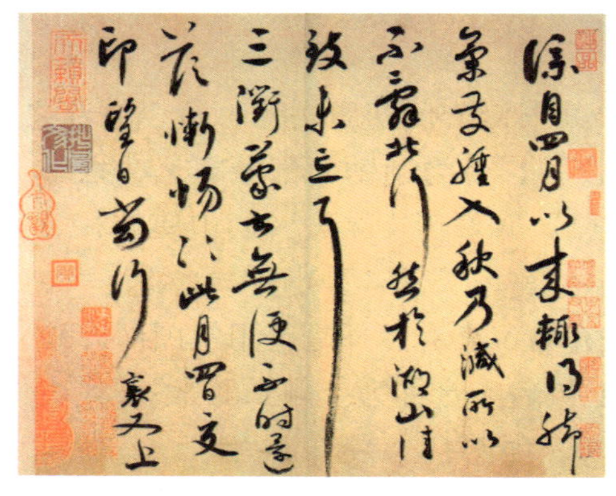

图 11.51　蔡襄《自书诗帖》

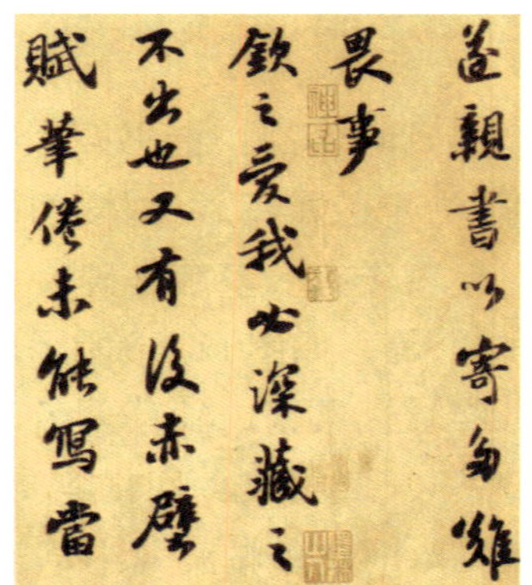

图 11.52　苏轼《前赤壁赋》节选

（3）黄庭坚：行书雄强隽逸，结构奇特，其字中宫收紧、四面开张，最为明显之处是结体中往往主笔写得特别夸张，风格突出，人称“山谷体”。代表作有《松风阁》、《经伏波神祠诗》等，如图 11.53 所示。

（4）米芾：笔法挺拔劲健，体势展拓，笔致浑厚爽劲，尤以行书为最，自谓“刷字”。代表作有《蜀素帖》、《苕溪诗帖》、《拜中岳命帖》等，如图11.54所示。

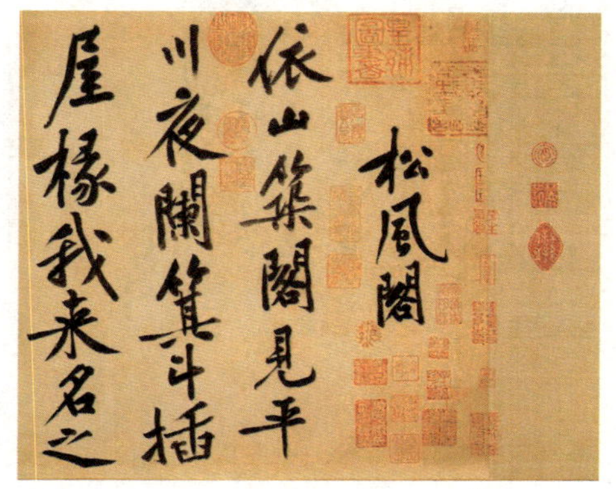
图 11.53 黄庭坚《松风阁》节选

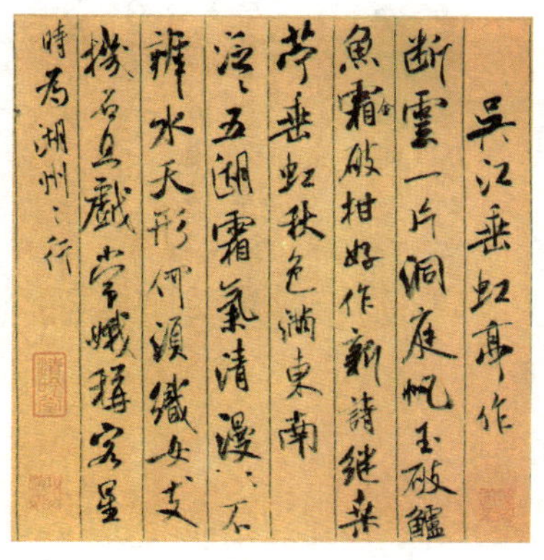
图 11.54 米芾《蜀素帖》节选

元代

赵孟頫：楷书四大家之一，擅长篆、隶、楷、行、草书，尤以楷、行书著称于世。其书风遒媚、秀逸，结体严整，笔法圆熟，世称“赵体”。代表作有《洛神赋》、《道德经》、《胆巴碑》、《玄妙观重修三门记》等，如图11.55所示。

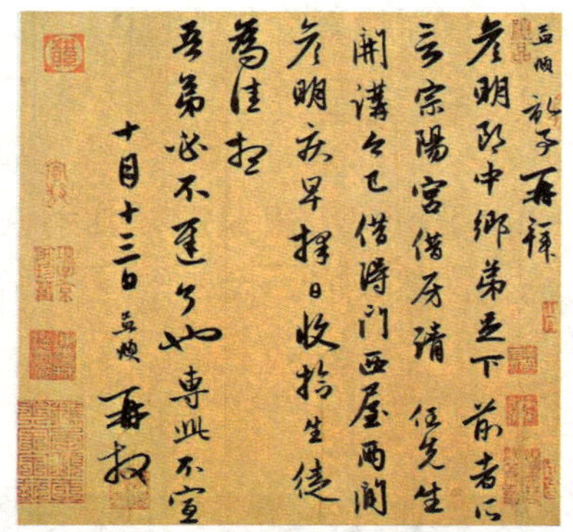
图 11.55 赵孟頫《洛神赋》节选

明代

（1）祝允明：其书法吸取唐虞世南、元赵孟頫书法之神，扬晋王羲之、王献之行书、唐怀素草书之势，融会贯通，自成一体，发展为自己独特的狂草，被誉为“明朝第一”。代表作有《草书千字文》、《六体书诗赋卷》、《草书杜甫诗卷》、《古诗十九首》等，如图11.56所示。

（2）文徵明：书法温润秀劲，稳重老成，法度谨严而意态生动，尤以小楷造诣最高。代表作有《赤壁赋》、《东林避暑图卷题诗》、《八月六日书事·秋怀七律诗合卷》等，如图11.57所示。

图 11.56 祝允明《草书千字文》节选

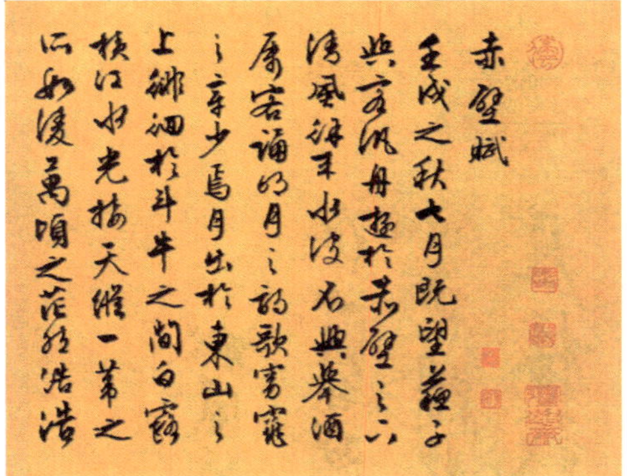

图 11.57 文徵明《赤壁赋》节选

清代

郑燮（郑板桥）：其书法综合草、隶、篆、楷四体，再加入兰竹笔意，写来大小不一，歪斜不整，自称“六分半书”，有“乱石铺街、浪里插篙”的意境。代表作有行草《满江红》、《难得糊涂》、《行书七绝》等，如图11.58所示。

民国

李叔同：出家前，其书法劲健厚重，出家后，法号弘一，其书法朴拙圆满，浑然天成。代表作有《华严集联三百》等，如图11.59所示。

图 11.58 郑板桥《难得糊涂》

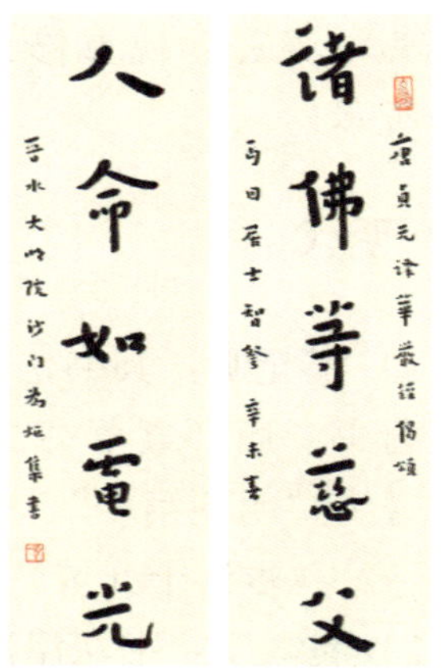

图 11.59 弘一法师 1931 年所作行书对联

知识链接：欧阳询的书法八诀

欧阳询自创书法的“八诀”理论：（点）如高峰坠石，（横戈）如长空之新月，（横）如千里之阵云，（竖）如万岁之枯藤，（竖戈）如劲松倒折、落挂石崖，（折）如万钧之弩发，（撇）如利剑断犀象之角牙，（捺）如一波常三过笔。

◎ 好毛笔的四个特点

一支好的毛笔，必须具备尖、齐、圆、健四个特点：

（1）尖：笔毫聚拢时，末端要尖锐，以便写字锋棱易出，较易传神。新笔毫毛有胶聚合，易分辨，在检查旧笔时，可先将笔润湿，让毫毛聚拢来分辨尖秃。

（2）齐：笔尖润开压平后，毫尖长短相等，中无空隙。

知识链接：毛笔保养方法

（1）开笔：将新笔以温水浸泡，至笔锋全开即可，但不可使笔根胶质也化开，否则毫毛易于脱落。紫毫较硬，宜多浸在水中一些时间。

（2）润笔：写字前，先以清水将笔毫浸湿，随即提起，将笔倒挂，直至笔锋恢复韧性为止，大概要数十分钟。

（3）入墨：将笔在吸水纸上轻拖，直至将清水吸干，此时，墨汁即可均匀渗进笔毫。若笔毫未均匀入墨，墨少则过干，不能运转自如，墨多则腰涨无力，皆不佳。

（4）洗笔：用笔后要立即用清水洗笔，因为墨汁有胶质，若不洗去，笔毫干后必与墨、胶坚固黏合，再用时不易化开，且极易折损笔毫。

洗净之后，先将笔在吸水纸上轻拖，直至笔毫余水被吸干，再将笔悬挂于阴凉处的笔架上，可使余水继续滴落直至干燥。

注意，新笔应装入纸盒或木盒内，放些樟脑丸，以防虫蛀，并经常晾晒，防止生霉。

毛笔保存之时必须干燥，使用前若不经润笔即书，毫毛经顿挫重按，会变得脆而易断，弹性不佳。

（3）圆：笔毫圆满如枣核之形，即毫毛充足，书写时笔力完足；反之则身瘦，缺乏笔力。

（4）健：即笔腰弹力，将笔毫重压后提起，随即恢复原状。笔有弹力，则能运用自如；一般而言，兔毫、狼毫弹力较羊毫强，书写起来坚挺峻拔。

此外，还要根据个人的笔法风格来选择毛笔，比如，风格健劲者，选用健毫；姿媚丰腴者，选用圆毫；风格清瘦者，则选用尖毫。

◎ 选墨的注意事项

● 墨的种类

好笔还需配好墨。按形态，墨分为墨锭和墨汁两种。按原料，墨分为松烟墨、油烟墨、油松墨、五彩墨四种，以松烟墨和油烟墨较为常用：

（1）松烟墨：用松木烧烟制成，掺入适量的胶、药材和香料制成，特点是色乌，无光泽，以徽墨为上上之品。

（2）油烟墨：用油类烧烟制成，通常多用桐油、麻油、菜子油以及石油，亦掺入适量的胶、药材、香料，特点是色泽黑亮，有光泽。

（3）油松墨：以油烟及松烟混合制成。由于混合的比例不同，墨质有所不同，这类墨只宜于书写，作画较少。

（4）五彩墨：用红、黄、蓝、绿、白五种矿物质颜料精制而成，属高档国画颜料。

● 墨的鉴别

（1）墨锭。在选择墨锭时，可通过以下五种方法来鉴别：

辨：选墨锭时，先要辨识墨色。墨泛出青紫光最好，黑色次之，泛出红黄光或白色为最劣。

看：墨锭是否光滑细致，是否开裂、变形、残缺，以及墨锭彩绘是否均匀、有光彩。

闻：质优的墨锭香味应醇正扑鼻，因为墨以有恶臭的煤、易腐的动物胶为主要原料，所以需要加点香料，但是含量也需适中，太多会降低煤与胶的成分比例，太少又不能达到功效。

听：手指轻弹墨锭听其声是否清脆，声音发闷的质量要差些。

掂：用手掂掂墨锭是否坚实，质地坚硬，以浸水不易化为佳。

（2）墨汁。墨汁不如墨锭挑选时直观，可通过以下几种方法来鉴别：

打开墨瓶，闻气味，好的墨汁的气味芳香无臭味。

如商家允许，可倒出几滴墨汁，看墨汁里的杂质多不多，再看墨汁的稀释度，含胶大、较黏稠的墨汁质量差。

待墨汁干燥后，看墨色是否纯正，好的墨汁的墨色应不发灰，泛红黄光。

此外，为了避免人们因对墨汁保存不当造成的浪费，应尽量选择较小容量包装的墨汁。

◎ 中国四大名砚

砚为文房四宝之一，从砚的材质来看可分为玉砚、银砚、铜砚、铁砚、陶砚、瓷砚、石砚、漆砚等，其中石砚最为普遍。从唐代起，端砚、歙砚、洮河砚和澄泥砚并称为“四大名砚”，其中尤以端砚和歙砚为佳。

● 端砚

端砚产于广东省高要县和肇庆市一带，其颜色分为紫色、绿色、白色三类。其主要特点是石纹丰富，有青花纹、朱砂钉、五彩钉等，另有形似动物眼睛的“石眼”，如图11.60所示。其中的“鸲鹆眼”形似八哥眼，圆晕中还有“瞳仁”，是“眼”中上品。

质优的端砚“温润如玉，扣之无声，缩墨不腐”，用手指敲打时，发出的声音温和、细微，视为“无声”的上品。

图 11.60　端砚

● 歙砚

图 11.61　歙砚

歙砚产于江西省婺源县与安徽省歙县交界的龙尾山一带（罗纹山），石品众多，主要分为罗纹类、眉子眉纹类及金星和金晕类。古代称“罗纹砚”，其纹如罗丝精细，其色青莹，其理坚密，如图11.61所示。刷丝罗纹砚银色刷丝如发之密。金星罗纹，是指砚面融有谷粒的结晶物，在光线照耀下犹如天空星斗，金星久研磨而不退，且越磨越亮，是歙砚中的佳品。眉子砚，“纹若甲痕，如人画眉，遍地成对”。

洮河砚

图 11.62　洮河砚

洮河砚产于甘肃省临潭县境内洮河，取材于深水之中，石质细密晶莹，石纹如丝，似浪滚云涌，清丽动人，如图11.62所示。洮石有绿洮、红洮两种，其中尤以绿洮为贵。洮砚常雕刻大面积的图意，雕刻手法有浮雕、透雕、高浮雕等，其雕工质朴，清晰感强。

澄泥砚

澄泥砚属陶瓷砚的一种非石砚材，产地较多，如河南洛阳、河北巨鹿等。其制作方法是：以过滤的细泥为材料，掺入黄丹团后用力揉搓，再放入模具成形，用竹刀雕琢，待干燥后放进窑内烧，最后裹上黑蜡烧制而成，颜色以鳝鱼黄、蟹壳青和玫瑰紫为主。其特点是质地坚硬耐磨，易发墨，且不耗墨，可与石砚媲美，如图11.63所示。

图 11.63　澄泥砚

◎ 中国画的艺术分类

中国画的分类多种多样，按照不同的标准又可分为以下几类：

（1）从画的内容上，可分为山水画、人物画、花卉画、禽鸟走兽虫鱼画等。

（2）从画的技巧上，可分为泼墨画（用水墨挥洒在纸上或绢上，随其形状进行绘画，笔势豪放，墨如泼出，如图11.64所示）、工笔画（用细致的笔法绘制，着重线条美，一丝不苟，如图11.65所示）、写生画（临摹花果、草木、禽兽等实物，如图11.66所示）、写意画（用笔不讲究工细，注重神态的表现和抒发作者的情趣，如图11.67所示）、皴法画（表现山石、峰峦和树身表皮的脉络纹理的画法，画时先勾出轮廓，再用淡干墨侧笔而画，如图11.68所示）、白描画（单用墨色线条勾描形象而不施彩色，如图11.69所示）、没骨画（不用墨线勾勒，直接以彩色绘画物象，如图11.70所示）、指头画（以手代笔，蘸墨作画，如图11.71所示）、界画（作画时使用界尺引线，如图11.72所示）。

（3）从画的颜色上，可分为水墨画、青绿画、金碧画、浅绛画等。

（4）从画的时代上，可分为古画、新画、近代画、现代画等。

（5）从画的用料上，可分为布本、绢本、帛本、纸本、绫本、蜡笺本等。

图 11.64　泼墨画：宋代梁楷《泼墨仙人图》

图 11.65　工笔画：宋代赵佶《芙蓉锦鸡图》

图 11.66　写生画：宋代范宽《溪山行旅图》

图 11.67　写意画：齐白石《游虾图》

图 11.68　皴法画：清代王原祁《仿高克恭云山图》

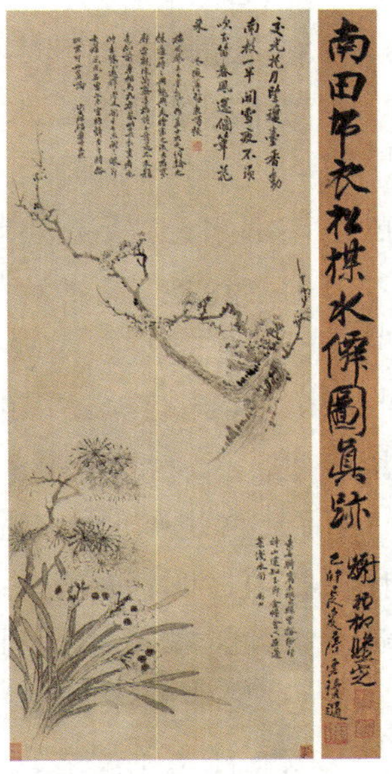

图 11.69　白描画：清代恽寿平《南田布衣松梅水仙图》

图 11.70　没骨画：清代恽寿平《无色芍药图》

图 11.71　指头画：清代高其佩《乞儿图》

图 11.72　界画：元代夏永《滕王阁图》

◎ 中国主要画派

（1）黄筌画派：代表画家黄筌，多画珍禽瑞鸟、奇花怪石，以细挺的墨线勾出轮廓，然后填彩，用笔工整，设色堂皇，后人评其“勾勒填彩，旨趣浓艳”。

（2）徐熙画派：代表画家徐熙，多画江南的汀花野竹、水鸟渊鱼。多作粗笔浓墨，略施杂彩，而笔迹不隐，素有“落墨花”之称。

（3）北方山水画派：以荆浩、关仝、李成、范宽为代表，画的是巍峰穷谷、草荒木寒的西北山水，“雄伟峻奇”。

（4）南方山水画派：以董源、巨然为代表，画的多是山清水秀、草木滋润的江南山水，“淡墨轻岚”。

（5）米派：宋代米芾、米友仁父子所绘之画，画史上也称“大米”、“小米”，或曰“二米”，主要表现烟雨云雾、迷茫奇幻的景趣，世称“米氏云山”。

（6）湖州竹派：以北宋文同、苏轼为代表，所画竹叶，正面用浓墨，反面用淡墨，正反浓淡错落有致。

（7）常州画派：亦称毗陵画派、武进画派，以北宋居宁、南宋于青言、元代于务道、明代孙龙、清代唐于光等人为代表，题材广泛，注重意境、神韵和笔墨，大幅求“势”，小幅求“趣”。

（8）吴门画派：以“吴门四家”沈周、文徵明、唐寅、仇英为代表。沈周、文徵明注重笔墨表现，强调感情色彩和幽淡的意境，追求平淡自然、恬静平和的格调；唐寅、仇英重视主题、结构，讲究真景实感，造型准确，笔墨谨

严，风格柔韵雅秀，雅俗共赏。

（9）吴派：以董其昌、陈继儒为代表，长于山水，注重师法传统技法，追求平淡天真的格调，讲究笔致墨韵，墨色层次分明，拙中带秀，清隽雅逸。

（10）松江画派：包括以赵左为首的苏松画派、沈士充为首的云间画派、顾正谊及其子侄辈的华亭画派，风格主要追随董其昌，用笔洗练、墨色清淡。

（11）海上画派：以虚谷、任熊、任熏、任颐（伯年）、吴昌硕为代表，借鉴民间与西洋绘画艺术，对传统中国画进行大胆的改革创新，作品体现时代生活气息，创作题材丰富，画面清新通俗，深受平民阶层的欢迎。

知识链接：外国主要画派及代表画家

（1）文艺复兴风格：佛罗伦萨画派，如达·芬奇、米开朗琪罗、拉斐尔等；威尼斯画派，如提香、乔尔乔内等。

（2）巴洛克风格：鲁本斯、委拉斯开兹、贝尼尼、伦勃朗等。

（3）洛可可风格：布歇华多、弗拉戈纳尔、夏尔丹、透纳等。

（4）新古典风格：普桑、大卫、安格尔等。

（5）浪漫主义画派：籍里柯、戈雅德拉、克洛瓦等。

（6）现实主义画派：杜米埃、库尔贝等。

（7）巴比松画派：柯罗、米勒、卢梭等。

（8）俄罗斯巡回画派：列宾、列维坦、希施金、苏里柯夫等。

（9）印象画派：马奈、莫奈、毕沙罗、德加、雷诺阿等。

（10）新印象画派：修拉、西涅克等。

（11）后印象画派：凡·高、塞尚、高更等。

（12）巴黎画派：夏加尔、莫迪里阿尼等。

（13）立体派：毕加索、波拉克等。

（14）野兽派：马蒂斯、弗拉芒克等。

（15）抽象派：康定斯基、蒙特里安等。

（16）表现派：蒙克、诺尔德等。

（12）金石画派：以吴昌硕、齐白石、潘天寿为代表，画作以写意为主，将自然景物变形、简化、画笔化，笔墨恣肆、奔放、真率。

（13）岭南画派：以高剑父、高奇峰、陈树人为代表，注重写生，融汇中西绘画之长，创制出有时代精神、地方特色、革命精神，气氛酣畅热烈，笔墨劲爽豪纵，色彩鲜艳明亮的现代绘画新格局。

◎ 书画的基本鉴定方法

鉴定书画，除了要掌握书画家的字号、籍贯和生卒时间外，还要具备一定的文史知识，比如历代帝王年号、天干地支等方面的常识，以及书画中出现的文字信息，都要准确识别。

书画价值的决定因素除了真伪以外，还要看作品本身的水平、创作背景和主题、作者以及珍稀程度等。一般著名书画家的作品价值往往较高，存世量少、水平较高者也有较高的收藏价值。

同一个书画家书画作品的价值与作品的大小尺寸有关，也与书画家不同时期创作的水平有关，其创作高峰时期的作品价值就比较高。

◎ 书画常用笔法

笔法指书画中点、线运行的形态和方法，它是中国书画的灵魂和核心，笔法的优劣是判断书画水平高低最重要的依据。常用笔法有：

（1）中锋：即锥形毛笔笔尖在毛笔的运行过程中，始终处在用笔的中心位置。特点是笔力饱满，外柔内刚，内涵丰富。它是决定中国书画质量的最重要特征。

（2）侧锋：即毛笔倾斜，毛笔笔尖的中心位置偏于侧面，多用于人物画。特点是用笔变化丰富，有强力的用笔张力，爽快中显山露水；缺点是比中锋用笔显得单薄浅显。

（3）逆锋：相对于正手位置顺行方向的反方向毛笔运行方法。逆锋运笔阻力增大，笔锋聚散、松紧变化不同于顺笔意味。目的是追求用笔的变化，特点是笔力刚硬，力透纸背，但缺少柔劲，不可常用。

（4）拖锋：即将毛笔倒于纸面上，拖拉运行，多用于人物画。特点是转换自然、快慢有致且实用简便；缺点是用笔比较浮，没有力透纸背的感觉。

（5）折钗股与屋漏痕：根据自然中的现象与痕迹而追求的用笔方法，是

中锋行笔的变异手法，丰富了中锋用笔的表现。

（6）飞白锋：从书法用笔中的飞白转化而来。特点是用笔松、毛，看似蜻蜓点水，实则遒劲有力，阳刚而有内力，松散见精神，有一种苍茫的感觉。

此外，每个时代对书画笔法的研究都有创新和发展，比如，魏晋时代的人们崇尚玄学，因此笔锋多散漫轻盈、神韵潇洒；唐代社会安定、经济繁荣、因此笔锋奔放又规整严谨；宋代城市经济发达，市民文化勃兴，笔锋平稳清丽、华美多姿、新颖精妙。

◎ 五大常用墨法

墨法也称为“血法”，墨有焦、浓、重、淡、轻，又有枯、干、渴、润、湿的区分。常用墨法包括以下五种：

（1）破墨法：破墨法中分为浓破淡、淡破浓两种表现形式。特点是渗化处笔痕时隐时现，相互渗透，呈现出丰富、自然的美感。

（2）积墨法：一种由淡到浓、反复交错、层层相叠的方法。积墨分为湿积和干积，湿积主要表现墨韵，干积表现墨骨。

（3）焦墨法：用笔枯干，滞涩凝重，显得老辣苍茫，一般与湿笔对比使用。

（4）宿墨法：用隔日的墨汁蘸清水在宣纸上呈现出的一种脱胶的墨韵。宿墨法在现代人物写生中常常使用，具有简单空灵的美感。

（5）冲墨法：当第一遍的墨没有干透时，用清水冲，产生墨块中间淡化、边缘明确的效果。

◎ 书画用印常识

一幅没有印章的作品不能算一幅完整的作品，一幅好的作品没有一方好的印章作点睛之笔，更是一种遗憾。书画中常见的印章主要有以下几种：

（1）名章：泛指作者姓名、字号等代表作者身份的印章，意义比较严肃，以方形为主，一般用于作品落款之后。一幅作品有两方以上名章时要有阴阳变化，且大小最好相等或相近，间隔至少一个印章的空位。

（2）闲章：为了丰富画面、完善构图而用的章，主要是与作者的喜好、作品的内容有关的词句或形象（如座右铭、作画时间、作画时的心情、作品的寓意等）。根据用印的位置，又可将闲章分为三类：

引首章：用于作品的右上方，与落款相呼应，又与画面融为一体，多以自然形为主。

压角章：用于作品下方的一个角上，有降低画面重心、稳定画面的作用，以方形或长方形为主。

腰章：比较长的作品在视觉上首尾不能相及，用腰章能起到连接首尾的作用，多用长条形或自然形。

（3）收藏章：用于书籍或私人收藏。方形、圆形均可，偶尔也有椭圆形。印面要小，以免造成对藏品的破坏。

（4）手章：指签署文件、契约等所使用的私人印章，一般字体比较规范，易于辨认。

知识链接：篆刻的流派及代表人物

因印章多用篆文刻成，故称篆刻。可以说，篆刻是一门与书法密切结合的艺术。

篆刻的主要流派及其代表人物有：

（1）皖派（徽派）：何震、文彭、苏宣、梁袠、朱简、程林、金光先以及程原、程朴父子、邓石如（邓派）等。

（2）歙派（歙中四子）：程邃、巴慰祖、胡唐、汪肇龙。

（3）泗水派：苏宣。

（4）粤派（黟山派）：黄士陵。

（5）浙派（西泠八家）：丁敬、蒋仁、黄易、奚冈、陈豫钟、陈鸿寿、赵之琛、钱松。

（6）新浙派：赵之谦。

（7）吴派（海派、汉印派）：吴昌硕。

（8）赵派（虞山派）：赵石、邓散木。

（9）娄东派：汪关、林皋（林派）、巴慰祖。

（10）扬州派：林皋（林派）、汪关、沈世和。

（11）如皋派：许容、童昌龄、陈瑶典等。

（12）云间派：王曾麓父子、鞠昆皋。

（13）京派：齐白石。

（14）闽派（莆田派）：宋珏、吴晋、练元素、薛穆生、许有介、兰公猗等。

（5）龙凤章：可以作为爱情的信物，一般为一阴一阳，可用带龙凤纽的方章，加以精致的锦盒，象征夫妻感情的深厚、永恒。

此外，用印要考虑整体章法。印章的大小要适当，不宜用印过多。书画上下左右，不能任意盖印。国画的右上落款，左下角可盖闲章；左上落款，右下角可盖闲章。如果姓与名分别有两个印，一般姓在前，名在后，以一圆一方或一朱一白为好。

◎ 书画的款、题、跋

款是器物上刻的字，书画、信件头尾上的名字。绘画上的名款必须在画幅之内，而书法上的名款则必须在全文之后。

写在书画或碑帖前面的文字称为“题”，写在后面的文字称为“跋”，如图11.73所示。题、跋有藏款与露款之分。内容为标题、考订、品评、记事等，体裁有散文、诗词等，如图11.74所示。题、跋中除了标明书画家的年龄、籍贯、作画时间、地点、得画人称呼、名号外，有的还有文章或诗词。题、跋的内容可以作为书画鉴定的一个依据。如果题、跋中的叙述和书画家或题、跋者本人事迹、年月等有出入，或者所录诗词、文章等是这位题、跋者后人作品，便很有可能是伪作。

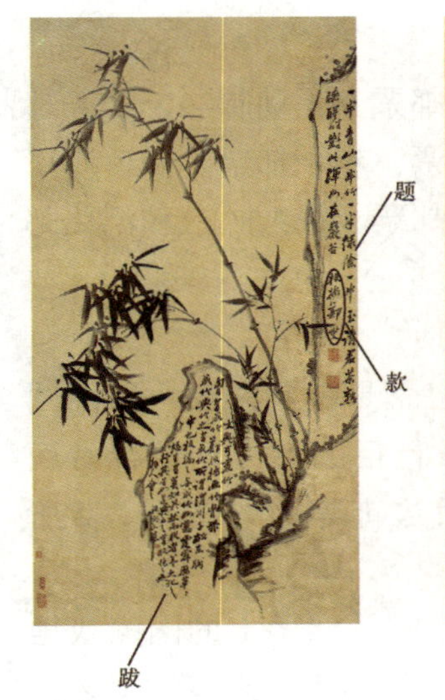

图 11.73　郑板桥竹画

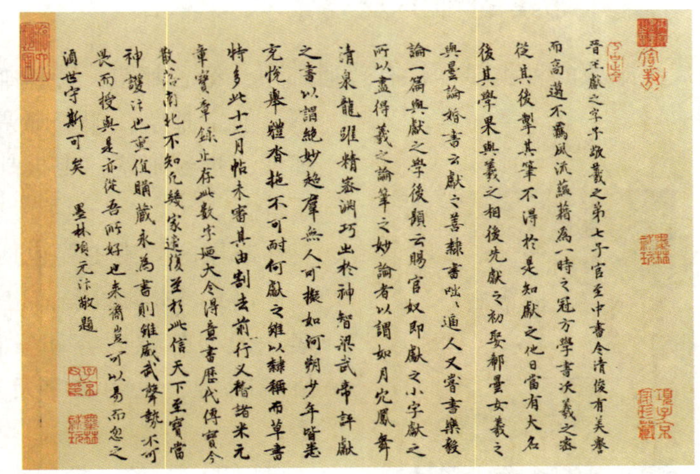

图 11.74　项元汴跋王献之《中秋帖》

◎ 如何根据纸绢来鉴定书画年代

绢和纸的鉴别是鉴定书画年代的一个重要依据。

西周晚期到春秋战国时期的帛画都是画在较细密的单丝织成的绢上；五代到南宋时期出现了双丝绢；元代的绢不如宋代的绢细密洁白；明代的绢也比较粗糙。

汉晋时期开始出现纸。纸所用原料多是麻料，较多的是用麻布、麻袋、麻鞋、渔网等废料的再生物，也有用生麻的。纤维较粗，无光，无毛，纤维束呈圆形，有时可以看见木素。

隋、唐、五代书画大都用麻纸，北宋以后则急剧减少，但北方辽金的经纸仍用麻料。隋唐时期，开始有用树皮造的纸，宋代以后大量采用。唐、五代时期出现了精度加工的抄经纸、澄心堂纸。

第五节　邮票、古币

◎ 邮票的种类及要素

邮票的种类多样，有普通邮票、纪念邮票、特种邮票、福利邮票、公务邮票、航空邮票、欠资邮票、电子邮票、快递专用邮票、挂号邮票、电报邮票、报纸邮票和汇兑邮票等。

图 11.75　邮票要素

邮票的要素主要包括：

（1）邮票图案：也就是邮票票面。票面图案一般与邮票内容和发行目的有关，还标有面值、国名、说明文字及边饰等，如图 11.75 所示。

（2）国名：指印在邮票票面上的国家或地区的名称，一般以文字、缩写字母来表示国名。

（3）水印：水印是一种无色标志，多为简单图案，是为了防止伪造，用特殊方法加压在纸

里的一种标记。

（4）版铭：即在整张邮票纸边上印邮票版号、编号、张号、色标、设计者和印刷厂名等。

（5）志号：印在票面底部的邮票发行序号和年代。

（6）品相：就是邮票的相貌。新票的品相是票面完整，没有破损和折痕，图案端正，颜色鲜艳，齿孔完整，背胶完好。旧票以票面完好、不揭薄、邮戳清晰者为上品。

知识链接：部分邮票及集邮品字母代号

集邮票品的字母代号一般代表着邮票的意义和功用。部分字母代号的意义如下：

J：纪念邮票；T：特种邮票；M：小型张或小全张；JP：纪念邮资明信片；HP：贺年明信片；YP：风景邮资明信片；WZ：对国外展览的纪念封；P.N.C：邮币首日封的英语简称；PZ：邮折，实为票折；JF：纪念邮资封。

◎ 邮票保存十忌

一忌潮湿：邮票受潮容易生斑霉变，要放在通风干燥的地方，雨季过后应该让邮票册吹风干燥。

二忌暴晒：强烈的阳光照射能使邮票退色变旧。

三忌手摸：用手摸过的邮票，尤其是刷金、银色的邮票，容易留下指纹，影响邮票的美观，要养成用镊子夹邮票的习惯。

四忌闭藏：邮票收藏要注意通风透气，长期闭藏容易使邮票受潮霉变。

五忌酸碱：酸碱物质会使邮票变质。

六忌污染：保持邮票的清洁，防止油烟、墨水、印泥、尘迹的污染。

七忌叠放：邮册不宜重叠压放，应该竖直放置在书柜或书架上，防止邮票和邮册粘连。

八忌撕揭：不能硬撕蛮揭，信封上的邮票应连同信皮纸一同剪下。

九忌虫害：箱内或柜内放置几粒樟脑丸，防止虫蛀鼠害，且应定期检查。

十忌杂乱：邮票、邮品、邮册应整理有序，不能杂乱无章。

◎ 邮票辨伪的技巧

邮票可以通过纸质、齿孔、背胶、水印等方面来进行鉴别。

（1）纸质：不同时期、不同厂家印制的邮票各有特点。一般都在纸上印有透明水印，可通过对纸张的酸碱程度、质地、纹路来鉴定。

（2）齿孔：假造的齿孔孔径与孔距大小不一，孔间隔往往不规则，孔线不直，孔边呈下陷状。

（3）背胶：可从背胶的种类、胶层的厚薄、刷胶的纹路、胶层的颜色光泽等来进行鉴别。如果胶层厚薄不均匀，胶水溢到邮票表面，齿孔尖端被胶水包住，就有可能是假胶。在购买古老邮票时，应注意其背胶是否自然，邮票背面是否有护邮纸的痕迹。

（4）水印：水印需要用水印器来观察。将邮票放在水印器上，通过灯光照射，就可以看出纸上有无水印图案，是否与邮票上的水印花纹相同。同时还要检查水印的种类，如凸水印、凹水印、复合水印等。

◎ 中国珍贵邮票鉴赏

一些邮票因为存世量稀少而备受收藏家青睐，下面介绍一些中国最有名的珍贵邮票：

（1）大龙邮票（清代）：1878年，清朝政府海关试办邮政，首次发行中国第一套邮票——大龙邮票。这套邮票共3枚，主图是清皇室的象征——云龙，雕刻铜版凸印。它标志着中国近代邮政史的开端，有“中国第一邮”之誉，如图11.76所示。

图 11.76 大龙邮票

（2）红印花小字当壹元邮票（清代）：1897年2月20日，大清邮政正式成立，邮费计量单位改为银元制，但是委外印刷的邮票未能及时运到，因此邮局采用上海海关库存的尚未使用的3分红印花加盖成当壹元邮票和当伍元邮票，如图11.77所示。目前存世小红印花邮票仅发现31枚。

（3）宫门倒印票（民国）：中华邮政于1915年发行的北京老版帆船普通邮票，其中以“元”为面值主图的邮票是以北京国子监牌坊作为主图的，通称“宫门票”，如图11.78所示。在印刷部分面值2元的邮票时，因套印的纸张倒置，造成图中宫门图案颠倒，因此称为“宫门倒印票”，被称为“民国四珍”之首，目前存世仅50枚。

（4）蓝军邮（中华人民共和国）：1953年中国邮电部和军委通信部联合决定发行一套军用邮票，分3枚，图案相同，面值相同，底纹刷色分别为橘红色、棕色和蓝色，在集邮界俗称为“红军邮”、“黄军邮”、“蓝军邮”，如图11.79所示。但在下发过程中发现，在没有信箱代号的情况下容易泄露部队番号，而且使用对象不易控制，因此停用。但当时已有部分黄军邮下发，蓝军邮流出极少，成为珍邮。1999年8月，一枚蓝军邮四方连以374万元人民币的价格拍出。

图11.77　红印花小字当壹元邮票

图11.78　宫门倒印票

图11.79　蓝军邮

◎ 外国珍贵邮票鉴赏

物以稀为贵，一些邮票因为数量少而备受收藏家追捧，下面介绍一些外国最有名的珍贵邮票：

（1）黑便士（英国）：1840年5月6日，英国发行了世界上第一枚邮票。上面印着维多利亚女王浮雕像、面值1便士的黑色邮票，即著名的“黑便士”，如图11.80所示。

（2）毛里求斯“邮局”邮票（毛里求斯）：1847年9月，毛里求斯总督夫人举行舞会，为邮寄请柬，当地邮局发行了两种邮票，面值分别为橘黄色

1便士和蓝色2便士，图案为英国维多利亚女王侧面头像，各500枚。这是英国殖民地最早发行的邮票，如图11.81所示。由于雕刻邮票图案的钟表匠错将“post paid”印刷成“post office”，且存世量极少，1便士邮票新票存世15枚，2便士新票存世12枚，均为世界珍邮。目前实寄封仅发现1个，1993年以惊人的价格拍出。

（3）萨克森深红色变体票（萨克森）：萨克森在1850年加入德奥邮政联盟后，发行了第一套无齿邮票，邮票面值3芬尼，凸版印刷，共印50万枚，实际售出463058枚，其余销毁。这些邮票专供寄杂志、报纸等印刷品，在取出邮件后大部分都被弃毁，因此存世稀少。而错色变体票更加珍贵，一枚使用过的错色变体票四方连于1987年3月14日以50万马克的价格拍出，如图11.82所示。

（4）传教士邮票（夏威夷）：夏威夷在1851年发行了第一套邮票，面值有2分、5分和13分。由于当时的邮政局长是传教士的儿子，且贴这类邮票的信件多为传教士，故有“传教士邮票”之名，如图11.83所示。现该票新票2分拍卖价为3.5万美元；5分为3.5万美元；13分为17.5万美元。

图11.80　黑便士邮票

图11.81　毛里求斯“邮局”邮票

图11.82　萨克森深红色变体票(纪念版)

图11.83　传教士邮票

（5）3斯基林邦科错色票（瑞典）：该邮票发行于1855年，由于印刷工人当时把3斯基林邦科的子模错置在8先令邮票的印版中，使得原本绿色的邮票印成了黄色。1894年，“邮王”费拉里用400英镑买走，1922年又以694英镑卖出。1937年罗马尼亚国王以5000英镑买走，1996年以227万美元的高价拍出，如图11.84所示。

（6）英属圭亚那1分洋红（圭亚那）：1856年年初，英属圭亚那当地的邮票短缺，新印刷的还未从英国送到，因此只能在当地报纸印刷厂内赶印少量的洋红色1分和蓝色4分邮票。这些邮票印刷得非常粗糙，其中洋红色1分邮票主要用来贴新闻报，因此非常罕见。1922年，美国集邮家海因德以3.2148万美元的高价买走。海因德逝世后，该邮票又数易人手，1980年该邮票以93.5万美元的高价拍出，如图11.85所示。

（7）“钱五百文”中心倒印龙票（日本）：该邮票于1953年被一位名为J.C.林斯雷的美国集邮者购得，当时是夹在一本邮集中，“钱五百文”绿色龙票的中心文字印倒了，如图11.86所示。1973年，日本一名集邮者以7.5万美元的价格买走，目前已发现的仅一枚。

（8）倒置的珍妮（美国）：俗称“倒飞机”，于1918年在美国发行。由于印刷错误，邮票中的柯蒂斯·珍妮–4飞机的图案上下倒置，如图11.87所示，估计大约有100张这样的错版邮票存世。印刷上的倒置使该邮票身价不菲，2006年，一张“倒置的珍妮”大约价值50万美元。

图11.84　3斯基林邦科错色票

图11.85　英属圭亚那1分洋红

图11.86　“钱五百文”中心倒印龙票

图11.87　倒置的珍妮

◎ 古钱币的种类

原始社会后期至夏商周时期，主要货币形态是实物货币，流通较广的是天然贝，后期出现少量金属称量货币、铸币。春秋战国时期，齐、燕、赵等国出现刀币，韩、魏、秦等国出现布币。秦始皇统一六国后，开始流通外圆内方的半两钱。汉代到隋代，铜铁钱并用，汉武帝发明“五铢钱”。唐高祖铸“开元通宝”钱。两宋有“年号钱”、“御书币”，北宋还发行了纸币“交子”。元代以纸币为主。清代主要以小平钱为主。

◎ 古钱币的鉴别

鉴别古钱币，如图11.88所示，主要从以下几方面进行考察：

（1）看外观：真的古钱币，字写得有神韵，美观大方，且有固定的字体，如隶书、篆书等，多是古代皇帝的御笔。伪币则无固定笔法，字体难看，无章法可循。

图 11.88　古钱币

（2）看材质：真的钱币不是纯铜制造，是铜与锌、锑、锡等金属的合金铸造，铜质多是青铜或胆铜。伪币则是黄铜铸造。

（3）看规格：古代铸钱在直径大小、重量、厚度上都有标准尺寸，不能随便铸造，古籍上有专门记载。伪币尺寸杂乱无章。

（4）看包浆：包浆即钱币经过几百年甚至上千年的腐蚀氧化，在其表面形成一层氧化层，多是绿色。真币包浆坚硬，呈颗粒状，不易脱落。伪币上的包浆乃现代真锈加入黏合剂之类的东西涂抹上去的，用指甲一抠就会脱落。

（5）听声音：真币的年代越久远，其内所含的锡、铅等成分就流失得越多，把钱币摔在地上时，会发出啪啦啪啦的声音，浑厚且沉闷。伪币的声音则很清脆。

◎ 古钱币的保存

古钱币的保存要注意以下几点：

（1）古钱币应按时代、类别，分类保管，因为质地不同，对于温度、湿度等要求也不一样。可以用抽屉式的钱柜分类入藏，也可以用不同的钱币册，或用板块式的钱币匣，分别入藏。

入藏之前，应经过干燥处理，切忌汗手接触，钱币柜、匣、册应放置在干燥无光的地方，以免潮湿生锈。纸币则还要防止油渍等的污染，注意防霉、防蛀，到夏天，特别是南方梅雨季节之后，每年至少要见一次阳光。

珍贵的钱币，都应单枚包装。因为即便是质地比较柔软的金银币，相互摩擦也会受损，浮雕最突出的部位是最容易擦伤的，因此金银币最好是单枚包装，且包装要透气良好。

（2）贵金属钱币掉到地上或是碰着坚硬的器物，都会磕伤，古钱大都通体锈透，掉到地上，便会粉身碎骨。用力过猛亦会造成断裂或破碎，对于这类锈蚀严重的古钱，也要给予特别护理。

（3）古钱表面一般都形成了保护锈，这种保护锈也叫老锈，锈结坚硬，有绿色的、蓝色的、红色的，它能够起到保护古钱的作用，最好不要破坏。不过生了有害锈的钱体很快就会烂透，而且还会传染。有害锈呈粉末状，发现有

害锈的钱币，应予立即隔离。

（4）对于锈蚀造成钱文不清的，可以用食用的酸醋、硫酸等强酸浸泡，浸泡时应随时翻动、观察，适可而止，然后用清水、软刷洗净擦干。古钱除锈，一般情况下，最好不采用物理手段，否则即使清理出来，品相也会遭到破坏。铁钱比铜钱容易氧化，因此对铁钱表层的保护锈，包括传世古色，更应注意保护，否则只会促进它的腐蚀，得到相反的效果。

（5）金银币时间长了，常会变得暗淡，影响观赏，可用布加少量的牙膏轻轻擦洗，尽量不用刷子。

◎ 古币的六种辨伪方法

古币的辨伪可以从以下几方面来进行：

（1）锈色：发掘出的钱币表面都长满了铜锈色，流传于世的钱币一般表面有一层包浆，呈黑色或铜色。作伪者通常会用醋酸或其他化学方法作锈，伪锈多在钱币表面，比较轻浮，容易脱落，用碱水一煮，假锈很容易脱落，而真锈不容易擦掉。

（2）铜质：我国古钱铸造因为朝代不同，所用的材料也不同。先秦时期的铸币呈青红色，质地较硬；隋代的五铢钱成分有锡，颜色泛白；汉代至唐宋时期钱币的特点是铜色青白中带淡红；明嘉靖以后，开始向黄铜过渡；乾隆五年以后，铸青钱，质地为铜、铅、锡合金。

（3）铭文：鉴别时，首先要看钱币是否符合所属朝代的特点，然后看它是否具有本品种的特点。

（4）版别：要熟悉各个朝代的铸币特征。造假者往往为了品相美观会画蛇添足，应掌握钱币的特征和制作方法，用以辨伪。

（5）声音：一般来说，先秦时期的刀、布都是哑音；明代以后的钱币距今时间较近，声音比较清脆。

（6）气味：假钱币大多会散发出一种刺鼻难闻的化学性怪味，真钱币则没有这种味道。

◎ 银元的辨伪方法

真银元的图案清晰，齿边光滑平整，笔画也有立体感，如图11.89所示。标准重量为26.5克左右，经过流通摩擦，一般也不会低于25克。真银元表面

图 11.89　银元

越擦越亮，亮光柔和，假银元越擦越灰暗。

假银元的形式多种多样。其中，铜银元敲击出来的声音比真银元尖亮，并有哨声；铅制银元敲击出来的声音比较厚实，阴沉而带嗒音，用火烤就会变形，会流出铅；夹馅银元的外层包裹了两层银皮，银层比较厚，敲击出来的声音厚实、短促沉闷，没有余音，重量比真银元轻。私制银元是私人制造的，质量较为低劣。

改版银元是把真银元的字用刀刻或挖掉，然后将特制银字粘贴上去，要用高倍放大镜细看每个字体的缝隙是否有留下的刀刻痕迹。新版银元在市场上比较多见，是用真银通过高仿制成的，银元表面和局部有较小的砂眼，用5倍以上的放大镜观察，图像立体感不强，齿边不规整。

第六节　古典家具

◎ 鉴别古典家具价值的六个要点

家具是木制品，数百年后大多已经毁坏腐朽。因此，我们现在能看到的古典家具，主要是明清家具和民国时期的家具。

鉴别古典家具的价值，要从家具的材质、年代、工艺、门类、完整性、稀有性等方面进行考察：

（1）材质：材质优劣顺序为“一黄”(黄花梨)、“二黑”(紫檀)、“三红”(老红木、鸡翅木、铁梨木、花梨木等)、“四白”(楠木、榉木、樟木、松木等)。硬木类优于软木类。硬木类包括花梨木、紫檀木与老红木等，软木类泛指白木。

（2）年代：不同年代的家具有不同的特征及艺术价值。比如，明式家具精致但不淫巧、厚实却不沉滞、质朴而不粗俗，纹饰题材寓意大都比较雅逸，以松、竹、梅、兰、石榴、灵芝、莲花等植物题材和流水、山石、村居、楼阁等风景题材比较多，并且大量采用如方胜、盘长、万字、如意等吉祥主题。

（3）工艺：包括家具的结构、造型和家具表面的装饰工艺，例如雕刻、镶嵌、打磨等。雕刻精细、圆润自然、工艺精巧，才有较高的艺术价值。

（4）门类：古典家具主要分为厅堂家具、书斋家具与卧房家具。其中艺术价值最高的是厅堂家具，其次是书斋家具，卧室家具最初是藏于内房，以实用性居上，艺术性稍差。还有一类“闺房家具”也有较高的艺术价值，如贵妃榻、鼓桌、鼓凳、香几、琴桌等。

（5）完整性：古典家具应至少有80%以上的完整性，才能称为古董。因此要认真看清是否残缺，是否填过部件（行话称为“扒散头”），这些都是影响古典家具价值的要素。

（6）稀有性：同类制品中形制不同、制作精良的，往往比较珍贵；罕见而存世量少的品种价值一般也会很高。

知识链接：较具升值潜力的两类古典家具

文物鉴定专家认为，目前中国古典家具中最有升值潜力的品种包括两类：一类是明代和清代早期的明式家具，木质一般为黄花梨木；另一类是乾隆时期的清式宫廷家具，木质一般是紫檀木。

黄花梨木、紫檀木都属于红木，而近年来红木原材料的急剧减少，尤其是黄花梨木原料即将枯竭，直接导致了红木成品家具价格成倍增长，就连红木中档次最低的红花梨木的价格也在近几年中翻了数倍。海南黄花梨木是红木中的极品，其成材在清代就已近枯竭。

◎ 古典家具的式样及形制特点

古典家具常见的式样及形制特点有：

（1）椅凳：包括椅和凳两大类。明清椅子的形式大体有靠背椅、扶手椅、圈椅和交椅，如图11.90所示。凳大体有方、圆两种形式，其中方凳种类最多，凳面板心多种多样。

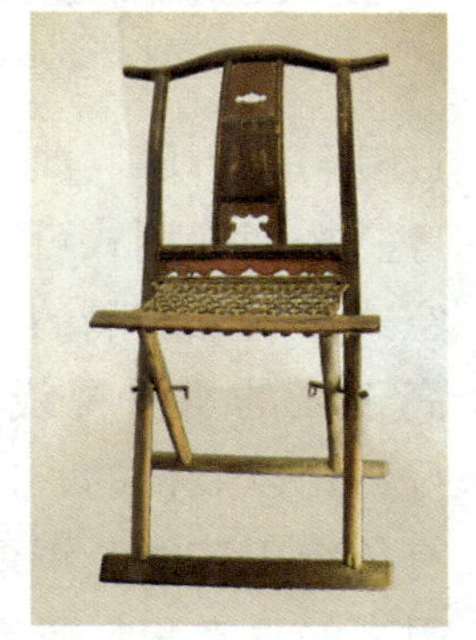

图 11.90　黄花梨交椅

（2）床榻：大致为明清或民国时期的遗存，以清代居多，形式有拔步床、架子床、罗汉榻、贵妃榻等，如图11.91所示。大致可分为两大类：一类为珍贵硬质木材如黄花梨、紫檀所制，价值很高；另一类为白木材质，一般会贴金、镶嵌等，这类床榻在民间流传的居多，也有较高的收藏价值。

（3）桌案：桌案种类多种多样，有方桌、半桌、条桌、炕桌、抽屉桌、月牙桌、翘头案、平头案、架几案、条案和香几等，如图11.92所示。

图11.91 架子床

图11.92 炕桌

图11.93 紫檀柜格

（4）柜架：种类主要有架格、亮格柜、圆角柜和方角柜等。其中架格又称为书架，亮格柜是明式家具中的一种，架格在上，下面是柜子。明朝的黄花梨双层格柜、明末清初的黑漆柜格、清早期的紫檀柜格和黄花梨柜格都是柜架中的精品，如图11.93所示。

（5）屏风：可分为立地型和多扇折叠型两种，根据其用途可分为插屏（座屏）、折屏（曲屏）、挂屏、炕屏、桌屏（砚屏）等。按表现形式可分为透明、半透明、封闭式及镂空式。用以间隔的，一般以封闭式为好，高度要略高于人的水平视线；用以围角的，采用镂空式为好；用以装饰的，以透明或半透明的效果较佳。具有传统工艺的紫铜浮雕屏风和红木彩雕屏风都具有很高的观赏和收藏价值，如图11.94所示。

图11.94 屏风

◎ 中国古典家具主要特征

中国古典家具的主要特征如表11.2所示。

表11.2　中国古代家具特征

朝代	主要特征
夏商周时期	夏商时期造型纹饰原始古拙、质朴浑厚；周代装饰纹样庄重、威严
春秋战国时期	以楚式漆木家具为代表，家具式样繁多、色彩绚丽、图案奇幻，有浓厚的巫术色彩
秦汉时期	漆木家具精美绝伦，出现了组合式家具，还有各种竹制家具、玉制家具和陶质家具等，还出现了榻屏、橱柜等新式家具
三国两晋时期	出现低型和高型两大系列，风格清雅秀美，出现了椅凳
隋唐时期	格调自由清新、丰满端庄、华丽圆润
五代时期	向高型家具普及，风格趋于简朴
宋辽时期	出现太师椅、抽屉橱柜等新品种，造型简洁端正、清秀雅致
元代	造型厚重粗大，装饰华美雄伟，尺寸不一
明代	明代家具发展最为繁盛，家具用材讲究，造型古朴雅致，种类繁多，制工精巧，其中硬木家具最为世人推崇
清代	清代家具水平达到封建社会的顶峰，风格继承明代，并糅合了外来的艺术，造型上浑厚稳重，装饰繁缛华丽

◎ 比较珍贵的家具材料

在古典家具中，较为珍贵的家具材料有：

（1）黄花梨木：黄花梨不易开裂变形，易于加工和雕刻，纹理清晰而有香味，如图11.95所示，是制作红木家具的上好木材，但市场存量很少，价格昂贵。黄花梨中最名贵的是海南黄花梨，平时见到的大多是越南黄花梨。海南黄花梨纹理比越南黄花梨细一些，香味较大，纹理好，虎皮纹较多，颜色较深，而且海南黄花梨的直径普遍较小。

（2）紫檀木：紫檀是家具中的顶级材料，制造出的紫檀家具在木质纹路、雕刻花纹、图案和颜色方面天然独特。明清时期制造的紫檀家具极具艺术价值和收藏价值，以花梨纹紫檀为佳。“花梨纹紫檀”又称为“牛毛纹紫檀”，如图11.96所示，纹理长，呈一缕缕扭曲纹丝状，极像牛背上的毛，是艺术界和收藏界所公认的珍贵紫檀。

（3）鸡翅木：明代鸡翅木家具以及清早期的部分家具都使用老鸡翅木，鸡翅木在硬木家族中最轻，色灰，纹理不明显，立起指甲与木纹形成90度方

图 11.95　黄花梨木

图 11.96　牛毛纹紫檀木

向轻轻划过，平滑无碍。清中期至清晚期，开始使用新鸡翅木，其呈棕色，颜色略重，纹理中颜色略黄，如图11.97所示；体重较重，纹理明显，木纤维粗，韧性好，不易雕刻。

目前市场上的鸡翅木多产自非洲、缅甸等地，缅甸鸡翅木纹路比非洲鸡翅木细密，价格也贵一倍以上。

（4）楠木：楠木的色泽淡雅，伸缩变形小，易加工，耐腐朽，是软性木材中最好的一种。楠木中有香楠、水楠、金丝楠等种类，金丝楠是楠木中最好的一种，因为木纹里有金丝得名，如图11.98所示。金丝楠木纹中的结晶比一般楠木要多，在适当角度下观看，有强烈光线反射，香气也比一般楠木要浓一些。香楠，木质气味清香且呈微紫色，纹理美观。水楠木质较软，多用于制作家具。

图 11.97　鸡翅木

图 11.98　金丝楠木

（5）榉木：榉木的纹理清晰，木材质地匀称，纹理流畅，以“宝塔纹”最佳，如图11.99所示。榉木家具多为明式，艺术价值和历史价值很高。苏州的榉木家具以其造型多样和精美闻名于世。但榉木家具运往北方以后，容易变形。

图 11.99　榉木

◎ 古典家具常见的作伪手段

要想购买到真正具有收藏价值的古典家具，大家需要了解辨认古典家具中常见的作伪手段：

（1）以次充好：明清古典家具主要以檀香木、紫檀木、黄花梨木、铁梨木、乌木、鸡翅木、花梨木、酸枝木等高档木材制成。如果不熟知这些高档木材的特点，就可能无法识破投机者以次充好的伎俩：将黑酸枝木冒充檀香木、紫檀木；将普通花梨木染色处理冒充檀香木、紫檀木；将白酸枝木或越南花梨木冒充黄花梨木，等等。

（2）拼凑改制：真正的明清家具原物很少，于是一些投机者专门到乡下收购古旧家具残件，拼凑改制，攒成各式古典家具。只要大家对古典家具的式样及形制特点有清晰的认识，就能识破这种骗局。

（3）以常见品改为罕见品：不少投机者把传世较多且不太值钱的半桌、大方桌、小方桌等，改制成较为罕见的抽屉桌、条桌、围棋桌。因此，大家在购买罕见古典家具时，一定要细致观察研究。

（4）化整为零：一些投机者会将一件古典家具拆散后，依构件原样仿制成一件或多件，然后把新旧部件混合，组装成各含部分旧构件的两件或多件原式家具。比如，把一把椅子改成一对椅子，甚至拼凑出4件，诡称都是旧物修复。在鉴定中如果发现有半数以上构件是后配的，应考虑是否属于这种情况。

（5）更改装饰：为了提高家具的身价，投机者有时任意更改家具的原有结构和装饰，把一些珍贵传世家具上的装饰故意除去，以冒充年代较早的家具。要识破这种骗局，还是需要充分了解古典家具的式样及形制。

（6）贴皮子：投机者会在普通木材制成的家具表面“贴皮子”，即包镶家具，伪装成硬木家具，高价出售。只要人们仔细观察包镶家具的拼缝处，就能发现破绽。不过，有些家具出于功能需要或是其他原因，不得不采用包镶法以求统一，则不属于作伪之列。

（7）调包计：明式家具常用软屉，具有舒适柔软的优点，但较易损坏。因此一些投机者会采用“调包计”，利用明式家具的软屉框架，选用与原物相同的木料，以精工改制成硬屉，很容易令人上当受骗，误以为修复之物为结构完整、保存良好的原物。

（8）改高为低：为了迎合坐具、卧具高度下降的需要，许多传世的椅子和桌案被改矮，以便在椅子上放软垫，或放在沙发前作沙发桌等，这些家具也就失去了收藏价值。

◎ 古典家具的保养

古典家具多为珍贵木材所制，而木材容易受天气的影响，因此人们要特别注意古典家具的保养：

（1）保持适合温度、湿度：夏天经常下雨，家具应避免临窗摆放，以免在阴雨天气中受潮，涨坏表面，损坏榫卯；冬天，在北方，家具要离暖气远一些，以免因温度过高而引起木材过分收缩，导致开裂；很多家具怕风，尤其是带面的家具，如桌、箱柜类家具，受“干缩湿胀”的影响，在风口处吹久了容易开裂、翘卷。

（2）防止案面塌腰：有一种条案叫搁板条案，案面很长很厚，也很重，可拆卸，一般用来放笨重的自鸣钟或山石盆景等。为了避免案面塌腰，应该每隔一年或半年把案面翻个个儿，略微弯曲的案面会因为受力方向改变而还原。

（3）上漆防潮：在南方，气候湿润，因此要在家具的表面涂上一层薄薄的生漆防潮。

（4）上蜡抛光：家具如果上了年头，光泽就会逐渐暗淡，影响美观。这时可选用好的蜂蜡，用毛刷刷上薄薄的一层，等稍干后再用抛光刷或棉布抛光。注意，要在完全清除家具上的灰尘之后进行，否则会形成蜡斑，或造成磨损，产生刮痕。家具在使用过程中经过长期反复的摩挲，表面的蜡会渗入木材，发生氧化，产生包浆。已形成包浆的家具表面不能受开水烫，也不能沾可溶性很强的液体，如汽油等，否则会损坏包浆。

（5）除尘：许多古典家具都有雕花部位或繁复的镂空部位，特别容易积

累灰尘。可用软棉布来擦拭，不能用毛巾擦拭，因为毛巾的毛是线组成的小环结构，会刮伤家具的雕花、转角及木纹的细小劈裂部位；也不能用湿布擦拭，因为湿布会造成家具表面干湿的剧烈变化。

（6）修复：若古典家具的部件出现松动现象，可尝试用牙签、白胶或纸板把它塞紧、加固，千万别用502胶去粘。若家具的部件脱落了，比如掉了一个抽屉环等，要保护好这个脱落的部件，然后找行家修理，千万不要用化学产品来粘，以免处理失当。

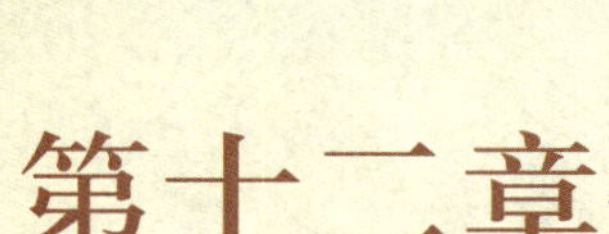

第十二章 交通工具与境外旅行

随着交通运输业日益发达，人们的出行方式日趋多元化，人们外出旅游的热情也日渐高涨。无论是选择飞机、火车还是邮轮出行，我们都要熟知购票、行李携带等常识，出国旅游还必须了解签证、购物退税、常用英语等常识，这样旅途才能轻松、平安、愉快。

第一节　飞　机

◎ 中国部分航空公司代码及航徽

中国部分航空公司的代码及航徽如表12.1所示。

表12.1　中国部分航空公司代码及航徽

航空公司名称	英文名称	航空公司二字代码	航徽
中国国际航空公司	Air China	CA	AIR CHINA 中国国际航空公司
中国南方航空公司	China Southern Airlines	CZ	中国南方航空 CHINA SOUTHERN
中国东方航空公司	China Eastern Airlines	MU	中國東方航空 CHINA EASTERN
海南航空公司	Hainan Airlines	HU	海南航空 Hainan Airlines
深圳航空公司	Shenzhen Airlines	ZH	深圳航空
厦门航空公司	Xiamen Airlines	MF	厦門航空 XIAMEN AIRLINES
四川航空公司	Sichuan Airlines	3U	四川航空 SICHUAN AIRLINES
山东航空公司	Shandong Airlines	SC	山东航空公司 SHANDONG AIRLINES
春秋航空公司	Spring Airlines	9C	春秋航空 SPRING AIRLINES
上海吉祥航空公司	Juneyao Airlines	HO	JUNEYAO AIRLINES 吉祥航空
西部航空公司	West Air	PN	WEST AIR 西部航空
国泰航空公司	Cathay Pacific Airways	CX	CATHAY PACIFIC 國泰航空公司

续表

航空公司名称	英文名称	航空公司二字代码	航徽
中华航空公司	China Airlines	CI	
澳门航空公司	Air Macau	NX	

◎ 世界部分航空公司代码及航徽

世界部分航空公司的代码及航徽如表12.2所示。

表12.2　世界部分航空公司代码及航徽

航空公司名称	英文名称	航空公司二字代码	航徽
联合航空公司（美国）	United Airlines	UA	
达美航空公司（美国）	Delta Airlines	DL	
美国航空公司	American Airlines	AA	
英国航空公司	British Airways	BA	
德国汉莎航空公司	Deutsche Lufthansa	LH	
法国航空公司	Air France	AF	
澳洲航空公司	Qantas Airways	QF	
新加坡航空公司	Singapore Airlines	SQ	
全日空航空公司（日本）	All Nippon Airways	NH	
韩亚航空公司（韩国）	Asiana Airlines	OZ	

续表

航空公司名称	英文名称	航空公司二字代码	航徽
芬兰航空公司	Finn Air	AY	FINNAIR
加拿大航空公司	Air Canada	AC	Air Canada
奥地利航空公司	Austrian Airlines	OS	Austrian
意大利航空公司	Italia Airlines	AZ	Alitalia

◎ 飞机机型

飞机按大小不同可分为大型宽体飞机、中型飞机、小型飞机三大类。

● 大型宽体飞机

大型宽体飞机座位数在200以上，飞机上有双通道通行。该类机型当前主要型号有：

（1）波音747：载客数在350～550人（747、74E均为波音747的不同型号），如图12.1所示。

（2）波音777：载客350人左右（或以77B作为代号）。

（3）波音767：载客280人左右。

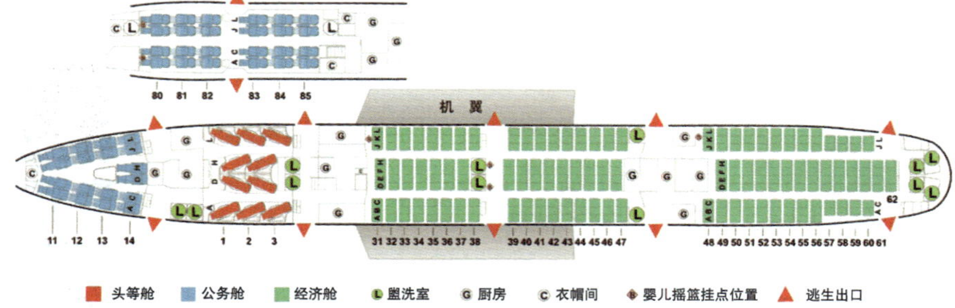

图12.1　波音B747—400全客机

（4）空中客车340：载客350人左右。

（5）空中客车300：载客280人左右（或以AB6作为代号）。

（6）空中客车310：载客250人左右。

中型飞机

中型飞机为单通道飞机，载客在100人以上，200人以下。该类机型当前主要型号有：

（1）波音737系列：载客130～160人，如图12.2所示。

（2）空中客车320：载客180人左右。

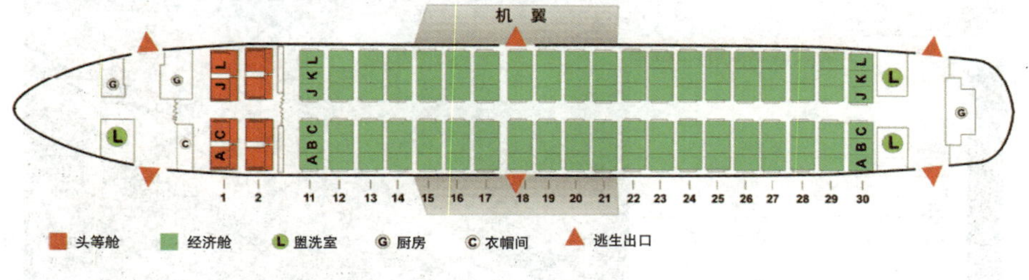

图12.2　波音B737—300

小型飞机

小型飞机指100座以下的飞机，多用于支线飞行。该类机型当前主要型号有：

（1）YN7运7：国产飞机，载客50人左右。

（2）ATR雅泰72A：载客70人左右。

（3）SF3萨伯100：载客30人左右。

（4）ERJ145巴西飞机：载客50人左右，如图12.3所示。

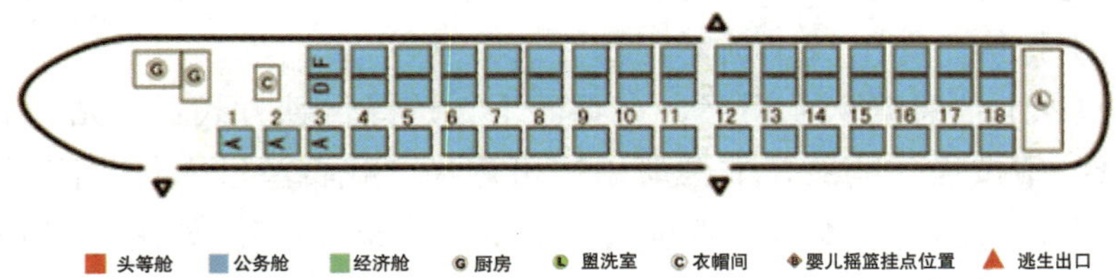

图12.3　ERJ145

◎ 网上订购机票的流程

随着网络技术的发展，越来越多的人在出行时选择网上订购机票。无论是在各大航空公司官方网站订购机票，还是在各类中介网站订购机票，都需要遵循以下流程（以中国国际航空官方网站为例）：

（1）进入中国国际航空官网首页（http://www.airchina.com.cn/），选定往返还是单程，以及出发城市、到达城市、出发时间、到达时间，并根据自身情况选择票的种类（成人、儿童、婴儿），点击“查询预订”，如图12.4所示。下面以订北京到成都的往返机票为例。

图12.4 网上订购机票1

（2）进入“航班选择”页面，选定航班和机票价位，网页下方会出现具体费用、总价格，确认无误后点击“下一步”，如图12.5所示。

（3）进一步核对行程时间和票价信息，尤其要阅读票价说明，可自行选择购买保险（建议购买保险）、捐款与否。购买保险者要在保险一栏“确认上述条款”中打钩。如图12.6所示。

（4）以上信息确认无误后，在页面下方选择付款方式：网站注册用户可直接登录网站按操作购买，非注册用户可选择“我希望进入付款流程”，按提示进行网上银行的付款操作，直至网站提示“购票成功”。如图12.7所示。

（5）查询：网上支付成功后，表示购票已经完成，可以在“订票记录”

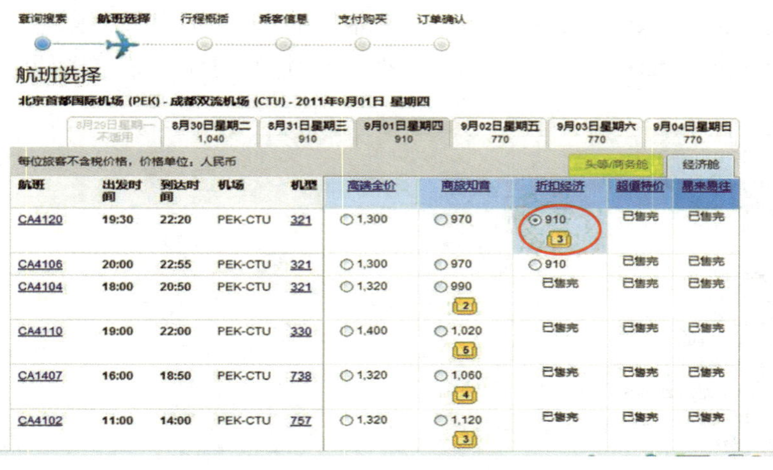

查询搜索　航班选择　行程概括　旅客信息　支付购买　订单确认

航班选择

北京首都国际机场 (PEK) - 成都双流机场 (CTU) - 2011年9月01日 星期四

8月29日星期一 不适用	8月30日星期二 1,040	8月31日星期三 910	9月01日星期四 910	9月02日星期五 770	9月03日星期六 770	9月04日星期日 770

每位旅客不含税价格，价格单位：人民币　　头等/商务舱　经济舱

航班	出发时间	到达时间	机场	机型	高端全价	商旅知音	折扣经济	超值特价	最来最往
CA4120	19:30	22:20	PEK-CTU	321	1,300	970	910 [3]	已售完	已售完
CA4106	20:00	22:55	PEK-CTU	321	1,300	970	910	已售完	已售完
CA4104	18:00	20:50	PEK-CTU	321	1,320	990 [2]	已售完	已售完	已售完
CA4110	19:00	22:00	PEK-CTU	330	1,400	1,020 [5]	已售完	已售完	已售完
CA1407	16:00	18:50	PEK-CTU	738	1,320	1,060 [4]	已售完	已售完	已售完
CA4102	11:00	14:00	PEK-CTU	757	1,320	1,120 [3]	已售完	已售完	已售完

图 12.5　网上订购机票 2

航班	出发时间	到达时间	机场	机型	高端全价	商旅知音	折扣经济	超值特价	最来最往
							[8]		
CA4105	16:00	18:30	CTU-PEK	321	1,300	1,040	770	已售完	已售完
CA4119	18:00	20:35	CTU-PEK	321	1,300	970	770	已售完	已售完
CA4111	19:00	21:35	CTU-PEK	330	1,300	已售完	已售完	已售完	已售完

+1　隔日到达

剩余座位数目

您的选择

⊟ **机票价格：北京首都国际机场 (PEK) - 成都双流机场 (CTU), 成都双流机场 (CTU) - 北京首都国际机场 (PEK)**

1 成人. 2011年9月01日 星期四, 19:30 - 2011年9月08日 星期四, 21:00.	1,500
附加费用	300
税费（以出票税率为准，或有调整）	100
总价格	**¥ 1,900**

注*：常旅客用户登录可获得20元折扣，网站注册用户登录可获得10元折扣，匿名或者无注册用户无法享受此折扣。

下一步 >

图 12.6　网上订购机票 3

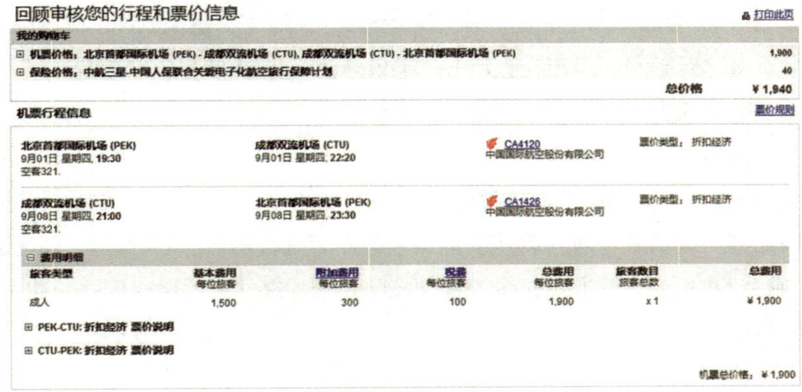

回顾审核您的行程和票价信息　　打印此页

我的购物车

⊞ 机票价格：北京首都国际机场 (PEK) - 成都双流机场 (CTU), 成都双流机场 (CTU) - 北京首都国际机场 (PEK)	1,900
⊞ 保险价格：中航三星-中国人保联合关爱电子化航空旅行保障计划	40
总价格	¥ 1,940

机票行程信息　　票价规则

北京首都国际机场 (PEK) 9月01日 星期四, 19:30 空客321.	成都双流机场 (CTU) 9月01日 星期四, 22:20	CA4120 中国国际航空股份有限公司	票价类型：折扣经济
成都双流机场 (CTU) 9月08日 星期四, 21:00 空客321.	北京首都国际机场 (PEK) 9月08日 星期四, 23:30	CA1426 中国国际航空股份有限公司	票价类型：折扣经济

⊟ **费用明细**

旅客类型	基本费用 每位旅客	附加费用 每位旅客	税费 每位旅客	总费用 每位旅客	旅客数目 旅客总数	总费用
成人	1,500	300	100	1,900	x 1	¥ 1,900

⊞ PEK-CTU: 折扣经济 票价说明

⊞ CTU-PEK: 折扣经济 票价说明

机票总价格：¥ 1,900

图 12.7　网上订购机票 4

页面里查询自己的订票信息。确认出票成功后，即可退出网上售票系统。可登录信天游网站（http://www.travelsky.com/）对电子客票进行验真，如图12.8所示。

图 12.8　网上订购机票 5

（6）办理乘机手续：在出发机场的航空公司电子商务柜台，旅客可凭本人有效证件于航班起飞时间90分钟内、30分钟前办理乘机手续。

知识链接：网上办理乘机的流程

如果时间紧迫，不能于登机前在机场办理乘机手续，可以提前在网上办理。以中国国际航空公司为例，打开中国国际航空公司官网首页（http://www.airchina.com.cn/），点击左上方的“乘机办理”，输入票号，或身份证号，或护照号，或订座编号，以及订票时留下的手机号码，点击“办理”，按网站提示操作直至打印出自己的登机牌为止。

除了网上办理乘机外，国航还提供自助办理乘机、手机办理乘机、电话办理乘机等服务。在国航官网“乘机办理”的提示框下面找到这些关键词，点击进入，即可浏览该乘机办理方式的整个流程，按照该流程指导进行操作即可快速完成乘机办理手续。

◎ 购买低价机票注意事项

购买低价机票，需要注意：

（1）避开出行高峰期。通常“十一”黄金周、春节等旺季后，航空公司都会推出大量特价机票。

（2）尽可能提前订票。每个航空公司都有一个预售系统，按照一定比例分时段发售折扣机票。一般来讲，订票时间越早，价格越便宜，越是临近起飞当天，价格越高，但也不排除当天因退票或临时促销产生低价机票。

（3）网上购票比实体店购票折扣更低。平时可密切关注去哪儿网、携程网等网站上的特价机票信息。

（4）办理一张航空公司与银行联合发行的联名信用卡。在信用卡消费时也能赚取银行附赠的航空里程积分，或办理里程卡，累积一定里程之后，可获得机票优惠或免票奖励。

（5）预订往返机票或团体票。如果能确定回程的日期，不妨订往返机票，价格更优惠。或者加入旅行团的团体购票，但若要临时改期，手续会比较麻烦。

（6）远途行程没有低折扣机票的情况下，可以选择中途转机。有的中转票价比直达票价便宜很多，部分航线还能提供免费住宿。

（7）密切关注各大航空公司针对特殊人群的特价活动，比如针对教师节的教师机票优惠、针对学生的优惠等。

知识链接：常用的机票搜索引擎

人们可利用一些专门的机票搜索引擎来查询机票信息，常用的机票搜索引擎有以下三种：

（1）酷讯网（http://www.kuxun.cn/）：创立于2006年，主要提供机票、酒店、度假、火车票等信息。

（2）去哪儿网（http://www.qunar.com/）：创立于2005年，主要提供机票、酒店、度假产品的实时搜索及其他旅游信息服务。

（3）携程网（http://www.ctrip.com/）：创立于1999年，主要提供酒店、机票、度假的预订服务，同时提供包括商旅管理、高铁代购及旅游资讯在内的全方位旅行服务。

◎ 欧洲廉价航空机票的购买

想要前往欧洲旅游，面对昂贵的住宿和膳食费用，能够节约的主要就是机票费，因为欧洲的廉价航空做得非常成熟。但因为欧洲廉价航空公司还未在中国开通航班，因此人们只能通过旅行社或廉价航空公司网站预订机票。

一般来说，可通过廉价航空引擎（http://www.wegolo.com）搜索到涵盖整个欧洲超过60家低成本航空公司提供的服务和价格。也可优先考虑以下两家廉价航空公司网站——爱尔兰瑞安航空公司（http://www.ryanair.com/）和英国易捷航空公司（http://www.easyjet.com/）。一旦发现特价机票，最好立即订票，并在规定时间内用信用卡支付。

知识链接：乘坐欧洲廉价航空的注意事项

乘坐欧洲廉价航空时，需要注意：

（1）通常是越早订票越便宜，但如果要改签，费用可能比机票还高。

（2）廉价航空只允许免费携带一件较小的行李，如英国易捷航空公司规定每位乘客的行李重量不超过20千克，超重就需要支付高昂的行李费，托运行李需要另外付费。

（3）先到先登机，而且登机牌上没有座位号，先登机先挑座位，和坐大巴一样（一般前几排座位不让挑）。

（4）飞机上的各种饮料、面包等都需要另外付费。

（5）廉价航空通常使用国内线停机坪，若要转机，务必预先了解清楚不同机场之间的交通路线。

◎ 国内航班登机流程

乘坐国内航班时，登机主要包括以下流程：

（1）办理登机手续。旅客到达机场后，首先到机场大厅指定的服务台凭客票及本人有效身份证件，按时办理乘机和行李托运手续，领取登机牌。登机牌上注明了乘机人姓名、航班号、登机口、航班登机与起飞时间、分配的座位号等信息。一般在飞机离站前30分钟停止办理乘机手续。

（2）通过安全检查通道。旅客在办理登机手续后，需要通过安全检查通道，查验自己的身份证件、机票、随身携带的行李等，具体可参考机场或各航空公司官方网站公布的详细乘机安检须知。

（3）候机室等候登机。通过安检通道后，前往登机牌上标明的指定候机位置等待登机。候机位置可能会变更，一定要注意收听机场广播通知，以便及时与工作人员联系。

（4）登机。登机时间到后，乘客排队登机，并接受登机牌检查。登机时间一般比起飞时间提前约30分钟，起飞前10分钟停止登机。

（5）入舱。进入机舱后对号入座，也可将登机牌交给空乘人员，请其带领入座。飞机起飞和降落前后，要系好安全带，收起小桌板，把座椅调整到正常位置，打开遮阳板。沿途有任何需要，可以请空乘人员帮忙。

◎ 乘机时携带液态物品的规定

人们在乘坐飞机时，除了不能携带枪支、弹药、管制刀具、有毒物质等危险物品外，对以下两类物品的携带也有严格规定。

● 普通液态物品

（1）国内航班：禁止随身携带液态物品，但可办理托运。可携带少量旅行自用的液体化妆品，每种化妆品限带一件，其容器容积不得超过100毫升，并置于独立袋内，接受开瓶检查，总量不得超过1000毫升。

来自境外需在中国境内机场过站或中转的旅客，其携带入境的免税液态物品应置于袋体完好无损且封口的透明塑料袋内，并需出示购物凭证以供查验。

有婴儿随行的旅客，购票时可向航空公司申请，由航空公司在飞机上免费提供液态乳制品；糖尿病或其他疾病患者携带必需的液态物品，经安全检查确认无疑后，交由机组保管。

（2）国际航班：携带的液态物品每件容积不得超过100毫升，总容积不允许超过1000毫升。盛放液态物品的容器，应置于最大容积不超过1升、可重新封口的透明塑料袋中，且每名旅客每次仅允许携带一个透明塑料袋，超出部分应托运。

在候机楼免税店或机上所购物品应盛放在封口的透明塑料袋中，并保留购物凭证以供查验。

有婴儿随行的旅客携带液态乳制品，糖尿病或其他疾病患者携带必需的液态药品，经安全检查确认无疑后，可适量携带。

● 酒精类

不可随身携带酒精饮料乘机，但可托运，数量应符合规定：酒精体积百分含量小于或等于24%的，在规定行李数量内不受限制；酒精体积百分含量在25%～70%（含70%）的，每人托运净数量不超过5升；酒精体积百分含量大于70%的，不能托运。

具体相关规定常因某些因素发生变化，出行前请咨询相关航空公司。

◎ 国际航班登机流程

（1）海关检查：若有物品申报，请走红色通道（申报通道），办理海关手续（填写《中华人民共和国海关进出境旅客物品申报单》，将有关物品交海关验核）；若没有，则走绿色通道（无申报通道）。

（2）行李托运、换登机牌：凭客票及本人有效身份证在指定值机柜台办理乘机和行李交运手续，领取登机牌。飞机起飞前40～60分钟停止办理乘机手续。

（3）办理卫生检疫手续：如果你需要出国一年以上，必须办理健康证明。如果你要前往某一疫区，应进行必要的免疫预防疫苗接种。

（4）边防检查：确认出境卡是否填好，并连同护照、签证一并交边防检查站查验。

（5）安全检查：随身携带的行李接受X光检查，旅客要走金属探测门，或由工作人员用金属探测器进行全身扫描检查。

（6）候机及登机：根据登机牌所指示的登机口号，在相应的候机厅候机休息，听广播提示进行登机。

◎ 旅客须向海关申报的物品

● 入境须向海关申报的物品

（1）动植物及其产品，微生物、生物制品、人体组织、血液制品。

（2）居民旅客在境外获取的总值超过人民币5000元（含5000元，下同）的自用物品。

（3）非居民旅客拟留在中国境内的总值超过2000元的物品。

（4）酒精饮料超过1500毫升（酒精含量12度以上），或香烟超过400支，或雪茄超过100支，或烟丝超过500克。

（5）人民币现钞超过20000元，或外币现钞折合超过5000美元。

（6）分离运输行李、货物、货样、广告品。

（7）其他需要向海关申报的物品。

● 出境须向海关申报的物品

（1）文物、濒危动植物及其制品、生物物种资源、金银等贵重金属。

（2）居民旅客需要复带进境（先带着出境，又带着入境）的单价超过5000元的照相机、摄像机、手提电脑等旅行自用物品。

（3）人民币现钞超过20000元，或外币现钞折合超过5000美元。

（4）分离运输行李、货物、货样、广告品。

（5）其他需要向海关申报的物品。

◎ 乘飞机时有关行李的规定

乘坐飞机时的行李分为非托运行李（随身携带物品）和托运行李，分别有以下规定。

● 非托运行李

非托运行李指乘客可随身携带的能置于旅客前排座椅下或封闭式行李架内的行李。

（1）每件随身携带行李体积不超过20厘米×40厘米×55厘米，否则应为托运行李。

（2）头等舱、公务舱的乘客可随身携带两件行李，乘坐国内航班者每件行李重量不超过10千克，乘坐国际航班者每件行李重量不超过8千克；经济舱的乘客可随身携带一件行李，重量不超过5千克。

● 托运行李

（1）托运行李的重量每件不能超过50千克，体积不能超过40厘米×60厘米×100厘米。

（2）一般来说，每位旅客的免费托运行李额为：头等舱40千克，公务舱30千克，经济舱20千克（国际航班持学生护照者可托运30千克）。但当目的地为美洲时，搬运行李可为两件，每件不超过23千克，长宽高加起来不超过158厘米。超过上述重量的行李应付逾重行李费，国内航班逾重行李费率以每千克按经济舱票价的1.5%计算。各航空公司对国际航班行李收费的规定不甚相同。

（3）旅客托运的行李，每千克价值超过人民币50元时，可办理行李的声明价值。托运行李的声明价值不能超过行李本身的实际价值。每位旅客的行李声明价值最高限额为人民币8000元。

（4）如果旅客在始发地要退运行李，必须在行李装机前提出。如旅客退票，已托运的行李也必须同时退运，同时退还已收行李费。旅客在经停地退运行李，该航班未使用航段的已收逾重行李费、声明价值附加费不退。

（5）在航班到达后，旅客应立即在机场凭行李牌的识别联领取行李。如果旅客遗失行李牌的识别联，应立即向航空公司挂失；如果在挂失前行李已被冒领，航空公司不承担责任。

知识链接：行李丢失如何索赔

如果发生行李延误、损坏或丢失，旅客立即持机票（电子客票）、登机牌、行李牌和身份证件到机场行李查询处申报，协同工作人员填写《行李运输事故登记单》，按法定时限向航空公司或代理人提出赔偿要求，并随附客票（或影印件）、行李牌的识别联、《行李运输事故记录》、证明行李内容和价格的凭证以及其他有关的证明。

行李丢失的赔偿标准有国内与国际之分。根据《国内航空运输承运及赔偿责任限额规定》，旅客行李丢失的赔偿标准为100元／千克。而国际航线则根据《蒙特利尔公约》的规定，每千克赔偿30美元，托运行李和非托运行李最高限额为1000特别提款权（1个特别提款权价值约等于1.37美元，其比价可浮动）。无法确认重量时，按照旅客舱位等级所享受的免费行李重量赔偿。

行李延误的一次性赔偿金额为：经济舱300元人民币（或等值外币）、公务舱400元、头等舱500元。

◎ 乘坐国际航班常用英语

● 英语词汇

使用中　Occupied

空闲　Vacant

男（女）空服员　Steward (Stewardess)

机内免税贩卖　In-Flight Sales

水　Water

果汁　Juice

冰块　Ice cubes

咖啡　Coffee

啤酒　Beer

可乐　Coke

茶　Tea

呕吐袋　Airsickness bag

盥洗室、厕所　Lavatory/Washroom/Toilet/W.C./Water Closet/Rest Room

● 咨询信息时常用句子

（1）我的座位在哪里？
Where is my seat?

（2）我能将手提行李放在这儿吗？
Can I put my baggage here?

（3）可以帮我更换座位吗？
Could you change my seat, please?

（4）（向后座的乘客说）我是否可将座位向后倾倒？
May I recline my seat?

（5）怎样将我的椅背回复到垂直的位置？
How do I bring my seat back to its full upright position?

（6）我需要一直系着安全带吗？
Do I have to keep the seat belt fastened at all times?

（7）本次航班会准时到达吗？我担心能否赶上转机班机。
Will this flight arrive on time? I'm anxious about my connecting flight.

（8）还有多久到达纽约？
How long does it take to get to New York?

（9）盥洗室／洗手间在哪里？
Where is the lavatory?

● 索取服务时常用句子

（1）机上提供哪些饮料？
What kind of drinks do you serve?

（2）能给我一份快餐吗？
Can you give me a snack?

（3）请给我一个枕头和毛毯。
May I have a pillow and a blanket, please?

（4）我觉得有些不舒服，是否可以给我一些药？
I feel a little sick, can I have some medicine?

（5）我要吐了，能给我一个呕吐袋吗？
I'm going to throw up, can I have an airsickness bag?

（6）你有中文报纸吗？
Do you have Chinese newspaper?

（7）能帮我调一下空调的气流吗？
Would you please help me adjust the airflow?

◎ 机票签转、改期／变更、退票

机票签转、退票的手续费直接与机票折扣挂钩，且不同航空公司有不同的签转退票规定，具体内容应仔细阅读各航空公司发布的规定。需要注意的是，在网上购买的电子客票，应在网上办理退票申请手续，许多特价机票都不能签转或退票。下面以四川航空公司（以下简称“川航”）为例。

● 自愿签转

（1）除有特殊规定外，使用F/C/Y舱正常票价以及订座在F/C/Y舱使用儿童、婴儿、革命伤残军人和因公致残人民警察票价的客票，允许自愿变更承运人。如变更后承运人适用票价高于川航票价，需补齐差额后进行变更，如变更后承运人适用票价低于川航票价，允许变更，但差额不退，或按自愿退票处理。

（2）儿童、婴儿、革命伤残军人和因公致残人民警察客票，客票类别项分别为“F或C或Y+CH(UM)或IN或DF或GM或JC”时，允许免费签转。

（3）团队旅客不得自愿签转，无陪儿童不得自愿签转。

自愿改期／变更

（1）航班改期（变更航班、日期、时间）。在客票有效期内，F/A/C/J/Y/T/H舱位免费改期；M/G/S/L舱位改期，每次收取票面价10%的改期费；Q/E/V/R舱位改期，每次收取票面价20%的改期费；K/I舱位不得自愿改期、升舱；N/Z/D舱位若销售3折（含）以上运价，按照该舱位客票类别所对应的规定执行，若销售3折以下舱位运价，客票类别为YN、YZ、YD时，则不得自愿改期、升舱。

（2）变更舱位。低价格舱位改高价格舱位，收取两舱位票价的差额作为舱位票价变更费；高价格舱位改低价格舱位，按自愿退票、重新购票办理。舱位变更后如再改期、变更，按舱位最近一次变更后的舱位规定执行。

（3）自愿变更航程按自愿退票处理。

（4）改期费与舱位票价变更费同时发生时，按较高者收取一项。

（5）客票改期及舱位、票价变更。BSP、B2B代理人按退旧票换新票方式办理。BSP客票须在《退款信息单》和新订客票上用EI指令注明原客票号码；B2B客票在退旧票时须在B2B系统中备注新票票号；B2C客票可采用退旧票换新票方式（退旧票时须备注新票票号）或OI方式进行；川航直属售票处或经授权的合作售票处采用OI方式进行客票改期及舱位票价变更；客票改期及舱位／票价变更后应打印新旧客票订座信息及退款信息单，一并上交川航财务部或BSP结算中心。

（6）儿童、婴儿、革命伤残军人和因公致残人民警察客票，客票类别项分别为“F或C或Y+CH(UM)或IN或DF或GM或JC”时，允许同舱位免费改期／变更。

（7）团队旅客不得自愿改期／变更，特殊情况必须经川航相关营业部主管领导同意后方可办理。

（8）变更旅客名字。旅客姓氏错误不得变更。名字中音同字不同、异体字、形似字、个别字偏旁差错、英文名差错（两个字母以内）需要变更的，须在航班规定离站时间前向原出票单位提出，可免费变更一次，再次变更按自愿退票办理。

自愿退票

（1）F/C 舱未办理值机手续免费退票，办理过值机手续收取票价的5%作为退票费；A/J/Y/T/H 舱收取客票价的5%作为退票费；M/G/S/L舱收取客票价的10%作为退票费；Q/E/V/R 舱收取票面价的30%作为退票手续费；K/I 舱仅退机建费和燃油费，机票款不退；N/Z/D 舱位若销售3折（含）以上运价，按照该舱位客票类别所对应的规定退票；若销售3折以下舱位运价客票类别为 YN、YZ、YD 时，则仅退机场建设费和燃油费，机票款不退。

（2）使用 F/A/C/Y/T/H/M/G/S/L/Q/E/V/R/K/I 舱位订座的往返程及多航段散客客票的退票：客票全部未使用时，按照单程订座舱位的退票规则分别计收各航段退票费；若客票已部分使用，剩余航段退票应扣除已使用航段的订座大舱位最高公布运价后，剩余航段票款按照相应订座大舱位的退票规则计收各航段退票费，退票费的计算以未使用航段实收金额为基准。

（3）变更后的客票如旅客要求退票，应按首次购票的客票舱位、票价及退票规定计算退票费，将最后一次客票的舱位价格扣除该退票费后的余额退还旅客，已收取的改期费不退。

（4）使用儿童、婴儿、革命伤残军人和因公致残人民警察客票类别和票价的客票，免收退票费。

知识链接：飞机舱位的常见标志

国内航班的舱位等级主要分为头等舱（F）、公务舱（C）、经济舱（Y）三种。其中经济舱又分不同的座位等级（舱位代码为 B、K、H、L、M、Q、X、E不等，这种代码每个航空公司的标志都不相同，价格也可能不一样）。

国际航班的舱位等级主要分为头等舱（FA）、公务舱（CDJ）、经济舱（Y），其中，经济舱也和国内航班一样分座位等级。

第二节　火　车

◎ 火车票的种类

目前，铁路部门发售的火车票为纸质车票，主要有三类：红色底纹的计算机软纸车票；浅蓝色底纹的计算机磁介质车票；由铁路站工作人员手工填写、规定格式的代用票。

按车厢等级，火车票可分为无座、硬座、软座、硬卧、软卧、高级软卧等。无座、硬座票价一样，为一趟火车中价格最低的票种，高级软卧是一趟火车中价格最高的票种。

按照购买对象，火车票可分为全价票、儿童票、学生票、伤残军人票、站台票以及团体票等。

儿童原则上不能单独乘车，须与成年旅客同行，身高不足1.2米的儿童可免费乘车。如果成年旅客带领的身高不足1.2米的儿童超过一名时，一名儿童免费，其他儿童须购买儿童票。同时，身高在1.2～1.5米的儿童可购买儿童票；超过1.5米的，须购买全价票。儿童票分为半价座票、加快票、空调票。成年旅客购卧铺车票时，儿童可以与其共用一个卧铺，并应按上述规定免费或购票。儿童单独使用一个卧铺时，应另行购买全价卧铺票。另外，儿童单独使用动车组软卧时，票价 ＝动车组软卧公布票价－动车组一等座公布票价 ／2。一般在车站售票窗口、检票口、出站口及列车门旁，都设有测量儿童身高的标准线。测量时，以儿童实际身高（脱鞋）为准。

学生票的购买资格为在国家教育主管部门批准有学历教育资格的普通大中专院校（含民办大学、军事院校），中等专业学校、技工学校和中、小学就读，没有工资收入的学生、研究生（硕士、博士），且家庭居住地（父母任一方居住地）和学校所在地要不在同一城市。其中，大中专学生凭附有加盖院校公章的减价优待凭证、火车票电子优惠卡和经学校注册的学生证，新生凭学校录取通知书，毕业生凭学校书面证明，小学生凭学校书面证明购买。乘车区间仅限于家庭至院校（实习地点）之间，每年乘车次数限于4次单程。学生票分为半价座票、加快票、空调票，动车组列车只发售二等座学生票，票价为公布票价的75%。

伤残军人票是指中国人民解放军和中国人民武装警察部队中因伤致残的军人（简称伤残军人），凭“中华人民共和国残疾军人证”和“中华人民共和国伤残人民警察证”，享受半价的软座、硬座客票和附加票。持有其他各类抚恤证的人员，则不能享受减价待遇。

团体票是指20人以上乘车日期、车次、到站、座别相同的旅客可作为团体旅客，铁路运输部门应优先安排。填发代用票时除代用票持票本人外，每人另发一张团体旅客证。

◎ 电话订购火车票的流程

从2012年1月1日起，火车票购买全部实行实名制，人们可凭个人身份证到火车站、代售点购买火车票，也可使用网络、电话订购火车票。下面是电话订票的具体流程：

（1）准备好中华人民共和国居民身份证（或港澳地区居民来往内地通行证、台湾居民来往大陆通行证、按规定可使用的有效护照等）、到达站的电话区号或车次、纸、笔，以便顺利订票和记录订单号码。

（2）拨打全国统一订票电话95105105（前加当地电话区号，比如购买从北京各火车站发车的列车可拨打010−95105105购票），查询车次、票价、剩余票等信息。

（3）根据语音提示，输入相关信息。

（4）订票成功后，电话语音播放订单号码，请务必及时、准确记录下来。

（5）凭身份证、学生证（购学生票）、订单号码到就近的代售点或火车站售票窗口购买所订的火车票。

（6）订票成功后，应在规定时间内到火车站、火车票代售点或自助取票机上取票，否则所订的火车票将自动取消。

1.5米以上、16岁以下未办理居民身份证的未成年人，可凭户口簿或者户籍所在地公安机关出具的户籍证明或学生证购票、乘车，其中，户籍证明只允许购票，进站前仍须在车站的公安制证口补办临时身份证明。

◎ 网上订购火车票的流程

大家也可通过铁道部网站（http://www.12306.cn）订购火车票，具体流程是：

（1）在网页中间“最新动态”下面，有一个红字标注的“根证书”字样，要点击并下载安装。

（2）在网页右上方，有“注册”、“登录”两个链接，首次登录的用户须填写真实姓名、身份证号码、手机号等信息进行注册，注册成功后须将用户名通过邮箱激活，然后重新登录才可进行网上订票业务。

（3）点击页面左上角的“车票预订”后会出现“车票查询”项，点击后可选择出发地、目的地和日期，查询剩余车票情况。注意，点击“购票”链接后，网页有时出现空白情况，需要刷新或重新打开网页。

（4）选定车次、车票，点击“预订”，从常用联系人中选择或直接录入乘车人信息，也可以改签席别、票种和张数。

（5）身份信息填写完整后，点击“提交订单”申请车票，进入订单确认界面。

（6）旅客核对申请成功的车票信息，确认无误后点击“网上支付”，进入“网上银行选择”界面，选中网上银行并完成支付即可。注意，订票后一定要在45分钟内完成支付才算成功订票。

（7）在“完成”界面，提示购票成功，购票者须牢记订单号，并凭身份证在网页提示的规定时间内到火车站、火车票代售点或自助取票机上取票。

◎ 乘火车时的行李规定

按《铁路旅客运输规程》规定，每位旅客可免费携带20千克的行李，外交人员可免费携带35千克的行李，儿童（含免票儿童）可免费携带10千克的行李。每件行李外部尺寸的长、宽、高之和不超过160厘米，杆状物品不超过200厘米，乘坐动车组列车不超过130厘米，但残疾人旅行时代步的折叠式轮椅可免费携带并不计入上述范围。超出规定重量和规格的行李应办理托运。禁止旅客携带法律规定的危险物品。

◎ 火车票改签及退票

● 改签

旅客如不能按火车票票面指定的日期、车次乘车，应在该列车开车前（团体旅客应在开车前48小时）办理提前或推迟乘车签证手续，特殊情况经站长同意可在开车后2小时内办理。持动车火车票的旅客改乘当日其他动车不受“开车后2小时”的限制。

● 退票

（1）旅客退票必须在购票地车站或票面发车站办理。注意，站台票售出不退。

（2）在发车站开车前，特殊情况也可在开车后2小时内退还全部票价，并核收退票费。团体旅客必须在开车48小时以前办理。

（3）一般情况下，旅客开始旅行后不能退票。但因伤、病不能继续旅行时，经站、车证实，可退还已收票价与已乘区间票价差额。已乘区间不足起码里程时，按起码里程计算，同行人同样办理。

（4）退还带有“行”字戳迹的车票时，应先办理行李变更手续。

（5）必要时，铁路运输企业可以临时调整退票方法，乘客办理退票前须咨询当地车站或关注车站公告。

◎ 国外著名的旅游火车

在国外，火车旅游是深度游览观光的好方式，不过产品大多定位高端，是奢侈旅行的象征。较为著名的旅游火车有：

（1）威尼斯辛普朗东方快车：被誉为“最完美、最尊贵的火车”，是电影《东方快车谋杀案》的拍摄地。行车路线为伦敦—巴黎—威尼斯，沿途经过法国、瑞士、奥地利，行程32小时，每周一列。列车上拥有奢侈的内装布置，处处显示皇家气派。单程票价为2500美元，往返票价为3625美元。

（2）非洲之傲罗沃斯列车：享用私家火车站出发，车厢装饰为豪华套房或皇室套房，车厢内摆设着来自世界各地的古董，火车尾部是全景展望台，可以看到非洲大草原的迷人风光。每张车票还包括沿途两至三次不等的游览服务，或是打高尔夫球行程，或是乘坐四驱车去丛林中探寻野生动物。每趟车最多只能搭72名乘客，全程票价约为人民币25000元。

（3）瑞士黄金列车：黄金列车是由三种观景火车接力完成，包括由琉森至茵特拉根的布宁观景快车、茵特拉根至兹怀斯文的蓝色列车、兹怀斯文至蒙特勒的水晶观景快车。沿途风光以湖泊及平原为主要景观，还可远观少女峰壮丽的雪峰和冰川景观。若想登上少女峰山顶，还要换乘专门的列车上山。

（4）亚洲东方列车：从马来西亚吉隆坡到泰国曼谷，行程两天，票价约为人民币15000元；沿途为热带丛林、乡村景观，是亚洲少见的豪华列车。列车风格复制欧洲贵族生活场景，据说当地政府专门为此车调整了其他列车的时刻表，让它在白天经过最佳风景区。

（5）加拿大落基山观景列车：车厢上方天窗与两侧玻璃窗联为一体，游客可360度观景。行程包括班夫温泉、路易斯湖、冰河国家公园、哥伦比亚大冰原等落基山景观。

◎ 欧洲火车通票购买及使用方法

在欧洲旅行时，要想省钱，可选择欧洲火车通票（Eurail Global Pass），如图12.9所示，这是欧洲专门针对欧洲以外游客推出的特价火车票，欧洲本地较难买到，且价格较贵（各类欧洲通票要比当地同类型客票便宜约10%）。欧洲火车通票可以更大范围地选择乘车的范围，而不受时间的限制，且可以乘坐高速豪华列车等。

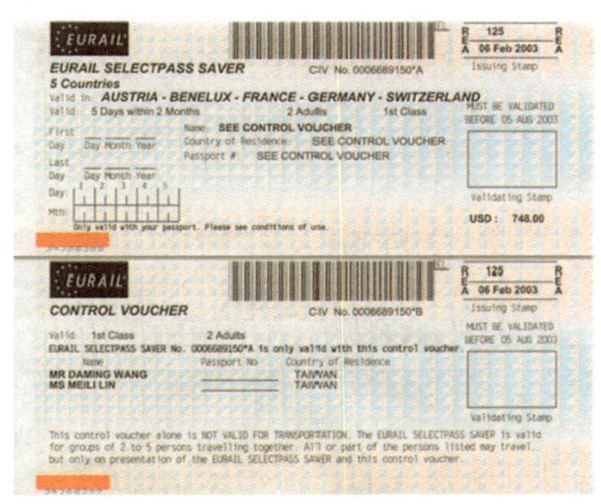

EURAIL

R 125 R
E A 06 Feb 2003 E A
Issuing Stamp

EURAIL SELECTPASS SAVER　　CIV No. 0006689150*A
5 Countries
Valid in: AUSTRIA - BENELUX - FRANCE - GERMANY - SWITZERLAND
Valid: 5 Days within 2 Months　　2 Adults　　1st Class
MUST BE VALIDATED BEFORE 05 AUG 2003
First Day　Day Month Year　　Name: SEE CONTROL VOUCHER
Country of Residence: SEE CONTROL VOUCHER
Passport #: SEE CONTROL VOUCHER
Last Day　Day Month Year
Day: 1 2 3 4 5
Mth:
Only valid with your passport. Please see conditions of use.
Validating Stamp
USD : 748.00

EURAIL

R 125 R
E A 06 Feb 2003 E A
Issuing Stamp

CONTROL VOUCHER　　CIV No. 0006689150*B
Valid: 1st Class　　2 Adults
MUST BE VALIDATED BEFORE 05 AUG 2003
EURAIL SELECTPASS SAVER No. 0006689150*A is only valid with this control voucher.
Name　　Passport No　　Country of Residence
MR DAMING WANG　　TAIWAN
MS MEILI LIN　　TAIWAN
Validating Stamp
This control voucher alone is NOT VALID FOR TRANSPORTATION. The EURAIL SELECTPASS SAVER is valid for groups of 2 to 5 persons travelling together. All or part of the persons listed may travel, but only on presentation of the EURAIL SELECTPASS SAVER and this control voucher.

图12.9　欧洲火车通票（5国游）

目前，接受欧洲火车通票的国家有奥地利、比利时、保加利亚、克罗地亚、捷克、丹麦、芬兰、法国（包括摩纳哥）、德国、希腊、荷兰、匈牙利、意大利、卢森堡、挪威、葡萄牙、爱尔兰、罗马尼亚、斯洛文尼亚、西班牙、瑞典和瑞士等20多个国家，并且有继续增加的趋势，可使旅行者真正做到“一票在手，畅游欧洲”。

目前，中国国内可通过欧洲火车旅行网（http://www.europerail.cn）购买欧洲火车通票，也可前往欧洲铁路公司在华火车销售机构（北京公司总部和上海售票处）购买。注意，欧洲火车通票固定价格为欧元，而在国内按法律要使用人民币支付，因此价格根据人民币对欧元的汇率会有所浮动。购票时须另外支付4欧元／人／张出票费。

年龄限制：4岁以下不占座儿童免费；4～12岁儿童享受半价优惠；12～26岁青年可享受青年票优惠。2～5人同行，必须将所有人的名字填在同一张客票上，并要求所有乘客在第一次使用时必须同时在场，此后结伴同行，儿童也算为1位乘客。如要单独出行，则须另行购票。

购买欧洲火车通票后，还可以享受一些特殊优惠，如在乘坐轮船、渡轮以及景观列车方面免费或享受一定折扣。

19点规则：如持有活期通票乘坐19点以后出发的直达过夜火车，在通票日期栏内填写第二天的日期且第二天必须在有效期内，第二天可继续乘坐火车；如持连续通票乘坐19点以后出发的直达过夜火车，第二天到达目的地的时间必须在通票的有效期内。

完全未使用的通票扣除票面15%退票费后办理退票，每人每张票另加收人民币50元的退票费，客票部分使用、损毁、丢失、被偷均不可退票；相关购票、退票、改票等事宜，以出票机构最终告知为准。

第三节 邮 轮

◎ 全球超大容量的十艘邮轮

（1）皇家加勒比海洋魅力号（Allure of the Seas）：重225282吨，长1187英尺（1英尺≈30.48厘米），载客量5400。

（2）皇家加勒比海洋独立号（Independence of the Seas）：重160000吨，长1112英尺，载客量3634。

（3）挪威史诗号（NCL Norwegian Epic）：重155873吨，长1081英尺，载客量4100。

（4）冠达玛丽女王2号（Queen Mary 2）：重151400吨，长1132英尺，载客量2620。

（5）皇家加勒比海洋航行者号（Voyager of the Seas）：重137276吨，长1020英尺，载客量3114。

（6）辉煌号（MSC Splendida）：重137936吨，长1094英尺，载客量3274。

（7）嘉年华梦想号（Carnval Dream）：重130000吨，长1004英尺，载客量3646。

（8）迪斯尼梦想号（Disney Dream）：重130000吨，长1115英尺，载客量4000。

（9）名人新月号（Celebrity Eclipse）：重122000吨，长1041英尺，载客量2850。

（10）钻石公主号（Diamond Princess）：重116000吨，长953英尺，载客量2670。

◎ 全球十大顶级奢华邮轮

（1）美国名人邮轮公司（Celebrity Cruises）的“世纪名人号”(Celebrity Century)：拥有私人阳台和配有私人管家的套房，邮轮上的马提尼酒吧(Martini Bar）是海上第一家“冰吧”。

（2）澳大利亚P&O邮轮公司(P&O Cruises)的“太平洋宝石号”(Pacific Jewel)：提供高空钢索马戏表演和顶层甲板上的高空飞人舞台，及P&O首家名厨餐厅Salt Grill；水疗和健身中心与奥运会游泳池一般大小；还有四个儿童俱乐部和一个购物区。

（3）阿瓦隆水道公司（Avalon Waterways）的“全景号”(MS Panorama)：第一艘提供两个整层甲板套房，并带有大量全景窗户和阳台的邮轮，可以欣赏莱茵河和多瑙河等欧洲主要河流两岸的绝美风光。

（4）冠达邮轮（Cunard）公司的“玛丽女王2号”(Queen Mary 2)：有史以来建造的最宏伟的海洋邮轮之一，拥有世上唯一的海上天文馆及10多家餐厅和众多酒吧、休闲室，包括凯歌皇牌香槟酒吧（Veuve Clicquot Champagne Bar)；还有书友会，并定期举办介绍当代及历史问题的讲座。

（5)MSC地中海邮轮公司（MSC Cruises）的“MSC幻想曲号”(MSC Fantasia)：拥有独家特有的MSC游艇俱乐部，一个施华洛世奇水晶楼梯及一个透明天花板的私人休息室。

（6）美国皇家加勒比邮轮公司（Royal Caribbean Line）的“海洋绿洲号”(Oasis of the Seas)：世界有史以来最大的邮轮，耗资超过10亿美元，拥有7个不同的主题“社区”。船上有日光浴场、海上剧院、漂移吧、创想乐园等活动场所。

（7）美国名人邮轮公司（Celebrity Cruises）的“名人至尊号”(Celebrity Solstice)：面积达半英亩的草坪俱乐部使用的是真正的草丛，游客在此能享用野餐或参加地掷球或槌球游戏。

(8) 美国公主邮轮公司（Princess Cruises）的“红宝石公主号”(Ruby Princess)：环绕拱廊式中庭有国际餐厅、美酒海鲜吧及牛排、海鲜馆。人们可以在星空下体验露天电影院，或是在私人阳台上欣赏加勒比海的美景。

(9) 猎户座探险邮轮公司（Orion Expedition Cruises）的“MV Orion号”：专为航海探险者设计，游客可探索不同的目的地，并被邮轮上的特色小船或充气橡皮艇运送上岸。

(10)“真北”公司（True North Cruises）的“MV True North号”：可航行穿过澳大利亚北领地高点。6个探险船可载着乘客接近瀑布景点，邮轮携带的直升机也可带着乘客到偏远的池沼捕鱼或潜水。

◎ 邮轮旅游签证的办理

若选择邮轮旅游，一定要根据旅游路线来办理每个目的地的签证。如果途经几个国家，便要到这些国家使馆进行签证办理（如果是欧洲申根签证国家，只签其一即可）。常见邮轮航线和所需签证如表12.3所示。

表12.3 常见邮轮航线和所需签证

航线区域	所需签证
夏威夷航线	美国签证（如到达加拿大，另需加拿大签证）
巴哈马航线	美国签证
加勒比海和中美洲航线	美国签证
墨西哥航线	美国签证
地中海航线	启航国的申根签证（往返签证）
阿拉斯加航线	美国签证、加拿大过境签证
新英格兰航线	美国签证、加拿大签证
北欧、俄罗斯航线	启航国的申根签证、波兰签证、俄罗斯签证 （如有参加船上安排的圣彼得堡岸上之旅的旅客，可免俄罗斯签证）
南美洲或澳洲航线	所经过国家的签证（部分免签）
非洲航线	所经过国家的签证（部分免签）
亚洲航线	所经过国家的签证（部分免签，如韩国济州岛）

◎ 邮轮退票

如果人们要取消自己的邮轮船票，可与售票代理商联系：

（1）若在开航前45天内通知承运人解除合同，游客应支付包价旅游价款的20%。

（2）若在开航前29天内通知承运人解除合同，游客应支付包价旅游价款的50%。

（3）若在开航前14天内通知承运人解除合同，游客应支付包价旅游价款的70%。

（4）若游客在开航之日前7天内解除合同，或没有在开航时准时出现，或在开航后无论以任何理由放弃旅行的，均无权要求补偿任何价款，并且必须支付全部价款。

知识链接：因故未能登船怎么办

如果人们无法于启航前办妥登船手续，应立刻与邮轮联络，安排自己前往下一个可办理登船手续的港口登船，但因此产生的住宿、交通、机票、签证、餐食等费用要自行承担。如果你买的是一个船公司自己的Fly—Cruise Programme(即船公司安排的飞机与邮轮套餐)，那么这一切会由船公司负责。如选择放弃登船，就无法获得任何退费。

由于邮轮上的船位无法分段销售，如果旅客中途下船，剩下的行程也无法获得退费。

◎ 邮轮上的消费支付方式

现在的邮轮大多采取一卡消费模式，即旅客在登船检查时就须出示信用卡(维萨卡、万事达卡、美国运通卡)、旅行支票、扣款卡或现金，然后会核发一张邮轮卡，用来记录旅客在邮轮上的消费情况。使用邮轮卡消费，费用会自动转到旅客所登记的信用卡机构。注意，以现金启动邮轮卡的旅客，须预支一笔现金作为订金，并约定每日现金消费额度。一旦旅客消费达到每日现金消费额度，邮轮工作人员会即刻通知旅客。

每位旅客都有带编码的消费记录清单，在旅客邮轮假期即将结束、下邮轮的前一晚，邮轮工作人员会将消费项目清楚标示在结账单上，送交旅客的客舱以供查核。若旅客对账目无异议，需要在离开邮轮的当天早上进行刷卡销账。如果旅客之前是使用旅行支票或现金来启动邮轮卡的，则必须前往客户关系柜台进行结算清账，如取回余额，或为超额消费补款。

注意，在行程结束时，要将小费连同感谢的话语一起放在信封中。绝大多数邮轮会把建议你支付的小费数额以及支付流程在旅行手册上公布。当然，如果账单中已有服务费一项，则不必额外支付小费。

知识链接：邮轮上有哪些额外消费项目

旅客所缴船费已包括船上的餐点、晚间的歌舞表演、住宿、各停靠港的港口税，因此船上大部分的公用设施都是免费的。

需要额外付费的项目有：个人消费（如温泉与美容疗养、购物、洗衣、上网、电话等）、船上服务人员的服务费、岸上观光费用（港务费、签证费等）及团体旅客须付给领队的小费。

◎ 邮轮上的用餐

在邮轮上用餐，一定要预订好用餐的桌位和用餐场次，也可在上船后第一时间内去相关柜台对此做好安排。如果是同家人或者朋友一起旅行，就要确保用餐时间一致。否则，如果朋友在第一场用餐，而你在第二场，那你们就无法在一起用餐。

如果你希望两个人独处，可以选择两人的桌子。需要注意的是，一旦选定，整个行程你都将使用这张桌子。如果你希望同别人拼桌，可以请餐厅领班安排。

出席邮轮上的鸡尾酒会和晚宴时，旅客必须着正装，男士应穿深色西装，女士应穿晚礼服。

不要忘记给酒吧服务员以及其他为你提供过服务的人支付小费，小费数额一般是你消费数额的10%～15%，如果在这些消费账单中注明已经包含服务费，就无须再支付小费了。

第四节　境外旅行的手续

◎ 中国公民办理因私护照的流程

中国公民到境外旅行、工作前要办理护照，因公护照由所在单位办理，因私护照则须自己办理。办理因私护照流程如下：

（1）携带户口簿、身份证原件和复印件（在居民身份证领取、换领、补领期间，可提交临时居民身份证和户口簿原件及复印件）、申请人近期二寸正面免冠（白底）彩照一张，到户籍所在地的县级以上地方人民政府公安机关出入境管理机构领取并填写完整的《中国公民因私出国（境）申请表》。

国家工作人员应按有关规定提交本人所属工作单位或者上级主管单位按照人事管理权限审批后出具的同意出境的证明；现役军人应到其所属部队驻地的县级以上地方人民政府公安机关出入境管理机构办理护照。

未满16周岁公民还应当由监护人陪同，并提交监护人出具的同意出境的意见、监护人的居民身份证或户口簿、护照原件及复印件。

（2）递交的申请表格和相应材料审核完毕后，领取《因私出国（境）证件申请回执》，核对内容无误后签名，并缴纳200元 / 本的证件费，可办理快递寄送护照。对申请材料齐全且符合法定形式的，公安机关出入境管理机构会在自收到申请材料之日起15日内签发护照。偏远地区或者交通不便地区或者因特殊情况不能按期签发普通护照的，经省级地方人民政府公安机关出入境管理机构负责人批准，签发时间可以延长至30日。

（3）在接到公安部门的通知或按照《因私出国（境）证件申请回执》上的取证日期，携带本人户口簿或居民身份证，前往户口所在地的出入境管理部门领取护照和出境登记卡。

注意，办理签证前请在护照最后一页的“持证人签名栏”用黑色签字笔签署本人姓名。

未满16周岁人员签发5年期护照，16周岁（含）以上人员签发10年期护照。

知识链接：如何更换和补办护照

如果因护照到期或损坏申请换发护照，则需提交本人护照、本人身份证、户口簿原件及复印件（在居民身份证领取、换领、补领期间，可提交临时居民身份证、户口簿原件及复印件），近期本人免冠照片1张（2寸、白底），由本人写明护照损坏原因，并填写完整的《中国公民出国（境）申请审批表》，提交户口所在地的市、县公安局出入境管理部门。

如果是护照丢失补发，需到丢失地派出所出具丢失证明，并在规定的报纸上登报声明护照遗失作废，再持丢失证明、报纸到户籍所在地的县级以上地方人民政府公安机关出入境管理机构申请补发护照，提交本人身份证、户口簿原件及复印件，由本人写出详细的丢失经过，再填写完整的《中国公民出国（境）申请审批表》。

定居国外的公民回国申请补发普通护照，除应当按照前款提交以上所说的材料外，还应提交定居国外的证明以及暂住地公安机关出具的暂住证明及复印件。

因护照损毁、被盗、办理护照补发的费用为：工本费200元＋补发加注费用20元（共220元）；因护照丢失办理护照补发的费用为：工本费400元＋补发加注费用20元（共420元）。

◎ 办理签证的基本流程

到国外旅游或工作，需要办理前往国的签证，取得前往国的同意。办理签证的流程如下：

（1）递交有效的中国护照，并缴验与申请事由相关的各种证件，包括前往国的入境许可和我国公证机关出具的各类有关证明。

（2）填写前往国签证申请表格，表格上的照片要与护照上的照片一致。签证不同，表格也不同，有的要用外文填写。

（3）接受前往国驻华大使馆或领事馆官员的面试。有的国家规定，凡移民申请者必须面谈后才能决定；有的国家规定，申请非移民签证也必须面谈。

（4）前往国家的主管部门对申请者进行必要的审核后，将审批意见通知该国驻华大使馆、领事馆。如果同意，即发给申请者签证；如被拒绝入境，也会通知申请者本人。

（5）获得签证者需向有关国家的驻华大使馆、领事馆缴纳签证费用。一般来说，移民签证费用多，非移民签证费用少。也有些国家根据互免签证费协议，不收费。

◎ 申根签证

1985年6月14日，德国、法国、荷兰、比利时、卢森堡5国在卢森堡小镇申根签订《申根协定》，规定成员国对短期逗留者颁发统一格式的签证，即申根签证，凭此签证可在《申根协定》成员国间（以下简称申根国家）自由通行。

一般人们从哪个国家入境或者在哪个国家停留时间最长，就向哪个国家的使馆申请申根签证。如果不是去一个国家，同时还要去好几个申根国家，那么就在申请申根签证的同时递给所要去的这些申根国家的邀请信，使馆会根据你在这些国家一共所需停留的时间给你相应的允许停留天数。

申请人一旦获得某个申根国家的签证，3个月内无须另外签证，可在申根区域内自由旅行。在申根区域外的旅行者，只要持有某申根国家有效的居留许可证和护照，无须办理签证即可前往该申根国家。但超过90天的逗留，申请者应根据有关法律及其逗留目的申请国别签证。

办理签证一般需向签证申请国驻华大使馆、领事馆缴纳签证费60欧元，根据各国办理签证的具体情况及汇率状况，金额略有不同。

目前正式实施申根协议的国家有25个：奥地利、比利时、丹麦、芬兰、法国、德国、冰岛、意大利、希腊、卢森堡、荷兰、挪威、葡萄牙、西班牙、瑞典、爱沙尼亚、拉脱维亚、立陶宛、波兰、捷克、匈牙利、斯洛伐克、斯洛文尼亚、马耳他和瑞士。另外，一些国家因为与申根邻国，没有实际上的边境检查，也可以凭申根签证任意进入，这些国家是：安道尔、梵蒂冈、圣马力诺、摩纳哥。

注意，申根签证并不等于欧盟签证，没有签署申根协议的欧盟国家需要单独办理签证，比如英国、保加利亚、罗马尼亚、塞浦路斯、爱尔兰等。

◎ 美国签证

到美国旅游，需要办理美国旅游签证，基本步骤是：

（1）支付签证申请费。预约面试前，先要到指定的中信银行缴纳签证费用：B2旅游签证需缴纳140美元的签证申请费。中信银行开具的两联收据须和其他申请材料一起递交。不管签证核发与否，签证费一律不予退还。但持外交护照的申请人，以及申请 A、G、C-2、C-3、NATO 和美国政府资助的 J 类签证的人员可以免交申请费。

（2）预约签证面谈时间。对于初次申请签证，或签证失效期在48个月以上的申请者，仍需要通过签证话务中心预约面试。自2012年2月13日起，在中国之前持有 B(临时商务及旅游访问者)、C1(过境)、D(机组、船组人员)、F(学生)、J(交流访问)、M(非学术学生) 及 O(特殊才能) 签证的人员，如他们的签证失效期限不足48个月（4年），续签时签证种类同上次，可免除面试。

在中信银行支付签证申请费后，才可以预约签证面试时间。可在中信银行购买预先付费的加密电话卡或登录签证信息服务中心的网站购买通话密码，费用为：通话12分钟，花费54元人民币，或通话8分钟，花费36元人民币。任何未用完的分钟可留待下次使用或转给他人使用。

买到预先付费的加密电话卡后，请致电签证信息服务中心预约签证面谈时间或咨询签证问题。注意在致电前准备好以下信息：申请人全名、护照号码、身份证号码、申请费收据号码、联系方式、访美目的、在中国的常住地址以及以前是否被拒签过，等等。由此产生的所有长途电话费用将由致电者担负，通常30秒钟内电话即可接通。

（3）填写签证申请表。登录美国驻华大使馆官网（http://chinese.usembassy-china.org.cn/），仔细阅读表格填写说明，在线填写 DS-160签证申请表。

（4）准备签证申请所需材料:DS-160表格确认页（竖着打印在 A4纸上），上面要注明你的中文姓名，中文姓名的电报码，中文家庭地址，公司名字、地址及电子邮件地址；6个月内拍摄的2英寸 ×2英寸（51毫米 ×51毫米）正方形白色背景的彩色正面照一张，并用透明胶带将你的照片贴在护照封面上；中信银行开具的两联收据（将其中一联收据用胶水或胶条粘贴在确认页的下半页上，另一联也一并携带到申请窗口）；有效护照（护照有效期必须比你计划在美国停留时间至少长出6个月），如有以前赴美签证的护照（包括已失效的护照）也要带上；英文简历等支持性文件；其他申请材料。

（5）在约定的时间前往美国签证处排队面试：先在外面排队等候（在预约时间之前等候大约30分钟）；接受安全检查，只能携带跟签证申请有关的文件，不要随身携带任何电子产品，包括手机，也不要携带背包、手提箱、公文包或手推童车等；到指定窗口递交 DS-160表格确认页和材料，之后等待指纹扫描和签证面谈（等候时间大约为3个小时）。

注意，非申请人不能陪同申请人进入签证申请大厅。签证面谈时，每位申请人都必须单独向签证官证明自己的情况。唯一例外的是13岁以下的孩子可以由成年亲属陪同面谈。在某些特殊情况下，残疾人也可以由人陪同，请在面谈前几天将申请人需要有人陪同的原因传真至(86–10) 8531–3333。

（6）如果签证申请得到批准，美国签证处会将签证印在申请者的护照上，并将印有签证的护照在面谈后的5个工作日内邮寄给申请者。申请者也可以选择在面谈之日后的2～3个工作日到使馆附近的中国邮政自取签证。

相关规定与流程可能发生变化，请以美国驻华大使馆、领事馆提供的最新信息为准。

◎ 英国签证

到英国旅游，可通过 VFS Global(在中国与英国边境总署 UKBA 及英国大使馆合作，为申请英国签证的人员提供服务的一家商务公司）签证中心申请，一般程序是：

（1）提交材料。提交个人户口簿、企业要提供营业执照、存款单（必须附上存款证明，以便于确认其真实性）的原件及复印件，且所有的非英文文件必须提供翻译件，否则签证官可能无法准确评估申请者的申请，这将导致签证申请被延迟审核或被拒签。所有翻译件上都必须包括：译者证实所提供翻译件为原件的准确译文、翻译日期、译者的全名及签字、译者的联系方式。

对于那些没有工作的人，比如学生，应提供资助人的资金材料原件，并说明他们支付你费用的原因。

如果无法提供英国签证中心要求提供的文件，或者是无法提供可能会与申请相关的文件，那么应该详细说明无法提交该材料的原因，绝对不能提供任何虚假文件，否则会导致签证申请被拒签，同时会被禁止在10年内入境英国。

注意，在将申请材料递交到签证中心后，不能再补交材料，除非是签证处的工作人员要求提供。

（2）申请签证。可在计划启程日期之前3个月之内申请签证，即在英国签证申请中心递交签证申请，并且采集申请者的指纹和照片（即生物识别信息），还要准备签证申请费。如果是在线申请，需要将填写完整的申请表格打印出来，并会在在线申请完成后收到一个包含有申请人的申请号码（即

“GWF 参考号码”）的电子邮件，记录好这个号码，然后递交申请材料到英国签证申请中心。

（3）指定目的地旅游计划签证。如果是随同旅行团到英国旅游，则应申请“指定目的地旅游计划（ADS）”，这是英国政府与中国国家旅游局（英文缩写 CNTA）之间签订的协议，以便利中国旅游团队赴英访问。它是中国旅游团队到英国的唯一途径。

目前，已有超过60家中国的旅行社获得批准，通过 VFS 签证中心向英边境管理局递交指定目的地旅游计划的签证申请。指定目的地旅游计划签证的有效期为30天，成功获得此类签证的申请人要以一个旅游团成员的身份进出英国国境，并在英国领地内旅游。

相关规定与流程可能发生变化，请以英国驻华大使馆、领事馆提供的最新信息为准。

◎ 德国签证

赴德国旅行，可前往德国驻华大使馆及德国工商总会北京代表处、中信银行营业网点递交德国签证申请。注意，通过上述签证代办服务中心提交签证申请，除缴纳签证费外，还需额外缴纳代办服务费。

持因私旅行护照的签证申请人在本人到德国驻华大使馆签证处提交签证申请前，须事先进行在线预约，大使馆会给出可安排的最早的面签时间，也可应申请人的要求，安排这之后的一个面签时间。目前签证预约等候时间为：申根签证最长2周，长期签证最长3周。

持申根签证旅行过的，即短期停留、时间不超过3个月的多次旅行者，若能够证明自己在提交签证申请前的24个月内，至少持两个申根签证（C 类签证）或持一年签证或多年签证（C 类签证）旅行过，原则上可免面试。

欧盟 / 欧洲经济区公民的配偶和子女，不必事先预约，可直接于每个工作日的11:00～11:30点到德国驻华大使馆提交申根签证申请。该规定不适用于其父母和其他家庭成员。

机场过境签证和申根签证（签证期限长短不限）收取60欧元手续费，6～12岁儿童申根签证收取35欧元手续费，6岁以下儿童免费。

个别情况下，申请人会被要求亲自到签证处进行面谈。

相关规定与流程可能发生变化，请以德国驻华大使馆、领事馆提供的最新信息为准。

◎ 加拿大签证

到加拿大旅游，须到加拿大签证中心申请签证，也可邮寄资料至加拿大签证中心申请，具体步骤是：

（1）填写完整并签名的签证申请表格，提交有足够空白页（双面）的6个月有效护照原件及复印件、两张近照（边框大小至少是35毫米×45毫米，且拍摄于6个月之内，白色背景），每位年龄超过18周岁的申请人必须提交家庭成员表和教育、就业细节表；每位年龄低于18周岁的申请人，如果没有成年的家庭成员陪伴旅行，则必须提交家属表和教育及就业细节表。

（2）递交申请材料至加拿大在中国的4个签证中心（北京、上海、广州、重庆）的任何一个签证中心。签证中心工作时间是：周一至周五8:00～15:00。

（3）签证申请者最好在文件规定的签证审理时间过后开始查询申请状态。加拿大签证申请中心提供24小时网络在线申请状态查询（http://www.visaservices.firm.in/canada-china-tracking/chinese/onlinetracking.aspx）。

（4）自签证申请受理后，签证中心一般会在5～10个工作日给予申请者首次答复，并按加拿大驻华大使馆要求为需要面试的申请人预约面试时间。申请人可以直接来申请中心或者拨打申请中心热线电话进行面试预约。

（5）签证办理成功后，申请人可以到提交申请的签证申请中心领取护照，或在提交申请时另加费用选择快递服务。

相关规定与流程可能发生变化，请以加拿大驻华大使馆、领事馆提供的最新信息为准。

◎ 澳大利亚签证

如果你因为度假、观光、探亲访友、购置私人房产或参加3个月以内（含3个月）的非正式课程或培训等原因去往澳大利亚，应申请旅游签证（676类别）。

前往澳大利亚度假、观光或探亲访友的申请人，如在澳大利亚有亲属并愿意为其提供担保，也可申请担保探亲签证（679类别）。担保探亲签证申请须递交给澳大利亚本国的移民处（澳大利亚驻中国的移民处不受理此类签证申请），并由澳大利亚当地移民局审批。

根据不同情况，旅游签证可签发单次或多次入境签证，在澳大利亚停留期限为每次3个月、6个月或12个月。申请人可根据需要，申请相应的入境次数和停留时间。签证官则会根据申请人的个人情况来决定是否同意给予相应的签证。一般情况下，3个月的旅游签证已能够满足绝大多数访澳者的需要。注意，此签证不能在澳大利亚停留超过12个月；也不能借助此签证，实现在澳大利亚长期居住的目的。

（1）自2009年7月1日起，居住地为北京市、天津市和河北省的申请人须在澳大利亚驻北京大使馆办理旅游探亲签证；居住地为上海、重庆、江苏、浙江、安徽、江西、湖北、黑龙江、吉林、辽宁、山东、内蒙古、山西、河南、宁夏、陕西、四川、甘肃、青海、新疆、西藏等省、市、自治区的申请人须在澳大利亚驻上海领事馆签证处办理旅游探亲签证；居住地为广东、福建、湖南、广西、云南、贵州、海南等省、自治区的申请人须在澳大利亚驻广州领事馆签证处办理旅游探亲签证。

（2）将签证申请表、护照和申请材料亲自递交或邮寄到相关签证处。递交申请时，请确认你支付了签证申请费。递交在北京签证处的申请，还需支付用于返还护照和签证结果的20元 EMS 快递费；递交在上海和广州签证处的申请，护照将以 EMS 到付方式寄回，由收件人在收件时支付快递费。

（3）自收到签证的申请之日起，北京大使馆、广州领事馆签证处和上海领事馆签证处处理一个材料完整的申请的平均时间为5个工作日。如果申请者的申请材料完整并允许签证处通过电子邮件与自己进行联系，那么申请受理时间可以缩短。

北京大使馆邮箱：immigration.beijing@dfat.gov.au

上海领事馆签证处邮箱：immigration.shanghai@dfat.gov.au

广州领事馆签证处邮箱：visaenquiries.guangzhou@dfat.gov.au

注意，递交申请前，请预留较为宽裕的时间，千万不要自认为在平均受理时间内会获得签证而制订任何旅行计划或购买机票，以免给自己造成经济损失。

（4）如果申请者的签证申请被批准，签证处将在申请者的护照上贴附签证。如果申请者的签证申请被拒签，签证处会告知拒签的理由。递交给中国各签证处的护照和签证结果会通过 EMS 邮政快递（到付）寄还给申请人。

相关规定与流程可能发生变化，请以澳大利亚驻华大使馆、领事馆提供的最新信息为准。

◎ 兑换外币

人们在出国旅行前，需要兑换外币，应当了解以下常识：

（1）目前可兑换的币种有：英镑、美元、瑞士法郎、新加坡元、瑞典克朗、挪威克朗、日元、丹麦克朗、加拿大元、澳大利亚元、欧元、菲律宾比索、泰国铢、韩国元等货币。中国银行的各网点及一些大型的宾馆、饭店或商店可办理人民币兑换外币的业务。

（2）兑换外币时，要持本人有效身份证件、填写相关单据，交付现钞即可办理。有效身份证件包括：身份证（中国公民）、户口簿（16岁以下中国公民）、军人身份证件（中国人民解放军）、武装警察身份证件（中国人民武装警察）、中国港澳居民往来内地通行证（中国港澳居民）、中国台湾居民往来大陆通行证（中国台湾居民）、护照（外国公民或有护照的中国公民）。

另外，人们在出国旅行时，除了兑换外币现金外，还可以办理双币信用卡（人民币和美元、欧元等一种外币搭配，各大银行皆可办理）和外国信用卡。目前，可在中国代办的外国信用卡主要有万事达卡（Master Card）、维萨卡（Visa Card）、运通卡（American Express Card）、JCB卡（Japan Credit Bureau Card）、大莱卡（Diners Card）。

◎ 境外旅行前的准备

出境旅行前，人们需要做好以下准备：

（1）登录外交部网站（http://www.mfa.gov.cn），查询中国驻前往国大使馆、领事馆的联系方式以及相关旅行提醒、警告等海外安全信息。

（2）检查护照有效期，剩余有效期一般应在一年以上，办妥前往国签证。

（3）购买必要的人身安全和医疗等方面的保险。

（4）进行必要的预防接种，随身携带接种证明（俗称“黄皮书”）。

（5）注意前往国海关在食品、动植物制品、外汇等方面的入境限制。

（6）携带一些常备药物，如晕车药、抗过敏药、感冒药、肠胃药、消毒水等。慎重选择携带个人药品，最好做个全面体检，向专业医师咨询应携带的药物。因治疗自身疾病必须携带某些药品时，应请医生开具处方，并备齐药品的外文说明书和购药发票。

还应根据前往国的气候来选择药物，如去往埃及、苏丹等热带气候国家，应携带灭蚊药；冬天去俄罗斯、加拿大等气候寒冷的国家，应携带冻疮药。

（7）最好给家人或朋友留下一份出行计划日程，约定好联络方式。建议在护照上详细写明家人或朋友的地址、电话号码，以备紧急情况下有关部门能够及时与他们取得联系。护照、签证、身份证应复印一份留在家中，一份随身携带，还要准备几张护照相片，以备不时之需。

◎ 境外旅行必买的保险

在出境旅行前，一定要为自己购买一份境外旅游保险，一般包括意外、医疗、紧急医疗救援，具有保费低、保障高的优点。对于需要在境外待较长时间的旅客，医疗险保额是必备的，它也是申请境外签证的需求。比如，去法国、意大利、瑞士等申根协议的国家，必须购买境外医疗保险，证明可承担国外住院费用及遣返费用，医疗保险金额不得低于3万欧元，而泰国、马来西亚、美国或非洲等国家或地区，则没有强制要求。

对于在境外停留时间较短的旅客来说，只购买旅游意外伤害保险即可，最好选择带有全球紧急救援帮助的保险，但要注意所购保险是否符合前往国家或地区的投保要求。注意，境外旅游险对于探险性漂流、潜水、滑雪等高风险活动是免责的，还有飞机延误、行李受损也不在其中。因此建议在出行前认真阅读投保合约，留意保险的免责条款。

鉴于旅游意外险主要由旅行社代游客购买，游客最好在出游前核实旅行社是否已代购旅游意外险，自助游客可到保险公司单独购买，而不要到私人处购买。出国旅行时要带上保险单原件备用，还要留一份保单复印件给家人备用。

知识链接：境外旅行意外险的索赔常识

当在境外遇险时，要第一时间拨打保险公司的24小时海外紧急援助电话，及时报案，按规定索赔，因为意外伤害保险都对报案时间、索赔条件有严格的要求。一般来说，如果发生了医疗费用，投保的保险多规定只能回国报销，这时则要收好病历和所有的票据。

◎ 国外购物退税

在国外旅行时，如果你买够一定金额的商品（各国对满足退税条件的最低消费额有不同的规定），就有权根据各国对购物退税的规定申请退税，因为你在购物时可能已付了当地的增值税（VAT）或消费税（GST）。各个国家的退税比率都不一样，5%～25% 不等。以下知识可能对你在国外购物有所帮助：

（1）购物前先询问当地针对国外购物者的退税标准，确定欲购商品是否提供退税服务以及退税金额的百分比。

（2）可结伴购物，尽量在一家百货公司购物，以达到退税必需的金额。

（3）在商店中填写退税单时，尽量选退到信用卡账号的退税方式，因为现金或支票退税的手续比较繁琐。

如果你在国外购物后因为急着离境而未能办理退税手续，可将退税单带回国内的全球回报集团退税点办理退税。

知识连接：欧盟国家购物退税

在欧盟的27个成员国：英国、法国、德国、意大利、荷兰、比利时、卢森堡、丹麦、爱尔兰、希腊、葡萄牙、西班牙、奥地利、瑞典、芬兰、马耳他、塞浦路斯、波兰、匈牙利、捷克、斯洛伐克、斯洛文尼亚、爱沙尼亚、拉脱维亚、立陶宛、罗马尼亚、保加利亚，任一国家购物达到该国购物退税标准，并确保会在3个月内离开欧盟国家，即可索取退税单，获得免税发票。可在离开该国前在机场、轮船码头、火车站的海关办理退税，也可在最后离开的欧盟国家的海关办理退税，然后可在欧盟国家免税商店的现金支付处取得退税款项。在欧盟国家所有重要公路的出境处、客轮上和机场，都设有免税商店的现金支付部分。

假如游客在出境时来不及或没有找到免税商店的现金支付点，或者现金支付处的工作时间已过，游客还可以把加盖了海关印章的退税单和自己的信用卡账号的正确说明寄往：Europa Tax-free Shopping Processing Center Trubelgasse 19，A-1030 Wien，Austria，3个月后，退税款会以美元或欧元的支票形式寄给游客。也可以将退税单带回到国内的全球回报集团退税点办理退税。

注意，一些欧盟国家（比如英国）还会针对不同商品、不同品牌实行不同的退税标准，游客在购物前最好先向店员咨询清楚。

第五节　部分国家的风土人情

◎ 美利坚合众国

● 简介

美利坚合众国（以下简称美国）位于北美洲中部，领土还包括北美洲西北部的阿拉斯加和太平洋中部的夏威夷群岛，国图面积962.9091万平方千米。美国大部分地区属大陆性气候，南部属亚热带气候，中北部平原温差很大。

美国有高度发达的现代市场经济，其国内生产总值和对外贸易额均居世界首位。美国自然资源丰富，矿产资源总探明储量居世界首位。煤、石油、天然气、铁矿石、钾盐、磷酸盐、硫磺等矿物储量均居世界前列，农业也高度发达，机械化程度高。美国工业也十分发达，是美国经济的重要基础支柱，主要工业产品有汽车、航空设备、计算机、电子和通讯设备、钢铁、石油产品、化肥、水泥、塑料及新闻纸、机械等。

美国首都为华盛顿哥伦比亚特区，国歌为《星条旗永不落》，通用语言为英语。美国的国旗如图12.10所示，国徽如图2.11所示，主要节日如表12.4所示。

美国的居民主要为白人，占64%，拉美裔和黑人也占有相当大的比例，亚裔也占有一定的比例。大多数美国居民信奉基督教新教，信奉天主教的居民人数也不少，还有一些居民信奉犹太教、摩门教等，也有居民不属于任何教派。

图 12.10　美国国旗

图 12.11　美国国徽

表 12.4　美国主要节日

日期	节日名称	日期	节日名称
1 月 1 日	新年	10 月的第二个星期一	哥伦布发现美洲纪念日
1 月的第三个星期一	为马丁·路德·金诞辰日	11 月 11 日	退伍军人节
5 月的最后一个星期一	阵亡将士纪念日	11 月的第四个星期四	感恩节
7 月 4 日	国庆日（独立日）	12 月的第三个星期一	华盛顿诞辰日
9 月的第一个星期一	劳动日	12 月 25 日	圣诞节

● 社交

（1）约会：赴约一定要准时。注意，美国全国分为东部时间、中央时间、山区时间、太平洋时间、阿拉斯加时间和夏威夷时间，依次早1个小时，以免错过约会时间。

（2）见面：初次见面时，男性之间通常要握手，女性见面彼此不握手。如果你是男性，对方是女性，要等她先伸出手来，才和她握手。两人交谈时，相隔1.2米的距离为宜。

（3）饮食：美国食物最主要的一是牛肉，二是鸡肉、鱼，三是猪肉、羊、虾，四是面包、马铃薯、玉米、蔬菜。

（4）禁忌：美国居民的私家园林、私家绿地、私人住宅，未经许可，不得私自进入；不要询问别人的年龄、收入及性取向等隐私；不要当着别人的面竖中指，这是极有恶意的动作；不可在别人面前伸舌头，这是极庸俗下流的动作；“13”是个不吉利的数字，不要在“13”日请客，言语中也要回避“13”；生日、婚礼，宜送有意义的礼品，可以问问对方喜欢什么物品，应需而买。

◎ 俄罗斯联邦

● 简介

俄罗斯联邦（以下简称俄罗斯）横跨欧亚大陆，国土面积为1707.54万平方千米，居世界第一位。大部分地区处于北温带，以大陆性气候为主，温差普遍较大，1月气温平均为－5～－40℃，7月气温平均为11～27℃。年降水量平均为150～1000毫米。

俄罗斯自然资源十分丰富，种类多，储量大，自给程度高，经济发展高度依赖自然资源的出口。森林覆盖面积居世界第一位。水力资源居世界第二位。天然气资源储量居世界第一位。石油探明储量65亿吨，占世界探明储量的13%。煤蕴藏量2000亿吨，居世界第二位。铁蕴藏量居世界第一位，约占世界探明储量的30%。铝蕴藏量居世界第二位，铀蕴藏量占世界探明储量的14%，黄金储量居世界第四至第五位。此外，俄还拥有占世界探明储量65%的磷灰石和30%的镍、锡。

俄罗斯首都为莫斯科，国歌为《俄罗斯，我们神圣的祖国》。国旗如图12.12所示，国徽如图12.13所示，主要节日如表12.5所示。俄语是俄罗斯的官方语言，但各共和国有权规定自己的国语，并在该共和国境内与俄语一起使用。

图 12.12　俄罗斯国旗

图 12.13　俄罗斯国徽

俄罗斯是一个多民族国家，有150多个民族，主要民族为俄罗斯族，主要少数民族有鞑靼、乌克兰、巴什基尔、楚瓦什、车臣、亚美尼亚、摩尔多瓦、阿瓦尔、白俄罗斯、哈萨克、乌德穆尔特、阿塞拜疆、马里和日耳曼族等。

俄罗斯主要宗教为东正教，其次为伊斯兰教、天主教、犹太教和佛教。

表 12.5　俄罗斯主要节日

日期	节日名称	日期	节日名称
1月1日	公历新年	5月1日	春天与劳动节（原苏联劳动者团结日）
1月7日	东正教圣诞节	5月9日	国庆日（国家主权宣言通过日）
1月13日	俄历新年	6月12日	伟大卫国战争胜利日
2月23日	祖国保卫者日（原苏联建军节）	11月4日	人民团结日（2004年设立，为纪念莫斯科打败波兰入侵者）
3月8日	国际妇女节	12月12日	宪法纪念日

● 社交

（1）约会：在拜访俄罗斯人时，不要早于约好的时间去，准时或稍晚一些时间才恰到好处。

（2）见面：俄罗斯人在社交场合与客人见面时，一般惯行握手礼。遇到上司、长辈和妇女时，要等对方先伸手，不能主动去握。若戴了手套，握手时要脱掉，并站直。握手时，忌成十字交叉形，即当他人两手相握时，不能在其上下方再伸手；不能在门槛处或隔门握手，俄罗斯人认为，门槛会把友谊隔断。

在某些情况下，也可行拥抱礼和吻礼。针对不同场合、不同人员，所施的吻礼也有区别：一般对朋友之间，或长辈对晚辈之间，以吻面颊者为多，不过长辈对晚辈以吻额为更亲切和慈爱；男子对特别尊敬的已婚女子，一般多行吻手礼，以示谦恭和崇敬之意。吻唇礼一般只在夫妇或情侣间进行。

（3）饮食：俄罗斯人的主食一般为面食，肉类偏爱牛肉，蔬菜偏爱白菜、蘑菇，饮料偏爱格瓦斯，酒类偏爱伏特加，水果偏爱苹果，干果偏爱葡萄干。他们一般都不吃乌贼、海蜇、海参和木耳等食品；鞑靼人忌吃猪肉、驴肉和骡子肉，犹太人不吃猪肉，不吃无鳞鱼，伊斯兰教徒禁食猪肉。

（4）喜好：俄罗斯人认为马能驱邪，会给人带来好运。俄罗斯人比较喜欢数字“7”，认为“7”预兆办事会成功，可以带来美满和幸福。把红色视为美丽和吉祥的象征。讲究餐桌陈设的艺术性，认为有增进人们食欲的作用。

（5）禁忌：忌讳打翻盐罐，或是将盐撒在地上，认为这是家庭不和的预兆。如果不小心打翻盐罐，可将打翻在地的盐拾起来撒在自己的头上来摆脱凶兆。左手握手或左手传递东西及食物等，都属于一种失礼的行为。忌讳数字“13”，认为“13”是个凶险和预示灾难的数字。忌讳黑色，认为黑色是丧葬的代表色，视黑猫从自己面前跑过为不详的征兆。

◎ 加拿大

● 简介

加拿大位于北美洲北部。东临大西洋，国土面积居世界第二位。东部气温稍低，南部气候适中，西部气候温和湿润，北部为寒带苔原气候。中西部最高气温达40℃以上，北部最低气温低至 −60℃。

加拿大地域辽阔，矿产和森林资源十分丰富。据2007年统计数据显示，加拿大矿产有60余种，主要有（世界排名）：钾（44亿吨，第一）、铀（43.9万吨，第二）、钨（26万吨，第二）、镉（55万吨，第三）、镍（490万吨，第四）、铅（200万吨，第五）等。原油储量仅次于沙特阿拉伯，居世界第二，已探明的油砂原油储量为1732亿桶，占全球探明油砂储量的81%。森林面积4亿多公顷（居世界第三，仅次于俄罗斯和巴西），木材总蓄积量约为190亿立方米。可持续性淡水资源约占世界的7%。

加拿大是西方七大工业国家之一，制造业、高科技产业、服务业发达，资源工业、初级制造业和农业是国民经济的主要支柱。服务业近年发展较快，旅游业十分发达。

加拿大首都为渥太华，国歌为《噢！加拿大》，加拿大的官方语言为法语和英语，国旗如图12.14所示，国徽如图12.15所示，主要节日如表12.6所示。

图12.14　加拿大国旗

图12.15　加拿大国徽

表12.6　加拿大主要节日

日期	节日名称	日期	节日名称
1月1日	新年	7月1日	国庆日（独立日）
3月17日	爱尔兰节	9月第一个星期一	劳动节
3月21日后月圆以后的第一个星期日	复活节	10月第二个星期一	感恩节
5月的最后两周	郁金香花节	11月11日	停战纪念日
7月最后两个星期（星期四到下一个星期六）	淘金节	12月25日	圣诞节

加拿大的居民大多数为英国、法国等欧洲后裔，土著居民（印第安人、米提人和因纽特人）约占3%，其余为亚洲、拉丁美洲、非洲裔等。

加拿大居民中大多数人信奉天主教，其次为信奉基督教新教。

● 社交

（1）约会：加拿大人时间观念强，见面要事先约定，准时赴约。

（2）见面：加拿大人在社交场合与客人相见时，一般都惯行握手礼。亲吻和拥抱礼仅适用于熟人、亲友和恋人之间。如果你在家中受到款待，礼貌的做法是给女主人送鲜花，但不要送白色的百合花，它们是与葬礼联系在一起的。

（3）饮食：加拿大人偏爱法式菜肴，以面包、牛肉、鸡肉、土豆、西红柿等为日常饮食。加拿大人好吃肉食，特别爱吃奶酪和黄油，忌吃虾酱、鱼露、腐乳和臭豆腐等有怪味、腥味的食品；忌食动物内脏和脚爪，也不爱吃辣味菜肴。加拿大人重视晚餐，有邀请亲朋好友到自己家中共进晚餐的习惯。但晚上作客不宜久留，一般在22:00前告辞，周末在22:30分前告辞。

（4）禁忌：加拿大人忌讳“13”和“星期五”，认为“13”是代表厄运的数字，“星期五”是灾难的象征；在家吃饭时不能说悲伤、死亡及与性生活有关的事；在家不能吹口哨，不能呼唤死神，不能讲事故之类的；日常生活尽量避免在楼梯下行走，不要把盐弄撒，也不要把玻璃物品打碎，否则不吉利；忌说“老”字，养老院称“保育院”，老人称“高龄公民”。

◎ 秘鲁共和国

● 简介

秘鲁共和国（以下简称秘鲁）位于南美洲西部，国土面积为128.5216万平方千米。全境从西向东分为热带沙漠、高原和热带雨林气候。年平均气温西部12～32℃，中部1～14℃，东部24～35℃。

秘鲁矿产资源丰富，是世界12大矿产国之一，主要矿产有金、银、铜、锌、锡等。工业以加工和装配业为主。森林覆盖率58%，面积7800万公顷，在南美洲仅次于巴西。渔业资源丰富，鱼粉产量居世界前列。

秘鲁首都为利马，国歌为《我们是自由的，让我们永远保持自由》，国旗如图12.16所示，国徽如图12.17所示，主要节日如表12.7所示。秘鲁的官方语言为西班牙语，一些地区通用克丘亚语、阿伊马拉语和印第安语。

图 12.16　秘鲁国旗

图 12.17　秘鲁国徽

表 12.7　秘鲁主要节日

日期	节日名称	日期	节日名称
1 月 1 日	新年	5 月 1 日	国际劳动节
2 月 2 日～15 日	康德拉利亚圣母节	7 月 28 日	国庆日（独立日）
2 月的第一个星期六	全国皮斯科鸡尾酒节	12 月 25 日	圣诞节

秘鲁居民中的大多数为印第安人，其次为印欧混血种人、白人和其他人种。绝大多数的居民都信奉天主教。

● 社交

（1）约会：在商务活动中，要事先约好。拜会客户和商务谈判，最好安排上午、下午各一次。注意，秘鲁人赴约总习惯迟到半小时左右，认为这是自己的礼节风度。

（2）见面：秘鲁人在社交场合与客人相见和告别时，都惯行握手礼。男性之间一般习惯行拥抱礼，并互相拍肩拍背，妇女之间习惯行亲吻礼。与秘鲁人初次见面，应握手，并递上印有英文、西班牙文对照的名片。

（3）饮食：秘鲁人多吃西餐，以米饭和面食为主食，肉类有牛肉、猪肉、鸡、鸭、鱼等，蔬菜有洋葱、西红柿、卷心菜、黄瓜、柿子椒等。秘鲁人喜欢清淡带甜的口味，通常用烤、烧、煎等烹饪方法制作菜肴，忌食海参一类奇形怪状的食品。在商务活动中，宴请秘鲁客人时，应选用西餐，时间可安排在晚上。

（4）喜好：喜欢红、黄、绿色，也喜欢向日葵、鸵鸟图案。

（5）禁忌：特别忌讳“死亡”这个字眼，若以“死亡”来诅咒他人，必定会引起一场大殴斗；忌讳“13”和“星期五”，认为这是不吉利的数字和日期；忌讳乌鸦，认为乌鸦是一种不祥之鸟，会给人带来厄运和灾难；忌讳以刀剑为礼品，认为这意味着割断友谊；忌讳紫色，只有在举行一些宗教仪式时才用这种颜色。

◎ 委内瑞拉玻利瓦尔共和国

● 简介

委内瑞拉玻利瓦尔共和国（以下简称委内瑞拉）位于南美洲大陆北部，国土面积为 91.67万平方千米。全境除山地外，基本属热带草原气候。气温因海拔高度不同而异，山地温和，平原炎热。每年6～11月为雨季，12～5月为旱季。

委内瑞拉矿产资源丰富，石油（含重油）探明储量居世界第一位，天然气储量、铁矿石探明储量、煤炭探明储量、铝矾土储量、镍矿储量、黄金储量较大，还有金刚石、铀、石灰岩等矿产资源，水力和森林资源也很丰富。委内瑞拉主要工业部门有石油、铁矿、建筑、炼钢、炼铝、电力、汽车装配、食品加工、纺织等，其中石油工业为国民经济支柱产业。

委内瑞拉首都为加拉加斯，国歌为《勇敢人民的光荣》，国旗如图12.18所示，国徽如图12.19所示，主要节日如表12.8所示。委内瑞拉官方语言为西班牙语。

图 12.18　委内瑞拉国旗

图 12.19　委内瑞拉国徽

表 12.8　委内瑞拉主要节日

日期	节日名称	日期	节日名称
1月1日	新年	5月1日	劳动节
1月6日	主显节	7月5日	国庆日（独立日）
2月2日	查韦斯日	10月12日	美洲发现日
2月19~20日	狂欢节	11月1日	万圣节
4月5~8日	复活节	12月25日	圣诞节

在委内瑞拉的居民中，混血种人占绝大多数，其次为白人、黑人和印第安人。居民绝大多数信奉天主教，少数人信奉基督教。

● 社交

（1）约会：赴约要准时，若提要求宜直截了当。

（2）见面：委内瑞拉人在社交场合与客人见面时，习惯以握手为礼。男性朋友之间见面，一般行拥抱礼；妇女之间相见，行拥抱礼，还要吻面颊。

（3）饮食：饮食以西餐为主，以面为主食，爱吃面包、玉米煎饼，副食爱吃牛肉和各种蔬菜，也喜欢品尝中国风味菜肴，嗜饮咖啡和可可，不爱吃牛油点心和鸭梨。

（4）喜好：对黄色尊敬、爱戴；拟椋鸟被尊为国鸟，委内瑞拉人认为它能带来喜悦；五月兰花为国花，被誉为“神奇、梦幻般的花朵”。

（5）禁忌：忌讳礼品包装上出现红、绿、茶、黑、白这五种颜色，这表示委内瑞拉五大党；忌讳“13”、“14”和“星期五”，认为会给人们带来灾难和不幸；厌恶孔雀，认为它会给人们带来不幸，因此凡与孔雀有关的东西，如孔雀图案、孔雀折花、孔雀的羽毛等，都被视为不祥之物；馈赠礼品忌选用刀剑，因为这意味着友谊的割断。

◎ 苏丹共和国

● 简介

苏丹共和国（以下简称苏丹）位于非洲东北部，国土面积188万平方千米

（原苏丹曾是非洲面积第一大国，2011年7月9日苏丹南部独立，成立南苏丹，由此，苏丹国土面积由原非洲第一位退居第三位）。苏丹位于赤道和北回归线之间，是世界最热的国家之一：南部为闷热潮湿的热带雨林气候区；中部为夏季炎热少雨、冬季温暖干燥的热带草原气候区；北部则是高温少雨的热带沙漠气候区。

农业是苏丹经济的主要支柱，长绒棉产量仅次于埃及，居世界第二；花生产量居阿拉伯国家之首，在世界上仅次于美国、印度和阿根廷；芝麻产量在阿拉伯和非洲国家中占第一位，出口量占世界的一半左右；阿拉伯树胶种植面积504万公顷，年均产量约3万吨，占世界总产量的60%～80%。

苏丹首都为喀土穆，国歌为《苏丹共和国国歌》，国旗如图12.20所示，国徽如图12.21所示，主要节日如表12.9所示。阿拉伯语为苏丹官方语言，通用英语。

图 12.20　苏丹国旗

图 12.21　苏丹国徽

表 12.9　苏丹主要节日

日期	节日名称	伊斯兰教历	节日名称
1月1日	国庆日（独立日）	3月12日	圣纪
6月30日	救国革命日	10月1日左右（斋月最后一天寻看新月，见新月次日）	开斋节
12月15日	圣诞节	12月10日	古尔邦节

苏丹人信奉伊斯兰教的人口占大多数，属逊尼派，信传统宗教的人口比例也比较大。

社交

（1）约会：在苏丹法定的工作日进行商务拜访，苏丹的法定工作日是周六至周四，周五休息。工作时间分冬、夏两季：夏季作息时间（每年从4月30日开始，到10月31日结束）7:30～14:30，冬季8:30～15:30。

（2）见面：苏丹人在社交场合与客人相见的传统礼节是握手和拥抱，同时要进行详细的问候，内容从个人生活到家里状况等，要持续几分钟才能完礼；苏丹妇女遇到陌生人时，要用包在头上的披巾遮一下面部，以示礼貌。

（3）饮食：苏丹人以东欧式西餐为主，也非常喜欢中餐的清真菜；用餐惯以右手抓食取饭；最喜欢喝本国咖啡，即把咖啡豆焙干，舂成细粉，加入奶酪煮成；一般以面食为主，也常把牛肉、羊肉、骆驼肉、鸡肉、鸭肉等肉类当主食，讲究菜肴肉多量大；口味多喜清淡，爱酸辣味；常吃蔬菜有西红柿、洋葱、黄瓜、土豆、豌豆等；调料爱用辣椒、胡椒粉、芝麻等；苏丹贝贾人爱吃烤肉，喜欢喝奶及不放糖的咖啡。

（4）喜好：苏丹人非常喜欢白色，视白色为光明、幸福的象征，并以其代表纯洁和坦率。苏丹希卢克人有敬蛇为神的习惯，他们不仅不伤害蛇，还常说服他人敬蛇。

（5）禁忌：忌讳左手传递食物或东西，认为使用左手是不尊重人的表现；忌讳有人随便与苏丹妇女交谈、握手或接触；苏丹妇女忌讳挤奶，因为挤奶是男人的事，妇女挤奶，让人看到了是莫大的耻辱，会成为别人的笑柄；苏丹的别扎部落，男人不准提及母亲和姐妹的名字，否则便被认为没有教养；苏丹人忌用狗作为商品的商标；苏丹人不吃海鲜、虾和动物内脏（有人吃肝），不爱吃红烩带汁的菜肴；苏丹穆斯林禁食猪肉和使用猪制品，不吃怪形食物，不饮酒；苏丹贝贾人不爱吃鱼和蛋类。

◎ 南苏丹共和国

● 简介

2011年1月，原苏丹共和国南方举行独立公投，98.83%的选民支持独立，在2011年7月9日，南苏丹共和国（以下简称南苏丹）从原苏丹共和国中分离出来，独立建国。

南苏丹共和国是一个位于非洲东北部的内陆国，面积为61.9万平方千米，自然资源十分丰富，主要有石油、铁、铜、锌、铬、钨、云母、金、银等。南苏丹水利资源也很丰富，土地肥沃，适合大规模农林牧业发展。但由于连年内战，南苏丹经济极端落后，几乎没有规模化工业生产，工业产品及日用品完全依赖进口。

南苏丹以热带草原气候为主，盛行西南风和东北风。全境四季变化不明显，只有雨季（5～10月）和旱季（11～4月）之别，雨季高温多雨，旱季炎热干燥。

2011年9月，南苏丹政府决定将拉姆赛尔定为新首都，并计划在5～8年内完成由原来的首都朱巴到拉姆赛尔的迁都工作，南苏丹国歌为《南苏丹万岁》。南苏丹的官方语言为英语，通用阿拉伯语。南苏丹国旗如图12.22所示，国徽如图12.23所示，主要节日如表12.10所示。

图 12.22　南苏丹国旗

图 12.23　南苏丹国徽

表 12.10　南苏丹主要节日

日　期	节日名称
1月9日	和平日
5月19日	建军日
7月1日	国庆日
7月30日	烈士日

南苏丹的居民主要是尼格罗人，属黑色人种，占全国人口的三分之一左右，主要部族有丁卡人、努埃尔人、希卢克人等。居民大多信奉基督教与拜物教。

社交

（1）约会：南苏丹星期六、星期日为周末，因此商务拜访应尽量安排在星期一至星期五。

（2）饮食：南苏丹基督教徒众多，饮食禁忌相对少一些。

（3）禁忌：在南苏丹，拍照、摄影需征得许可，朱巴的尼罗河大桥和加朗（南苏丹前领导人）墓禁止拍照。

◎ 哈萨克斯坦共和国

● 简介

哈萨克斯坦共和国（以下简称哈萨克斯坦）位于亚洲中部，国土面积达271.73万平方千米，居世界第9位，为世界最大的内陆国。哈萨克斯坦属温带大陆性气候，夏热冬寒。

哈萨克斯坦的矿产资源非常丰富，境内有90多种矿藏，石油储量也非常丰富，已探明储量居世界第7位。

哈萨克斯坦首都为阿斯塔纳，最大的城市为阿拉木图市，是哈萨克斯坦的经济和文化中心。哈萨克斯坦国歌为《我的哈萨克斯坦》，哈萨克斯坦的官方语言为哈萨克语和俄语，国旗如图12.24所示，国徽如图12.25所示，主要节日如表12.11所示。

图 12.24 哈萨克斯坦国旗

图 12.25 哈萨克斯坦国徽

表 12.11 哈萨克斯坦主要节日

日 期	节日名称
8月30日	宪法日
10月25日	共和国日
12月16日	国庆日（独立日）

此外，还有开斋节、古尔邦节等伊斯兰教传统节日。

哈萨克斯坦是一个多民族的国家，共有131个民族，其中哈萨克族、俄罗斯族所占的人口比例较大，此外还有乌兹别克族、鞑靼族、乌克兰族、日耳曼族等。

哈萨克斯坦民众普遍信仰宗教，主体民族哈萨克族信仰伊斯兰教，属逊尼派，为哈萨克斯坦第一大教派。东正教是哈萨克斯坦第二大宗教，信徒主要为俄罗斯族。其他各少数民族分别信仰各自民族的传统宗教。

社交

（1）约会：与对方见面会晤应提前预约，不要贸然到访；约会时间尽量避开星期五（主麻日，也称伊斯兰教聚礼日）及斋月，在斋月期间约会不要请穆斯林吃饭、喝水、吸烟；约会地点可选在饭店或咖啡馆。

（2）见面：正式的社交场合应双手递上英文和俄文的名片，主动伸右手与人握手；遇到尊长或接待来宾时，哈萨克斯坦的传统礼节是右手按住胸口，躬身行礼，并说几句祝福语。

（3）饮食：哈萨克斯坦吃饭采取分餐制，习惯用刀、叉、勺、盘等餐具，碗（深碟）只用于盛汤；注重菜肴味香酥烂，口味好甜、辣、酸；喜吃烤、煎、炸食物；喜食手抓面片、油炸面团等；蔬菜以西红柿、黄瓜、柿椒、小葱、洋葱为主；肉食以牛、羊、马肉为主，穆斯林不吃猪肉，不吃动物血；喜吃奶皮子、奶豆腐、奶疙瘩、马奶酒、奶茶等奶制品；哈萨克斯坦人热情好客，喜欢宰羊招待来客，进餐时，主人先将一盘带有羊头的肉献在客人面前，客人将盘中的羊头拿起，割下右颊下的一片肉回敬主人，再割下羊耳给主人家年幼者，然后将羊头送还主人。

（4）喜好：哈萨克斯坦人喜欢蓝色（代表天空）、红色（代表火和生命）、绿色（代表植物、春天和开始）、白色（代表与天一样高）和金色（代表智慧和知识）；最喜欢的花卉是郁金香、百合和玫瑰；最喜欢的动物是雪豹、猎鹰和猫头鹰；最喜欢的数字是7。

（5）禁忌：不要参加任何政治活动；不要谈论政治、宗教或政府的话题；不要在清真寺附近喧闹，进入清真寺要遵守脱鞋、男士不穿短裤、女士不穿暴露服装等规定；不要用手指或棍棒比画着数人数，这意味着把人比喻为牲畜，是侮辱人的表现；同哈萨克斯坦人交谈时，不要当面称道对方的孩子和家中饲养的牲畜，他们认为这样会给孩子和牲畜带来厄运；不允许用脚去踢羊，或是用脚去踩踏动物和食盐；当穆斯林做礼拜时，不要从其面前经过或站在其前方，更不要打扰他们；出门、进门要先迈右腿，服务、致礼要用右手，穿衣服也要先伸右胳膊、右腿，禁止用左手接触他人。

◎ 伊拉克共和国

● 简介

伊拉克共和国（以下简称伊拉克）位于亚洲西南部、阿拉伯半岛东北部，国土面积44.18万平方千米。东北部山区属地中海式气候，其他为热带沙漠气候。夏季室外最高气温高达50℃以上，冬季低温在0℃左右。雨量较小，年平均降雨量由南至北100～500毫米，北部山区达700毫米。

伊拉克石油、天然气资源十分丰富，现已探明的石油储量达1150亿桶，是仅次于沙特阿拉伯、伊朗的世界第三大石油储藏国，在欧佩克和世界已探明石油总储量中分别占15.5%和9.1%。伊拉克的天然气储量约为3.2万亿立方米，占世界已探明总储量的1.7%。磷酸盐储量约100亿吨。

伊拉克首都为巴格达，是中东地区第四大城市（位于开罗、德黑兰和伊斯坦布尔后）。伊拉克国歌是《我的故乡》，伊拉克官方语言为阿拉伯语和库尔德语，通用英语。伊拉克国旗如图12.26所示，国徽如图12.27所示，主要节日如表12.12所示。

此外，还有开斋节、古尔邦节等伊斯兰教传统节日。

伊拉克是一个以阿拉伯人为主的多民族国家，其中阿拉伯人占大多数，库尔德人也占有较大比例，其余为土库曼人、亚美尼亚人等。

伊拉克民众中大多数人信奉伊斯兰教，少数人信奉基督教或犹太教。

图12.26　伊拉克国旗

图12.27　伊拉克国徽

表 12.12　伊拉克主要节日

日　期	节日名称
1月6日	建军节
4月9日	国庆日
5月1日	劳动节

社交

（1）约会：在伊拉克法定工作时间（每周日至周四的8:00～15:00，没有固定午休时间，有茶歇）进行商务拜访，避开当地的周末和星期五（主麻日），以及穆斯林斋月；约会地点可选饭店或咖啡馆；伊拉克人赴约习惯迟到，认为这是一种礼节风度，应表示理解。

（2）见面：初次见面应用右手递上印有阿拉伯文和英文的名片，主动伸右手握手，但不要主动与穆斯林女士握手；熟人见面，男子习惯相互拥抱，再把脸贴一贴，然后各自扪胸俯首，相互祝愿；称呼对方的方式是对方的姓加学位、职位等头衔；伊拉克人点头和微笑有时只是一种礼貌，并不表示同意；男人之间手拉手走路是友好和敬意的举止；不要拍穆斯林的后背来表示亲热；伊拉克人与客人告别时，一般要施贴面礼（同性之间）。

（3）饮食：伊拉克人不习惯使用刀、叉、勺等餐具，只使用水杯、盘子等食具，用右手抓饭入口；主要食物是大米，常吃的食物有炒饭、粗面烤饼和白面包，以及椰枣和橄榄；菜肴味道浓烈，使用很多辣椒、葱、蒜、芥末和香料；不吃猪肉、兔肉；不太爱吃青菜，但常生吃黄瓜和西红柿（切碎，加点橄榄油和柠檬汁吃）；爱吃水果制的甜食，还喜欢饮用含很多泡沫的酸奶（宰巴迪）和各种果汁饮料；在伊拉克人家里用餐后要及时洗手告辞，不要拖延。

（4）喜好：伊拉克人喜欢绿色（代表伊斯兰教），但国旗的橄榄绿色禁止在商业上使用；伊拉克国花是玫瑰花，伊拉克人最喜欢的动物是雄鹰。

（5）禁忌：不要参与任何政治活动；不要谈论有关政治、宗教或政府的话题；绝对不可嘲笑他们的宗教或宗教遗址；不要对陌生的穆斯林女性微笑，不要对其拍照、凝视、上下打量、用望远镜观察或对其评头论足；不要穿短裤和无袖的 T 恤，尤其是女士在场的情况下；不要在公共场所饮酒或酒后到公共场所去；斋月期间，白天不要在公共场所吸烟、吃东西或喝水；在穆斯林祈祷时，不要站在其前方或长时间注视对方；不要在清真寺附近喧闹，进入清真寺、其他圣地或伊拉克人家里时要脱鞋；不要送伊拉克人蓝色（代表魔鬼）、黑色（代表丧葬）以及带有猪、熊猫、星星图案（以色列国旗是星星图案）的礼物。

◎ 乌兹别克斯坦共和国

● 简介

乌兹别克斯坦共和国（以下简称乌兹别克斯坦）位于中亚腹地，国土面积44.74万平方千米，占世界陆地总面积的0.3%，在世界各国中排行第55位。乌兹别克斯坦矿产资源丰富，主要有天然气、石油、煤炭、有色金属等，黄金已探明储量2100吨，居世界第4位；铀探明储量为5.5万吨，占世界第7位；天然气已探明储量为2.055万亿立方米，占世界第14位，年开采量为580亿立方米，占世界总开采量的2.2%，排行第8位。

乌兹别克斯坦为典型的大陆性气候，冬季寒冷，雨雪不断；夏季炎热，干燥无雨，昼热夜凉明显。

乌兹别克斯坦首都为塔什干，乌兹别克语意为“石头城”，为中亚地区第一大城市。乌兹别克斯坦国歌是《乌兹别克斯坦共和国国歌》。乌兹别克语（属阿尔泰语系突厥语族，现使用拉丁字母拼写）为官方语言，俄语为通用语言。乌兹别克斯坦的国旗如图12.28所示，国徽如图12.29所示，主要节日如表12.13所示。

图12.28 乌兹别克斯坦国旗

图12.29 乌兹别克斯坦国徽

乌兹别克斯坦共有130多个民族。主体民族为乌兹别克族，占人口总数的大多数。其他人口较多的民族有塔吉克族、俄罗斯族、哈萨克族、卡拉卡尔帕克族、鞑靼族、吉尔吉斯族、朝鲜族等。此外，还有土库曼族、乌克兰族、维吾尔族、亚美尼亚族、阿塞拜疆族、土耳其族、白俄罗斯族、犹太族等民族。

乌兹别克斯坦被认为是中亚的伊斯兰教中心。乌兹别克族人信奉伊斯兰教，属其中的逊尼派。塔吉克、哈萨克、吉尔吉斯、阿塞拜疆、鞑靼、维吾尔族人等也信奉伊斯兰教，穆斯林占人口总数的大多数，属政教分离的伊斯兰国家。除逊尼派以外，乌兹别克斯坦还有什叶派、苏菲派、瓦哈比派等宗教派别和非传统教派。在乌兹别克斯坦的朝鲜族人多信奉佛教和基督教，俄罗斯人信奉东正教。

表 12.13　乌兹别克斯坦主要节日

日　期	节日名称
5月9日	纪念和荣誉日（原胜利日）
9月1日	独立日
12月8日	宪法日

● 社交

（1）见面：乌兹别克斯坦人在社交场合与客人见面时，一般多以握手为礼。在与亲朋好友相见时，常以右手按胸并躬身为礼。

（2）饮食：乌兹别克斯坦人信仰伊斯兰教，多食牛、羊、马肉和奶制品；喜吃手抓饭，手抓饭是过节、待客时最重要的民族食品，在婚丧嫁娶、婴儿出生或举行其他庆祝活动时，所有参加活动的男士（一般不允许女人参加）都要在早上5:00左右、太阳升起前到主人家里或聚会地点吃手抓饭，在宴请尊贵的客人时，手抓饭更是必不可少的待客佳肴，通常要等到最后一道菜上完，才端上饭桌；烤肉串、烤包子是该国传统小吃；日常饮食离不开馕（一种烤制的发面饼）和茶，吃馕时把它分成数块，馕心不能向下放；有时用切碎的熟肉和葱头、酸奶加以搅拌，再加肉汁、胡椒调味。

（3）喜好：乌兹别克斯坦人对狼极为崇拜，把狼看成自己民族的标志和神的化身，成年乌兹别克斯坦人有的还经常怀揣祖传的狼牙、狼爪和狼尾，也有的把其视为珍品相互馈赠。他们对绿色普遍厚爱，认为绿色象征着美好和幸福。

（4）禁忌：忌讳左手传递东西或食物，认为使用左手是不礼貌的；妇女禁止撩裙（露出大腿）而坐，认为有引诱男子之嫌，是伤风败俗的行为；忌讳黑色，认为黑色是丧葬的色彩；禁食猪肉，忌食骡肉、驴肉、狗肉，也忌讳食用自死的动物肉和血液。

第六节　国外旅行常用英语

◎ 机场

● 机场指示牌

国内机场 domestic airport
国际机场 international airport
机场候机楼 airport terminal
国际候机楼 international terminal
国内航班出站 domestic departure
国际航班出港 international departure
进站（进港、到达） arrivals
出站（出港、离开） departures
航班号 FLT No.（flight number）
国际航班旅客 international passengers
入口 in
出口 exit；out；way out
由此上楼 up；upstairs
由此下楼 down；downstairs
购票处 ticket office
机场费 airport fee
付款处 cash
货币兑换处 money exchange；currency exchange
登机牌 boarding pass（card）
登机手续办理 check-in
候机室 departure lounge

贵宾室 V.I.P. room
登机口 gate；departure gate
登机 boarding
由此乘电梯前往登机 stairs and lifts to departures
预计时间 scheduled time (SCHED)
起飞时间 departure time
实际时间 actual time
海关 customs
前往…… departure to
来自…… arriving from
护照检查处 passport control immigration
报关物品 goods to declare
不需报关 nothing to declare
中转 transfers
中转处 transfer correspondence
中转旅客 transfer passengers
过境 transit
行李领取处 luggage claim；baggage claim
行李牌 luggage tag
行李暂存箱 luggage locker
租车处（旅客自己驾车）car hire
出租车乘车点 Taxi pick-up point
航空公司汽车服务处 airline coach service
出租车 taxi
大轿车乘车点 coach pick-up point
公共汽车 bus；coach service
厕所 toilet；W.C.；lavatory；rest room
男厕 men's；gent's；gentlemen's
女厕 women's；lady's
餐馆 restaurant
咖啡馆 coffee shop；cafe
公用电话 public phone；telephone

迎宾处 greeting arriving
酒吧 bar
免税店 duty-free shop
银行 bank
出售火车票 rail ticket
旅行安排 tour arrangement
订旅馆 hotel reservation
邮局 post office

入境检查

麻烦请给我你的护照。May I see your passport, please?
这是我的护照。Here is my passport. / Here it is.
将在哪儿住宿？Where are you staying?
我将住在波士顿饭店。I will stay at Boston Hotel.
旅行的目的为何？What's the purpose of your visit?
观光（公务）。Sightseeing (Business).
是否有中国回程机票？Do you have a return ticket to China?
有的，这就是回程机票。Yes, here it is.
预计在美国停留多久？How long will you be staying in the United States?
5天。5 days.
预计停留约10天。I plan to stay for about 10 days.
我只是过境而已。I'm just passing through.
今晚即动身前往日内瓦。I am leaving for Geneva tonight.
你随身携带多少现金？How much money do you have with you?
800美元。I have 800 dollars.
祝你玩得愉快。Good. Have a nice day.
谢谢。Thank you.

索取丢失的行李

我在何处可取得行李？Where can I get my baggage?
我找不到我的行李。I can't find my baggage.

这是我的行李牌。Here is my baggage tag.

是否可麻烦紧急查询？Could you please check it urgently?

你总共遗失了几件行李？How many pieces of baggage have you lost?

请描述你的行李。Can you describe your baggage?

它是一个中型的灰色绅耐特皮箱。

It is a medium-sized Samsonite, and it's gray.

它是一个上面系有我名牌的大型皮制蓝黑色行李箱。

It is a large leather suitcase with my name tag. It's dark blue.

它是一个茶色小旅行袋。It's a small travelling bag. It's light brown.

我们正在调查，请稍等一下。

Please wait for a moment while we are investigating.

我们可能遗失了几件行李，所以必须填份行李遗失报告。

We may have lost some baggage, so we'd like to make a lost baggage report.

请和我到办公室。Would you come with me to the office?

多久可找到？How soon will I find out?

一旦找到行李，请立即送到我停留的饭店。

Please deliver the baggage to my hotel as soon as you locate it.

若是今天无法找到行李，你如何帮助我？

How can you help me if you can't find my baggage today?

我想要购买过夜所需的用品。I'd like to purchase what I need for the night.

● 海关申报

请出示护照和申报单。Your passport and declaration card, please.

是否有任何东西需要申报？Do you have anything to declare?

没有。No, I don't.

请打开这个袋子。Please open this bag.

这些东西是做何用？What are these?

这些是我私人使用的东西。These are for my personal use.

这些是给朋友的礼物。These are gifts for my friends.

这是我要带去北京的当地纪念品。

This is a souvenir that I'm taking to Beijing.
你携带了酒类或香烟吗？Do you have any liquor or cigarettes?
是的，我带了两瓶威士忌。Yes, I have two bottles of whisky.
这个相机是我私人使用的。The camera is for my personal use.
你必须为这项物品缴付税金。You'll have to pay duty on this.
你还有其他行李吗？Do you have any other baggage?
请将这张申报卡交给出口处的官员。
Please give this declaration card to that officer at the exit.

● 旅游信息咨询

旅游咨询中心在哪里？Where is the tourist information center?
可否建议一家较为廉价的旅馆？
Can you recommend a hotel which is not too expensive?
是否有机场巴士可到市区？Is there an airport bus to the city?
是否有每晚花费在50美元以下的饭店？
Is there a hotel which costs under 50 dollars a night?
巴士站牌（出租车招呼站）在哪里？Where is the bus stop (taxi stand)?
可否建议一家位于市中心的旅馆？
Could you recommend a hotel in the city center?
我在何处可搭乘希尔顿饭店的接泊巴士？
Where can I get the limousine for Hilton Hotel?
我想要住在靠近车站（海滩）的饭店。
I'd like to stay at a hotel near the station (beach).
我要如何才能到达希尔顿饭店？How can I get to Hilton Hotel?
每晚费用为多少？How much is it per night?
这儿有饭店目录吗？Do you have a hotel list?
费用是否包含税与服务费？Does it include tax and service charge?
是否可提供我一份青年旅馆的目录？Can I have a youth hostel list?
早餐是否已包含于费用内？Is breakfast included?
是否可给我一份城市地图？May I have a city map?
若停留数日是否有折扣？Is there a discount for staying several days?

我是否可在此预订饭店(租车)? Can I reserve a hotel(rent a car)here?

我想要停留两晚。I'd like to stay for two nights.

机位预约、确认

您好，这里是联合航空。Hello. This is United Airlines.

我想要再确认班机。I'd like to reconfirm my flight.

您的名字与班机号码? What's your name and flight number?

我的名字是陈杰瑞，班机号码是飞往洛杉矶的联合航空003班机。

My name is Jerry Chen, and the flight number is UA 003 for Los Angeles.

行程是哪一天? When is it?

6月10日。June 10th.

我想要确认班机时间没有改变。

I'd like to make sure of the time it leaves.

我找不到您的名字。I can't find your name.

真的? Really?

请再告诉我一次您的大名? May I have your name again?

我仍然无法在订位名单中找到您的名字。

I still can't find your name on the reservation list.

别担心，这班班机仍有空位提供给新的订位者。

Anyway, we have seats for new bookings on this flight. No problem.

一个经济舱座位，对吗? One economy class seat, is that right?

没问题，您已完成订位。Now you have been booked.

谢谢。你们何时开始办理登机?

Thanks a lot. What time do you start check-in?

起飞前2小时。Two hours before departure time.

你必须在至少1小时前办理登机。

You must check-in at least one hour before.

那么，请帮我重新订位。Then, please give me a new reservation.

抱歉，这班飞机已客满。Sorry, this flight is full.

若我在此等候，有机位的概率有多大？

What is the possibility of my getting a seat if I wait?

下一班飞往洛杉矶的班机何时起飞？

When will the next flight to Los Angeles leave?

后天，星期五。The day after tomorrow, Friday.

太好了。能告诉我班机号码与起飞时间吗？

That will be fine. What's the flight number and departure time?

费用多少？ What is the fare?

◎ 住宿

我会晚一点到达，请保留所预订的房间。

I'll arrive late, please keep my reservation.

我在纽约已预订房间。I made a reservation in New York.

我叫王洁。My name is Wang Jie。

我想要一间安静一点的房间。I'd like a quiet room.

我想要楼上的房间。I'd like a room on the upper level.

我想要一间视野好（有阳台）的房间。

I'd like a room with a nice view (a balcony).

随时都有热水供应吗？ Is hot water available any time?

我可以看一看房间吗？ May I see the room?

是否还有更大的（更好的／更便宜的）房间？

Do you have anything bigger (better/cheaper)?

我要订这间房间。I'll take this room.

麻烦填写这张住宿登记表。

Would you fill in this accommodation registration form?

这里可使用信用卡（旅行支票）吗？

Do you accept credit cards(traveler's checks)?

可否代为保管贵重物品？ Could you keep my valuables?

餐厅在哪儿？ Where is the dining room?

餐厅几点开始营业？ What time does the dining room open?

早餐几点开始供应？ What time can I have breakfast?

旅馆内有美容院（理发店）吗？ Is there a beauty salon(barber shop)?

可否给我一张有旅馆地址的名片？

Can I have a card with the hotel's address?

可否在此购买观光巴士券？

Can I get a ticket for the sightseeing bus here?

◎ 问路

● 英语单词

东 East	南 South
西 West	北 North
左 Left	右 Right
往前直去 Straight on	那儿 There
前方 Front	后方 Back
侧旁 Side	之前 Before
之后 After	第一个转左／右的路 First left/right

● 英语句子

请问如何前往……？ Excuse me, how can I get to the ... ?

请问如何前往机场？ How do I get to the airport?

请问如何前往公交车站？ How do I get to the bus station?

请问如何前往地铁站？

How do I get to the metro station/subway/underground station?(metro 为欧洲常用表述，subway 为北美洲常用表述，underground 为英国常用表述。)

请问如何前往火车站？ How do I get to the train station?

请问如何前往酒店？ How do I get to the hotel?

请问如何前往警局？ How do I get to the police station?

请问如何前往邮政局？ How do I get to the post office?

请问如何前往旅游资讯局？ How do I get to the tourist information office?

请问附近有没有 ……? Excuse me, is there .... nearby?
请问附近有没有面包店? Is there a baker nearby?
请问附近有没有银行? Is there a bank nearby?
请问附近有没有酒吧? Is there a bar nearby?
请问附近有没有公交车站? Is there a bus stop nearby?
请问附近有没有咖啡店? Is there a cafe nearby?
请问附近有没有西饼店? Is there a cake shop nearby?
请问附近有没有外币兑换点? Is there a change bureau nearby?
请问附近有没有百货公司? Is there a department store nearby?
请问附近有没有迪斯科舞厅? Is there a disco nearby?
请问附近有没有医院? Is there a hospital nearby?
请问附近有没有邮局? Is there a post office nearby?
请问附近有没有公共厕所? Is there a public toilet nearby?
请问附近有没有餐馆? Is there a restaurant nearby?
请问附近有没有电话? Is there a telephone nearby?
请问附近有没有旅行社? Is there a travel agent nearby?

◎ 餐饮

请给我菜单。May I have a menu, please?
是否有中文菜单? Do you have a menu in Chinese?
在用晚餐前想喝些什么吗? Would you like something to drink before dinner?
餐厅有什么开胃酒? What kind of drinks do you have for an aperitif?
可否让我看看酒单? May I see the wine list?
我可以点杯酒吗? May I order a glass of wine?
餐厅有哪几类酒? What kind of wine do you have?
我想点当地出产的酒。I'd like to have some local wine.
我想要点法国红酒。I'd like to have French red wine.
是否可建议一些不错的酒? Could you recommend some good wine?
我可以点餐了吗? May I order, please?
餐厅最特别的菜式是什么? What is the specialty of the house?

餐厅有今日特餐吗？ Do you have today's specialty?
我可以点与那份相同的餐吗？ Can I have the same dish as that?
我想要一份开胃菜与肉餐（鱼餐）。
I'd like appetizers and meat(fish) dish.
我正在节食中。I'm on a diet.
我必须避免含油脂（盐分／糖分）的食物。
I have to avoid food containing fat (salt/sugar).
餐厅是否供应素食？ Do you have vegetarian dishes?
你的牛排要如何烹调？ How do you like your steak?
全熟（五分熟／全生）。Well done (Medium/Rare), please.

◎ 购物

这件东西你想卖多少钱？ How much do you want for this?
能给我个折扣吗？ Could you give me a discount?
这些衣服打特价吗？ Are these clothes on sale?
这价钱超出我的预算了。The price is beyond my budget.
这价钱太离谱了吧？ That's steep, isn't it?
别想宰我，我识货。
Hey, don't try to rip me off. I know what this is worth.
太贵了。我买不起。It's too expensive. I can't afford it.
这价钱可以商量吗？ Is the price negotiable?
可以给我更好的价钱吗？ Can you give me a better deal?
别这样，你就让点儿价吧。Come on, give me a break on this.
我多买些能打折吗？ Is there any discount on bulk purchases?
便宜一点的话我马上买。I'd buy it right away if it is cheaper.
能便宜一点给我吗？ Can you give me this for cheaper?
500美元我就买。I'll give 500 dollars for it.
最低你能出什么价？ What's the lowest you're willing to go?
这样东西我在别的地方可以买到更便宜的。
I can get this cheaper at other places.

◎ 货币兑换

● 英语词汇

货币 currency ；money
兑换货币 money changing
兑换单 an exchange form
钞票 bank note
大票 note of large denomination
小票 note of small denomination
零钱 small change
辅币 subsidiary money
镍币 nickel piece
塑料钞票 plastic currency notes
可兑换（黄金）纸币 convertible money
利率 interest rate
单利 simple interest
复利 compound interest
法定利息 legal interest
优待利率 prime rate
应付利息 payable interest
贷款利率 lending rate
保值储蓄补贴率 the subsidy rate for value-preserved savings

● 英语句子

请告诉我你要换多少。Please tell me how much you want to change.

你要把多少汇款换成日元?

How much of the remittance do you want to convert into Japanese yen?

要哪种货币？ What kind of currency do you want?

要换哪种货币？ What kind of currency do you want to change?

要什么面值的？ In what denominations?

请告诉我要什么钞票。Please tell me what note you want.

7张10元的可以吗？ Will seven tens be all right?

换旅行支票吗？ Is it in traveler's checks?

我想知道如何付钱给你。I'd like to know how I shall give it to you.

请在兑换单上签字，写上你的姓名和地址，好吗？

Would you kindly sign the exchange form, giving your name and address?

能否请你给我兑换一些钱？ Can you change me some money, please?

请你给我7张5镑纸币，4张1镑纸币，4张10先令纸币，剩下的要零票。

Would you please give me seven five-pound notes, four one-pound notes and four ten-shilling notes, and the rest in small change.

劳驾给我6便士的铜币。

Would you mind giving me the six pence in coppers?

我想知道能否把这笔钱兑回成美元。

I'd like to know if you could change this money back into U.S. dollars for me.

能给我兑换这些欧元吗？ Could you change these euros for me?

我想把全部汇款换成美元。

I'd like to convert the full amount of the remittance into U.S. dollars.

我想把这张纸币换成硬币。I'd like some coins for this note.

我想把这张50美元纸币换开。I'd like to break this 50 dollar note.

请给我5张20元和10张1元的。Five twenties and ten singles, please.

我要300美元票面为100美元的支票。

I need 300 dollars in 100-dollar cheques.

我希望给我10张面额为100美元的旅行支票。

I hope you'll give me ten traveler's checks of 100 dollars each.

请给我5元面值的。In fives, please.

给我一些小票好吗？ Could you give me some small notes?

储蓄存款的利率是多少？ What's the interest rate for the savings account?

这种存款付给利息吗？ Do you pay interest on this account?

请告诉我年利率是多少。Please tell me what the annual interest rate is.

目前每年的利率是1%。

Interest is paid at the rate of 1% per annum at present.

这可使你从存款中获得一点利息。

It allows you to earn a little interest on your money.

每年的利息都将加到你的存款中。

The interest is added to your account every year.

储蓄存款的利率是4%。The interest rate for the savings account is 4%.

（年息）每个时期都不同，现在是6%。

It varies from time to time. At present it is 6%.

参考文献

[1] 李开复.微博改变一切[M].上海：上海财经大学出版社，2011.

[2] 浙江省消费者协会.汽车消费知识手册[M].北京：中央文献出版社，2006.

[3] 魏金营.汽车养护技巧一点通[M].北京：国防工业出版社,2006.

[4] 中国人民解放军总参谋部管理局.驾驶员安全行车与事故处理知识读本[M].北京：中国三峡出版社，2001.

[5] 胡雨梦.家庭装修一本通[M].北京：中国纺织出版社，2011.

[6] 姜长勇，张敏.家庭装修不能不知道的400个问题[M].最新版.济南：山东科学技术出版社，2008.

[7] 中国营养学会，葛可佑.中国居民膳食指南[M].精编版.北京：人民出版社，2011.

[8] 中国营养学会.中国居民膳食指南[M].2011年全新修订.拉萨：西藏人民出版社，2010.

[9] 于康.于康教你远离三高从吃开始[M].沈阳：辽宁科学技术出版社，2011.

[10] 陈罡.糖尿病看这本书就够了[M].北京：化学工业出版社，2010.

[11] 陈辉.现代营养学[M].北京：化学工业出版社,2005.

[12] 中国疾病预防控制中心营养与食品安全所，杨月欣，王光亚，潘兴昌.中国食物成分表2002[M].北京：北京医科大学出版社，2002.

[13] 中国疾病预防控制中心营养与食品安全所，杨月欣.中国食物成分表2004[M].北京：北京医科大学出版社，2005.

[14] 郁宜俊,左振素.让自己健康很简单：饮酒智慧[M].北京：人民卫生出版社，2011.

[15] 赵英立.喝茶的智慧：养生养心中国茶[M].长沙：湖南美术出版社，2010.

[16] 郭光玲.咖啡师手册[M].北京：化学工业出版社，2008.

[17] 犀文资讯.至IN领带：完全造型手册[M].北京：中国纺织出版社，2011.

[18] （日）株式会社主妇之友社.新丝巾 · 围巾 · 披肩四季时尚系法[M].张宏飞，译.杭州：浙江科学技术出版社，2008.

[19] 李荣建，宋和平.礼仪训练[M].第2版.武汉：华中科技大学出版社，2005.
[20] 金正昆.涉外礼仪教程[M].第3版.北京：中国人民大学出版社，2010.
[21] 冯玉珠.宴之道[M].北京：中央编译出版社，2006.
[22] 张晓梅.晓梅说礼仪[M].北京：中国青年出版社，2008.
[23] 药历网.大众药典：中国家庭药箱用药指南[M].北京：化学工业出版社，2010.
[24] （日）主妇和生活社.图解应急自救手册[M].吴梅，霍春梅，译.杭州：浙江科学技术出版社，2009.
[25] 佘启元.个人防护装备知识与标准实用全书[M].武汉：湖北科学技术出版社，2002.
[26] 文牧，胡林，朱强，等.跟我野外游[M].合肥：安徽科学技术出版社，2004.
[27] 周柳.新手学黄金与白银投资交易[M].北京：清华大学出版社，2012.
[28] 林俊国.股票投资一点通[M].北京：清华大学出版社，2008.
[29] 杨庆明，马曲琦.炒股不如买基金：基金投资百事通[M].北京：中国经济出版社，2007.
[30] 外汇投资编委会.外汇投资实战指南[M].北京：中国经济出版社，2010.
[31] 王晓梅.不可不知的2000个艺术常识[M].北京：中央编译出版社，2009.
[32] 郭梅.图说中国戏曲[M].长春：吉林人民出版社，2009.
[33] 张永和，钮骠，周传家，秦华生.打开京剧之门[M].北京：中华书局，2009.
[34] 杨品.数码摄影技巧大全[M].北京：中国电力出版社，2007.
[35] 史树青.古瓷收藏三百问[M]. 长春：吉林出版集团有限责任公司，2007.
[36] 史树青.古玩鉴定入门百科全彩图版[M].长春：吉林出版集团有限责任公司，2007.
[37] 郭豫斌.赵汝珍鉴宝秘笈[M].北京：华夏出版社，2008.
[38] 闭理书，许纪峰，闭理由，杜战峰，等.书法欣赏[M].南宁：广西美术出版社，2010.
[39] 谢稚柳，周克文.中国书画鉴定[M].上海：东方出版中心，2009.
[40] 胡德生.古典家具收藏入门[M].北京：印刷工业出版社，2011.

附录

世界时区图及主要城市时差表

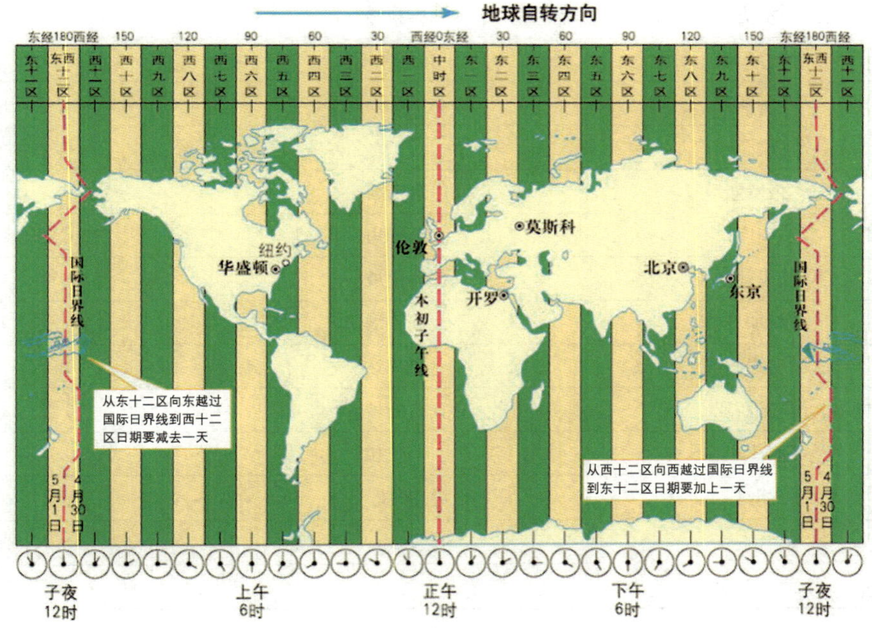

世界时区图

世界主要城市时差

国家名称	城市名称	与北京时差
美国	旧金山	-16
美国	纽约	-13
墨西哥	墨西哥城	-14
巴拿马	巴拿马城	-13
加拿大	蒙特利尔	-13
古巴	哈瓦那	-13
法国	巴黎	-7
英国	伦敦	-8

续表

国家名称	城市名称	与北京时差
意大利	罗马	-7
德国	柏林	-7
波兰	华沙	-7
瑞士	日内瓦	-7
捷克	布拉格	-7
匈牙利	布达佩斯	-7
罗马尼亚	布加勒斯特	-6
埃及	开罗	-6
俄罗斯	莫斯科	-5
印度	新德里	-2：30
斯里兰卡	科伦坡	-2：30
新加坡	新加坡	0
印度尼西亚	雅加达	-1
马来西亚	吉隆坡	0
菲律宾	马尼拉	0
朝鲜	平壤	+1
日本	东京	+1
澳大利亚	悉尼	+2

世界各国或地区电话区号

亚洲部分国家或地区电话区号

国家或地区	区号	国家或地区	区号
马来西亚	0060	印度尼西亚	0062
菲律宾	0063	新加坡	0065
泰国	0066	文莱	00673
日本	0081	韩国	0082
越南	0084	朝鲜	00850
中国香港	00852	中国澳门	00853
柬埔寨	00855	老挝	00856

续表

国家或地区	区号	国家或地区	区号
中国	0086	中国台湾	00886
孟加拉国	00880	土耳其	0090
印度	0091	巴基斯坦	0092
阿富汗	0093	斯里兰卡	0094
缅甸	0095	马尔代夫	00960
黎巴嫩	00961	约旦	00962
叙利亚	00963	伊拉克	00964
科威特	00965	沙特阿拉伯	00966
阿曼	00968	以色列	00972
巴林	00973	卡塔尔	00974
不丹	00975	蒙古	00976
尼泊尔	00977	伊朗	0098

欧洲部分国家或地区电话区号

国家或地区	区号	国家或地区	区号
俄罗斯	007	希腊	0030
荷兰	0031	比利时	0032
法国	0033	西班牙	0034
直布罗陀	00350	葡萄牙	00351
卢森堡	00352	爱尔兰	00353
冰岛	00354	阿尔巴尼亚	00355
马耳他	00356	塞浦路斯	00357
芬兰	00358	保加利亚	00359
匈牙利	00336	德国	0049
南斯拉夫	00338	意大利	0039
圣马力诺	00223	梵蒂冈	00396
罗马尼亚	0040	瑞士	0041
列支敦士登	004175	奥地利	0043
英国	0044	丹麦	0045
瑞典	0046	挪威	0047
波兰	0048		

非洲部分国家或地区电话区号

国家或地区	区号	国家或地区	区号
埃及	0020	摩洛哥	00210
阿尔及利亚	00213	突尼斯	00216
利比亚	00218	冈比亚	00220
塞内加尔	00221	毛里塔尼亚	00222
马里	00223	几内亚	00224
科特迪瓦	00225	布基拉法索	00226
尼日尔	00227	多哥	00228
贝宁	00229	毛里求斯	00230
利比里亚	00231	塞拉利昂	00232
加纳	00233	尼日利亚	00234
乍得	00235	中非	00236
喀麦隆	00237	佛得角	00238
圣多美	00239	普林西比	00239
赤道几内亚	00240	加蓬	00241
刚果	00242	扎伊尔	00243
安哥拉	00244	几内亚比绍	00245
阿森松	00247	塞舌尔	00248
苏丹	00249	卢旺达	00250
埃塞俄比亚	00251	索马里	00252
吉布提	00253	肯尼亚	00254
坦桑尼亚	00255	乌干达	00256
布隆迪	00257	莫桑比克	00258
赞比亚	00260	马达加斯加	00261
留尼旺岛	00262	津巴布韦	00263
纳米比亚	00264	马拉维	00265
莱索托	00266	博茨瓦纳	00267
斯威士兰	00268	科摩罗	00269
南非	0027	圣赫勒拿	00290
阿鲁巴岛	00297	法罗群岛	00298

北美洲部分国家或地区电话区号

国家或地区	区号	国家或地区	区号
美国	001	加拿大	001
中途岛	001808	夏威夷	001808
威克岛	001808	安圭拉岛	001809
维尔京群岛	001809	圣卢西亚	001809
波多黎各	001809	牙买加	001809
巴哈马	001809	巴巴多斯	001809
阿拉斯加	001907	格陵兰岛	00299

南美洲部分国家或地区电话区号

国家或地区	区号	国家或地区	区号
马尔维纳斯群岛	00500	伯利兹	00501
危地马拉	00502	萨尔瓦多	00503
洪都拉斯	00504	尼加拉瓜	00505
哥斯达黎加	00506	巴拿马	00507
海地	00509	秘鲁	0051
墨西哥	0052	古巴	0053
阿根廷	0054	巴西	0055
智利	0056	哥伦比亚	0057
委内瑞拉	0058	玻利维亚	00591
圭亚那	00592	厄瓜多尔	00593
法属圭亚那	00594	巴拉圭	00595
马提尼克	00596	苏里南	00597
乌拉圭	00598		

大洋洲部分国家或地区电话区号

国家或地区	区号	国家或地区	区号
澳大利亚	0061	新西兰	0064
关岛	00671	科科斯岛	006722
诺福克岛	006723	圣诞岛	006724
瑙鲁	00674	汤加	00676

续表

国家或地区	区号	国家或地区	区号
所罗门群岛	00677	瓦努阿图	00678
斐济	00679	科克群岛	00682
纽埃岛	00683	东萨摩亚	00684
西萨摩亚	00685	基里巴斯	00686
图瓦卢	00688		

二十四节气

季节	节气		
春季	立春 2月3～5日	雨水 2月18～20日	惊蛰 3月5～7日
	春分 3月20～21日	清明 4月4～6日	谷雨 4月19～21日
夏季	立夏 5月5～7日	小满 5月20～22日	芒种 6月5～7日
	夏至 6月21～22日	小暑 7月6～8日	大暑 7月22日～24日
秋季	立秋 8月7～9日	处暑 8月22～24日	白露 9月7～9日
	秋分 9月22～24日	寒露 10月8～9日	霜降 10月23～24日
冬季	立冬 11月7～8日	小雪 11月22～23日	大雪 12月6～8日
	冬至 12月21～23日	小寒 1月5～7日	大寒 1月20～21日

中外主要节日

节日	日期	节日	日期
新年元旦	1月1日	腊八节	农历腊月初八
世界湿地日	2月2日	国际气象节	2月10日
情人节	2月14日	除夕	农历腊月三十或二十九
春节	农历正月初一	元宵节	农历正月十五
全国爱耳日	3月3日	妇女节	3月8日

续表

节日	日期	节日	日期
植树节	3 月 12 日	国际警察日	3 月 14 日
国际消费日	3 月 15 日	世界森林日	3 月 21 日
世界水日	3 月 22 日	世界气象日	3 月 23 日
世界防治结核病日	3 月 24 日	愚人节	4 月 1 日
清明节	4 月 4 ~ 6 日	世界卫生日	4 月 7 日
世界地球日	4 月 22 日	国际劳动节	5 月 1 日
中国青年节	5 月 4 日	世界红十字日	5 月 8 日
世界无烟日	5 月 31 日	端午节	农历五月初五
母亲节	5 月的第 2 个星期日	国际儿童节	6 月 1 日
世界环境日	6 月 5 日	全国爱眼日	6 月 6 日
父亲节	6 月的第 3 个星期日	世界防治荒漠化和干旱日	6 月 17 日
国际奥林匹克日	6 月 23 日	全国土地日	6 月 25 日
国际反毒品日	6 月 26 日	中国共产党成立纪念日	7 月 1 日
香港回归日	7 月 1 日	七夕	农历七月初七
中国人民 抗日战争纪念日	7 月 7 日	世界人口日	7 月 11 日
八一建军节	8 月 1 日	中秋节	农历八月十五
教师节	9 月 10 日	国际臭氧层保护日	9 月 16 日
国际和平日	9 月 17 日	国际爱牙日	9 月 20 日
重阳节	农历九月初九	中华人民共和国国庆节	10 月 1 日
全国高血压日	10 月 8 日	世界粮食日	10 月 16 日
世界传统医药日	10 月 22 日	联合国日	10 月 24 日
万圣节	11 月 1 日	中国记者节	11 月 8 日
消防宣传日	11 月 9 日	世界糖尿病日	11 月 14 日
国际大学生节	11 月 17 日	感恩节	美国为 11 月的第 4 个星期日 加拿大为 10 月的第 2 个星期一
冬至	12 月 21 ~ 23 日	世界艾滋病日	12 月 1 日
世界残疾人日	12 月 3 日	世界足球日	12 月 9 日
圣诞节	12 月 25 日		

计量单位表

以下表格摘自《现代汉语词典（第5版）》。

国际单位制的基本单位

量的名称	单位名称	单位符号
长度	米	m
质量	千克（公斤）	kg
时间	秒	s
电流	安〔培〕	A
热力学温度	开〔尔文〕	K
物 质 的 量	摩〔尔〕	mol
发 光 强 度	坎〔德拉〕	cd

国际单位制中具有专门名称的导出单位

量的名称	单位名称	单位符号	其他表示式例
平面角	弧度	rad	1
立体角	球面度	sr	1
频率	赫〔兹〕	Hz	s^{-1}
力，重力	牛〔顿〕	N	$kg·m/s^2$
压力，压强，应力	帕〔斯卡〕	Pa	N/m^2
能量，功，热	焦〔耳〕	J	N·m
功率，辐射通量	瓦〔特〕	W	J/s
电荷量	库〔仑〕	C	A·s
电位，电压，电动势	伏〔特〕	V	W/A
电容	法〔拉〕	F	C/V
电阻	欧〔姆〕	Ω	V/A
电导	西〔门子〕	S	A/V
磁通量	韦〔伯〕	Wb	V·s
磁通量密度，磁感应强度	特〔斯拉〕	T	Wb/m^2
电感	亨〔利〕	H	Wb/A
摄氏温度	摄氏度	℃	

续表

量的名称	单位名称	单位符号	其他表示式例
光通量	流〔明〕	lm	cd·sr
光照度	勒〔克斯〕	lx	lm/m^2
放射性活度	贝可〔勒尔〕	Bq	s^{-1}
吸收剂量	戈〔瑞〕	Gy	J/kg
剂量当量	希〔沃特〕	Sv	J/kg

我国选定的非国际单位制单位

量的名称	单位名称	单位符号	换算关系和说明
时间	分 〔小〕时 天（日）	min h d	1min=60s 1h=60min =3600s 1d=24h =86400s
平面角	〔角〕秒 〔角〕分 度	(″) (′) (°)	1″=（π/648000）rad （π 为圆周率） 1′=60″ =（π/10800）rad 1°=60′ =（π/180）rad
旋转速度	转每分	r/min	1r/min=（1/60）s^{-1}
长度	海里	n mile	1n mile=1852m （只用于航程）
速度	节	kn	1kn=1n mile/h =（1852/3600）m/s （只用于航行）
质量	吨 原子质量单位	t u	$1t=10^3 kg$ $1u \approx 1.6605402 \times 10^{-27}kg$
体积	升	L（l）	$1L=1dm^3$ $=10^{-3}m^3$
能	电子伏	eV	$1eV \approx 1.60217733 \times 10^{-19}J$
级差	分贝	dB	用于对数量
线密度	特〔克斯〕	tex	1tex=1g/km
面积	公顷	hm^2（ha）	$1hm^2=10^4m^2=0.01km^2$

用于构成十进倍数和分数单位的词头

所表示的因数	词头名称	词头符号	所表示的因数	词头名称	词头符号
10^{24}	尧〔它〕	Y	10^{-1}	分	d
10^{21}	泽〔它〕	Z	10^{-2}	厘	c
10^{18}	艾〔可萨〕	E	10^{-3}	毫	m
10^{15}	拍〔它〕	P	10^{-6}	微	μ
10^{12}	太〔拉〕	T	10^{-9}	纳〔诺〕	n
10^{9}	吉〔咖〕	G	10^{-12}	皮〔可〕	p
10^{6}	兆	M	10^{-15}	飞〔母托〕	f
10^{3}	千	k	10^{-18}	阿〔托〕	a
10^{2}	百	h	10^{-21}	仄〔普托〕	z
10^{1}	十	da	10^{-24}	幺〔科托〕	y

注：1.〔 〕内的字，是在不致混淆的情况下，可以省略的字。

2. 10^4 称为万，10^8 称为亿，10^{12} 称为万亿，这类数词的使用不受词头名称的影响，但不应与词头混淆。

法定计量单位与常见非法定计量单位的对照和换算

量的名称	法定计量单位		常见非法定计量单位		换算关系
	名称	符号	名称	符号	
长度	千米（公里）	km		KM	1 千米（公里）= 2 市里 = 0.6214 英里
	米	m	公尺	M	1 米 = 1 公尺 = 3 市尺 = 3.2808 英尺 = 1.0936 码
	分米	dm	公寸		1 分米 = 1 公寸 = 0.1 米 = 3 市寸
	厘米	cm	公分		1 厘米 = 1 公分 = 0.01 米 = 3 市分 = 0.3937 英寸
	毫米	mm	公厘	m/m, MM	1 毫米 = 1 公厘
			公丝		1 公丝 = 0.1 毫米
	微米	μm	公微	μ, mμ, μM	1 微米 = 1 公微
			丝米	dmm	1 丝米 = 0.1 毫米
			忽米	cmm	1 忽米 = 0.01 毫米
	纳米	nm	毫微米	mμm	1 纳米 = 1 毫微米
			市里		1 市里 = 150 市丈 = 0.5 公里
			市引		1 市引 = 10 市丈

续表

量的名称	法定计量单位		常见非法定计量单位		换算关系
	名 称	符号	名称	符号	
长度			市丈		1 市丈 = 10 市尺 = 3.3333 米
			市尺		1 市尺 = 10 市寸 = 0.3333 米 = 1.0936 英尺
			市寸		1 市寸 = 10 市分 = 3.3333 厘米 = 1.3123 英寸
			市分		1 市分 = 10 市厘
			市厘		1 市厘 = 10 市毫
			英里	mi	1 英里 = 1760 码 = 5280 英尺 = 1.609344 公里
			码	yd	1 码 = 3 英尺 = 0.9144 米
			英尺	ft	1 英尺 = 12 英寸 = 0.3048 米 = 0.9144 市尺
			英寸	in	1 英寸 = 2.54 厘米
	飞米	fm	费密	fermi	1 飞米 = 1 费密 = 10^{-15} 米
			埃	Å	1 埃米 = 10^{-10} 米
面积	平方千米（平方公里）	km^2		KM^2	1 平方千米（平方公里）= 100 公顷 = 0.3861 平方英里
			公亩	a	1 公亩 = 100 平方米 = 0.15 市亩 = 0.0247 英亩
	平方米	m^2	平米，方		1 平方米 = 1 平米 = 9 平方市尺 = 10.7639 平方英尺 = 1.1960 平方码
	平方分米	dm^2			1 平方分米 = 0.01 平方米
	平方厘米	cm^2			1 平方厘米 = 0.0001 平方米
			市顷		1 市顷 = 100 市亩 = 6.6667 公顷
			市亩		1 市亩 = 10 市分 = 60 平方市丈 = 6.6667 公亩 = 0.0667 公顷 = 0.1644 英亩
			市分		1 市分 = 6 平方市丈
			平方市里		1 平方市里 = 22 500 平方市丈 = 0.25 平方公里 = 0.0965 平方英里
			平方市丈		1 平方市丈 = 100 平方市尺
			平方市尺		1 平方市尺 = 100 平方市寸 = 0.1111 平方米 = 1.1960 平方英尺
			平方英里	$mile^2$	1 平方英里 = 640 英亩 = 2.58998811 平方公里

续表

量的名称	法定计量单位		常见非法定计量单位		换算关系
	名称	符号	名称	符号	
面积			英亩		1 英亩＝4840 平方码＝40.4686 公亩＝6.0720 市亩
			平方码	yd^2	1 平方码＝9 平方英尺＝0.8361 平方米
			平方英尺	ft^2	1 平方英尺＝144 平方英寸＝0.09290304 平方米
			平方英寸	in^2	1 平方英寸＝6.4516 平方厘米
			靶恩	b	1 靶恩＝10^{-28} 平方米
体积	立方米	m^3	方，公方		1 立方米＝1 方＝35.3147 立方英尺＝1.3080 立方码
	立方分米	dm^3			1 立方分米＝0.001 立方米
	立方厘米	cm^3			1 立方厘米＝0.000001 立方米
			立方市丈		1 立方市丈＝1000 立方市尺
			立方市尺		1 立方市尺＝1000 立方市寸＝0.0370 立方米＝1.3078 立方英尺
			立方码	yd^3	1 立方码＝27 立方英尺＝0.7646 立方米
			立方英尺	ft^3	1 立方英尺＝1728 立方英寸＝0.028317 立方米
			立方英寸	in^3	1 立方英寸＝16.3871 立方厘米
容积	升	L（l）	公升、立升		1 升＝1 公升＝1 立升＝1 市升
	分升	dL，dl			1 分升＝0.1 升＝1 市合
	厘升	cL，cl			1 厘升＝0.01 升
	毫升	mL，ml	西西	c.c.，cc	1 毫升＝1 西西＝0.001 升
			市石		1 市石＝10 市斗＝100 升
			市斗		1 市斗＝10 市升＝10 升
			市升		1 市升＝10 市合＝1 升
			市合		1 市合＝10 市勺＝1 分升
			市勺		1 市勺＝10 市撮＝1 厘升
			市撮		1 市撮＝1 毫升
			* 蒲式耳（英）		1 蒲式耳（英）＝4 配克（英）

续表

量的名称	法定计量单位		常见非法定计量单位		换算关系
	名 称	符号	名称	符号	
容积			* 配克（英）	pk	1 配克（英）= 2 加仑（英）= 9.0922 升
			** 加仑（英）	UKgal	1 加仑（英）= 4 夸脱（英）= 4.54609 升
			夸脱（英）	UKqt	1 夸脱（英）= 2 品脱（英）= 1.1365 升
			品脱（英）	UKpt	1 品脱（英）= 4 及耳（英）= 5.6826 分升
			及耳（英）	UKgi	1 及耳（英）= 1.4207 分升
			英液盎司	UKfloz	1 英液盎司 = 2.8413 厘升
			英液打兰	UKfldr	1 英液打兰 = 3.5516 毫升
质量	吨	t	公吨	T	1 吨 = 1 公吨 = 1000 千克 = 0.9842 英吨 = 1.1023 美吨
			公担	q	1 公担 = 100 千克 = 2 市担
	千克（公斤）	kg		KG，kgs	1 千克 = 2 市斤 = 2.2046 磅（常衡）
	克	g	公分	gm，gr	1 克 = 1 公分 = 0.001 千克 = 15.4324 格令
	分克	dg			1 分克 = 0.0001 千克 = 2 市厘
	厘克	cg			1 厘克 = 0.00001 千克
	毫克	mg			1 毫克 = 0.000001 千克
			公两		1 公两 = 100 克
			公钱		1 公钱 = 10 克
			市担		1 市担 = 100 市斤
			市斤		1 市斤 = 10 市两 = 0.5 千克 = 1.1023 磅（常衡）
			市两		1 市两 = 10 市钱 = 50 克 = 1.7637 盎司（常衡）
			市钱		1 市钱 = 10 市分 = 5 克
			市分		1 市分 = 10 市厘
			市厘		1 市厘 = 10 市毫
			市毫		1 市毫 = 10 市丝
			英吨（长吨）	UKton	1 英吨（长吨）= 2240 磅 = 1016.047 千克
			美吨（短吨）	sh ton，USton	1 美吨（短吨）= 2000 磅 = 907.185 千克

续表

量的名称	法定计量单位		常见非法定计量单位		换算关系
	名称	符号	名称	符号	
质量			磅	lb	1 磅 = 16 盎司 = 0.4536 千克
			盎司	oz	1 盎司 = 16 打兰 = 28.3495 克
			打兰	dr	1 打兰 = 27.34375 格令 = 1.7718 克
			格令	gr	1 格令 = 1/7000 磅 = 64.79891 毫克
时间	年 天(日) [小]时 分 秒	a d h min s		y，yr hr (′) S, sec, (″)	1y = 1yr = 1 年 1hr = 1 小时 1′ = 1 分 1″ = 1S = 1sec = 1 秒
频率	赫兹 兆赫 千赫	Hz MHz kHz	周 兆周 千周	C MC KC，kc	1 赫兹 = 1 周 1 兆赫 = 1 兆周 1 千赫 = 1 千周
温度	开〔尔文〕 摄氏度	K ℃	开氏度， 绝对度 度 华氏度 列氏度	°K deg °F °R	1 开 = 1 开氏度 = 1 绝对度 = 1 摄氏度 1deg = 1 开 = 1 摄氏度 1 华氏度 = 1 列氏度 = $\frac{5}{9}$开
力、重力	牛〔顿〕	N	千克，公斤 千克力，公斤力 达因	kg kgf dyn	1 千克力 = 9.80665 牛 1 达因 = 10^{-5} 牛
压力、压强、应力	帕〔斯卡〕	Pa	巴 毫巴 托 标准大气压 工程大气压 毫米汞柱	bar，b mbar Torr atm at mmHg	1 巴 = 10^5 帕 1 毫巴 = 10^2 帕 1 托 = 133.322 帕 1 标准大气压 = 101.325 千帕 1 工程大气压 = 98.0665 千帕 1 毫米汞柱 = 133.322 帕
线密度	特〔克斯〕	tex	旦〔尼尔〕	den，denier	1 旦 = 0.111111 特
功、能、热	焦〔耳〕	J	尔格	erg	1 尔格 =10^{-7} 焦
功率	瓦〔特〕	W	[米制]马力		1 马力 = 735.499 瓦
磁感应强度(磁通强度)	特〔斯拉〕	T	高斯	Gs	1 高斯 = 10^{-4} 特

续表

量的名称	法定计量单位		常见非法定计量单位		换算关系
	名称	符号	名称	符号	
磁场强度	安〔培〕每米	A/m	奥斯特，楞次	Oe	1 奥斯特 = $\frac{1000}{4\pi}$ 安 / 米 1 楞次 = 1 安 / 米
物质的量	摩〔尔〕	mol	克原子，克分子，克当量，克式量		与基本单元粒子形式有关
发光强度	坎〔德拉〕	cd	烛光，支光，支		1 烛光 ≈ 1 坎
光照度	勒〔克斯〕	lx	辐透	ph	1 辐透 = 10^4 勒
光亮度	坎〔德拉〕每平方米	cd/m^2	熙提	sb	1 熙提 = 10^4 坎 / 米 ^{2}
放射性活度	贝可〔勒尔〕	Bq	居里	Ci	1 居里 = 3.7×10^{10} 贝可
吸收剂量	戈〔瑞〕	Gy	拉德	rad，rd	1 拉德 = 10^{-2} 戈
剂量当量	希〔沃特〕	Sv	雷姆	rem	1 雷姆 = 10^{-2} 希
照射量	库〔仑〕每千克	C/kg	伦琴	R	1 伦琴 = 2.58×10^{-4} 库 / 千克

* 蒲式耳、配克只用于固体。

** 英制 1 加仑 = 4.54609 升（用于液体和干散颗粒）

美制 1 加仑 = 2.31×10^2 立方英寸 = 3.785411784 升（只用于液体）

后记

在深入开展学习实践科学发展观活动中，中国石油天然气集团公司党组进行基层调研时，时任党组书记、总经理蒋洁敏提出为基层员工送图书、送知识的倡导，党组决定拨专款实施。从2009年8月至2012年3月，由思想政治工作部牵头组织、石油工业出版社具体承办，利用三年时间实施了“千万图书送基层，百万员工品书香”工程，为3.67万个基层队（站、车间）送书733万册，基层员工反映切实感受到了集团公司党组的关怀和温暖。

为落实好党组要求，思想政治工作部进一步延伸了“千万图书送基层，百万员工品书香”工程，2010年提出帮助员工建立起人生基本知识体系和职业生涯基本专业知识体系的工作要求，组织编写了涵盖政治经济、法律、科技、管理、石油、历史、地理、文学艺术、生活、健康等十个方面的《中国石油员工基本知识读本》丛书，组织开展了“学习在石油·每日悦读十分钟”全员读书活动。

在丛书编委会的领导下，思想政治工作部主要领导亲自与石油工业出版社领导一起，精心、用心、高标准、严要求地组织丛书的统筹和编写工作。集团公司科技管理部、法律事务部、老干部局、监事会办公室等总部机关部门和北京石油管理干部学院、石油工业出版社、中国石油学会、中国石油企业协会、中国石油中心医院等相关单位的领导和同志，历时近两年时间，共同完成了丛书的编写出版任务。

在编写过程中，各编写组精心组织，有关部门和单位领导亲自挂帅，编写人员全力以赴，认真听取意见和建议，以高度的责任感和强烈的精品意识，查阅了大量书籍资料，付出了辛勤的劳动和大量的心血。为保证丛书风格的整体协调统一，有的分册几易提纲，甚至几易书稿。丛书编委会先后四次召开综合审稿会议，参与审稿的专家学者数十位，为打造精品献计献策，保证了图书的专业水准。

在丛书即将付梓之际，集团公司党组决定为员工配发丛书，这对丰富员工知识，提高队伍素质，实现科学发展具有重要意义。相信这套丛书能受到广大员工的欢迎，成为终身学习的有效工具，也相信这套丛书能为集团公司建设学习型企业，夯实三基工作作出积极贡献。

感谢所有为丛书编写出版作出努力和贡献的同志，我们也期待广大读者对丛书提出宝贵意见。

丛书编委会

2012 年 6 月